国家科学技术学术著作出版基金资助出版

现代物理基础丛书 91

X 射线衍射动力学

——理论与应用

麦振洪 等 著

科学出版社

北 京

内 容 简 介

本书全面介绍了 X 射线衍射动力学理论、衍射动力学效应、相关的实验方法和实验结果的分析以及应用实例。全书分 3 篇共 15 章：第 1 篇 X 射线衍射动力学理论(1~6 章)，简单回顾 X 射线衍射动力学理论发展历程，介绍完美晶体和畸变晶体 X 射线衍射动力学理论，并对近完美晶体 X 射线统计动力学理论和多束光 X 射线衍射动力学理论也作了简单的介绍，使读者对 X 射线衍射动力学理论有初步的了解。第 2 篇 X 射线动力学衍射现象(7~10 章)，主要介绍 X 射线衍射动力学理论预言，并得到实验证实的衍射现象。这些现象无法应用 X 射线衍射运动学理论解释，使读者加深对 X 射线衍射动力学理论的认识。同时，介绍这些衍射现象的实用性。第 3 篇 X 射线衍射动力学理论应用(11~15 章)，主要介绍 X 射线衍射动力学理论在外延薄膜和多层膜微结构表征、X 射线谱仪、晶体结构因子、微应力等精确测量、X 射线形貌技术以及同步辐射光源的应用，使读者初步掌握应用学到的知识用于自己的研究，学以致用。

本书可供从事 X 射线衍射动力学理论及应用(如薄膜和多层膜结构 X 射线表征等)的研究人员和工程技术人员参考，也可作为高等院校和研究院所凝聚态物理、材料科学、薄膜和相关学科及相关专业的老师和研究生教学用书和参考书。

图书在版编目(CIP)数据

X 射线衍射动力学：理论与应用/麦振洪等著. —北京：科学出版社，2020.6
(现代物理基础丛书；91)

ISBN 978-7-03-065230-0

Ⅰ. ①X…　Ⅱ. ①麦…　Ⅲ. ①X 射线衍射-动力学　Ⅳ. ①O434.1

中国版本图书馆 CIP 数据核字(2020) 第 087099 号

责任编辑：钱 俊 陈艳峰／责任校对：杨 然
责任印制：吴兆东／封面设计：陈 敬

科学出版社 出版
北京东黄城根北街 16 号
邮政编码：100717
http://www.sciencep.com

固安县铭成印刷有限公司 印刷
科学出版社发行　各地新华书店经销
*
2020 年 6 月第 一 版　开本：720 × 1000　1/16
2021 年 3 月第二次印刷　印张：21
字数：401 000

定价：148.00 元
(如有印装质量问题，我社负责调换)

序

衍射晶体学的实验方法是利用 X 射线或电子或中子在晶体中的衍射或散射效应获得物质内部结构的信息，对实验结果的解释应用衍射运动学理论或衍射动力学理论。

由于 X 射线衍射运动学理论只考虑入射的 X 射线与物质内单个原子一次作用，也就是说，忽略了该原子与其他原子的散射波之间的相互作用。尽管入射 X 射线束穿过晶体时，在其路径上产生衍射波，但衍射运动学理论仍然认为入射光束的强度不变，而衍射光束的强度随 X 射线透射深度的增加而增加，破坏了能量守恒定律，缺乏自洽性。这种假设只对薄晶体、多晶体或小晶体满足。

X 射线衍射运动学理论的这些弱点很快被理论物理学家发现，经过众多科学家 20 多年的共同努力，X 射线衍射动力学理论得以不断的完善。X 射线衍射动力学理论考虑晶体内所有原子散射波的相互作用、交换能量，解决了衍射运动学理论能量不守恒的问题，预言了完美晶体新的衍射效应。更重要的是，X 射线衍射动力学理论在晶体学基本参数精确测定、薄膜和多层膜结构表征、晶体 X 射线干涉仪和单色器的设计以及晶体缺陷衍衬像的解释等方面发挥了重要的作用。

麦振洪研究员 1977 年 8 月至 1979 年 9 月通过中国与英国科学技术交流合作协议，被派往英国 Bristol 大学物理系进修，从事 X 射线衍射动力学理论和现象及晶体缺陷的研究。1978 年他通过实验获得反射型 X 射线衍衬干涉条纹，使 Uragami 理论发表 13 年后得到了实验证实，并修正了其错误，在国际 X 射线衍射领域引起很大震动。回国后，他研究了吸收效应对 Borrmann-Lehmann 干涉条纹的影响，推导出 B-L 干涉条纹间距的普适公式。他长期应用 X 射线衍射动力学理论研究晶体和人工低维结构材料微结构、微缺陷，对 X 射线衍射和散射现象及理论、人工外延膜结构缺陷有精深的研究。

该书其他作者长期从事 X 射线衍射动力学理论及应用研究，有深厚的知识功底和实践经验。

我国从事材料电子显微像衍衬研究、薄膜和多层膜结构 X 射线表征、晶体干涉仪和单色器的设计以及晶体缺陷衍衬像研究的人员不少，其中青年学者和学生较多，但对基本理论掌握不够深，对实验结果分析经验不足。目前，关于 X 射线和电子的衍射动力学理论的出版物，国外已有多种，而国内还没有完整介绍 X 射线衍射动力学理论的类似出版物，因此十分需要一本既有理论分析又有实验方法和应用实例的专业书。

该书内容丰富，理论联系实验，深入浅出，而又不失其先进性、实用性和普适性。该书的出版将对提高我国相关领域的科研人员和工程技术人员对 X 射线衍射动力学理论的认识和应用水平起到重要作用；也可作为高等院校和研究院所凝聚态物理、材料科学、薄膜和相关学科及相关专业的教师和研究生的教学用书和参考书。

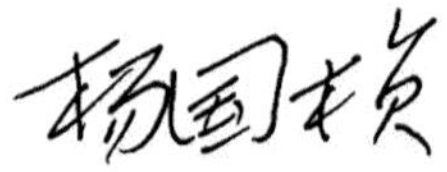

2019 年 7 月 1 日

前　言

1912 年劳厄 (Max von Laue) 发现 X 射线在晶体中的衍射现象，推导出著名的劳厄方程，随后，布拉格 (W. L. Bragg) 推导出布拉格方程，奠定了 X 射线衍射运动学理论的基础，极大地促进了 X 射线衍射晶体学的发展。20 世纪 20 年代后期，电子衍射的发现促进了电子衍射动力学理论的发展。第二次世界大战后，人们发现了中子衍射，形成了三种重要的衍射方法。

经典晶体学应用光学方法，主要研究晶体的外观结构，如晶体对称性、晶面夹角等，而现代晶体学应用散射或衍射方法研究物质原子水平的结构，深入到晶体的内部结构。目前，现代晶体学包括两个主要研究方向：一个是晶体结构分析，研究单胞内原子的排列；另一个是晶体品质评定，即晶体的完美性，研究晶体单胞如何排列及晶体中的缺陷等。研究对象包括无机物、有机物以及生物物质，如金属、半导体、氧化物、蛋白质等，X 射线晶体学已扩展到物理、化学、矿物学、生物学、医学等领域。

衍射晶体学的实验方法是利用 X 射线或电子或中子在晶体中的衍射或散射效应获得物质内部结构的信息，对实验结果的解释应用衍射运动学理论或衍射动力学理论。

X 射线衍射运动学理论只考虑入射的 X 射线与物质内单个原子一次作用，也就是说，它忽略了 X 射线在晶体内与原子的多重散射以及入射波与诸衍射波之间可能存在的复杂的交互作用。这种假设只有对薄晶体或小晶体才满足。当晶体比较厚时，原子的多重散射及散射波之间的相互作用不能忽略。X 射线衍射运动学理论的另一个弱点是，当入射 X 射线束在穿过晶体时，在其途径中已产生衍射波，但理论上仍然认为入射光束的强度不变，而衍射光束的强度随 X 射线透射深度的增加而增加，破坏了能量守恒定律，缺乏自洽性。

X 射线衍射运动学理论的这些弱点很快被理论物理学家发现，1914 年达尔文 (Darwin)、1916 年埃瓦尔德 (Ewald) 对 X 射线衍射动力学理论做了重要的贡献。1927 年电子衍射现象被发现，Bethe 很快提出了形式简明、内容完整的电子衍射动力学理论。随后，经过众多科学家 20 多年的共同努力，X 射线衍射动力学理论得以不断的完善。X 射线衍射动力学理论考虑晶体内所有原子散射波的相互作用、交换能量，解决了衍射运动学理论能量不守恒的问题，预言了完美晶体新的衍射效应。更重要的是，X 射线衍射动力学理论在晶体学基本参数精确测定、薄膜和多层膜结构表征、晶体干涉仪和单色器的设计以及晶体缺陷衍衬像的解释等方面发挥了重要的作用。

X 射线动力学衍射现象的实验研究起步较晚，最初的实验现象是在电镜中观察到的，这是因为磁透镜系统聚焦动力学衍射现象容易获得。1941 年 Borrmann 做水晶实验时发现，透过水晶的 X 射线强度不满足 $I = I_0 e^{-\mu t}$，发现了 X 射线异常透射现象；1959 年 Kato 和 Lang 应用楔形硅单晶发现 pendellösung 条纹；1965 年 Bonse 和 Hart 发展了 X 射线干涉仪，首次在晶体外部探测到相干 X 射线干涉。

20 世纪 50 年代晶体结构高度完美的人造晶体 (如硅单晶、锗单晶) 出现和 X 射线形貌技术的发展，对 X 射线衍射动力学理论研究和衍射动力学现象实验起了推动作用。半导体工业需要结构完美的硅单晶，X 射线形貌技术对晶体缺陷的检测有力地推进了硅单晶质量的提高。而完美硅单晶的获得，X 射线动力学衍射现象实验的成果，使 X 射线衍射动力学理论得到实验验证，促进了衍射动力学理论的发展。反过来，理论上的解释，使人们懂得晶体缺陷是如何引入、如何消除，从而使得晶体生长技术快速发展。这是基础科学与工业生产相互促进的一个例子。

本书全面介绍 X 射线衍射动力学理论、衍射动力学效应、相关的实验方法和实验结果的分析以及应用实例。全书共 3 篇 15 章：

第 1 篇 X 射线衍射动力学理论 (1~6 章)，先简单回顾 X 射线衍射动力学理论发展历程，然后介绍完美晶体和畸变晶体 X 射线衍射动力学理论，并对近完美晶体 X 射线衍射统计动力学理论和多束光 X 射线衍射动力学理论也作了简单的介绍，使读者对 X 射线衍射动力学理论有初步的了解。

第 2 篇 X 射线动力学衍射现象 (7~10 章)，主要介绍 X 射线衍射动力学理论预言，并得到实验证实的衍射现象。这些现象无法应用 X 射线衍射运动学理论解释。使读者加深对 X 射线衍射动力学理论的认识，同时了解这些衍射现象的实用性。

第 3 篇 X 射线衍射动力学理论应用 (11~15 章)，主要介绍 X 射线衍射动力学理论在外延薄膜和多层膜微结构表征、X 射线谱仪、晶体结构因子、微应力等精确测量、X 射线形貌技术以及同步辐射光源的应用，使读者初步掌握应用学到的知识进行研究，学以致用。

X 射线动力学理论的应用涉及的学科内容很广，属多学科的交叉。本书既有基础理论、基本原理深入浅出的介绍，也有实验方法和翔实的应用实例，力图理论联系实验、深入浅出，而又不失其先进性、实用性和普适性。

本书可供从事 X 射线衍射动力学理论及应用 (如薄膜和多层膜结构 X 射线表征等) 的研究人员和工程技术人员参考，对从事相关器件 (如同步辐射单色器、X 射线干涉仪以及晶格精确测量等) 研制和开发的专业人员有参考价值，也可作为高等院校和研究院所凝聚态物理、材料科学、薄膜和相关学科及相关专业的教师和研究生的教学用书和参考书。

黄先荣教授为本书撰写了第 6 章和第 12 章，其余章节由麦振洪研究员完成。黄先荣教授于 1995 年南京大学获物理博士学位，于 1997 年赴纽约州立大学石溪分校材料系做博士后和 Research Assistant Professor。2006 年开始在布鲁克海文国家实验室和阿贡国家实验室任副研究和研究员。现在是阿贡国家实验室先进光源光学组晶体 X 射线光学分组长，石溪大学材料系兼职教授。对 X 射线衍射动力学理论有精深的研究，对先进同步辐射和自由电子激光晶体光学器件的设计和研发有丰富的经验。本书在编写过程中得到中国科学院物理研究所领导的大力支持；黄星椋同学对书稿图表做了大量工作；谢红兰研究员提供了 X 射线成像探测器的相关材料。科学出版社钱俊编辑对书稿进行了认真的编辑和审定。此外，本书得以顺利出版，要感谢国家科学技术学术著作出版基金和中科院物理研究所李明研究组的资助。在此，对他们付出的辛勤劳动和大力支持表示衷心的感谢。

限于作者学识水平，本书虽涉及很广的内容，但仍不能对当今 X 射线衍射动力学理论及应用的发展作完整的概述，不妥之处在所难免，敬请读者不吝指正。

麦振洪

2019 年 8 月 20 日

目　　录

第 2 篇　X 射线动力学衍射现象 (7～10 章)

第 1 篇　X 射线衍射动力学理论
(1～6 章)

首先简单回顾 X 射线衍射动力学理论的发展历程，然后介绍完美晶体和畸变晶体 X 射线衍射动力学理论，并对近完美晶体 X 射线衍射统计动力学理论和多束光 X 射线衍射动力学理论也作简单的介绍，使读者对 X 射线衍射动力学理论有初步的了解。

第 1 章　X 射线衍射动力学理论发展的简单回顾

1.1 引　　言

1912 年劳厄 (Max von Laue) 发现 X 射线在晶体中衍射现象，推导出著名的劳厄方程，随后，布拉格推导出布拉格方程，奠定了 X 射线衍射运动学理论基础，极大地促进了 X 射线衍射晶体学的发展。20 世纪 20 年代后期，电子衍射的发现促进了电子衍射动力学理论的发展。第二次世界大战后，人们发现中子衍射，形成了三种重要的衍射方法。

经典晶体学应用光学方法，主要研究晶体的外观结构，如晶体对称性、晶面夹角等，而现代晶体学应用散射或衍射方法研究物质原子水平的结构，深入到晶体的内部结构。目前，现代晶体学包括两个主要研究方向：一个是晶体结构分析，研究单胞内原子的排列；另一个是晶体品质评定，即晶体的完美性，研究单胞如何排列及晶体中的缺陷以及晶体的不完美对晶体性能的影响等。研究对象包括无机物、有机物及生物物质，如金属、半导体、氧化物、蛋白质等，X 射线晶体学已扩展到物理、化学、矿物学、生物学、医学等领域。

衍射晶体学的实验方法是利用 X 射线或电子或中子在晶体中的衍射或散射效应获得物质内部结构的信息，对实验结果的解释应用衍射运动学理论或衍射动力学理论。

X 射线衍射运动学理论只考虑入射的 X 射线与物质内单个原子一次作用，也就是说，忽略了该原子与其他原子的散射波之间的相互作用。换一句话说，它忽略了 X 射线在物质内与原子的多重散射以及入射波与诸衍射波之间可能存在的复杂的交互作用。这种假设只有对薄晶体或小晶体才满足，这时，衍射光束强度很小，而且传播距离很短，入射波与衍射波之间的交互作用很弱，X 射线衍射运动学理论是有效的，数学处理比较简单。当晶体比较厚时，原子的多重散射及散射波之间的相互作用不能忽略。X 射线衍射运动学理论的另一个困难是，由于它忽略了原子散射波之间的相互作用，因此，尽管入射 X 射线束在穿过晶体时，在其途径已经产生衍射波，但理论上仍然认为入射光束的强度不变，而衍射光束的强度随 X 射线透射深度的增加而增加，破坏了能量守恒定律，缺乏自洽性。

X 射线衍射运动学理论的这些弱点很快被理论物理学家所发现，1914 年达尔文 (Darwin)[1] 应用物理光学的方法，把产生布拉格反射的原子层划分为菲涅耳

(Fresnel) 带，以求出入射波与反射波之间的相位关系，然后考虑逐层原子的透射波与反射波的相互作用应满足自洽条件，从而导出了多重散射和没有光电吸收情况下振幅的递推公式 (recurrence formula) 和晶体反射的摇摆曲线 (rocking curve)，并指出 X 射线衍射动力学理论计算出的积分强度与当时的实验结果存在明显分歧，其原因是实际晶体结构不完美性。

埃瓦尔德 (Ewald) 于 1916~1917 年发表了多篇 X 射线衍射动力学理论的文章，从微观的角度发展了 X 射线衍射动力学理论 [2]，他将晶体视为排列整齐的偶极子阵列，在外加电磁场作用下，偶极子振动激发形成偶极子波，进而，偶极子波又激发电磁波。偶极子波与电磁波之间相互作用应满足自洽条件。Ewald 的理论内容丰富，提出了一系列重要概念和预言了许多重要的动力学衍射现象，全面奠定了 X 射线衍射动力学理论的基础。例如，阐明了入射波在晶体中的色散效应；对多光束条件下的衍射问题进行了讨论；着重处理了双光束条件下的衍射，包括布拉格情况和劳厄情况，对称反射和非对称反射；首次引入了色散面 (dispersion surface) 的概念；并发现入射光束与衍射光束之间存在摆动式的能量交换，称为摆动解 (pendellösung，即 pendulum solution)，预示了衍射干涉条纹 (pendellösung fringe) 的存在。在他的理论中还蕴含了吸收晶体可能存在异常透射效应。Ewald 的理论思想深刻、内容丰富、全面奠定了 X 射线衍射动力学理论的基础，但由于其深奥费解，虽然获得物理学界的认可，但没有受到足够重视。

1927 年电子衍射现象被发现，Bethe 很快提出了形式简明、内容完整的电子衍射动力学理论。

1931 年 Laue[3] 采用正电荷位于原子的中心，电子密度为三维周期分布的晶体模型，这样，入射电磁波在电子密度为三维周期性分布的介质中传播，需要满足麦克斯韦 (Maxwell) 方程组和具体的边界条件，同时，还要满足 X 射线衍射条件。Laue 的理论简洁、清晰，便于理解，成为 X 射线衍射动力学理论最具普遍性的表达方式。随后，Laue[4]，Zachariasen[5] 和 James[6] 等对 X 射线衍射动力学理论又作了进一步的处理和推广。此后，衍射动力学理论发展较慢，直到 20 世纪 50 年代人工获得结构高度完美的硅单晶。

X 射线动力学衍射现象的实验研究起步较晚，最初的动力学衍射现象实验是在电镜中观察到的，这是因为磁透镜系统聚焦动力学衍射现象容易获得。1941 年 Borrmann 做水晶实验时发现，透过水晶的 X 射线强度不满足 $I = I_0 e^{-\mu t}$，发现了 X 射线异常透射现象 [7]。

20 世纪 50 年代结构高度完美的人造晶体 (如硅单晶、锗单晶) 出现和 X 射线形貌技术的发展，对 X 射线衍射动力学理论研究和衍射动力学现象实验起了推动作用。半导体工业需要结构完美的硅单晶，X 射线形貌技术对晶体缺陷的检测，有力地推进了硅单晶质量的提高。而完美硅单晶的获得，X 射线衍射动力学衍射现象实验的成果，使 X 射线衍射动力学理论得到实验验证，促进了衍射动力学理论的发展。反过来，理论上的解释，使人们懂得晶体缺陷是如何引入、如何消除，从而使得晶体生长技术快速发展。这是基础科学与工业生产相互促进的一个例子。

1959 年 Kato 和 Lang 应用楔形硅单晶获得了 pendellösung 条纹，其结果与 Ewald 平面波理论预言的不同，为了解释这个实验结果，1960 年 Kato(加藤) 发展了 X 射线衍射动力学球面波理论 [8]。1965 年 Bonse 和 Hart[9] 发展了 X 射线干涉仪，首次在晶体外部探测到相干 X 射线干涉。1968~1970 年，Hildebranldt、Batterman、Authier 和 Malgrange 等在实验上获得平面波入射的衍射条件，X 射线形貌技术比较广泛地应用于晶体缺陷的研究。Penning[10]、Kato[11] 和 Bonse[12] 分别用几何光学理论研究了 X 射线在轻微畸变晶体内的衍射问题。Takagi(高木)[13] 探讨了畸变晶体的动力学衍射理论，导出了一组更具普遍性的耦合偏微分方程组，可以处理有畸变的晶体和任意形状波阵面入射束的衍射问题。高木理论被称为 X 射线衍射动力学的普遍理论，在 X 射线形貌图的诠释中起着重要作用，同时，促进了电子计算机模拟 X 射线形貌图衍衬像技术的发展。随后，粟山应用量子场论方法处理 X 射线衍射动力学问题，Kato 应用统计力学方法将 Takaga 方程改成差分形式，对消光问题得到有益的结果。

关于 X 射线衍射动力学理论，James[14]，Batterman 和 Cole[15]，Hart[16]，Kato[17], Dederichs[18] 等都撰写过重要的评述性总结。Pinsker 的 X 射线衍射动力学理论 [19]，Tanner[20], Holy[21] 以及许顺生和冯端主编 [22] 的有关 X 射线形貌术的专著中，也各有一章对 X 射线衍射动力学理论作了简明扼要的介绍, 为该领域的研究提供了详尽的参考资料。

1.2 X 射线衍射运动学与动力学理论概述

1.2.1 X 射线衍射运动学理论概述

劳厄、Friedrich 和 Knipping 发现晶体 X 射线衍射现象不久，劳厄就提出了一种简单的衍射理论解释，后来被称为 X 射线衍射运动学理论 (又称衍射几何理论)。

X 射线衍射运动学理论只考虑单个原子与入射波的相互作用，忽略了该原子与其他原子的集体散射效应而引起的波场的交互作用，换句话说，它忽略了多重散射以及入射波与衍射波之间可能存在的复杂的交互作用。也就是说，运动学理论有两个假设：① 每个电子只散射一次，忽略了一次散射光的再散射，也就忽略了初级消光；② 真空中及入射到晶体内各原子的 X 射线波长和振幅都相等，对散射波求和时，散射波的波长和振幅也相同，只考虑相位差。由此导出了一般“X 射线衍射晶体学”教材中所述的结果，主要有：

(1) 由单原子散射近似，衍射束的强度为各原子衍射波之叠加，其值随穿透晶体的深度增加而增加，而入射束的强度却保持不变，从而不满足能量守恒定律(图 1-1)。

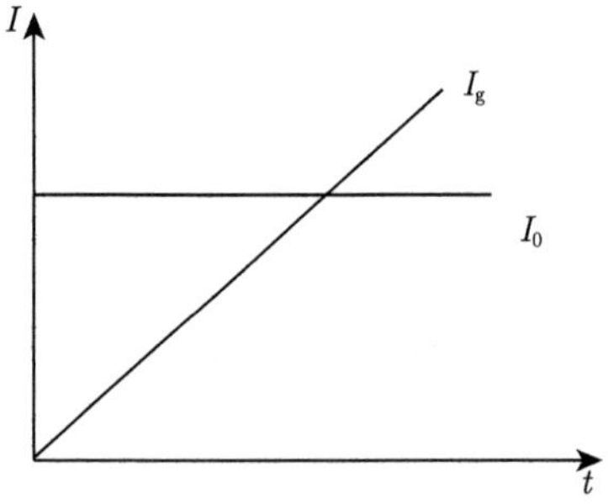

图 1-1　衍射运动学理论入射束和衍射束强度示意图

(2) 产生衍射的条件是满足布拉格衍射公式：$2d\sin\theta = n\lambda$, 其中 θ 为布拉格角，给出衍射束强度最大的方向。

(3) 晶体的摇摆曲线 (rocking curve) 可表示为：$I = \int I(\theta)\,\mathrm{d}\theta$。对于真实晶体总存在或多或少的内部缺陷，如点缺陷、面缺陷或三维缺陷，因此，实验值一般比理论值大。

(4) 衍射束的强度：$I_g \sim |F|^2$，其中 F 为晶体的结构因子。

(5) 晶体内能量流的方向为入射束和衍射束两个方向。

X 射线衍射运动学理论最大的弱点是缺乏自洽性。当入射光束穿过晶体时，途中产生了衍射波，入射光束损失了能量，穿透深度越厚，入射光束越弱，而衍射光束越强。但 X 射线衍射运动学理论认为，入射光束的强度不变，破坏了能量守恒定律，因此，只适用于很“薄”* 或很不完美的晶体 (晶体中包含大量微晶粒)。对一般 X 射线衍射实验，如多晶结构分析、劳厄定向、小角散射等，所用的晶体尺寸很小，主要考虑衍射强度随角度的变化，表述为衍射强度在倒易空间内分布，可以用 X 射线衍射动力学理论来处理。目前，通用的 X 射线晶体学或固体物理教材中所论述的 X 射线衍射理论基本上为 X 射线衍射运动学理论范畴。

1.2.2　X 射线衍射动力学理论概述

与 X 射线衍射运动学理论不同，X 射线衍射动力学理论考虑晶体内所有原子

---

* 对于 X 射线衍射动力学理论，所谓“厚晶体”或“薄晶体”不是指其几何厚度，而是指其 μt 的值，其中，μ 为晶体的线吸收系数，t 为 X 射线束通过的距离。当 $\mu t \geqslant 1$ 时为厚晶体，当 $\mu t < 1$ 时为薄晶体。例如，用 AgK_α 辐射，厚度为 13mm 的冰，其 $\mu t = 0.94$，还是薄晶体；而对厚度为 1.1mm 锗晶体，其 $\mu t = 20$，已是厚晶体。

散射波的相互作用，因此，得到很多不同的结果。

X 射线衍射动力学理论的处理思路是：晶体内的波场对 X 射线 (电磁波) 和电子 (粒子波) 情况分别采用麦克斯韦方程 (Maxwell's equation) 和薛定谔方程 (Schrödinger's equation) 来描述。假设波场在周期性的复数介质参数的介质中传播，并满足布拉格定律，得出一组受晶体点阵周期性函数调制的平面波解，这些波称为布洛赫 (Bloch) 波，在倒易点阵空间这组平面波解的波矢轨迹定义为色散面 (dispersion surface)，可理解为，考虑各原子散射波相互作用后色散球在布里渊区 (Brillouin zone) 边界相交处分为多支等能面，色散面可近似为双曲面，其渐近面为色散球。色散面的直径为晶体消光距离的倒数，与晶体结构因子有关。应用色散面可以解释衍射动力学的结果。在数学处理时，对 X 射线一般采用平面波二束论近似，即假设相干入射波的散射角小于完美晶体的衍射角，并只考虑入射波与衍射波之间的相互作用；对电子情况，上述条件是成立的。在通常的实验条件下，X 射线的摇摆曲线的半高宽 (约 10^{-5} 弧度) 比电子的窄很多 (约 10^{-2} 弧度)，但 X 射线的发散度 (约 5×10^{-4} 弧度) 大于常规电子束的发散度 (约 10^{-3} 弧度)，因此，对电镜的情况，光束的发散度小于摇摆曲线的半高宽，可采用平面波近似处理。而对 X 射线情况，光束的发散度大于摇摆曲线半高宽，用平面波近似处理就不太合适，为此，发展了球面波衍射理论。球面波理论认为入射束是由很多平面波叠加，而每个平面波在晶体中产生一组波场，即晶体中产生一组波束，其波前为 δ 函数。球面波理论数学处理比较复杂，作为衍射动力学理论的入门介绍，本书比较详细地介绍平面波二束论处理。为帮助读者全面学习 X 射线衍射动力学理论，对球面波理论以及其他的衍射动力学理论也作了介绍。

由于衍射动力学理考虑了入射波与晶体内所有原子的散射波之间产生相互作用，因此，得到一系列不同于衍射运动学理论的结果，主要有：

(1) 在晶体内，布洛赫波是混合态波，其波长和传播方向相互略有不同，它们相互作用，使入射波与衍射波互相交换能量。对无吸收情况，入射束与衍射束的强度之和为常数：$I_0(t) + I_{\mathrm{g}}(t) = I_{\mathrm{e}}$，服从能量守恒定律 (图 1-2)，这就是摆动效应 (pendellösung effect)。

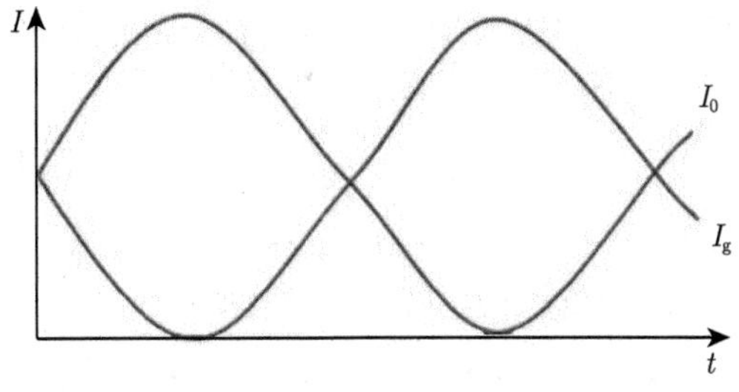

图 1-2 衍射动力学理论入射束和衍射束强度示意图

(2) 当入射束以布拉格角入射时，在晶体内产生了多重反射，因此，在透射束与衍射束之间的区域充满了布洛赫波场，这个区域称为波尔曼扇形 (Borrmann fan)，在整个扇形内都有能量流流过，故也称能流三角形。

(3) 衍射束强度 $I_g \approx |F|$, 其中 F 为晶体的结构因子。

(4) 晶体内能量流的方向和比值用坡印亭矢量 (Poynting vector) 表示，能量流的方向由入射波与衍射波的强度比决定 (图 1-3)，即 $I^i \boldsymbol{s}^i = I_0^i \boldsymbol{s}_o + I_g^i \boldsymbol{s}_g$，其中 i 表示不同的布洛赫波，I_0 和 I_g 分别为入射束强度和衍射束强度，$\boldsymbol{s}_o$ 和 $\boldsymbol{s}_g$ 分别为沿入射方向和衍射方向的坡印亭单位矢量。由此可知，坡印亭矢量表示单位时间通过垂直于 $\boldsymbol{s}$ 的单位面积的能流。

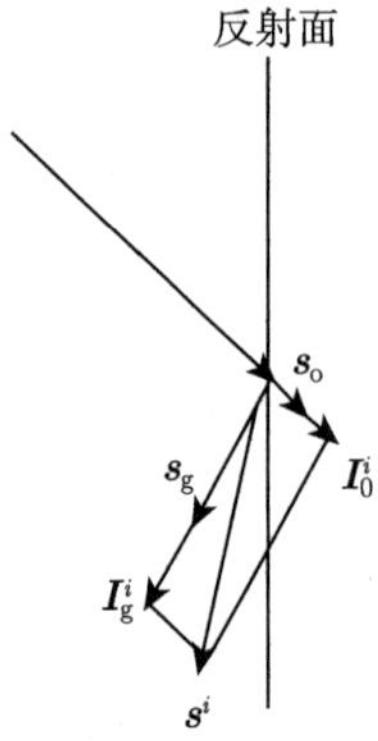

图 1-3　晶体内能量流方向示意图

(5) 多重散射引起初级消光，其消光系数取决于晶体的完美性和实验条件。

X 射线形貌术、X 射线干涉和 X 射线光学等技术都是研究近完美晶体的衍射现象，主要考虑衍射强度为空间位置的函数，表现为正空间的分布，需要应用衍射动力学理论来诠释。

在政府的大力支持下，我国已经启动了 X 射线自由电子激光重大项目，软 X 射线自由电子激光装置和用户装置于 2019 年建成；硬 X 射线自由电子激光装置将于 2024 年建成；北京高能同步辐射装置采用准衍射极限环，也将于 2025 年建成。对未来的相干 X 射线光源 (如 X 射线自由电子激光和衍射极限环等光源) 实验现象的解释，X 射线衍射动力学理论提供了理论基础。

参 考 文 献

[1] Darwin C G. Phil. Mag., 1914 (27): 314.

[2] Ewald P P. Phys. Zschr., 1913 (14): 465; Ann. Physik, 1916 (49): 1; Ann. Physik, 1917 (54): 519; Z. Physik,1920 (2): 332; 1924 (30): 1; Phys. Z.,1925 (26): 29.

[3] von Laue M. Ergeb. Exakt. Naturwis., 1931 (10): 133.

[4] von Laue M. Rontgenstrahleninterferenzen, 1st ed. 1940; 2nd ed. 1941; 3rd ed. 1960, Frankfurt a. M: Akademische Verlag.

[5] Zachariasen W H. Theory of X-ray Diffraction in Crystals. New York: Wiley, 1945.

[6] James R W. The Optical Principle of the Diffraction of X-rays. Landon: G.Bell and Sons LTD, 1948.

[7] Borrmann G. Phys. Zschr.,1942 (42):157; Phys. Zschr.,1950 (127):297.

[8] Kato N. Acta Cryst., 1961 (14): 526, 627; J. Appl. Phys., 1968 (39): 2225, 2231; J. Phys. Soc. Japan, 1966 (21) :1160.

[9] Bonse U, Hart M. Appl. Phys. Lett., 1965(6): 155; 1965(7): 99, 239.

[10] Penning P, Polder D. Philips Res. Rep., 1965 (16): 419.

[11] Kato N. J. Phys. Soc. Japan, 1964 (19):67, 971; 1963 (18):1785.

[12] Bonse U. Z. Phys., 1964 (177): 385.

[13] Takagi S. Acta Cryst., 1962 (15) : 1311; J. Phys. Soc. Japan, 1968 (26) :1239.

[14] James R W. The Dynamical Theory of X-ray Diffraction in Solid State Physics. New York: Academic, 1963.

[15] Batterman B W, Cole H. Review of Modern Physics, 1964(36): 681.

[16] Hart M. Elementary Dynamical Theory in Characterization of Crystal Growth Defects by X-ray Method. London: Plenum Press, 1978.

[17] Kato N. Dynamical Theory for Perfect Crystals in X-ray Diffraction. New York: McGraw-Hill Book Company, 1974.

[18] Dederichs P H. Dynamical Diffraction Theory by Optical Potential Methods in Solid State Physics. Vol 27. New York: Academic, 1972.

[19] Pinsker Z G. Dynamical Scattering of X-rays in Crystals. Berlin:Springer, 1978.

[20] Tanner B K. X-ray Diffraction Topography. Oxford: Pergamon, 1978.

[21] Holy V. Dynamical Scattering Theory in High-Resolution X-ray Scattering from Thin Films and Multilayers. Berlin: Springer, 1998.

[22] 许顺生, 冯端. X 射线衍衬貌相学. 北京: 科学出版社, 1987.

第 2 章　完美晶体 X 射线衍射动力学理论 I
——平面波近似

2.1　晶体中周期性复数介质常数

2.1.1　均匀介质的色散公式

众所周知，X 射线是电磁波，因此，X 射线被介质散射时也会产生色散现象。但介质被 X 射线照射时，介质中的电子受到周期性变化的外场 $E = E_0 \exp(\mathrm{i}\omega t)$ 的作用发生位移，成为电偶极子。作为一级近似，原子可作为简谐振子，电子被准弹性力 $F = -fr$ 束缚在原子里，其中 f 为弹性常数，r 为电子位移。如果忽略吸收，电子的运动方程 (采用高斯单位制) 为

$$m\ddot{r} = eE - fr \tag{2-1}$$

其中，m 为电子质量；e 为电子电荷；f 为介质的弹性常数；r 为电子位移。设 $\omega_0 = \sqrt{f/m}$ 为原子固有振动圆频率，式 (2-1) 可改写为

$$\ddot{r} + \omega_0^2 r = \frac{e}{m} E_0 \exp(\mathrm{i}\omega t) \tag{2-2}$$

式 (2-2) 的解为

$$r = \frac{e}{m} \frac{E_0 \exp(\mathrm{i}\omega t)}{\omega_0^2 - \omega^2} \tag{2-3}$$

X 射线的频率通常比原子固有频率高得多，$\omega \gg \omega_0$，因此，可略去 ω_0，得

$$r = -\frac{eE}{m\omega^2} \tag{2-4}$$

从而，可以求出介质的电极化强度为

$$P = \rho e r = -\frac{\rho e^2 E}{m\omega^2} = \chi E \tag{2-5a}$$

其中，ρ 为单位体积中电偶极子的数目；χ 为介质的极化率。

介质中电位移强度 $D = \varepsilon E = E + 4\pi\rho = (1 + 4\pi\chi) E$, 可得介质的介电常数为

$$\varepsilon = 1 + 4\pi\chi = 1 - \frac{4\pi\rho e^2}{m\omega^2} \tag{2-5b}$$

其中，ω 为频率，$\omega=2\pi\dfrac{c}{\lambda}$，$c$ 为光速，λ 为波长。电动力学可证明，电子经典半径 $r_{\mathrm{e}}=\dfrac{e^2}{mc^2}$，代入式 (2-5b) 得$\varepsilon=1-\dfrac{r_{\mathrm{e}}\lambda^2\rho}{\pi}$，又知折射率 $n=\dfrac{c}{c'}$，其中 c 为波在真空中的速度，c' 为波在介质中的相速度。由电磁波的波动方程：

$$\nabla^2\boldsymbol{E}=\frac{\mu\varepsilon}{c^2}\frac{\partial^2E}{\partial t^2}=\frac{1}{c'}\frac{\partial^2E}{\partial t^2}$$

可求出$n=\dfrac{c}{c'}=\sqrt{\mu\varepsilon}$，除了铁磁体外，对一般介质可认为磁导率 $\mu\approx1$，$n=\sqrt{\varepsilon}$。介质的折射率 n 与介质常数 ε 有如下关系：

$$n^2\approx\varepsilon=1-\frac{4\pi\rho e^2}{m\omega^2}=1+\chi \tag{2-6}$$

得

$$\chi=-\frac{4\pi\rho e^2}{m\omega^2} \tag{2-7}$$

这就是色散公式。对 X 射线，χ 值为 10^{-6} 数量级，因为 χ 为负值，故对 X 射线，介质的折射率和介电常数总是小于 1。折射率是频率的函数，X 射线波长越长，其频率 ω 越小，折射率 n 越大。对 X 射线介质折射率的修正在 X 射线衍射运动学理论中不考虑，只在精确测量点阵参数或单晶反射时考虑。如修正的布拉格方程：

$$n\lambda=2d\sqrt{\sin^2\theta-2\chi}\approx2d\left(1-\frac{\chi}{\sin^2\theta}\right)\sin\theta$$

对立方晶系近似为

$$a_{\text{校正}}=a_{\text{未校正}}\times(1+\chi)$$

2.1.2 原子周期性分布的色散公式

从 2.1.1 节可知，在电磁波的作用下，电子会位移，形成一对电偶极子。假设电偶极子在晶体中均匀分布，但实际上，晶体中原子是周期性排列的，因此，电子也是周期性分布的。对晶体和高能 X 射线入射，色散公式为

$$\chi(\boldsymbol{r})=-\frac{4\pi e^2}{m\omega^2}\rho\left(r\right)=-\frac{r_{\mathrm{e}}\lambda^2}{\pi}\rho\left(\boldsymbol{r}\right) \tag{2-8}$$

其中，$r_{\mathrm{e}}=\dfrac{e^2}{mc^2}$，为电子经典半径; c 为真空中光波的速度。

晶体中电子密度可用傅里叶级数表示：

$$\rho(\boldsymbol{r})=\frac{1}{V}\Sigma_gF_g\exp(-\mathrm{i}\boldsymbol{g}\cdot\boldsymbol{r})$$

其中，V 为单位体积。代入式 (2-8)，可得无缺陷、无热运动完美晶体的极化率为

$$\chi(\boldsymbol{r}) = \varSigma_g \chi_g \exp\left(-\mathrm{i}\boldsymbol{g}\cdot\boldsymbol{r}\right) \tag{2-9}$$

其中，$\chi_g = -\dfrac{r_e\lambda^2}{\pi V}F_g$；$\boldsymbol{g}$ 为倒易矢量；F_g 为结构因子；χ_g 为负数，一般为 10^{-6} 数量级，是周期分布。

对无衍射 (即透射) 情况，平均折射率为

$$n = 1 + \frac{\chi_0}{2} = 1 - \frac{r_e\lambda^2}{2\pi V}F_g \tag{2-10}$$

其中，$F_g = 0$, 是零级衍射 $hkl = 000$ 时的结构因子。F_g 的值可为正或负，决定于坐标原点的选取，习惯的坐标原点选取是使 F_g 为正，而 χ_g 为负。

2.1.3　有吸收情况下的色散公式

对于低频情况，电子不能认为是自由的，原子散射因子需作反常散射修正。当频率接近电子的共振频率或者有吸收存在时，极化变得很复杂，介电常数一般用复数表示。对 X 射线情况，考虑原子散射因子 f 为复数:

$$f_g = (f_0 + \Delta f' + \mathrm{i}\Delta f'')_g$$

其中，f_0 为电子散射因子；$\Delta f'$ 和 $\Delta f''$ 为频率修正项。这样，结构因子为

$$\begin{aligned} F_g =& \varSigma_g (f_0 + \Delta f' + \mathrm{i}\Delta f'')_g \exp(2\pi\mathrm{i}\boldsymbol{g}\cdot\boldsymbol{r}_g) \\ =& F_g' + \mathrm{i}F_g'' \end{aligned}$$

其中，F_g' 和 F_g'' 分别为结构因子的实部和虚部。色散公式为

$$\chi_g = \chi_g' + \mathrm{i}\chi_g'' \tag{2-11}$$

其中，$\chi_g' = -\dfrac{r_e\lambda^2}{\pi V}F_g'$；$\chi_g'' = -\dfrac{r_e\lambda^2}{\pi V}F_g''$。

对原点选在对称中心的单胞，$\boldsymbol{g} = -\boldsymbol{g}$, 即有 $F_g' = F_{-g}', F_g'' = F_{-g}''$，因而，$\chi_g'^{*} = \chi_g' = \chi_{-g}'$ 及 $\chi_g''^{*} = \chi_g'' = \chi_{-g}''$，其中 * 表示共轭复数。虚数部分也是三维周期性分布，可表示为傅里叶级数:

$$\chi'' = \varSigma_g \chi_g'' \exp\left(-2\pi\mathrm{i}\boldsymbol{g}_s\cdot\boldsymbol{r}_s\right)$$

对零级衍射，hkl=000，介电常数平均值为

$$\varepsilon_0 = 1 + \chi_0 = 1 - \frac{r_e\lambda^2}{\pi V}\left(F_0' + \mathrm{i}F_0''\right) = 1 - \chi_0' - \mathrm{i}\chi_0''$$

以后的分析将知道，无衍射情况，

$$\chi_0'' = -\frac{\lambda}{2\pi}\mu_0 \tag{2-12}$$

其中，μ_0 为线性吸收系数。这样，若测出 μ_0，就可以求出 χ_0''。例如，对锗单晶，应用 CuK_α 辐射，$\lambda = 1.54 \times 10^{-8}\mathrm{cm}$, $\mu_0 = 350\mathrm{cm}^{-1}$, 可得 $\chi_0'' = 0.86 \times 10^{-6}$(无量纲)。可以看出，大多数介质对 X 射线的折射率接近 1。

2.2 晶体内的波动方程

晶体内波场是由麦克斯韦方程组推导出描述晶体中 X 射线传播的波动方程，然后求出在三维周期性分布的介质中同时满足布拉格反射定律的解。为了简单，假设入射波是单色、相干、无限大的平面波，即采用平面波处理。同时，假设在 X 射线频率下，$\sigma = 0$，这样，晶体中没有因电阻产生的发热损失，根据麦克斯韦方程组，采用 CGS 高斯单位制，设磁导率 $\mu = 1$，电导率 $\sigma = 0$，介质中电磁波的定态传播方程为

$$\begin{cases} \nabla \cdot \boldsymbol{D} = 4\pi\rho \\ \nabla \times \boldsymbol{E} = -\dfrac{1}{c}\dfrac{\partial \boldsymbol{B}}{\partial t} \\ \nabla \cdot \boldsymbol{B} = 0 \\ \nabla \times \boldsymbol{H} = \dfrac{1}{c}\dfrac{\partial \boldsymbol{D}}{\partial t} + \dfrac{4\pi}{c}\boldsymbol{j}_\mathrm{f} \quad (\boldsymbol{j}_\mathrm{f}\text{为传导电流密度}) \\ \boldsymbol{D} = \varepsilon \boldsymbol{E}, \quad \boldsymbol{P} = \chi \boldsymbol{E} \\ \boldsymbol{B} = \mu \boldsymbol{H}, \quad \boldsymbol{M} = k\boldsymbol{H} \\ \boldsymbol{j}_\mathrm{f} = \delta E \\ \nabla \cdot \boldsymbol{j}_\mathrm{f} = -\dfrac{\partial \rho_s}{\partial t} = 0 \end{cases}$$

为了简单，假设平面波入射，在 X 射线频率范围，电导率 $\sigma = 0$，晶体中没有电阻产生的发热损失，磁导率 $\mu = 1$，$\boldsymbol{j}_\mathrm{f} = 0$。这时，电场强度$\boldsymbol{E}$及磁场强度$\boldsymbol{H}$分别满足：

$$\nabla \times \boldsymbol{E} = -\frac{1}{c}\frac{\partial \boldsymbol{H}}{\partial t} \tag{2-13a}$$

$$\nabla \times \boldsymbol{H} = \frac{1}{c}\frac{\partial \boldsymbol{D}}{\partial t} \tag{2-13b}$$

晶体的极化常用极化强度$\boldsymbol{P}$来描述，满足如下关系：

$$\boldsymbol{D} = \boldsymbol{E} + 4\pi\boldsymbol{P} = \varepsilon\boldsymbol{E} \tag{2-13c}$$

把式 (2-13b) 代入式 (2-13a)，并对等式两边求旋度：

$$\nabla \times \nabla \times (\boldsymbol{D} - 4\pi\boldsymbol{P}) = -\frac{1}{c^2}\frac{\partial^2 \boldsymbol{D}}{\partial t^2} \tag{2-14}$$

根据矢量恒等式：$\nabla \times \nabla \times \boldsymbol{D} = \nabla(\nabla \cdot \boldsymbol{D}) - \nabla^2\boldsymbol{D}$，并考虑 $\nabla^2\boldsymbol{D} = 4\pi\rho_0 = 0$(假设自由电荷密度 $\rho_0 = 0$)，只考虑电位移矢量的波动部分，不讨论静电效应，可求得

$$\nabla^2\boldsymbol{D} + \nabla \times \nabla \times (4\pi\boldsymbol{P}) - \frac{1}{c^2}\frac{\partial^2 \boldsymbol{D}}{\partial t^2} = 0 \tag{2-15}$$

假设$\boldsymbol{D}$的时间因子为 $\mathrm{e}^{2\pi i\nu t}$，其中 ν 为 X 射线的频率。引入波矢$\boldsymbol{K}$，其数值为 $\boldsymbol{K} = \dfrac{\nu}{t}$，令 χ为介质极化率的 4π 倍，并且 $\chi \approx 1 - \varepsilon$，得到 X 射线传播的波动方程：

$$\nabla^2\boldsymbol{D} + 4\pi^2\boldsymbol{K}^2\boldsymbol{D} + \nabla \times \nabla \times (\chi\boldsymbol{D}) = 0 \tag{2-16}$$

式 (2-16) 为普适波动方程，式 (2-9) 已推导出三维周期性变化的极化率 χ。对于晶体情况，要产生衍射，还要满足布拉格定律：$\boldsymbol{k}_g = \boldsymbol{k}_0 + \boldsymbol{g}$。因此，式 (2-16) 的解为平面波形式：

$$\boldsymbol{D}(\boldsymbol{r}) = \exp[-2\pi\mathrm{i}(\boldsymbol{k}_0 \cdot \boldsymbol{r})]\sum_g \boldsymbol{D}_g \exp[-2\pi\mathrm{i}(\boldsymbol{g} \cdot \boldsymbol{r})] \tag{2-17}$$

可见，与均匀介质波动方程解不同，它不是一个简单的平面波，而是一组平面波的叠加。$\boldsymbol{D}(\boldsymbol{r})$ 的振幅受点阵周期性的调制，这种类型的波称为 Bloch 波。在固体物理学中常用标量 Bloch 波来描述晶体中电子的波函数。把式 (2-17) 代入式 (2-16) 得

$$\sum_g \left\{4\pi^2(K^2 - k_g^2)\boldsymbol{D}_g - 4\pi^2\sum_g \chi_{g-h}[\boldsymbol{k}_g \times (\boldsymbol{k}_g \times \boldsymbol{D}_h)]\right\} = 0 \tag{2-18}$$

从式 (2-18)，可得到对诸矢量 $\boldsymbol{k}_g$ 所满足的方程：

$$(K^2 - k_g^2)\boldsymbol{D}_g - \sum_h \chi_{g-h}[\boldsymbol{k}_g \times (\boldsymbol{k}_g \times \boldsymbol{D}_g)] = 0 \tag{2-19a}$$

式 (2-19a) 也可表示为

$$(K^2 - k_g^2)\boldsymbol{D}_g - k_g^2\sum_h \chi_{g-h}\boldsymbol{D}_h = 0 \tag{2-19b}$$

式 (2-19a) 和式 (2-19b) 都是描述晶体内部波场的基本方程。

对于有吸收的情况，波矢量为复数：

$$\boldsymbol{K} = \boldsymbol{K}' - \mathrm{i}\boldsymbol{K}'' \tag{2-20}$$

$\boldsymbol{K}'$ 与 $\boldsymbol{K}''$ 不一定共线，$\boldsymbol{K}'$ 垂直于等相面，而 $\boldsymbol{K}''$ 垂直于吸收面。对 X 射线衍射范围，$|K''|/|K'| \approx 10^{-5}$。因此，当考虑吸收时，$\boldsymbol{K}$ 为复数；而当考虑矢量的方向性时，K 可只考虑实部。

Bloch 波具有如下性质。

(1) 横波性。Bloch 波的每一个分量都是横波，当只考虑电位移的波动部分，不考虑其静电效应时，有 $\nabla\cdot\boldsymbol{D} = 0$，可以推断，对于任意的 $\boldsymbol{g}$，有 $\boldsymbol{k}_g\cdot\boldsymbol{D}_g = 0$。对无吸收情况，$\boldsymbol{D}_g$ 的确垂直于波的传播方向。

(2) 与其他场矢量的关系。平面波解也适用于电场强度 E 和磁场强度 H，故有

$$\boldsymbol{E}(\boldsymbol{r}) = \sum_g \boldsymbol{E}_g \exp -[\mathrm{i}2\pi(\boldsymbol{k}_g\cdot\boldsymbol{r})]$$

$$\boldsymbol{H}(\boldsymbol{r}) = \sum_g \boldsymbol{H}_g \exp -[\mathrm{i}2\pi(\boldsymbol{k}_g\cdot\boldsymbol{r})]$$

把 $\boldsymbol{D}$，$\boldsymbol{E}$ 和 $\boldsymbol{H}$ 代入式 (2-13a) 和式 (2-13b)，可得到

$$\boldsymbol{D}_g = \frac{-(\boldsymbol{k}_g \times \boldsymbol{H}_g)}{K} \tag{2-21}$$

$$\boldsymbol{H}_g = \frac{-(\boldsymbol{k}_g \times \boldsymbol{E}_g)}{K} \tag{2-22}$$

可直接导出正交关系

$$(\boldsymbol{D}_g\cdot\boldsymbol{k}_g) = (\boldsymbol{D}_g\cdot\boldsymbol{H}_g) = 0 \tag{2-23a}$$

$$(\boldsymbol{H}_g \cdot \boldsymbol{k}_g) = (\boldsymbol{E}_g \cdot \boldsymbol{H}_g) = 0 \tag{2-23b}$$

在无吸收情况下，$\boldsymbol{E}_g$、$\boldsymbol{D}_g$ 和 $\boldsymbol{S}_g$之间的方向关系如图2-1 所示。作 $\boldsymbol{D}_g$ 和 $\boldsymbol{K}_g$ 的矢量积，并利用式 (2-23b)，可得

$$\boldsymbol{H}_g = \frac{K}{K_g^2}(\boldsymbol{K}_g \times \boldsymbol{D}_g) \tag{2-24}$$

因为 $\boldsymbol{D}=\varepsilon\boldsymbol{E}$，其中电介质系数 $\varepsilon = 1+\chi$。忽略 χ^2 以上的高次项，可得 $\boldsymbol{E}$ 的各傅里叶分量应满足：

$$\boldsymbol{E}_g = (1-\chi_0)\boldsymbol{D}_0 - \sum_h \chi_{g-h}\boldsymbol{D}_h \tag{2-25}$$

由于 χ_0 值很小，故有 $\boldsymbol{E}_g \approx \boldsymbol{D}_g$。

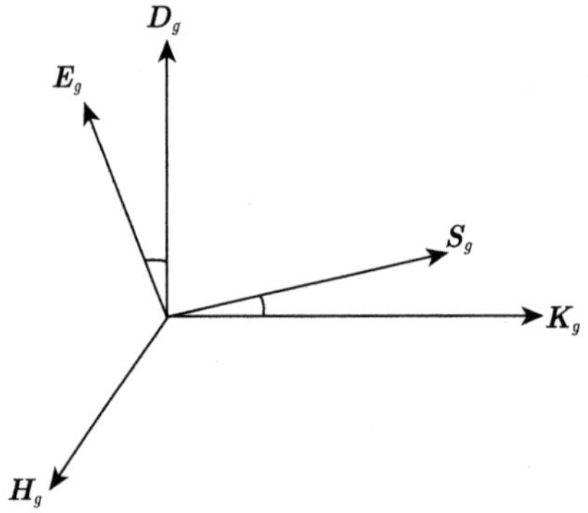

图 2-1 晶体中 $\boldsymbol{H}_g$、$\boldsymbol{K}_g$、$\boldsymbol{E}_g$、$\boldsymbol{D}_g$ 和 $\boldsymbol{S}_g$之间的方向关系

因此，只要求得 $\boldsymbol{D}_g$(或 $\boldsymbol{E}_g$) 及 $\boldsymbol{k}_g$，就可以唯一地确定其他场矢量。在下面的章节中，主要讨论电位移 $\boldsymbol{D}_g$。

2.3 双光束近似

由晶体内波动方程 (2-19)，可以讨论 X 射线在晶体中的衍射。由于入射波及散射波的相互作用，在晶体内存在很多个波场。为了简单，只考虑这样的情况，即只有一个倒易阵点足够近地靠近埃瓦尔德球，以产生可能的衍射。也就是说，晶体内只有 $\boldsymbol{D}_0$ 和 $\boldsymbol{D}_g$ 两个波场，其他波场都很小，可以忽略。换言之，晶体内只有两个无限大的平面波波场，它们的波矢为 $\boldsymbol{k}_0$ 和 $\boldsymbol{k}_g$，这就是双光束近似。

在双光束近似下，波动方程 (2-19b) 可简化为

对入射束，$g=0$, $(K^2-k_0^2)\boldsymbol{D}_0+k_0^2(\chi_0\boldsymbol{D}_0+\chi_{-g}\boldsymbol{D}_g)=0$ (2-26a)

对衍射束，$g=g$ $(K^2-k_g^2)\boldsymbol{D}_g+k_g^2(\chi_g\boldsymbol{D}_0+\chi_0\boldsymbol{D}_g)=0$ (2-26b)

式 (2-26a) 中χ_{-g} 反映衍射动力学理论考虑入射波与衍射波的交互作用，产生点阵面 $-\boldsymbol{g}$ 的衍射效应。

由于方程 (2-26) 为矢量方程，所以应用不方便。考虑 X 射线是矢量波，有两种偏振态：σ偏振和π偏振。对σ偏振，有 $\boldsymbol{D}_0^\sigma /\!/ \boldsymbol{D}_g^\sigma$；对 π 偏振，有 $\boldsymbol{D}_0^\pi\wedge\boldsymbol{D}_g^\pi=2\theta$ (图 2-2)。引入偏振因子：

$$C=\begin{cases}1, & \sigma\\ |\cos 2\theta|, & \pi\end{cases}$$

式 (2-26a) 和式 (2-26b) 可用标量方程代替：

$$\begin{cases}(K^2-k_0^2+k_0^2\chi_0)D_0+k_0^2C\chi_{-g}D_g=0\\ k_g^2C\chi_g^2D_0+(K^2-k_g^2+k_g^2\chi_0)D_g=0\end{cases} \tag{2-26c}$$

式中，K 为真空中波矢；k_0 为入射束波矢；k_g 为衍射束波矢。从式 (2-6) 知，对无衍射情况，平均折射率 $n=1+\dfrac{\chi_0}{2}$，即得 $k=\left(1+\dfrac{\chi_0}{2}\right)K$。这个结果也可从标量方程推出。

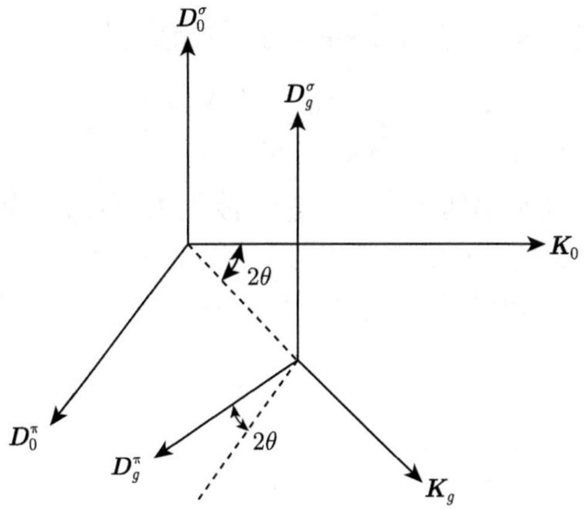

图 2-2 X 射线波矢偏振关系示意图

考虑入射束不产生衍射，$D_g=0, k_g=0$，此时，晶体内波矢 k 满足以下关系：

$$(k_0^2-K^2)-\chi_0 k_0^2=0 \tag{2-27}$$

由于χ_0 是个很小量，因而，可以忽略χ_0^2 以上的高次项，式 (2-27) 可写成

$$k_0^2(1-\chi_0)=K^2$$
$$|k_0|\approx K\left(1+\frac{1}{2}\chi_0\right)$$

引入介质折射率$n=\dfrac{k_0}{K}=1+\dfrac{1}{2}\chi_0, n<1$，故 $k_0<K$。可能的 $\boldsymbol{k}_0$ 矢量的端点轨迹为一球面，这就是单光束近似的色散面。对单光束近似，无所谓 k_0 和 k_g，因此，$|k|\cong|K|$。

引入近似：

(1) $K^2+k_0^2\chi_0-k_0^2\approx K^2\left(1+\dfrac{1}{2}\chi_0\right)^2-k_0^2=k^2-k_0^2$；

(2) $K^2+k_g^2\chi_0-k_g^2\approx k^2-k_g^2$；

(3) $\dfrac{k_0^2}{2K}\approx\dfrac{k_g^2}{2K}\approx\dfrac{1}{2}K$；

(4) $k_0+k\approx k_g+k\approx 2K$；

式中，k 为折射率平均波矢。从而，式 (2-26c) 可改写为

$$\begin{cases} (k^2-k_0^2)D_0+k_0^2C\chi_{-g}D_g=0 \\ k_g^2C\chi_gD_0+(k^2-k_g^2)D_g=0 \end{cases} \tag{2-28}$$

这是齐次线性方程组，其非零解的条件为行列式等于零。

$$\Delta=\begin{vmatrix} k^2-k_0^2 & Ck_0^2\chi_{-g} \\ Ck_g^2\chi_g & k^2-k_g^2 \end{vmatrix}=0 \tag{2-29}$$

行列式 (2-29) 中第一项和第四项表示入射束波矢 k_0 和衍射束波矢 k_g 与介电常数平均值修正的真空波矢的差。如果没有这个差别，式 (2-29) 就无唯一解。因此，k_0 和 k_g 不等于 k 是一个重要参数。式 (2-29) 表示色散关系，色散关系可以形象地用倒易空间的色散面来表示。

令 $k^2\cong K^2(1+\chi)$，即有

$$(k^2-k_0^2)(k^2-k_g^2)=(K^2C\chi_g)^2 \tag{2-30}$$

其中，k 为晶体中平均折射率波矢；k_0 为晶体内直射波波矢；k_g 为晶体内衍射波波矢；K 为真空波矢。对有中心对称的晶体，$\chi_g=\chi_{-g}$。分解因式，并利用上述近似关系 (4)，式 (2-30) 可改写成

$$(k-k_0)(k-k_g)=\left(\frac{K^2C\chi_g}{2K}\right)^2 \tag{2-31}$$

解方程 (2-30) 可求得 k^2 的两个实根：

$$k^2=\frac{1}{2}\left(k_0^2+k_g^2\right)\pm\left[\frac{1}{4}\left(k_0^2-k_g^2\right)^2+(KC\chi_g)^2\right]^{\frac{1}{2}} \tag{2-32}$$

取两个偏振态对应的 C 值，$C=\begin{cases} 1 \\ |\cos 2\theta| \end{cases}$，式 (2-32) 有四个解：

$$k_{\sigma(1)}^2=\frac{1}{2}\left(k_0^2+k_g^2\right)+\left[\frac{1}{4}\left(k_0^2-k_g^2\right)^2+\left(K^2\chi_g\right)^2\right]^{\frac{1}{2}}$$

$$k_{\pi(1)}^2=\frac{1}{2}\left(k_0^2+k_g^2\right)+\left[\frac{1}{4}\left(k_0^2-k_g^2\right)^2+\left(K^2\chi_g\cos 2\theta\right)^2\right]^{\frac{1}{2}}$$

$$k_{\sigma(2)}^2=\frac{1}{2}\left(k_0^2+k_g^2\right)-\left[\frac{1}{4}\left(k_0^2-k_g^2\right)^2+\left(K^2\chi_g\right)^2\right]^{\frac{1}{2}}$$

$$k_{\pi(2)}^2=\frac{1}{2}\left(k_0^2+k_g^2\right)-\left[\frac{1}{4}\left(k_0^2-k_g^2\right)^2+\left(K^2\chi_g\cos 2\theta\right)^2\right]^{\frac{1}{2}}$$

式 (2-30)~ 式 (2-32) 描述了极化率χ_g 与波矢的关系，称为色散方程，可以用倒易空间的色散面来形象地描述。

2.4 色 散 面

从 2.3 节知道，入射束波矢 $\boldsymbol{k}_0$ 和衍射束波矢 $\boldsymbol{k}_g$ 不等于真空波矢 K，也就是说，$\boldsymbol{k}_0$ 和 $\boldsymbol{k}_g$ 的折射率不等于平均折射率。为了清楚地说明这个差异，定义两个参数：α_0 和α_g ，并有下面关系：

$$2K\alpha_0 \equiv k_0^2 - K^2(1+\chi_0)$$

$$2K\alpha_g \equiv k_g^2 - K^2(1+\chi_0)$$

因为有近似关系：

$$k_0^2 - K^2(1+\chi_0) \cong 2K\left[\left(k_0^2\right)^{\frac{1}{2}} - K\left(1+\frac{1}{2}\chi_0\right)\right]$$

可得

$$\alpha_0 = k_0 - K\left(1+\frac{1}{2}\chi_0\right) \tag{2-33a}$$

同理

$$\alpha_g = k_g - K\left(1+\frac{1}{2}\chi_0\right) \tag{2-33b}$$

α_0 表示晶体内的入射束波矢与介电常数平均折射率修正后真空波矢的差别，也就是说，晶体内的波长不等于真空中的波长。这意味着倒易空间里晶体的 Ewald 球的半径比真空中的小 ($K > K(1+\chi_0)$)。这样，要得到同一个 hkl 衍射，Ewald 球的球心要从原来真空情况下的中心点 L 移到 L_0 (图 2-3)，图中 $\boldsymbol{g}$ 为 hkl 衍射的倒易矢量。把α_0 和α_g 代入式 (2-29)，利用近似关系，$\dfrac{k_0^2}{2K} \cong \dfrac{k_g^2}{2K} \cong \dfrac{1}{2}K$, 可得

$$\alpha_0\alpha_g = \frac{1}{4}K^2C^2\chi_g\chi_{-g} \tag{2-34}$$

式 (2-34) 是色散面的基本方程。它表示色散面上的结点到等能球面的距离的乘积为一常数，其结点可能位置的轨迹称为色散面。考虑无吸收情况，波矢量为实数，在倒易空间里倒易矢量从 O 点指向 H 点，而 O 点和 H 点分别为 $\boldsymbol{k}_0$ 和 $\boldsymbol{k}_g$ 的终点。由于衍射条件 $\boldsymbol{k}_g = \boldsymbol{k}_0 + \boldsymbol{g}$ 的制约，$\boldsymbol{k}_0$ 和 $\boldsymbol{k}_g$ 的起点必然连接在一起，称为结点 (tie point)，结点的轨迹为色散面 (dispersion surface)。为了清楚地描述双光束近似色散面附近波矢关系 (图 2-4)，我们放大 LL_0 的距离，假设在 L 和 L_0 之间有一点 A，使点 A 满足色散面方程 (2-34)，确实可从 $\boldsymbol{k}_0$ 和 $\boldsymbol{k}_g$ 得到。根据式 (2-33) 可知，α_0 表示从 A 点到半径为 $K\left(1+\dfrac{1}{2}\chi_0\right)$ 的球心 O 的距离，α_g 表示从 A 点到

半径为 $K\left(1+\dfrac{1}{2}\chi_0\right)$ 的球心 H 的距离。如果在 L_0 附近的球面可视为平面，从式 (2-33) 得 A 点的轨迹为以 O 球和 H 球为渐近面的双叶旋转双曲柱面，这个双曲柱面称为双光束近似的色散面。

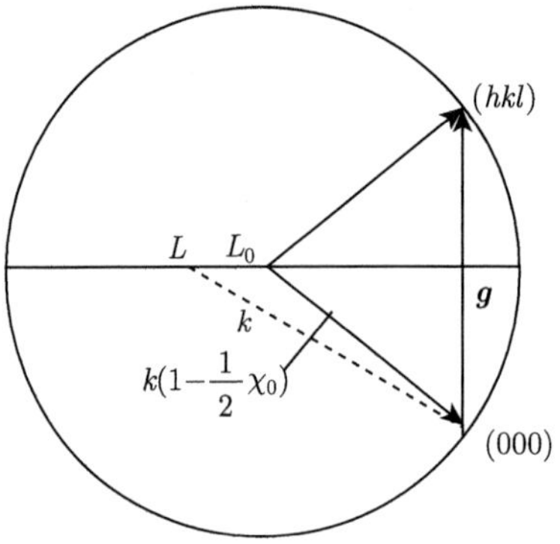

图 2-3 晶体中波矢关系示意图

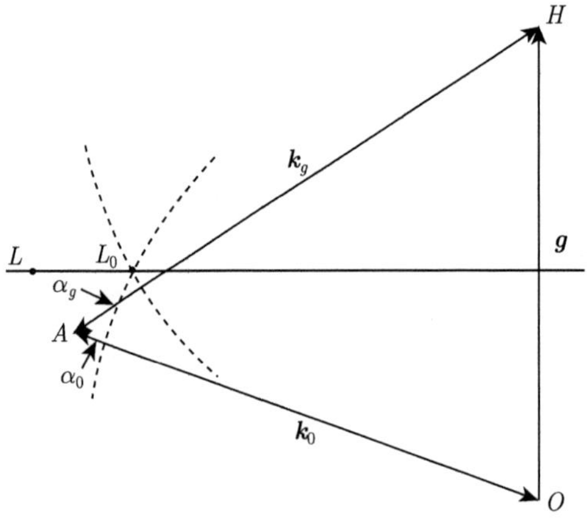

图 2-4 色散面附近波矢关系示意图

图 2-5 是双光束近似色散面的整体图。如果波矢 $\boldsymbol{k}_0$ 和 $\boldsymbol{k}_g$ 相互独立，就是单光束情况，色散面是一个球面。由于考虑到入射波与衍射波的相互作用以及晶体中折射率修正，两色散球面相交面分成两部分，即真色散面和其共轭色散面。从固体物理可知，在布里渊区边界处能量不连续，因此，色散面不再是连续的圆弧，而是双曲线。实际上，色散面是三维立体图，色散面就成为双叶旋转双曲柱面。为了简便和易于分析，以下只讨论色散面的切面，并只画出其相交部分的放大图 (图 2-6)。

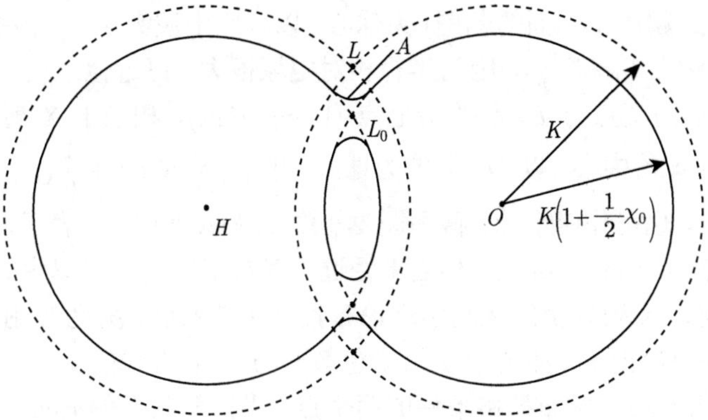

图 2-5 双光束近似色散面的整体图

从色散方程可解得四个等能面，每个偏振态对应两个色散面。因此，X 射线的色散面比电子的情况复杂。图 2-6 是色散面局域放大图，以 O 和 H (实际上它

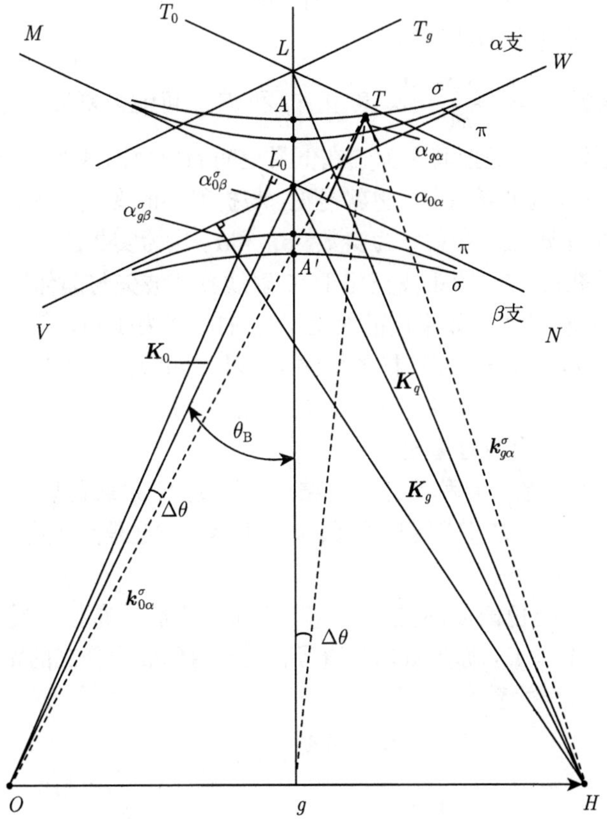

图 2-6 色散面局域放大图

们是在很远处，超出了画面的范围) 为球心，以真空中波数 K 为半径，作两个球面 (图中画出共截线 T_0 和 T_g)，因为半径相对定域很大，可近似地用两条弧线 (或直线) 表示，它们的交点为 L，称为劳厄点 (Laue point)，相当于 X 射线衍射运动学理论的 Ewald 球的中心。以 O 和 H 为球心，用 $|k| \approx K\left(1+\dfrac{1}{2}\chi_0\right)$ 表示单光束的波数值为半径，也可作两个球。截面图 2-6 中以 MN 和 VW 表示，其交点为 L_0，称为洛伦兹点 (Lorentz point)，相当于经过折射校正后的反射球中心。L 和 L_0 两点都是确切满足 X 射线衍射运动学理论布拉格条件的点。满足 X 射线衍射动力学理论的点处在色散面上，如图中 T 点。色散面与 LL_0 直线的交点 A 和 A' 是确切满足 X 射线衍射动力学布拉格条件的两个点，当衍射条件偏离布拉格条件时，结点将沿色散面运动，当偏离很大时，即以 MN 和 VW 为渐近球面。这时，双光束相互作用趋弱，从双光束情况过渡到单光束情况。图 2-6 中靠近 L 点的色散面分支为 α 支，对 α 支其α_0 和α_g 都为正值；远离 L 点的色散面分支为 β 支，对 β 支其α_0 和α_g 都为负值。色散面对讨论 X 射线衍射动力学理论和现象非常有用，相当于 X 射线衍射运动学理论中 Ewald 球 (反射球) 的概念。

下面简单讨论色散面的性质。

(1) 极化系数$\chi_g = -\dfrac{r_e\lambda^2}{\pi V}F_g$，其中 F_g 和 F_{-g} 可能为复数，因此，α_0 和α_g 也可能为复数，但通常只是把其实部画在倒易空间的色散面截面图中。一般地说，参量 α 的实部与晶体内波长有关，也就是说，与折射率的变化有关，而其虚部与吸收有关。对无吸收情况，χ_g 和χ_{-g} 为实数，α_0 和α_g 也为实数。

(2) 色散面图上 LL_0 的距离正比于 X 射线真空波矢与晶体波矢之差，其值很小，为 10^{-4}～10^{-6}。因此，如果色散面上 LL_0 的距离为 1cm，那么，L_0 到 (000) 或 (hkl) 点的距离约为 10km。在这样的比例下，以 O 和 H 为中心的圆在 L_0 点相交，可认为是直线，这两条直线就是色散面的渐近线。LL_0 是衍射矢量 $\boldsymbol{g}$ 垂直平分线的一部分，也是色散面的对称轴。

(3) 色散面上任意一点称为结点。结点都满足 X 射线衍射动力学条件，如图 2-6 中 T 点。TO 和 TH 分别表示波矢 $\boldsymbol{k}_{0\alpha}^{\sigma}$ 和 $\boldsymbol{k}_{g\alpha}^{\sigma}$，这是晶体内 X 射线衍射动力学允许的一对波矢。

(4) 直线 LL_0 与色散面的交点 A 和 A' 是严格满足布拉格反射条件的，所以有$\alpha_0 = \alpha_g$。令 $AA' = D$，称为双曲面直径，表示两色散面分支的距离。

从图 2-6 中，有关系：

$$D = AA' = \frac{2\alpha_g}{\cos\theta_B}$$

而

$$\alpha_0\alpha_g = \alpha_g^2 = \frac{1}{4}K^2C^2\chi_g\chi_{-g}$$

因此，可得

$$D=\frac{KC\sqrt{\chi_g\chi_{-g}}}{\cos\theta_{\mathrm{B}}}=\frac{r_{\mathrm{e}}\lambda CF_g}{\pi V\cos\theta_{\mathrm{B}}}=\frac{1}{\xi_g} \tag{2-35}$$

式中，ξ_g 称为消光距离；$r_{\mathrm{e}}=\dfrac{mC^2}{e^2}$ 称为电子半径。

色散面直径给出完美晶体布拉格全反射角宽：

$$\omega=2\frac{d_{hkl}}{\xi_g}=2Dd_{hkl} \tag{2-36}$$

式中，d_{hkl} 为晶体衍射矢量面间距。

(5) 对有吸收情况，α_0 和α_g 为复数。这时式 (2-33a) 中的 k_0 也为复数，有

$$k_0=(\boldsymbol{k}_0\boldsymbol{k}_0)^{1/2}=\left[(k_0')^2-(k_0'')^2\,2\mathrm{i}k_0'k_0''\cos\beta\right]^{\frac{1}{2}}$$

其中，k_0' 和 k_0'' 分别为 k_0 的实部和虚部；β 为 k_0' 和 k_0'' 的夹角。$\dfrac{k_0''}{k_0'}\ll 1$，结构因子也是复数，$F_0=F_0'+\mathrm{i}F_0''$，可得

$$\alpha_0'\cong k_0'-K\left(1+\frac{1}{2}\chi_0'\right) \tag{2-37a}$$

$$\alpha_0''\cong -k_0''\cos\beta-\frac{1}{2}K\chi_0'' \tag{2-37b}$$

的确，α_0' 非常接近波矢的实部，而α_0'' 非常接近波矢的虚部。

同理可得 α_g' 和 α_g''。

(6) 利用色散关系及α_0 和α_g 等式:

$$\left[K^2(1+\chi_0)-k_0^2\right]D_0+K^2C\chi_g\chi_{-g}D_g=0$$

$$\alpha_0=k_0-K\left(1+\frac{\chi_0}{2}\right)$$

可求出衍射束与入射束的振幅比：

$$\frac{D_g}{D_0}\approx\frac{E_g}{E_0}=\frac{KC\chi_g}{2\alpha_g}=\frac{2\alpha_0}{KC\chi_{-g}} \tag{2-38}$$

注意，式 (2-38) 中χ_g 和χ_{-g} 是负的，对色散面 α 支，α_0 和α_g 为正数，而对色散面 β 支，α_0 和α_g 为负数。因此，对色散面 α 支，衍射束与入射束的振幅比为负，而对色散面 β 支，衍射束与入射束的振幅比为正。当讨论 X 射线异常透射时要用到这个概念。

从上述讨论中可知，色散面上结点的位置不仅确定了入射束和衍射束的波矢，而且也确定了它们的振幅比。对直径上的结点 A 和 A'，$\alpha_0 = \alpha_g$，有

$$\frac{D_g}{D_0} = \sqrt{\frac{\chi_g}{\chi_{-g}}} = \frac{\sqrt{\chi_g \chi_{-g}}}{\chi_{-g}} \tag{2-39}$$

对其实部有

$$\frac{D_g}{D_0} = \pm 1$$

式中，正号 (+) 对应 β 支，负号 (−) 对应 α 支。如果结点从 A 点沿色散面右移，α_0 增大，有 $D_g > D_0$；如果结点从 A 点沿色散面左移，α_0 减小，有 $D_g < D_0$。

(7) 对有吸收情况，$\boldsymbol{k}_0$ 和 $\boldsymbol{k}_g$ 都是复数，而色散面图示法局限于实量的 $\boldsymbol{k}$ 空间，但本节推导的解析表达式仍然有效。

2.5 入射边界条件

以上的讨论是 X 射线在无限大均匀晶体内传播，实际晶体具有两个边界面：入射面和出射面。设真空中入射波可表示为

$$\boldsymbol{D}^a = \boldsymbol{D}^a \exp\left[-2\pi \mathrm{i}\left(\boldsymbol{K}_0 \cdot \boldsymbol{r}\right)\right]$$

入射面边界条件：

$$\begin{aligned} \boldsymbol{D}^a &= \boldsymbol{D}_{0\alpha} + \boldsymbol{D}_{0\beta} \\ 0 &= \boldsymbol{D}_{g\alpha} + \boldsymbol{D}_{g\beta} \end{aligned}$$

晶体中的 Bloch 波为

$$\boldsymbol{D} = \boldsymbol{D}_0 \exp\left[-2\pi \mathrm{i}\left(\boldsymbol{k}_0 \cdot \boldsymbol{r}\right)\right] + \boldsymbol{D}_g \exp\left[-2\pi \mathrm{i}\left(\boldsymbol{k}_g \cdot \boldsymbol{r}\right)\right]$$

在入射面上的边界条件包括真空和晶体内两 X 射线波的频率、波矢以及振幅的连续。由波矢切向分量连续的条件可知，界面内外波矢之差正好沿界面法线方向。引入界面法线的单位矢量 $\boldsymbol{n}$，则有

$$\boldsymbol{K} - \boldsymbol{k}_0 = \boldsymbol{K} - \boldsymbol{k}_g = Kq\boldsymbol{n}$$

式中，q 称为协调量 (anpassung)，对无吸收情况，q 为实量，一般情况下，q 为复量，本节只讨论无吸收情况。

下面利用色散面作图法讨论波矢为 $\boldsymbol{K}$ 的 X 射线入射到一定取向的晶体时，在晶体内激发的波场。入射束与晶体取向决定色散面上结点的位置。设入射条件如图 2-7 所示，其中 ψ 为入射线与晶体表面的夹角，φ 为反射面与晶体表面的夹角，θ_{B} 为布拉格角。对透射情况，$\varphi > \theta_{\mathrm{B}}$；对反射情况，$\varphi < \theta_{\mathrm{B}}$。

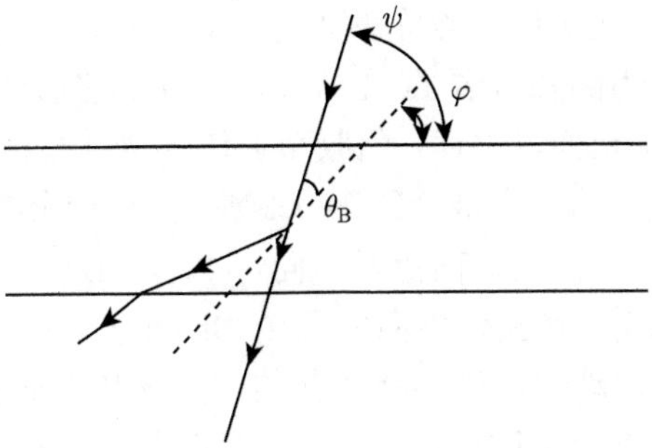

图 2-7 X 射线入射条件示意图

图 2-8 为透射情况 (劳厄几何) 入射色散面示意图，SS 是实际晶体内表面，其内法线矢量为 $\boldsymbol{n}$，O 是晶体倒易空间点阵原点，$\boldsymbol{K}$ 为真空中 X 射线波矢，如果入射方向在严格的布拉格位置，则 $\boldsymbol{K}$ 在 LO 方向，终点在 O 点。如果 X 射线入射方向为 PO，与严格布拉格角偏离$\Delta\theta \approx \dfrac{LP}{K}$，$\widehat{LP}$ 是反射球上一段弧，其具体位置

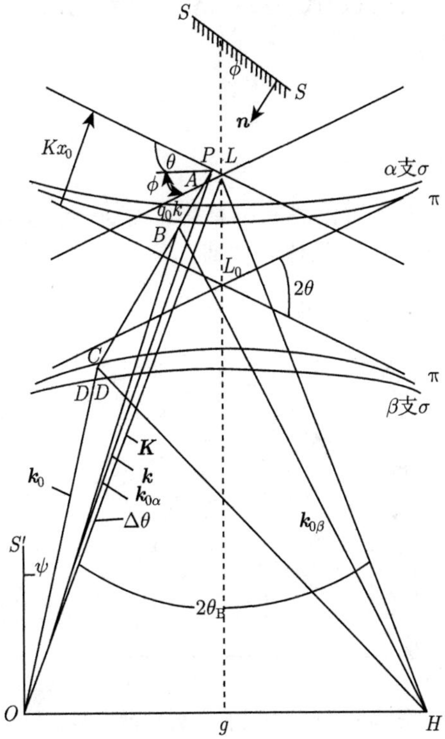

图 2-8 劳厄几何入射色散面示意图

取决于其传播方向和产生衍射的点阵平面之间的取向关系。通过 P 点作晶体内表面的法线，与色散面分别相交于结点 A、B、C 和 D，它们分别属于 α 支和 β 支上 σ 偏振态与 π 偏振态。前面已讲述，色散面上任一结点都表示满足 X 射线衍射动力学条件，对应每一结点有一个混合的 Block 波，其中一个波矢指向前进方向 ($\boldsymbol{k}_{0\alpha} = AO$，$\boldsymbol{k}_{0\beta} = DO$)，另一波矢指向衍射方向 ($\boldsymbol{k}_{g\alpha} = AH$，$\boldsymbol{k}_{g\beta} = DH$)。由此可见，一束非偏振 X 射线入射，在晶体内激发四个 Bloch 波，这样，在晶体内存在八个波。这是 X 射线衍射运动学理论不能解释的，也与电子波不同，因为电子波没有偏振态，其色散面只有两个，因此，晶体内只存在两个 Bloch 波。

晶体出射面的边界条件与入射面的情况相似，晶体外的波场与晶体内的波场有关，其分析方法与入射面的情况一样。

为了简单明了，一般情况下只画一组偏振态的色散面。如果已知入射束偏离严格布拉格角的角度以及晶体表面与衍射面的相对取向，就可决定其激发的结点。

对反射情况 (布拉格几何)，色散面的作图方法与透射情况一样。由于 $\varphi < \theta$，过 P 点的晶体内表面法线只截一支色散面 (α 支或 β 支)，或者在两色散面之间。如果在两色散面之间，在晶体内只存在指数衰减的波场，则对应于全反射情况。2.4 节已指出，色散球双曲面的直径代表布拉格情况全反射的角宽度。达尔文导出完美晶体布拉格全反射角宽度：

$$\omega = \frac{2d_{hkl}}{\xi_g} = 2Dd_{hkl}$$

其中，D 为色散面的直径。

图 2-9 为布拉格几何入射色散面示意图。$\boldsymbol{k}_g$ 是指向晶体外，不能在晶体内传播，产生衍射效应。只有 $\boldsymbol{k}_0$ 在晶体内传播。

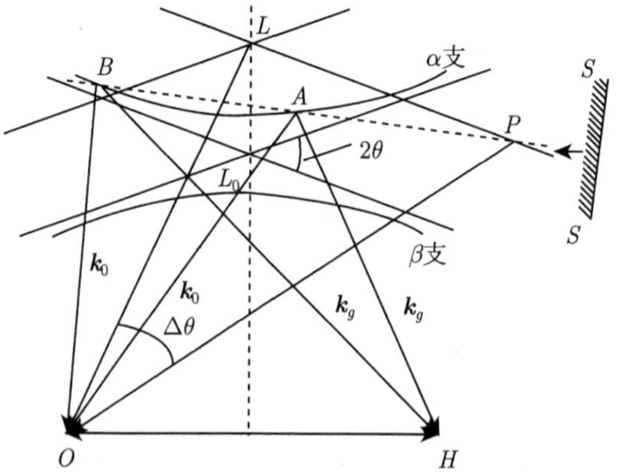

图 2-9　布拉格几何入射色散面示意图

布拉格几何情况下晶体与真空界面处的边界条件和劳厄几何情况不同，在色散面不同的角区域内衍射的物理性质不同。对劳厄几何情况，各物理量的复数部分表示晶体对 X 射线的吸收，而对布拉格几何情况，不仅有吸收，还有干涉效应——消光。在一些区域内，消光的影响可以超过吸收的影响。

晶体的出射面的边界条件与入射面类似，晶体外的波场与晶体内的波场有关，这些波场的强度与正好在出射面的晶体内波场振幅有关。其分析方法与入射面的情况一样，以后还将讨论。

从上述讨论可知，我们开始接触 X 射线衍射动力学效应，得到一些用 X 射线衍射运动学理论不可解释的结果。

2.6 晶体内波场振幅

2.6.1 晶体内任意一点的波场振幅

晶体内任意一点的波场振幅与下列因素有关：① 该点波场对应的结点所相连的波场振幅比；② 由边界条件分配进入晶体内的能量总数；③ 晶体对 X 射线的吸收。如果从结点可得α (包括其实部和虚部)，从式 (2-33a) 和式 (2-33b) 及 $\boldsymbol{k}_g=\boldsymbol{k}_0+\boldsymbol{g}$，可得到波矢量和波场振幅比 $\dfrac{D_g}{D_0}$，这样就可以计算晶体内任意点的波场振幅。无论色散面上的结点如何选取，与这些结点相联系的波的性质不变。由于入射条件决定结点，入射条件中以下两点很重要：①入射束对严格布拉格角的偏离角；②入射束对晶体的入射角。

图 2-10 为 X 射线晶体内色散面示意图。作从 O 点到色散面 A 的矢量，其夹角在几秒之内，OP 可以视为直线。同理，处理 H 点的矢量，由图 2-10 可以得到

$$k_0=K-qK\boldsymbol{n}\cdot\boldsymbol{s}_0$$

$$k_g=PH-qK\boldsymbol{n}\cdot\boldsymbol{s}_g$$

其中，$\boldsymbol{s}_0$ 和 $\boldsymbol{s}_g$ 分别为入射束和衍射束的方向矢量。设 $\boldsymbol{\gamma}_0=\boldsymbol{n}\cdot\boldsymbol{s}_0$ 及 $\boldsymbol{\gamma}_g=\boldsymbol{n}\cdot\boldsymbol{s}_g$，即 γ_0 和 γ_g 分别代表入射束与衍射束相对入射平面法线的方向余弦，有

$$\text{对透射情况}\begin{cases}\gamma_0=\sin(\theta+\phi)\\ \gamma_g=\sin(\phi-\theta)\end{cases}$$

$$\text{对反射情况}\quad \gamma_g=\sin(\theta-\phi)$$

从图 2-10 可得

$$PH\cong LH+LP\sin2\theta\cong K+K\Delta\theta\sin2\theta$$

其中，$\Delta\theta=\dfrac{LP}{K}$，是负值。

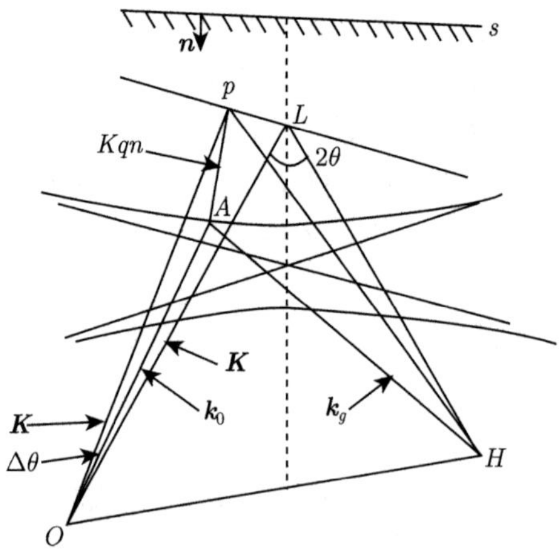

图 2-10 X 射线晶体内色散面示意图

这样，通过色散面可以得到复数形式：

$$\alpha_0 = -\frac{1}{2}K\chi_0 - qK\gamma_0 \tag{2-40a}$$

$$\alpha_g = -\frac{1}{2}K\chi_0 - qK\gamma_g + K\Delta\theta\sin 2\theta \tag{2-40b}$$

式 (2-40) 为复数，q 称为协调量。其实部为

$$\alpha_0' = -\frac{1}{2}K\chi_0' - q'K\gamma_0$$

$$\alpha_g' = -\frac{1}{2}K\chi_0' - q'K\gamma_g + K\Delta\theta\sin 2\theta$$

其虚部为

$$\alpha_0'' = -\frac{1}{2}K\chi_0'' - q''K\gamma_0$$
$$\alpha_g'' = -\frac{1}{2}K\chi_0'' - q''K\gamma_g$$

式 (2-40) 结合

$$\alpha_0\alpha_g = \frac{1}{4}K^2C^2\chi_g\chi_{-g}$$

消去 q，解出 α_0，代入式 (2-34) 可得

$$\alpha_0 = \frac{1}{2}K\left|C\right|\left|b\right|^{\frac{1}{2}}\left[\chi_g\chi_{-g}\right]^{\frac{1}{2}}\left[\eta \pm \left(\eta^2 + \frac{b}{|b|}\right)^{\frac{1}{2}}\right] \tag{2-41a}$$

$$\alpha_g = \frac{1}{2}K\left(\frac{|C|}{|b|^{\frac{1}{2}}}\right)\left[\chi_g\chi_{-g}\right]^{\frac{1}{2}}\left[\eta \pm \left(\eta^2 + \frac{b}{|b|}\right)^{\frac{1}{2}}\right] \tag{2-41b}$$

其中

$$b=\frac{\gamma_0}{\gamma_{\rm g}}=\frac{\sin(\theta+\phi)}{\sin(\phi-\theta)}$$

$$\eta=\frac{\left[b\Delta\theta\sin 2\theta+\dfrac{1}{2}\chi_0(1-b)\right]}{|C||b|^{\frac{1}{2}}\left[\chi_g\chi_{-g}\right]^{\frac{1}{2}}} \tag{2-42}$$

这样，给出 $\Delta\theta$ 和 b，也就是给出入射束对严格布拉格角的偏离和晶体取向，通过参数 η 可计算 α_0 的实部和虚部，进而计算 $\dfrac{D_g}{D_0}$，就可以计算晶体内任一点的电场。值得指出，当 $\gamma_g<0$ 时，b 为负数，表示布拉格反射，对对称布拉格反射，$\phi=0, b=-1$；当 $\gamma_g>0$ 时，b 为正数，表示劳厄透射，对对称劳厄透射，$\phi=90°, b=1$。η 是一个很有用的参数，以后会经常用到。

把式 (2-41) 代入式 (2-38) 就可计算晶体内任意一点的波场振幅比：

$$\frac{D_g}{D_0}=\frac{|C|\,|b|^{\frac{1}{2}}}{\rm C}\left(\frac{\chi_g\chi_{-g}}{\chi_{-g}}\right)^{\frac{1}{2}}\left[\eta\pm\left(\eta^2+\frac{b}{|b|}\right)^{\frac{1}{2}}\right] \tag{2-43}$$

从式 (2-43) 可知，晶体内任意一点的波场振幅比与 η 有关，即取决于入射角对严格布拉格角的偏离。

对严格布拉格角入射的对称劳厄透射情况，$\dfrac{b}{|b|}=1, \Delta\theta\cong 0$，可得

$$\alpha_0=\alpha_g=\pm K\,|C|\,[\chi_g\chi_{-g}]^{\frac{1}{2}} \tag{2-44a}$$

$$\frac{D_g}{D_0}=\pm\frac{|C|}{C}\frac{[\chi_g\chi_{-g}]^{\frac{1}{2}}}{\chi_{-g}}=\mp\frac{|C|}{C}\frac{[F_gF_{-g}]^{\frac{1}{2}}}{F_{-g}} \tag{2-44b}$$

其中，式 (2-44a) 中符号 + 表示色散面 α 支，符号 − 表示色散面 β 支；式 (2-44b) 中符号 −表示色散面 α 支，符号 + 表示色散面 β 支，这是讨论色散面性质得到的结果。由式 (2-44b) 可知，$\dfrac{D_g}{D_0}$ 的实际相位决定于偏振因子和结构因子。对有中心对称的晶体，$F_g=F_{-g}$，即有 $|D_g|=|D_0|$。从式 (2-44) 还可以看到，α 支与 β 支 D_g 和 D_0 的相位差 180°。上述结果已在 2.4 节讨论色散面性质时得到。

α_0 也可写为下列形式：

$$\alpha_0=\frac{K}{4}b\beta\mp\sqrt{\left(\frac{K}{4}b\beta\right)^2+\frac{K^2}{4}bC^2\chi_g\chi_{-g}} \tag{2-45}$$

式中，$\beta=2K\Delta\theta\sin 2\theta-\chi_0\left(1-\dfrac{1}{b}\right)$。这样，晶体内任意一点的波场振幅比为

$$\frac{D_g}{D_0}=-\frac{(\beta\pm w)\,b}{2C\chi_{-g}} \tag{2-46}$$

式中，$w=\sqrt{\beta^2+\dfrac{4C^2\chi_g\chi_{-g}}{b}}$。

对有吸收情况，式 (2-40) 为复数形式，吸收系数可以从色散面 qK 的虚部求得。

2.6.2　入射角与严格布拉格角偏离对波场振幅的影响

2.6.1 节已讨论了晶体内的波场振幅与入射波对严格布拉格条件偏离角 $\Delta\theta$ 有关，下面应用色散面定性讨论晶体内波场情况。为简单起见，以对称劳厄透射为例。如图 2-11 所示，晶体内表面的法线 $\boldsymbol{n}/\!/LL_0, P_1, P_2, P_3$ 和 P_4 分别为不同偏离角的入射，LP 正比于 $\Delta\theta$。首先讨论结点 A_1 和结点 B_5，即远离布拉格反射条件。首先分析 α 支，对于对称劳厄入射，$|b|=1$，从式 (2-41a) 可得

$$\alpha_0=\frac{1}{2}K\Delta\theta\sin 2\theta\pm\frac{1}{2}(K^2\Delta\theta^2\sin^2 2\theta+K^2C^2\chi_g\chi_{-g})^{\frac{1}{2}}$$

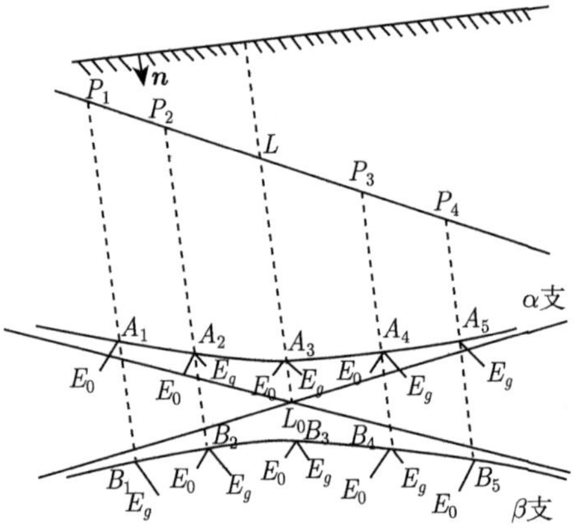

图 2-11　应用色散面定性讨论晶体内波场示意图

结点 A_1 与结点 B_5 远远偏离布拉格条件，$\Delta\theta^2\sin^2 2\theta\gg C^2\chi_g\chi_{-g}$，第一项 $\Delta\theta$ 为负，对 α 支第二项取正，可得

$$\alpha_0\to\frac{1}{2}K\Delta\theta\sin 2\theta\pm\frac{1}{2}K|\Delta\theta|\sin 2\theta\begin{cases}\to 0\\ \to\pm\dfrac{1}{2}K|\Delta\theta|\sin 2\theta\end{cases}$$

其中，“+”号对应 α 支，“−”号对应 β 支。因为 $\alpha_0\to 0$，故有

$$\frac{D_g}{D_0}=\frac{2\alpha_0}{KC\chi_{-g}}=\frac{KC\chi_g}{2\alpha_g}$$

即在结点 A_1 和结点 B_5，$D_g\to 0$。这意味着对这两个远离布拉格反射条件的点没有衍射波产生，只有入射束通过晶体。

对结点 B_1 和结点 A_5，同样分析得 $\alpha_g \to 0$, 意味着有两种情况，一种情况是如果在晶体内存在一个 D_0 就会产生一个无限大的 D_g；另一种情况是 $D_0 \to 0$，即这些结点不能被任何入射束所激发。从这两个极端情况，可以讨论从远离布拉格条件的 P_1 改变入射角 $\Delta\theta$，分析晶体内波场的变化：前面已经分析，在 P_1 只有 α 支的结点 A_1 被激发，晶体内只存在透射束。当 $\Delta\theta$ 减小，从 $P_1 \to P_2$，色散面的两个分支都有结点被激发，每个结点激发两个波，一个向透射方向，另一个向衍射方向。当靠近中心，D_0 波振幅逐渐减小，D_g 波振幅逐渐增大，到达直径点 L 时，$\Delta\theta \cong 0$，这时, $|D_0| \cong |D_g|$。随着 $\Delta\theta$ 继续增大，$\Delta\theta$ 为正，在 β 支上 $|D_0|$ 逐渐增大，$|D_g|$ 减小，到远离布拉格反射条件的 B_5，只有透射束 D_0 存在。这与实验结果相符。

值得指出的是，这里所说 $\Delta\theta$ 很大时，$D_g \to 0$，是讨论特定的 X 射线入射，因为 α_0 与 $\Delta\theta$ 和 b 有关，b 确定后，即 X 射线入射几何也就确定了。同时，一个色散面是对应一个入射条件作出的，如果把单晶看作无穷光栅，就需要根据具体入射条件画出色散面来讨论。这不是本节讨论的范围。另外，所说 $\Delta\theta$ 很大，实际是很小，只有几秒范围。X 射线衍射动力学理论讨论色散面 L_0 附近，由于对布拉格反射条件的偏离 $\Delta\theta$ 所产生的新的衍射效应，而 X 射线衍射运动学理论认为只有严格按布拉格反射条件入射时才产生衍射。

2.6.3 波场振幅的边界条件

在 X 射线波长范围内，折射率值很接近 1。因此，界面上折射可以忽略不计。这样在入射面内外的电场矢量相等，对劳厄情况：

$$D^a = D_{0\alpha} + D_{0\beta}$$

$$\boldsymbol{D}^a = D_0^a \exp\left[-2\pi \mathrm{i}\left(\boldsymbol{K}_0 \cdot \boldsymbol{r}_0\right)\right]$$

与式 (2-43) 联立得

$$D^a = D_{0\alpha} + D_{0\beta}$$

$$0 = D_{g\alpha} + D_{g\beta}$$

$$D_{g\alpha} = \frac{|C|\,|b|^{\frac{1}{2}}}{C}\frac{[\chi_g\chi_{-g}]^{\frac{1}{2}}}{\chi_{-g}}\left[\eta + \left(\eta^2 + \frac{b}{|b|}\right)^{\frac{1}{2}}\right] D_{0\alpha}$$

$$D_{g\beta} = \frac{|C|\,|b|^{\frac{1}{2}}}{C}\frac{[\chi_g\chi_{-g}]^{\frac{1}{2}}}{\chi_{-g}}\left[\eta - \left(\eta^2 + \frac{b}{|b|}\right)^{\frac{1}{2}}\right] D_{0\beta}$$

解得

$$D_{0i} = \frac{1}{2}\left[1 \mp \frac{\eta}{\left(\frac{b}{|b|} + \eta^2\right)^{\frac{1}{2}}}\right] D^a \tag{2-47a}$$

$$D_{gi} = \pm\frac{D^a}{2}\frac{|C|\,|b|^{\frac{1}{2}}}{C}\frac{(\chi_g\chi_{-g})^{\frac{1}{2}}}{\chi_{-g}}\frac{1}{\left(\frac{b}{|b|}+\eta^2\right)^{\frac{1}{2}}} \tag{2-47b}$$

其中，$i=\alpha,\beta$。式 (2-47a) 中“$-$”号对应 α 支，式 (2-47b) 中“$+$”号对应 α 支。可见，波矢振幅与入射条件及晶体结构有关。从式 (2-47) 可求出晶体各点波场振幅。对有中心对称的晶体及对称劳厄情况，$\chi_g=\chi_{-g}$，$|b|=1$，有

$$D_{0i} = \left[1\mp\frac{\eta}{(1+\eta^2)^{\frac{1}{2}}}\right]\frac{D^a}{2}$$

$$D_{gi} = \pm\frac{1}{(1+\eta^2)^{\frac{1}{2}}}\frac{D^a}{2}$$

可以看到，当 $\eta\to\infty$ 时，衍射束的振幅都为 0，$D_{gi}=0$；而 $D_{0\beta}=D_0$，$D_{0\alpha}=0$，此时只有 $D_{0\beta}$ 一支透射束。同理，当 $\eta\to-\infty$ 时，只有 $D_{0\alpha}$ 一支透射束；当 $\eta=0$，即严格满足布拉格条件时，$D_{0\alpha}=D_{0\beta}=\frac{1}{2}D_0$，而 $D_{g\alpha}=D_{g\beta}=\frac{1}{2}D_0$。这是已经多次得到的结果。

2.7　能流方向和坡印亭矢量

晶体内能量流是用 Bloch 波的坡印亭矢量来表示，由电磁学知道，坡印亭矢量代表电磁场能流密度的方向和大小，瞬时坡印亭矢量 $\boldsymbol{s}$ 的表达式为

$$\boldsymbol{s}=\boldsymbol{E}\times\boldsymbol{H}$$

表示单位时间内通过垂直于 $\boldsymbol{s}$ 的单位面积的能量流。每一点的瞬时 $\boldsymbol{s}$ 是非常复杂的，所以实际中很少用到。本节只讨论平均能量流的方向。

时间平均的坡印亭矢量可以表示为

$$\langle\boldsymbol{s}\rangle=\frac{C}{8\pi}\mathrm{Re}\left[\boldsymbol{E}\times\boldsymbol{H}\right]$$

其中，$\mathrm{Re}\left[\boldsymbol{E}\times\boldsymbol{H}\right]$ 为表达式的实部；$\boldsymbol{E}$ 和 $\boldsymbol{H}$ 为晶体内总的电磁场。由 2.2 节讨论可知，$\boldsymbol{E}$ 和 $\boldsymbol{H}$ 有 Bloch 波形式：

$$\boldsymbol{E}(\boldsymbol{r})=\Sigma_g E_g\exp\left[-2\pi\mathrm{i}\left(\boldsymbol{K}_g\cdot\boldsymbol{r}\right)\right]$$

$$\boldsymbol{H}(\boldsymbol{r})=\Sigma_g H_g\exp\left[-2\pi\mathrm{i}\left(\boldsymbol{K}_g\cdot\boldsymbol{r}\right)\right]$$

根据边界条件，令 ω 为不同的色散面分支，即 $\omega=\alpha$ 或 β，有

$$\boldsymbol{E}\times\boldsymbol{H}=\Sigma_\omega\Sigma_{\omega'}\exp\left[-2\pi\mathrm{i}(\boldsymbol{K}'_{0\omega}-\boldsymbol{K}'_{0\omega'})\cdot\boldsymbol{r}\right]\exp\left[2\pi(\boldsymbol{K}'_{0\omega}+\boldsymbol{K}''_{0\omega'})\cdot\boldsymbol{r}\right]$$

$$\cdot \Sigma_h \Sigma_g (\boldsymbol{E}_{h\omega} \times \boldsymbol{H}_{g\omega'}) \cdot \exp[-2\pi \mathrm{i}(\boldsymbol{h} - \boldsymbol{g}) \cdot \boldsymbol{r}]$$

其中，$\boldsymbol{K}_{g\omega}=\boldsymbol{K}_{0\omega}+\boldsymbol{g}$。

假设：

(1) 每个晶胞的吸收可以忽略，即 $\exp\left[2\pi\left(\boldsymbol{K}''_{0\omega}+\boldsymbol{K}''_{0\omega'}\right)\cdot\boldsymbol{r}\right]$ 在整个单胞内是一个常数；

(2) 因为各分量波的 $\boldsymbol{k_g}$ 的虚部应相同，所以用 $\boldsymbol{k}_i$来表示，矢量 $\boldsymbol{g}$ 是实数；

(3) 忽略了折射率的微小修正。这时，平均坡印亭矢量可以表示为

$$\langle \boldsymbol{s} \rangle = \frac{C}{8\pi} \exp\left[4\pi\left(\boldsymbol{k}_i \cdot \boldsymbol{r}\right)\right] \cdot \mathrm{Re}[\Sigma_{\boldsymbol{g}}(\boldsymbol{E_g} \times \boldsymbol{H_g}) + \Sigma_{\boldsymbol{g}}\Sigma_{\boldsymbol{h}}(\boldsymbol{E_g} \times \boldsymbol{H_h}) \exp\left[2\pi \mathrm{i}(\boldsymbol{h}-\boldsymbol{g})\cdot\boldsymbol{r}\right]$$

上式第二项为干涉项，随点阵周期而振动。应用 2.2 节中的关系式：

$$\boldsymbol{H_g} = \left(\frac{\boldsymbol{K_g} \times \boldsymbol{D_g}}{K_g^2}\right) K, \quad \boldsymbol{E_g} \cong \boldsymbol{D_g}$$

并取近似：$\boldsymbol{K}_{\boldsymbol{g}}^{*} = \boldsymbol{K_g}$, $(\boldsymbol{K}_{\boldsymbol{g}}^{*} \cdot \boldsymbol{D_g}) = 0$, 再以 $\boldsymbol{K_g}$ 近似代替 $\boldsymbol{k_g}$，即可得到时间平均坡印亭在一个晶胞中双重平均值的表达式（这里 $\boldsymbol{K_g}$ 相当于色散面中的 $L''G$ 矢量)：

$$\langle\langle \boldsymbol{s} \rangle\rangle \cong \frac{\boldsymbol{c}}{\boldsymbol{8\pi}} \exp[4\pi\left(\boldsymbol{k}_i \cdot \boldsymbol{r}\right)] \Sigma_{\boldsymbol{g}} \boldsymbol{k_g} (\boldsymbol{D}_{\boldsymbol{g}}^{*} \cdot \boldsymbol{D_g}) + \Sigma_{\boldsymbol{g}}\Sigma_{\boldsymbol{h}}(\boldsymbol{D_g} \cdot \boldsymbol{D_h}) \exp[2\pi \mathrm{i}(\boldsymbol{h}-\boldsymbol{g})\cdot\boldsymbol{r}] \quad (2\text{-}48)$$

考虑双光束情况，式 (2-47) 表示 Bloch 波的坡印亭矢量等于各分量平面波的坡印亭矢量之和，正比于带权重的波矢的平均值。式 (2-47) 也可表为

$$\langle\langle \boldsymbol{s} \rangle\rangle = \boldsymbol{s}_\alpha + \boldsymbol{s}_\beta + \boldsymbol{s}_{\alpha\beta}$$

其中

$$\begin{aligned}
\boldsymbol{s}_\alpha &= \boldsymbol{A}\left(\left|D_{0\alpha}\right|^2 \boldsymbol{s}_0 + \left|D_{g\alpha}\right|^2 \boldsymbol{s}_g\right), \quad \omega = \omega'' = \alpha \\
\boldsymbol{s}_\beta &= \boldsymbol{A}\left(\left|D_{0\beta}\right|^2 \boldsymbol{s}_0 + \left|D_{g\beta}\right|^2 \boldsymbol{s}_g\right), \quad \omega = \omega'' = \beta \\
\boldsymbol{s}_{\alpha\beta} &= \boldsymbol{B}\left(\left|D_{0\alpha}\right|\left|D_{g\beta}\right| s_0 + \left|D_{g\alpha}\right|\left|D_{g\beta}\right| \boldsymbol{s}_g\right) \cdot \cos 2\pi[(\boldsymbol{k}'_{0\alpha} - \boldsymbol{k}'_{0\beta}) \cdot \boldsymbol{r}] \\
A &= \frac{c}{8\pi} \exp\left[2\pi\left(\boldsymbol{k}_i \cdot \boldsymbol{r}\right)\right] \\
B &= \frac{c}{4\pi} \exp\left[2\pi\left(\boldsymbol{k}_i \cdot \boldsymbol{r}\right)\right] \\
\boldsymbol{k}_0 &= \boldsymbol{k}''_{0\alpha} = \boldsymbol{k}''_{0\beta}
\end{aligned}$$

其中, $\boldsymbol{A}$ 和 $\boldsymbol{B}$ 代表吸收效应考虑坡印亭矢量的方向时吸收因子不影响其方向性质。因为波矢量虚部垂直于晶体表面，故可视为常数，也可认为 $\boldsymbol{k}_i = 0$。这样，$\boldsymbol{s}_\alpha$ 和 $\boldsymbol{s}_\beta$ 与光强有关，与在晶体表面下的深度无关。$\boldsymbol{s}_{\alpha\beta}$ 为干涉项，是深度的余弦函数。

由边界条件决定矢量 $(\boldsymbol{k}_{0\alpha}-\boldsymbol{k}_{0\beta})$ 垂直晶体的入射面，$\boldsymbol{s}_{\alpha\beta}$ 是平行于晶体表面的一个常数，对能量流没有贡献。这时有

$$\begin{aligned}\boldsymbol{s}&=\boldsymbol{s}_\alpha+\boldsymbol{s}_\beta\\&=\left(\left|D_{0\alpha}\right|^2\boldsymbol{s}_0+\left|D_{g\alpha}\right|^2\boldsymbol{s}_g\right)+\left(\left|D_{0\beta}\right|^2\boldsymbol{s}_0+\left|D_{g\beta}\right|^2\boldsymbol{s}_g\right)\end{aligned}$$

由图 2-12 可见，在晶体内两个波场的四个平面波 (α 支和 β 支的结点 A 和 B 各有两个波) 的作用，平均效应结果使坡印亭矢量为每个平面波的坡印亭矢量之和，正比于带权重的波矢量的平均值。对于严格满足布拉格方程的入射条件，能量沿着点阵平面向前传播；对偏离布拉格条件入射，能量流方向取决于直射束与衍射束强度比，与入射条件有关。这与 X 射线衍射运动学理论的结果不同，X 射线衍射运动学理论认为能量流只沿着直射束和衍射束方向。

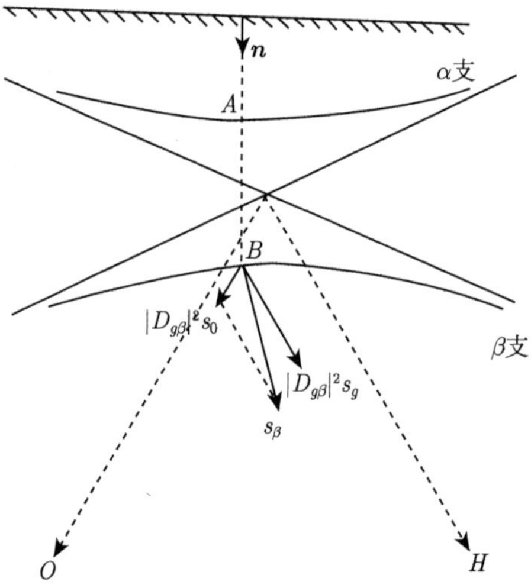

图 2-12　晶体内能量流方向 (坡印亭矢量) 示意图

1958 年 Koto 指出，色散面上一个结点所相应的能流方向垂直于该点色散面，这样就可以根据色散面上该结点的位置来推断能量传播的方向。从而，也可证明严格满足布拉格方程入射的入射束，其能流方向沿双曲面直径方向，即衍射面传播。需要提醒的是：① 因为入射束在 α 支和 β 支的结点不同，$\dfrac{D_g}{D_0}$ 值不同，故能量流的方向不一样；② 如果入射束有一定发散度，这时激发的不是一个结点，而是一个区域。也就是说，在晶体内透射束和衍射束之间的扇形内都有能量流通过，此扇形称为能流三角形。

由此可得到 X 射线衍射动力学理论的另一个结果：能流方向正比于带权重的波矢量的平均值，且垂直于色散面，在能流三角形内都有能量流通过。

关于坡印亭矢量与色散面垂直的数学证明比较烦琐，本节不作介绍。有兴趣的读者可参阅有关书籍。

2.8 吸　收

2.7 节讨论了无吸收的情况，当考虑晶体对 X 射线有吸收时，所有的量都要用复数表示：

$$\boldsymbol{D}_{0i} = \boldsymbol{D}_0 \exp(2\pi i \upsilon t) \exp\left[-2\pi i\left(\boldsymbol{k}'_{0i} \cdot \boldsymbol{r}\right)\right] \exp(-2\pi \boldsymbol{k}''_{0i} \cdot \boldsymbol{r})$$

$$\boldsymbol{D}_{gi} = \boldsymbol{D}_0 \exp(2\pi i \upsilon t) \exp\left[-2\pi i\left(\boldsymbol{k}'_{gi} \cdot \boldsymbol{r}\right)\right] \exp(-2\pi \boldsymbol{k}''_{gi} \cdot \boldsymbol{r})$$

表达式中最后一项代表吸收，它是入射条件的函数。从 2.7 节知道能量流的方向只与波场振幅平方比有关，本节认为，对一给定能流方向，吸收只与能量流方向有关，而与其如何建立无关。根据上述观点，本节考虑复数的 α_0 和 α_g, 导出吸收系数。

式 (2-47) 表示对双光束情况，Bloch 波的坡印亭矢量等于各分量平面波的坡印亭矢量之和，正比于带权重的波矢的平均值，正比于光强，其吸收因子为 $\exp(-4\pi \boldsymbol{k}''_{0i} \cdot \boldsymbol{r})$。由于真空中的波矢量是实数，而晶体中的波矢量与真空中的波矢量的差正好沿界面法线 $\boldsymbol{n}$ 的方向，可以认定晶体中波矢量的虚部 $\boldsymbol{k}''_{0i}$ 都是沿着界面法线方向，而且数值都相等。衍射振幅等吸收面平行于晶体表面。这样，沿晶体法线方向的吸收系数为 $\mu_n = 4\mu \boldsymbol{k}''_0$。由于吸收系数很小，并且只与进入晶体表面的深度有关，任意方向 $\boldsymbol{x}$ 的吸收系数为

$$\mu_x = \mu_n \cos(\boldsymbol{n} \cdot \boldsymbol{x})$$

2.4 节讨论色散面性质给出了α_0 和 α_g 的复数形式 (式 (2-37))，利用 $\dfrac{D_g}{D_0}$ 的表达式及周期复数折射率平均吸收系数 $\mu_0 = 2\pi k'' \chi_0$ 和其他一些参量，可推出沿入射束方向的有效吸收系数：

$$\mu_0(\text{eff}) = \mu_0[1 \mp |c| \in \left(1 - Q^2\right)^{\frac{1}{2}}\Big]$$

其中，$\varepsilon = \dfrac{F''_g}{F''_0}$, F'' 为结构因子的虚部；$Q = \dfrac{\tan \varDelta}{\tan \theta}$, $\varDelta$ 为坡印亭 $\boldsymbol{s}$ 与衍射面的夹角。

下面简单讨论有效吸收系数。对所有同相位散射的反射情况，ε 可简化为

$$\varepsilon = \frac{\Delta f''(2\theta)}{\Delta f''(0)}$$

即衍射束与直射束原子散射因子虚部比，其比值很接近 1。这样，对 σ 偏振态 $C=1$, 对能量流方向沿衍射面情况，$\Delta=0, Q=0$。对 α 支，$\mu_0(\text{eff})\to 0$，也就是说，能量流沿衍射面传播时吸收非常小。当能量流方向与衍射面偏离增大时，Q 值增大，吸收系数增大；当 $Q=\pm1$ 时，也就是能量流矢量沿着衍射束或入射束方向时，$\mu_0(\text{eff})\to\mu_0$，即正常吸收系数。图 2-13 形象地表示晶体内的吸收情况 (图中吸收矢量与吸收系数成反比)。如果晶体足够厚，β 支将被吸收，只有 α 支平行于衍射面的光束能量流能传播到晶体的出射面。这就是所谓的 X 射线异常透射。

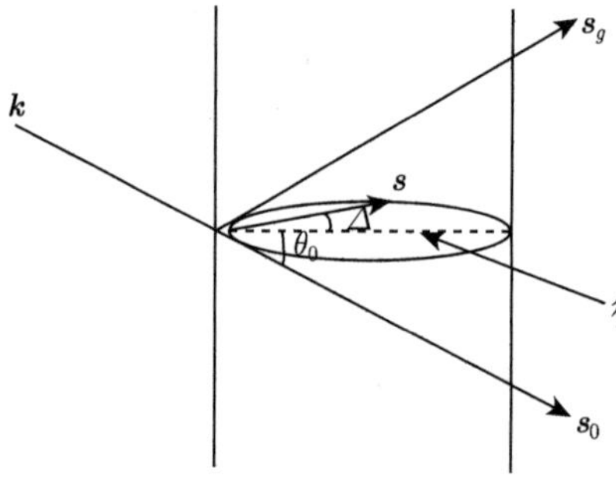

图 2-13 晶体内吸收示意图

ε 的有效值与晶体中原子热振动和原子吸收能量有关。很明显，振动振幅越大，吸收越大。目前还没有一个严格的理论处理定量地描述原子热振动的作用。实验已证实异常透射与温度有关，可简单地表达为 Debye-Waller 因子：$\varepsilon=C\mathrm{e}^{-M}$, 其中，$\varepsilon_0$ 是元素及波长的函数，Wagenfeld 用量子力学计算了锗单晶的 ε_0(表 2-1)。可见一般情况下 ε_0 很接近 1。M 是与振动振幅平方平均有关的因子。

表 2-1 Wagenfeld 计算锗单晶的 ε_0 和 ε ($T=297\text{K}$)

hkl	CuK_α		MoK_α	
	ε_0	ε	ε_0	ε
200	0.989	0.959	0.998	0.964
400	0.979	0.913	0.997	0.931
422	0.968	0.872	0.995	0.896
440	0.957	0.834	0.994	0.867
444	0.963	0.762	0.990	0.806

吸收系数也可由色散面求得。由 2.6 节式 (2-40a) 和式 (2-40b) 为复数得

$$\begin{aligned}Kq&=\left(-\frac{1}{2}K\chi_0-\alpha_0\right)\gamma_0^{-1}\\&=\left(-\frac{1}{2}K\chi_0-\alpha_g+K\Delta\theta\sin 2\theta\right)\gamma_g^{-1}\end{aligned}$$

上式与式 (2-34) 联立，可得

(1)
$$\alpha_0 = \frac{K}{4}\frac{\gamma_0}{\gamma_g}\beta \pm \sqrt{\frac{K^2}{16}\frac{\gamma_0^2}{\gamma_g^2}\beta^2 + \frac{K^2}{4}\chi_g\chi_{-g}C^2\frac{\gamma_0}{\gamma_g}} \tag{2-49a}$$

其中

$$\beta = +2K\Delta\theta\sin 2\theta - \chi_0\left(1 - \frac{\gamma_g}{\gamma_0}\right) \tag{2-49b}$$

要计算吸收系数，只需求出协调量 $\boldsymbol{q}$ 的虚部。

(2)
$$\chi_g\chi_{-g} \approx \left|\chi_g^{\mathrm{r}}\right|^2 + \mathrm{i}\left|\chi_g^{\mathrm{r}}\right|\left|\chi_g^{\mathrm{i}}\right| 2\cos v_g + \left|\chi_g^{\mathrm{i}}\right|^2$$

其中，v_g 为 χ_g^{r} 与 χ_g^{i} 极化率实部与虚部的夹角，$\left|\chi_g^{\mathrm{i}}\right| \to 0$。

(3) 这时，

$$K_g = \gamma_0^{-1}\left(-\alpha_0 - \frac{1}{2}K\chi_0\right)$$

其虚部为

$$\begin{aligned} Kq'' &= \mathrm{I_m}\gamma_0^{-1}\left(-\frac{K}{4}\frac{\gamma_0}{\gamma_g}\beta \mp \sqrt{\frac{K^2}{16}\frac{\gamma_0^2}{\gamma_g^2}\beta^2 + \frac{K^2}{4}\chi_g\chi_{-g}C^2\frac{\gamma_0}{\gamma_g}} - \frac{1}{2}K\chi_0\right) \\ &= -\frac{1}{2}K\chi_0^{\mathrm{i}}\left(\frac{1}{\gamma_0} + \frac{1}{\gamma_g}\right) \mp \left[\frac{\eta^{\mathrm{r}}}{2\sqrt{1+\eta r^2}}\chi_0^{\mathrm{i}} \cdot \left(\frac{1}{\gamma_0} - \frac{1}{\gamma_g}\right) + \frac{KC\left|\chi_g^{\mathrm{i}}\right|\cos\gamma_g}{\sqrt{\gamma_0\gamma_g}\sqrt{1+\eta^{r^2}}}\right] \end{aligned} \tag{2-50}$$

其中，η^{r} 为 η 的实部，

$$\eta = \frac{b\Delta\theta\sin 2\theta + \dfrac{1}{2}\chi_0(1-b)}{|c|\,|b|^{\frac{1}{2}}(\chi_g\chi_{-g})} \tag{2-51}$$

式 (2-50) 第一项相当于正常吸收系数，与色散面的分支无关；第二项方括号内的项相当于反常色散，色散面两个分支有区别。对于对称劳厄情况，$\gamma_0 = \gamma_g$，这时，括号内第一项消去，反常吸收系数取决于第二项，$\cos\gamma_g$ 一般为正。对 α 支 (取负号)，有效吸收系数将小于正常吸收系数；而对 β 支 (取正号)，有效吸收系数将大于正常吸收系数。也就是说，α 支的吸收比 β 支的小，沿衍射面传播的波场吸收比其他方向的小，在 $\boldsymbol{s}_0$ 和 $\boldsymbol{s}_g$ 方向，α 支和 β 支的吸收系数趋于正常吸收系数，这就是 Borrmann 效应，色散面一个分支产生异常透射，而另一分支产生强烈吸收。本节用吸收系数解释了异常透射效应。

2.9 从晶体中出射波场的边界条件

2.5 节讨论了 X 射线波场从真空入射到晶体的边界条件，本节讨论 X 射线从晶体内出射到真空的边界条件。

从色散面可知，从晶体出射的光束的波矢是在以 H 为圆心，以 HL 为半径的反射球面上有一交点，出射束在色散面的结点选取应使波矢的切向分量相等。

由图 2-14 可知，从入射点 P 入射的波矢 K_0 激发 α 支上的 A 结点，过 A 点作出射晶面的内法线，分别交 (000) 球面于 R，交 (hkl) 球于 Q，即 $\overrightarrow{RO}$ 为出射的向前衍射束 $\boldsymbol{k}_0^{\mathrm{e}}$, $\overrightarrow{QH}$ 为出射的衍射束 $\boldsymbol{k}_g^{\mathrm{e}}$。同理，对 β 支也产生向前衍射束和出射衍射束。如果是非偏振入射的 X 射线，将在晶体内产生八个波。

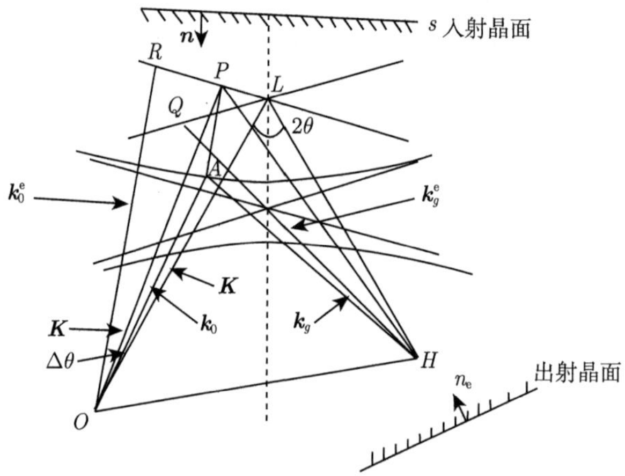

图 2-14　出射面波场示意图

一般情况下，入射束的束宽比所通过的晶体距离小得多，可认为在晶体内各波是分别传播的，在出射面上不相互重叠，因此，出射束的强度或振幅可相加。例如，对上下晶面平行的晶片和对称劳厄情况，假设入射束 K_0 稍稍偏离布拉格角，但仍在反射的 $\Delta\theta$ 范围内，这时光束在晶体内产生两束能流，即 S_α 和 S_β。如果没有吸收，能流达到出射面，并分为向前衍射束和衍射束，它们不相互重叠，每束衍射束的强度为两个对应的分支的衍射束之和。也就是说，在出射面边界内的波场等于刚在边界外的波场。对衍射束强度有

$$|\boldsymbol{D}_{gd}|^2 = |\boldsymbol{D}_{g\alpha}|^2 + |\boldsymbol{D}_{g\beta}|^2$$

同理，对向前衍射束和每个偏振态都有对应的表达式。如果出射的波场相互重叠，则衍射束强度为

$$|\boldsymbol{D}_{gd}|^2 = |\boldsymbol{D}_{g\alpha} + \boldsymbol{D}_{g\beta}|^2$$

表达式的值随晶体的厚度而变化，以后将详细讨论。

2.10 出射波场

上文讨论了晶体内的波场，下面讨论波场离开晶体时的情况，从 X 射线衍射动力学理论推导得到一些与 X 射线衍射运动学理论不同的结果，同时，预示了一些 X 射线衍射动力学现象。

2.10.1 出射束的透射系数 T 和反射系数 R

X 射线从真空进入晶体的边界条件为

$$\boldsymbol{D}^a = \boldsymbol{D}_{0\alpha} + \boldsymbol{D}_{0\beta} \tag{2-52a}$$

$$0 = \boldsymbol{D}_{g\alpha} + \boldsymbol{D}_{g\beta} \tag{2-52b}$$

其中，$\boldsymbol{D}^a$ 为真空入射波；$\boldsymbol{D}_{0\alpha}$ 和 $\boldsymbol{D}_{0\beta}$ 为晶体内直射波；$\boldsymbol{D}_{g\alpha}$和$\boldsymbol{D}_{g\beta}$ 为晶体内衍射波；$\boldsymbol{D}_{gd}$ 为出射面进入真空的衍射波；$\boldsymbol{D}_{0d}$ 为出射面进入真空的直射波。

式 (2-38) 引入参数：

$$P = \frac{D_g}{D_0} = \frac{KC\chi_g}{2\alpha_g} = \frac{2\alpha_0}{KC\chi_{-g}}$$

因此，P 是有物理意义的。式 (2-52b) 写成标量形式

$$P_\alpha D_{0\alpha} + P_\beta D_{0\beta} = 0 \tag{2-52c}$$

式 (2-52c) 与式 (2-52a) 联立，可得到入射的边界条件：

$$\begin{cases} D_{0\alpha} = \dfrac{P_\beta}{P_\beta - P_\alpha} D_0^a \\ D_{0\beta} = \dfrac{P_\alpha}{P_\alpha - P_\beta} D_0^a \\ D_{g\alpha} = P_\alpha D_{0\alpha} = \dfrac{P_\alpha P_\beta}{P_\beta - P_\alpha} D_0^a \\ D_{g\beta} = P_\beta D_{0\beta} = \dfrac{P_\alpha P_\beta}{P_\alpha - P_\beta} D_0^a \end{cases} \tag{2-53}$$

值得注意，X 射线在晶体内色散面上每个结点都激发两个波，因此，在出射面上，色散面两个偏振面四个结点的八个波解耦。X 射线束穿过晶体厚度 t 到达出射面会引起相位变化，引入相位因子。为简化，考虑无吸收情况，原点为光束入射点，z 方向为垂直入射面法线方向，令 $k_{i0z} = k_{i0}$，是沿 z 方向的分量。这时，出射面边界条件为

$$\begin{aligned} &D_{0\alpha}\exp(-2\pi i t k_{\alpha 0z}) + D_{0\beta}\exp(-2\pi i t k_{\beta 0z}) = D_{0d}\exp(-2\pi i t k_{d0z}) \\ &D_{g\alpha}\exp(-2\pi i t k_{\alpha gz}) + D_{g\beta}\exp(-2\pi i t k_{\beta gz}) = D_{gd}\exp(-2\pi i t k_{dgz}) \end{aligned} \tag{2-54}$$

将式 (2-53) 代入式 (2-54)，得

$$D_{0d}\exp(-2\pi \mathrm{i}tk_{d0z}) = \frac{P_\beta}{P_\beta - P_\alpha}D_0^a\exp(-2\pi \mathrm{i}tk_{\alpha0z}) - \frac{P_\alpha}{P_\alpha - P_\beta}D_0^a\exp(-2\pi \mathrm{i}tk_{\beta0z})$$

$$D_{gd}\exp(-2\pi \mathrm{i}tk_{dgz}) = \frac{P_\alpha P_\beta}{P_\beta - P_\alpha}D_0^a\exp(-2\pi \mathrm{i}tk_{\alpha gz}) - \frac{P_\alpha P_\beta}{P_\alpha - P_\beta}D_0^a\exp(-2\pi \mathrm{i}tk_{\beta gz}) \tag{2-55}$$

从式 (2-55) 可知，要计算透射系数 $T = \frac{|D_{0d}|^2}{|D_0^a|^2}$ 和反射系数 $R = \frac{|D_{gd}|^2}{|D_0^a|^2}$，首先要求出 D_{0d} 和 D_{gd}。从色散面分析，可知：

$$k_{\mathrm{i}0z} = K_{0z} - Kq'$$

对平行的晶面，在劳厄情况下，晶片两边入射波矢和出射波矢有如下关系：

$$\begin{aligned}&K_{d0} = K_0\\&K_{dgz} - k_{igz} \approx K_0 - k_{i0z} = Kq'\end{aligned}$$

利用这些关系式，代入式 (2-55)，消去 $\exp(-2\pi \mathrm{i}tk_{d0z})$ 项，并作一些变换，得

$$\begin{aligned}D_{0d} =& D_0^a\frac{1}{P_\beta - P_\alpha}\exp[\pi \mathrm{i}tK(q_\alpha + q_\beta)]\cdot\{P_\beta\exp[\mathrm{i}\pi tK(q_\alpha - q_\beta)]\\&-P_\alpha\exp[\mathrm{i}\pi tK(q_\alpha - q_\beta)]\}\end{aligned}$$

在 2.8 节，已得到 Kq 和 α_0 的表达式，从而得到

$$K(q_\alpha + q_\beta) = \frac{K}{2\gamma_g}\beta - \frac{K\chi_0}{\gamma_0}$$

$$K(q_\alpha - q_\beta) = \frac{K}{2\gamma_g}w$$

其中

$$w = \sqrt{\beta^2 + 4\mathrm{c}^2\chi_\mathrm{g}\chi_{-g}\frac{\gamma_g}{\gamma_0}} = 2c\sqrt{\frac{\gamma_\mathrm{g}}{\gamma_0}}\cdot\sqrt{\chi_{-g}\chi_g}\cdot\sqrt{1+\eta^2}$$

透过率$T = \left|\frac{D_{0\mathrm{d}}}{D_0^a}\right|^2$，将上式 $\frac{D_{0\mathrm{d}}}{D_0^a}$ 乘以其共轭项，P_i 值取复数，可得

$$T = \frac{|D_{0d}|^2}{|D_0^a|^2} = \frac{1}{|P_\beta - P_\alpha|^2}\left[|P_\beta|^2 + |P_\alpha|^2 - P_\alpha P_\beta^*\exp(-\mathrm{i}2\alpha) - P_\alpha^* P_\beta\exp(\mathrm{i}2\alpha)\right]$$

或用三角函数表示：

$$T = \frac{1}{|P_\beta - P_\alpha|^2}\left[|P_\beta|^2 + |P_\alpha|^2 + 2P_\alpha P_\beta^*\cos 2\alpha\right]$$

同理，

$$R=\frac{\gamma_g}{\gamma_0}\frac{\left|P_\alpha\right|^2\left|P_\beta\right|^2}{\left|P_\beta-P_\alpha\right|^2}\left(2-2\cos 2\alpha\right)$$

其中

$$\alpha=\pi tK\left(q_\alpha-q_\beta\right)=\pi t\frac{Kc}{\sqrt{\gamma_0\gamma_g}}\sqrt{\chi_g\chi_{-g}}\sqrt{1+\eta^2}=A\sqrt{1+\eta^2}$$

$$\eta=\frac{\left[b\Delta\theta\sin 2\theta+\dfrac{1}{2}\chi_0\left(1-b\right)\right]}{\left|c\right|\left|b\right|^{\frac{1}{2}}\left(\chi_g\chi_{-g}\right)^{\frac{1}{2}}}\tag{2-56}$$

可得到

$$T\left(\eta\right)=\frac{\left|D_{0d}\right|^2}{\left|D_0^a\right|^2}=\frac{1}{1+\eta^2}\left(\eta^2+\cos^2 A\sqrt{1+\eta^2}\right)\tag{2-57a}$$

$$R\left(\eta\right)=\frac{\gamma_g}{\gamma_0}\frac{\left|D_{gd}\right|^2}{\left|D_0^a\right|^2}=\frac{\sin^2 A\sqrt{1+\eta^2}}{1+\eta^2}\tag{2-57b}$$

其中

$$A=\pi t\frac{Kc}{\gamma_0\gamma_g}\sqrt{\chi_g\chi_{-g}}$$

一般实验条件观察到的是 T 和 R 对厚度或周期的平均值：

$$\bar{R}=\frac{1}{2(1+\eta^2)}\tag{2-58a}$$

$$\bar{T}=1-\frac{1}{2(1+\eta^2)}\tag{2-58b}$$

从式 (2-58) 可以看到：

(1) 不管参数 η 如何变化，$T\left(\eta\right)+R\left(\eta\right)=1$，就是说对无吸收情况，晶体中透射束和衍射束在传播中能量发生交换，其总和保持不变。这是 X 射线衍射动力学理论的一个重要结果，解决了 X 射线衍射运动学理论能量不守恒的难题。

(2) 参数 A 中含有晶体的厚度 t，随着厚度 t 的增加，T 和 R 都是厚度 t 的周期函数。对一定的 t 和 η，T 和 R 是互补的。也就是说，T 的极小值对应 R 的极大值，反之亦然 (图 2-15)。两个极大值对应的晶体厚度差称为消光距离 (extinction distance)。当 $\eta=0$ 时，其值为

$$\xi_0=\frac{\cos\theta_{\mathrm{B}}}{KC\sqrt{\chi_g\chi_{-g}}}=\frac{\pi V\cos\theta_{\mathrm{B}}}{r_{\mathrm{e}}\lambda C\left|F_g\right|}$$

其中，$r_{\mathrm{e}}=\dfrac{mC^2}{e^2}$，为自由电子半径。可以看到，消光距离与波长 λ、结构因子 $\left|F_g\right|$

以及衍射面有关。波长越长，消光距离越短，这是 X 射线形貌技术要求在吸收允许范围尽量采用长波长 X 射线的原因。

消光距离是一种 X 射线衍射动力学效应，以后还要对其进行详细讨论。

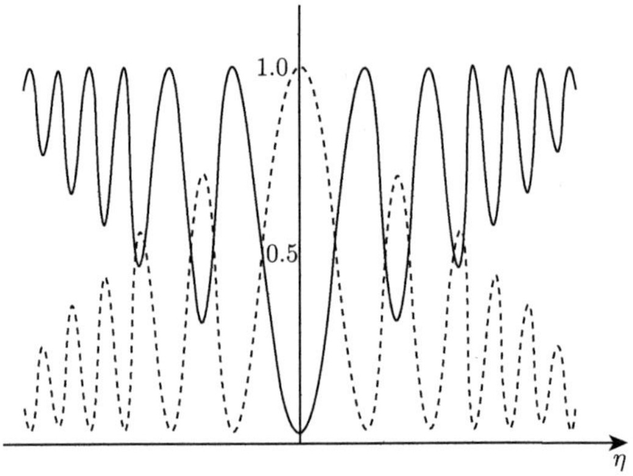

图 2-15　透射系数和反射系数随 η 值变化示意图

2.10.2　出射束强度沿出射面的分布

关于能流沿出射面的分布，Kato[1] 作了详细的研究。这里只讨论其中部分内容。

假设入射束是很窄的单色、平行光，而且向前衍射束与衍射束没有重叠，考虑时间和空间平均，沿 a 和 b 能流分布可表示为 (图 2-16)

$$I_0(a) = \frac{\delta D_0}{\delta a}$$

$$I_g(b) = \frac{\delta D_g}{\delta b}$$

其中，δD_0 和 δD_g 分别是通过 δa 和 δb 的透射和反射的总能量。众所周知，$I_0(a)$ 和 $I_g(b)$ 都分别包含两个 Bloch 波 (α 支和 β 支)。对厚度为 t_0 的平行晶片，对对称劳厄衍射情况，

$$I_0(P) = \frac{I_d}{2t_0 \sin\theta_{\mathrm{B}}} \frac{1-Q}{(1-Q^2)^{\frac{1}{2}}(1+Q)} \cdot \cosh 2A \in (1-Q^2)^{\frac{1}{2}} \exp(-\mu_0 t_0) \qquad (2\text{-}59\text{a})$$

$$I_g(P) = \frac{I_d}{2t_0 \sin\theta_{\mathrm{B}}} \frac{1}{(1-Q^2)^{\frac{1}{2}}} \cdot \cosh 2A \in (1-Q^2)^{\frac{1}{2}} \exp(-\mu_0 t_0) \qquad (2\text{-}59\text{b})$$

其中，

$$Q = \frac{\tan \varDelta}{\tan\theta_{\mathrm{B}}}$$

$$A = \frac{e^2}{mC^2}\frac{\lambda|F_g|ct_0}{V\sqrt{\gamma_0\gamma_g}}$$

$$c = \begin{cases} 1 \\ \cos 2\theta_B \end{cases}$$

$$\varepsilon = \frac{F_g''}{F_0''}$$

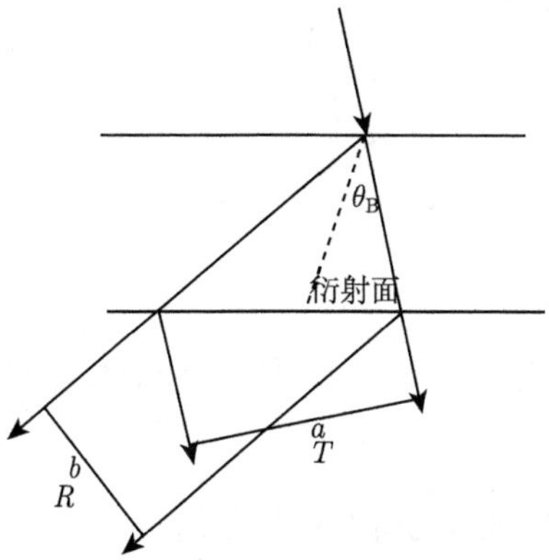

图 2-16 沿 a 和 b 能流分布示意图

在 1.2.1 节已经指出，对于 X 射线衍射动力学理论，所谓"厚晶体"或"薄晶体"不是指其几何厚度，而是指其 μt 的值，其中，μ 为晶体的线吸收系数，t 为 X 射线束通过的距离。当 $\mu t \gg 1$ 时为厚晶体，当 $\mu t < 1$ 时为薄晶体。根据式 (2-59) 可以画出不同 $\mu_0 t_0$ 值，衍射束强度和透射束强度沿出射面的分布 (图 2-17)。从图 2-17(a) 可以看到，对于薄晶体 ($\mu t \ll 1$)，在出射面边缘衍射束强度增加，对 $\mu t \approx 0$，边缘的强度比中心的强度还高。X 射线衍射运动学理论认为，在中心点 $Q = 0$, X 射线处于严格的布拉格反射几何，该点 X 射线强度最大。对这种现象，X 射线衍射运动学理论是不可理解的。

从 X 射线衍射动力学理论出发，由于出射束角度的变化，在 $Q \approx 0$ 附近，Q 值的变化剧烈，色散面的曲率最大，大部分入射束的能量流向靠近边缘的方向。从 2.6 节色散面可知，当入射束偏离严格的布拉格角入射时，色散面的曲度会使能流集中到一边，对薄晶体吸收小，边缘附近虽然光程差长了一些，但吸收衰减很小，因此，能流主要转移到边缘。随着厚度的增加，吸收项越来越重要，在 2.8 节已经指出，在能流三角形内，吸收系数随偏离角而变化，边缘的强度减弱很明显。但中心部分的强度减弱不明显，大约为无吸收晶体值的一半。对于厚晶体，衍射束的峰位在中心；对于透射束，其强度分布是不对称的。对薄晶体，X 射线强度从直射方向到衍射方向单调下降。随着厚度增加，边缘的吸收增大，强度下降，峰值移向中心。

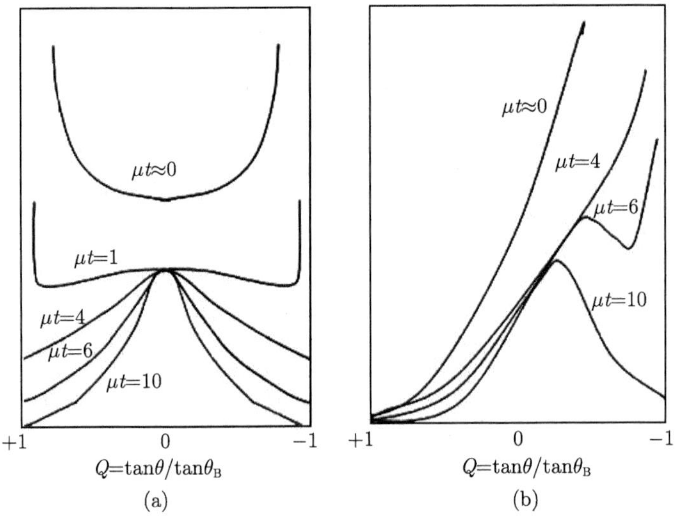

图 2-17　衍射束强度和透射束强度沿出射面分布示意图

(a) 衍射束；(b) 透射束

这种现象在 X 射线截面形貌图上经常看到，早在 20 世纪 30 年代就观察到了，当时认为是晶体内嵌镶结构或表面损伤引起的。但分析发现，如果是这个原因，不仅是衍射束，而且透射束也应该出现边缘增强现象。后来，X 射线衍射动力学理论分析指出，这是 X 射线衍射动力学理论的一个结果——衍射强度沿出射面分布的边缘效应。

2.10.3　摇摆曲线

在 2.10.1 节讨论透射系数和反射系数时包括 α 支和 β 支。本节考虑在有吸收情况下，当入射束偏离严格的布拉格角，各个 Bloch 波通过晶体厚度为 t_0 后，出射面 X 射线强度的变化。

考虑很窄的平行单色 X 射线入射，满足边界条件：

$$|D_{gd}|^2 = |D_{g\alpha}|^2 + |D_{g\beta}|^2$$

也就是说，两衍射束没有重叠。从 2.6 节式 (2-47)，为了简单，假设是对称劳厄情况，则出射面 $r = t_0$，即有

$$\frac{I_{0i}}{I_0} = \frac{1}{4}\left[1 \mp \frac{\eta}{(1+\eta^2)^{\frac{1}{2}}}\right]^2 \cdot \exp\left[-\frac{\mu_0 t_0}{r_0}\left(1 \mp \frac{|C|\epsilon}{(1+\eta^2)^{\frac{1}{2}}}\right)\right] \tag{2-60a}$$

$$\frac{I_{gi}}{I_0} = \frac{1}{4}\frac{1}{1+\eta^2}\exp\left[-\frac{\mu_0 t_0}{r_0}\left(1 \mp \frac{|C|\epsilon}{(1+\eta^2)^{\frac{1}{2}}}\right)\right] \tag{2-60b}$$

其中，$\eta = \dfrac{b\Delta\theta\sin 2\theta + \dfrac{1}{2}\chi_0(1-b)}{|C||b|^{\frac{1}{2}}[\chi_g\chi_{-g}]^{\frac{1}{2}}}$，“−” 号对应 α 支，“+” 号对应 β 支。

对于对称劳厄情况，$b=1$, $\epsilon = \dfrac{F''_g}{F''_0}$。

对于非劳厄情况，从式 (2-47) 直接求得

$$I = |D_{0i} \cdot D^*_{0i}|$$

关于式 (2-60) 所描述摇摆曲线的形状和积分强度，Hirsch 已作了比较详细的讨论[2], 这里只做定性讨论。

1) 衍射束

对 $\mu_0 t \ll 1$，即薄晶体情况，式 (2-60b) 可以忽略对数项，衍射束包含从 α 支和 β 支激发的波，以 η 为坐标，衍射峰的形状可表示为

$$\frac{I_g(\alpha+\beta)}{I_0(\sigma\text{或}\pi)} = \frac{1}{2}\left(\frac{1}{1+\eta^2}\right)$$

如图 2-18 所示，当入射束沿严格的布拉格角度入射时，$\eta = 0$，$\Delta\theta = 0$，得到 $\dfrac{I_g}{I_0} = \dfrac{1}{2}$，也就是说，只有一支色散面。晶体相当于一个分束器，对每个偏振的 X 射线束，有一半分束为衍射束，而与结构因子反射强度无关。这从波场振幅 $\eta = 0$ 时，$|D_g| = |D_0|$ 也可得到。但应该指出，$\mu_0 t \ll 1$，不能认为 $t \to 0$，很明显，$t \to 0$ 时，即 $I_g \to 0$，也就是说，没有晶体参与衍射。因此，t 的值相对 X 射线衍射是足够大的，从而使得 $\mu_0 \to 0$。随着偏离角增大，η 值增大，强度曲线呈下降趋势。

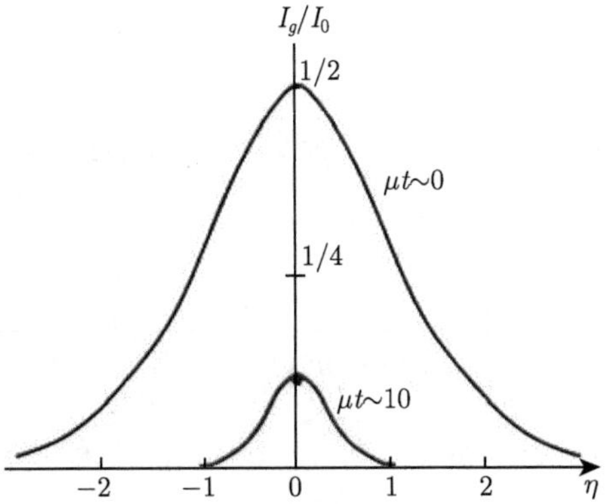

图 2-18 衍射束强度随 η 值变化示意图

随着 $\mu_0 t$ 的增大，当 $\mu_0 t \gg 1$ 时，即厚晶体情况，式 (2-60b) 对 β 支，

$\dfrac{\mu_0 t}{r_0}\left[1+\dfrac{|C|\,\epsilon}{(1+\eta^2)^{\frac{1}{2}}}\right]$ 值很大，$\dfrac{I_{gi}}{I_0}\to 0$；这样，β 支的两个偏振态的激发基波基本上全被吸收。对 α 支的 π 偏振，其电矢量垂直于入射面，$C=\cos 2\theta$，$\dfrac{\mu_0 t}{r_0}\left[1-\dfrac{|C|\,\epsilon}{(1+\eta^2)^{\frac{1}{2}}}\right]$ 值也很大，得 $\dfrac{I_{gi}}{I_0}\to 0$；对 α 支 σ 偏振，$C=1$，$\left[1-\dfrac{\epsilon}{(1+\eta^2)^{\frac{1}{2}}}\right]\to 0$，也就是说，对厚晶体情况，非偏振入射束在 $\eta=0$ 处，峰值只有 $\dfrac{1}{8}$的入射强度转为衍射束，即晶体内只有 α 支 σ 偏振的波没有被吸收，式 (2-60b) 可改写为

$$\frac{I_g(\alpha,\sigma)}{I_0}=\frac{1}{8}\frac{1}{1+\eta^2}\exp\left[-\frac{\mu_0 t_0}{r_0}\left(1-\frac{\epsilon}{(1+\eta^2)^{\frac{1}{2}}}\right)\right]\tag{2-61a}$$

吸收项使强度曲线变锐，当 $\eta^2\ll 1$ 时，$\dfrac{|C|\,\epsilon}{(1+\eta^2)^{\frac{1}{2}}}=C\epsilon\left(1-\dfrac{1}{2}\eta^2\right)$，式 (2-60b) 可写成

$$\frac{I_{gi}}{I_0}=\frac{1}{4}\exp\left[-\frac{\mu_0 t}{r_0}(1-|C|\,\epsilon)\right]\exp\left[-\frac{\mu_0 t}{r_0}|C|\,\epsilon\frac{\eta^2}{2}\right]\tag{2-61b}$$

当$\dfrac{1}{2}\dfrac{\mu_0 t}{r_0}|C|\,\epsilon\eta^2=\ln 2$ 时，衍射峰强度下降到一半。从而可求出衍射半峰宽为

$$\eta^2=\frac{2\ln 2}{\dfrac{\mu_0 t}{r_0}|C|\,\epsilon}\tag{2-62}$$

其中，η 中含有 $\Delta\theta$。

2) 透射束

为了简单，式 (2-60a) 按 α 支和 β 支分开书写，对 $\mu_0 t\ll 1$，即薄晶体情况，忽略对数项，有

$$\frac{I_{0i}(\sigma,\pi)}{I_0}=\frac{1}{4}\left(1-\frac{\eta}{(1+\eta^2)^{\frac{1}{2}}}\right)^2+\frac{1}{4}\left[1+\frac{\eta}{(1+\eta^2)^{\frac{1}{2}}}\right]^2$$

在 2.6 节讨论了，对 $\mu_0 t\ll 1$ 情况，当 $\eta=0$ 时，α 支和 β 支的透射束强度分别是 $\dfrac{1}{4}I_0$，当 η 为很大的负值时，透射束由 α 支激发贡献；而当 η 为很大的正值时，透射束由 β 支激发贡献，如图 2-19 所示。其形状与衍射束强度分布正好相反。

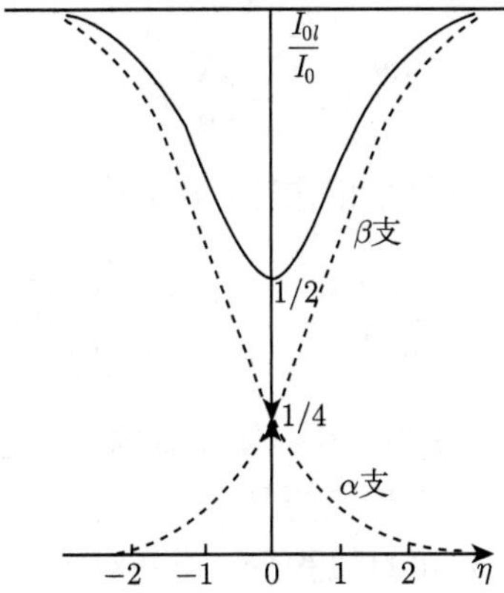

图 2-19 透射束强度随 η 值变化示意图

随着 $\mu_0 t$ 值增大，β 支的贡献比 α 支减少快得多，而且，边缘下降比中心快；当 $\mu_0 t$ 值为中等量时，α 支加 β 支的透射束强度相对于 η 是不对称的。当 $\mu_0 t \gg 10$ 时，即厚晶体情况，只有 α 支的 σ 偏振的波强度：

$$\frac{I_0(\alpha,\sigma)}{I_0}=\frac{1}{8}\left[1-\frac{\eta}{(1+\eta^2)^{\frac{1}{2}}}\right]^2\cdot\exp\left[-\frac{\mu_0 t}{r_0}\left(1-\frac{\epsilon}{(1+\eta^2)^{\frac{1}{2}}}\right)\right] \tag{2-63}$$

比较式 (2-62) 和式 (2-63) 可知，两式只是相对 η 有一位移。如果 $\mu_0 t$ 值继续增大，η 可以忽略，这时，衍射束和透射束的强度分布一样。

2.10.4 积分强度

积分强度是衍射强度随摇摆曲线的积分：$I=\int_{-\infty}^{+\infty}\frac{I_g}{I_0}\mathrm{d}\theta$。高木证明了积分强度与波面的实际形状无关[3]，因此，平面波和球面波计算的结果一致。

对于对称劳厄情况，$b=1$，有

$$I=\int_{-\infty}^{+\infty}\frac{I(\eta)}{I_0}\frac{\mathrm{d}\theta}{\mathrm{d}\eta}\cdot\mathrm{d}\eta=\frac{\mathrm{d}\theta}{\mathrm{d}\eta}\int_{-\infty}^{+\infty}\frac{I(\eta)}{I_0}\mathrm{d}\eta$$

其中

$$\eta=\frac{b\Delta\theta\sin 2\theta+\frac{1}{2}\chi_0(1-b)}{|C|\,|b|^{\frac{1}{2}}(\chi_g\chi_{-g})^{\frac{1}{2}}}$$

$$\frac{\mathrm{d}\theta}{\mathrm{d}\eta}=\frac{|C|(\chi_g\chi_{-g})^{\frac{1}{2}}}{\sin 2\theta}$$

对于中心对称晶体，

$$\chi_g=\chi_{-g},\quad \chi_g=-\frac{r_e\lambda^2}{\pi V}F_g$$

代入

$$\frac{\mathrm{d}\theta}{\mathrm{d}\eta}=\frac{|C|\,r_{\mathrm{e}}\lambda^2}{\sin 2\theta}F_g$$

对薄晶体，衍射束式 (2-60b) 对每个偏振态，积分得到

$$I=\frac{\mathrm{d}\theta}{\mathrm{d}\eta}\int_{-\infty}^{+\infty}\frac{1}{4}\frac{1}{1+\eta^2}\exp\left[-\frac{\mu_0 t}{r_0}\left(1\mp\frac{|C|\,\epsilon}{(1+\eta^2)^{\frac{1}{2}}}\right)\right]\mathrm{d}\eta=\frac{\pi}{4}\frac{|C|\,r_{\mathrm{e}}\lambda^2\,|F_g|}{\sin 2\theta} \tag{2-64}$$

式 (2-64) 是无吸收对称劳厄情况下，某一偏振态的积分强度。可以看到，积分强度 $I\approx|F_g|$。这是 X 射线衍射动力学理论的又一个结论。

对厚晶体，应用式 (2-61b) 可直接积分，得到对每一个偏振态的积分强度：

$$I=\frac{|C|\,r_{\mathrm{e}}\lambda^2}{4\sin 2\theta}F_g\left[\frac{2\pi}{|C|\,\epsilon\left(\dfrac{\mu_0 t_0}{r_0}\right)}\right]^{\frac{1}{2}}\exp\left[-\frac{\mu_0 t}{r_0}\left(1-|C|\,\epsilon\right)\right] \tag{2-65}$$

式 (2-65) 常用于讨论 Borrmann 效应，适用于衍射束，也适用于透射束。对 Borrmann 效应，虽然 α 支 σ 偏振的有效偏振吸收为零，但对 σ 偏振态的积分强度不同于真正的无吸收情况 (如薄晶体)，只要 $\mu_0 t$ 是有限值，式 (2-64) 对数项含有 η，衍射峰的形状变尖锐。

对透射束，式 (2-65) 可用于厚晶体，所得结果与式 (2-60b) 相符。对薄晶体，其积分强度与衍射束为互补。

2.11　平面波理论的局限性

本章的讨论是采用平面波理论近似，必须指出，平面波近似对电子衍射动力学理论是合适的，但对 X 射线衍射动力学理论不一定合适。下面简单讨论平面波理论的适用条件。

平面波理论适用的首要条件是相干入射束的角发散度 Ω 要小于完美晶体反射曲线的半高宽 υ，即 $\Omega<\upsilon$。对电子衍射，$\upsilon\approx10^{-2}$ 数量级，而 $\Omega\approx10^{-4}$。因此，可以采用平面波理论来处理；对 X 射线衍射，$\upsilon\approx10^{-5}$ 数量级，通常 X 射线截面形貌术的条件为：$\Omega=\dfrac{b}{L}$，其中 b 为光束狭缝宽度，L 为光源到狭缝的距离。假设 $b=20\mu\mathrm{m}$，$L=40\mathrm{cm}$，可得 $\Omega\approx5\times10^{-5}$；对投影形貌术，$b=100\mu\mathrm{m}$，这时，$\Omega\approx2.5\times10^{-4}$。也就是说，对 X 射线衍射，$\Omega\geqslant\upsilon$。因此，不能认为色散面上不同的结点是独立激发的。典型的实验是色散面全被入射束激发；通常情况下，在 2θ 内的衍射扇形内都存在波场。

Kato 发展了球面波理论，认为入射束是由很多平面波叠加而成的，每一个平面波都在晶体内产生一组波场，这些平面波的叠加将在晶体内产生波束，这些波束在色散面激发一个结点附近的一个区域 $d\tau$，可以认为，光束沿 $d\tau$ 的法线方向传播。

对于积分强度计算，应用球面波或平面波处理的结果是一致的。

当考虑从区域 $d\tau$ 发出的相干波束的角范围和横向宽度时，就显示出球面波与平面波的基本差别。典型的情况是，除了非常靠近晶体入射面的区域外，对 $d\tau$ 足够小，以致从 $d\tau$ 邻近发出的波束在空间是分开的。这样，从色散面对应的结点 A 和 B 所产生的 Pendllösung 干涉现象不存在，这是因为从这些结点发出的波束在晶体内不重叠。Kato 和 Lang 于 1959 年首次观察到 Pendllösung 干涉现象[4]，1960 年 Authier 通过实验证实了能量流的分开[5]。

参 考 文 献

[1] Kato N. Acta.Crystallography, 1960(13): 349

[2] Hirsch P B. Acta.Crystallography, 1952(5): 176; 1956(3): 187.

[3] Pinsker Z G. Dynamical Scattering of X-ray in Crystal. New York: Springer-Verlag Berlin Heidelberg, 1978.

[4] Kato N, Lang A R. Acta.Crystallography, 1959(12): 787.

[5] Authier A. Compt.Rend., 1960(251): 2003.

第 3 章　完美晶体 X 射线衍射动力学理论 II ——球面波近似

第 2 章指出，完美晶体 X 射线衍射动力学理论平面波近似适用的首要条件是相干入射束的角发散度 Ω 要小于完美晶体反射曲线的半高宽 υ，即 $\Omega < \upsilon$。对电子衍射，$\upsilon \approx 10^{-2}$ 数量级，而 $\Omega \approx 10^{-4}$。因此，可以采用平面波理论来处理；对 X 射线衍射，$\upsilon \approx 10^{-5}$ 数量级，$\Omega = \dfrac{b}{L}$，其中b 为光束狭缝宽度，L 为光源到狭缝的距离。一般来说，对 X 射线衍射，$\Omega \geqslant \upsilon$。因此，不能认为色散面上不同的结点是独立激发的。典型的实验是色散面全部被入射束激发；通常情况，在 2θ 内的衍射扇形内都存在波场。

Kato 和 Lang 于 1959 年在楔形硅晶体首次观察到 Pendllösung 干涉现象 [1]：对截面形貌图，Pendllösung 干涉条纹为双曲线；而对透射形貌图为等宽度直带状条纹。其结果与 Ewald 平面波理论预言的不同，为了解释这个实验结果，1960 年 Kato(加藤) 发展了 X 射线衍射动力学球面波理论 [2]，Kato 强调：严格来说，讨论的是如何求解由晶体散射得到的波包的动力学问题，也就是所要介绍的球面波问题。这个理论的中心思想是：考虑不同入射角度情况下，将入射波包分解为 (无限多的) 平面波，然后对各个角度平面波的散射效果进行积分，获得球面波入射的整体动力学结果。也就是说，该理论认为入射束是由很多平面波叠加而成，每一个平面波都在晶体内产生一组波场，这些平面波的叠加将在晶体内产生波束，这些波束在色散面激发一个结点附近的一个区域 $\mathrm{d}\tau$，可以认为，光束沿 $\mathrm{d}\tau$ 的法线方向传播。对于积分强度计算，应用球面波或平面波处理结果一致。球面波理论精确地解释了 Kato 和 Lang 的实验结果，也是对 Ewald 在 1916~1917 年作出的预言的实验验证和理论描写。

本章主要参阅文献 [3]，对球面波近似作简单的介绍，将沿用 Kato 的分析术语。第 8 章 Pendellösung 干涉条纹将对 Pendellösung 干涉条纹详细分析。

3.1　球面波入射的双光束近似及其在透明平行表面与楔形晶体中的散射

真空中沿 z 轴正向传播的一个标量波可表示为

$$\psi_{\mathrm{a}}=\iint F\left(\widehat{\boldsymbol{K}}\right)\exp[\mathrm{i}\left(\boldsymbol{K}\cdot\boldsymbol{r}\right)]\mathrm{d}K_x\mathrm{d}\boldsymbol{K}_y \tag{3-1}$$

其中，$F(\widehat{\boldsymbol{K}})$ 是波函数 ψ_{a} 角度谱的权重函数。在平面波的情形下，权重函数退化为一个 δ 函数：

$$F_{\mathrm{p}}\left(\widehat{\boldsymbol{K}}\right)=\delta\left(\widehat{\boldsymbol{K}}-\widehat{\boldsymbol{K}}_{\mathrm{e}}\right) \tag{3-2}$$

对球面波的情形，常规的傅里叶波函数可表示为 (单位振幅)

$$\Psi_{\mathrm{s}}=\frac{\exp[\mathrm{i}\left(\boldsymbol{K}\cdot\boldsymbol{r}\right)]}{4\pi r}=\frac{1}{8\pi^3}\iint\frac{\exp[\mathrm{i}\left(\boldsymbol{K}\cdot\boldsymbol{r}\right)]}{K_z}\mathrm{d}K_x\mathrm{d}K_y \tag{3-3}$$

比较式 (3-1) 和式 (3-3)，可得球面波情形下权重函数：

$$F_s\left(\widehat{\boldsymbol{K}}\right)=\frac{1}{8\pi^3}\frac{1}{K\cos\left(K\cdot z\right)} \tag{3-4}$$

其中，$K\cos\left(\boldsymbol{K}\cdot\boldsymbol{z}\right)=K_z=\left(K^2-K_x^2-K_y^2\right)^{\frac{1}{2}}$，在复数面内实轴或虚轴上都取正值。

对 X 射线入射的情况，可用类似式 (3-1) 形式的矢量波函数来描述。为了获得类似的表达形式，考虑原子自发电磁辐射。在真空中远离光源处，电磁场可用任意的电场 $\boldsymbol{E}$ 或磁场 $\boldsymbol{H}$ 矢量来描述：

$$\boldsymbol{E}=\mathrm{i}K^{-1}\mathrm{rot}\boldsymbol{H} \tag{3-5}$$

引入以下算子:

$$\widetilde{\boldsymbol{M}}=[\boldsymbol{I}\nabla],\quad \widetilde{\boldsymbol{N}}=\frac{1}{\mathrm{i}K}\left[[\boldsymbol{I}\nabla]\,\nabla\right] \tag{3-6}$$

此处, $\boldsymbol{I}$ 是正比于原子自发跃迁导致 γ 量子发射的流密度算子矩阵元的常矢量，并只保留场强渐近表达式的主要项 (γ^{-1} 量级项)，可以得到辐射波包范围电磁场的近似表达式:

$$\boldsymbol{H}_{\mathrm{s}}=\widetilde{\boldsymbol{M}}\psi_s,\quad \boldsymbol{E}_{\mathrm{s}}=\widetilde{\boldsymbol{N}}\psi_{\mathrm{s}} \tag{3-7}$$

注意, 在渐近区矢量 $\boldsymbol{E}$ 和 $\boldsymbol{H}$ 均垂直于波的传播方向。将式 (3-1) 代入式 (3-7) 得

$$\boldsymbol{H}_{\mathrm{s}}\approx\mathrm{i}K\iint\mathrm{d}K_x\mathrm{d}K_yF_{\mathrm{s}}\left(\widehat{\boldsymbol{K}}\right)[\boldsymbol{I}\boldsymbol{K}]\exp[\mathrm{i}\left(\boldsymbol{K}\cdot\boldsymbol{r}\right)] \tag{3-8a}$$

$$\boldsymbol{E}_{\mathrm{s}}\approx\mathrm{i}K\iint\mathrm{d}K_x\mathrm{d}K_yF_{\mathrm{s}}\left(\widehat{\boldsymbol{K}}\right)\left[[\boldsymbol{I}\boldsymbol{K}]\,\boldsymbol{K}\right]\exp[\mathrm{i}\left(\boldsymbol{K}\cdot\boldsymbol{r}\right)] \tag{3-8b}$$

进而，希望知道晶体中传播的电磁场的某偏振态，该偏振态的振动方向通常垂直或平行于入射面。因此，可以只考虑标量场的情况，包括合适的偏振因子 $[\boldsymbol{I}\boldsymbol{K}]$ 和 $\left[[\boldsymbol{I}\boldsymbol{K}]\,\boldsymbol{K}\right]$ 以及权重函数 $F\left(\boldsymbol{K}\right)$。

下面讨论用平面波的叠加形式的球面波表达。在式 (3-3) 中引入相应的振幅系数

$$D_{0,g}=\frac{1}{8\pi^2}\iint K_Z^{-1}d_{0,g}\mathrm{d}K_x\mathrm{d}K_y \tag{3-9}$$

其中，$d_{0,g}$ 可看成晶体中折射波和衍射波的振幅调制，在第 2 章中已做过类似的解释。

对于透明晶体, 在第 2 章双光束近似处理 $d_{0,g}$ 中详细给出，可以写成

$$d_0=\sum_{i=1,2}D_0^{(i)}\exp\left\{\mathrm{i}\left[\left(\boldsymbol{K}_0^i-\boldsymbol{K}\right)\cdot\boldsymbol{r}\right]\right\} \tag{3-10a}$$

$$d_g=\sum_{i=1,2}D_g^{(i)}\exp\left\{\mathrm{i}\left[\left(\boldsymbol{K}_g^i-\boldsymbol{K}\right)\cdot\boldsymbol{r}\right]\right\} \tag{3-10b}$$

在式 (3-10a) 和式 (3-10b) 中，$\boldsymbol{r}$ 表示光源点到观察点的距离，通常假设光源点是在晶体入射表面上无限窄的狭长区域 (图 3-1 中的 O 点，注意图 3-1 与第 8 章中图 8-2 相同)；O 点也选作实空间中的坐标原点。

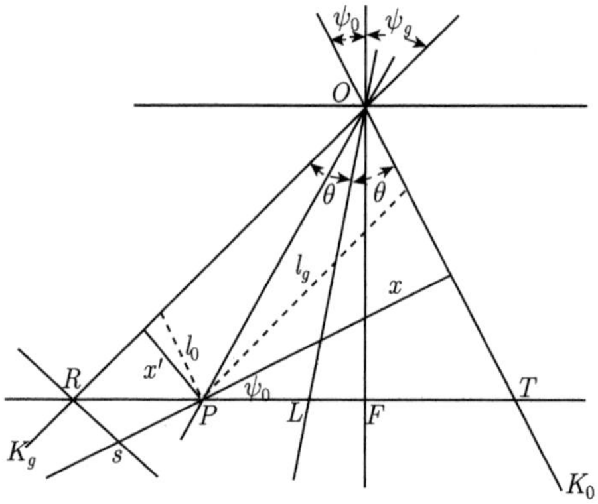

图 3-1　X 射线波场在平行表面晶体内传播形成 Borrmann 扇形示意图 (参阅文献 [2] 或第 8 章中图 8-2)

根据第 2 章，有

$$\boldsymbol{K}_0^i-\boldsymbol{K}=-K\delta^i\boldsymbol{n}_0 \tag{3-11}$$

可知，对任意一点，其矢量方向均垂直于入射面。这样，式 (3-10) 中的相因子的相位的大小可由与入射平面的任意点的关系给出。

下面详细讨论球面波入射的情形。对式 (3-9) 积分的普遍表达可以以下方式选取轴线。

图 3-2 所示为倒易空间，x 轴沿着角 η 的负值方向，而 z 轴沿着矢量$\boldsymbol{K}_0$ 方向，与反射平面之间的夹角为 θ。L 点为原点。

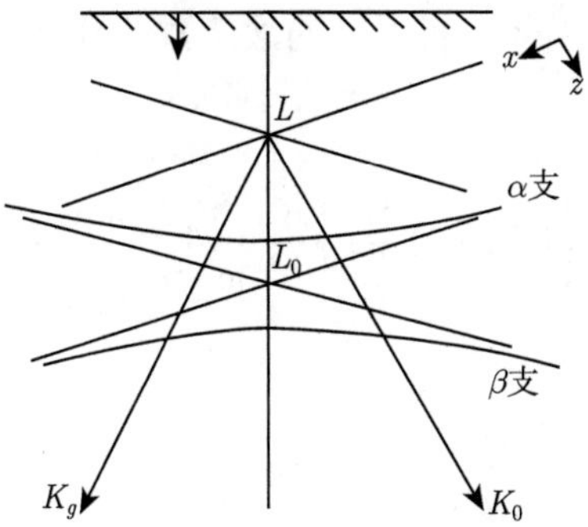

图 3-2 倒易空间 x 轴和 z 轴的选取 [2]

图 3-1 描述了平行表面的晶体中波的传播过程。点 O 为原点。x 轴垂直于矢量 $\boldsymbol{K}_0$(相当于图 3-2 中的 z 轴)。y 轴与纸面垂直，用于表示反射平面。$\boldsymbol{K}_g$ 为衍射波矢量。$\overline{OF}$ 是入射面和出射面的垂线，$\overline{OL}$ 是反射平面的迹线。OP 是变化矢量，代表能流密度矢量，后面将对其作详细处理。在晶体出射面上的任意点 P，用矢量 OP 来描述波场及其波场强度。晶体内在此直线上的任何点以及出射面上的点 P 由倾角坐标 l_0 和 l_g 以及 x 和 x' 所决定。

理论计算中运用到下列变量:

$$s = -K_x - \frac{K_{x_0} + \left(\dfrac{\gamma_g}{\gamma_0} - 1\right)}{2\sin 2\theta} \tag{3-12a}$$

$$f = \frac{kC}{\sin 2\theta}\sqrt{x_g x_{-g}}\sqrt{\frac{\gamma_g}{\gamma_0}} \tag{3-12b}$$

$$t = [(\boldsymbol{r} - \boldsymbol{\gamma}_{\mathrm{e}})\,\boldsymbol{n}] \tag{3-12c}$$

$$\alpha = \frac{1}{2\gamma_g}\sin 2\theta \tag{3-12d}$$

按照 x 轴方向的设定，新旧变量的关系可直接写为 (在本章中 $K_0 = \dfrac{1}{\lambda}$ ，$K = \dfrac{2\pi}{\lambda}$；在晶体内采用相同的波矢描述):

$$\sqrt{1+y^2} \pm |y| = f^{-1}\left(\sqrt{s^2+f^2} \pm |s|\right) \tag{3-13a}$$

$$K_x = +2\pi K_0\,|\eta| \tag{3-13b}$$

$$s = \frac{k\,|\beta|}{2\sin 2\theta} \tag{3-13c}$$

$$y = \frac{|s|}{f} \tag{3-13d}$$

对入射平面波近似，透明晶体中折射波的波函数的分析表达式用旧变量表示为

$$
\begin{aligned}
&d_0^{i(\text{old})}(\boldsymbol{r})\\
&=\frac{\sqrt{1+y^2}\mp y}{2\sqrt{1+y^2}}\exp\left(-2\pi\mathrm{i}\left\{(\boldsymbol{K}_0\cdot\boldsymbol{r})+t\left[\frac{K_0\cdot x_0}{2\gamma_0}\mp\frac{k_0C}{2}\frac{\sqrt{x_g x_{-g}}}{2\sqrt{\gamma_0\gamma_g}}\left(\sqrt{1+y^2}\pm y\right)\right]\right\}\right)
\end{aligned}
\tag{3-14a}
$$

用新变量表示为

$$
d_0^i(\boldsymbol{r})=\frac{1}{2}\frac{\mp s+\sqrt{s^2+f^2}}{\sqrt{s^2+f^2}}\exp\left\{\mathrm{i}\left[(\boldsymbol{K}\cdot\boldsymbol{r})+\frac{Kx_0t}{2\gamma_0}+\alpha t\left(s\pm\sqrt{s^2+f^2}\right)\right]\right\}\tag{3-14b}
$$

以后用如下表达式来表示一个平面波：

$$
\Psi=\Psi_0\exp\left[-\mathrm{i}\omega t+\mathrm{i}(\boldsymbol{K}\cdot\boldsymbol{r})\right]\tag{3-15}
$$

类似的变换得到透明晶体中衍射波函数的表示形式：

$$
d_g^i(\boldsymbol{r})=\pm\frac{1}{2}\sqrt{\frac{\gamma_0}{\gamma_g}}\frac{f\exp\mathrm{i}n_g}{\sqrt{S^2+f^2}}\exp\left(\mathrm{i}\left\{[(\boldsymbol{K}+2\pi g)\cdot\boldsymbol{r}]+\frac{Kx_0z}{2\gamma_0}+\alpha t\left(s\pm\sqrt{s^2+f^2}\right)\right\}\right)\tag{3-16}
$$

对式 (3-9) 的积分，将振幅中的 K_Z^{-1} 替换为 K^{-1}，等价于用 Laue 点相交处的切平面 (其轨迹为直线 $\overline{OP}$) 代替半径为 K 的球面。根据式 (3-12)，式 (3-14) 和式 (3-15) 中的相因子 $\exp[\mathrm{i}(\boldsymbol{K}\cdot\boldsymbol{r})]$ 化为

$$
\exp[\mathrm{i}(\boldsymbol{K}\cdot\boldsymbol{r})]=\exp[\mathrm{i}(K_z z+K_x x)]\tag{3-17}
$$

因为 $K_z=\left(K^2-K_x^2-K_y^2\right)^{\frac{1}{2}}$，即计算式 (3-9) 时，注意关于 K_y 的积分，K_y 作为变量只出现在式 (3-17) 中，用文献 [4] 中的鞍点法对 K_y 积分，得到

$$
\begin{aligned}
\int_{-\infty}^{\infty}\exp\left(\mathrm{i}z\sqrt{K^2-K_x^2-K_y^2}\right)\mathrm{d}K_y&\approx\int_{-\infty}^{\infty}\exp\mathrm{i}\left(K_z-z\frac{k_y^2}{2K}\right)\mathrm{d}K_y\\
&=\exp\mathrm{i}K_z\int_{-\infty}^{\infty}\exp\left(-\mathrm{i}z\frac{K_y^2}{2K}\right)\mathrm{d}K_y
\end{aligned}
\tag{3-18}
$$

在计算中把指数积分方程化为三角积分，应用 SNEDDON 书中的积分变换写成指数函数，计算后得

$$
\exp(\mathrm{i}K_z)D_y=\exp(\mathrm{i}K_z)\sqrt{\frac{2\pi k}{2}}\exp\left(-\mathrm{i}\frac{\pi}{4}\right)\tag{3-19}
$$

根据式 (3.12) 引入新的变量 s 代替 K_x 积分。将与 s 无关的项移出积分，得到

$$D_0 = \frac{\mathrm{i}}{2}(2\pi)^{-\frac{3}{2}}(K_z)^{-\frac{1}{2}}\exp\left(-\mathrm{i}\frac{\pi}{4}\right)\exp\left[\mathrm{i}\left(K_z + P\right)\right]U_0 \tag{3-20a}$$

$$D_g = \frac{\mathrm{i}}{2}(2\pi)^{-\frac{3}{2}}(K_z)^{-\frac{1}{2}}\exp\left(-\mathrm{i}\frac{\pi}{4}\right)\cdot\exp\left\{\mathrm{i}\left[K_z + 2\pi\left(\boldsymbol{g}\cdot\boldsymbol{r}\right) + P\right]\right\}U_g \tag{3-20b}$$

其中

$$P = \frac{K\chi_0}{2}\left(\frac{t}{\gamma_0} - \frac{x\gamma_g}{\gamma_0\sin^2\theta} + \frac{x}{\sin 2\theta}\right) = \frac{K\chi_0}{2}\left(l_0 + l_g\right) \tag{3-21a}$$

积分 U_0 和 U_h 有下列形式：

$$\begin{aligned} U_0 =& \frac{1}{2}\int_{-\infty}^{\infty}\left[\left(-s + \sqrt{s^2 + f^2}\right)\exp\left(\mathrm{i}at\sqrt{s^2 + f^2}\right)\right. \\ & \left. + \left(s\sqrt{s^2 + f^2}\right)\exp\left(-\mathrm{i}\alpha t\sqrt{s^2 + f^2}\right)\right] \\ & \cdot\left(\sqrt{s^2 + f^2}\right)^{-1}\exp\left(-\mathrm{i}qst\right)\mathrm{d}s \end{aligned} \tag{3-21b}$$

$$\begin{aligned} U_g =& \frac{1}{2}\int_{-\infty}^{\infty}\left[\exp\left(\mathrm{i}\alpha t\sqrt{s^2 + f^2}\right) - \exp\left(-\mathrm{i}\alpha t\sqrt{s^2 + f^2}\right)\right] \\ & \cdot\frac{KC\sqrt{x_g x_{-g}}}{\sin 2\theta\sqrt{s^2 + f^2}}\cdot\exp\left(-\mathrm{i}qst\right)\mathrm{d}s \end{aligned} \tag{3-21c}$$

$$U_g = \frac{\mathrm{i}KC\sqrt{x_g x_{-g}}}{\sin 2\theta}\int_{-\infty}^{\infty}\frac{\sin\left(\alpha t\sqrt{s^2 + f^2}\right)}{\sqrt{s^2 + f^2}}\exp\left(-\mathrm{i}qst\right)\mathrm{d}s \tag{3-21d}$$

其中

$$q = \frac{x}{t} - \alpha, \quad x = l\sin\left(\theta + \varepsilon\right) \tag{3-21e}$$

通过积分变换 U_h 可简化为

$$U_g = F\left(q\right) = \begin{cases} 0, & |q| > \alpha \\ \pi\mathrm{i}\dfrac{KC\sqrt{x_g x_{-g}}}{\sin 2\theta}J_0\left(ft\sqrt{\alpha^2 - q^2}\right), & |q| < \alpha \end{cases} \tag{3-22}$$

U_0 的计算很容易从 U_g 明显的关系 (式 (3-21c))：

$$U_0 = \left(\frac{KC\sqrt{x_g x_{-g}}}{\sin 2\theta}\right)^{-1}\left[\frac{\partial U_g}{\partial\left(\mathrm{i}qt\right)} + \frac{\partial U_g}{\partial\left(\mathrm{i}\alpha t\right)}\right]$$

以及递归关系：

$$J_1\left(\xi\right) = -\frac{\partial\left[J_0\left(\xi\right)\right]}{\partial\xi}$$

从而得到

$$U_0 = \begin{cases} 0, & |q| > \alpha \\ -\pi f\sqrt{\dfrac{a-q}{a+q}}J_1\left(ft\sqrt{a^2-q^2}\right), & |q| < \alpha \end{cases} \tag{3-23}$$

上述得到的表达式可通过图 3-1 与图 3-3 对晶体波场进行分析。

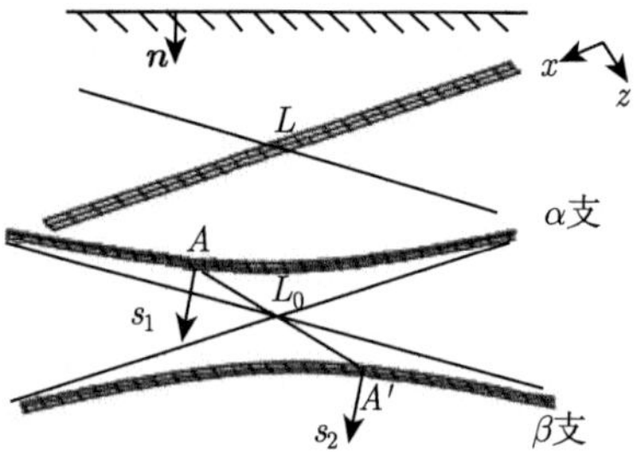

图 3-3　球面波近似情况色散面所有结点被激发

第 2.6 节和 2.7 节已经指出，在晶体 ROT 三角形内都有能量流通过。对平面波近似，入射的 X 射线在色散面上激发一个结点，色散面上一结点所相应的能流方向垂直于该点色散面，有

$$s = s_\alpha + s_\beta = \left(|D_{0\alpha}|^2 s_0 + |D_{g\alpha}|^2 s_g\right) + \left(|D_{0\beta}|^2 s_0 + |D_{g\beta}|^2 s_g\right)$$

如本章前言所说，对 X 射线衍射，$\Omega \geqslant \upsilon$，因此，不能认为色散面上不同的结点是独立激发的，平面波近似不适用。球面波理论认为入射束是一束相干的波束，如图 3-3 所示，在色散面的 P 不是一点 (注意，平面波理论认为是一点)，而是 “相当宽” 的一段，其上的每一个结点都与平面波的情况一样。在晶体内激发波场，也就是说，“相当宽” 的色散面被激发，在激发结点上垂直于某支色散面的矢量 $\boldsymbol{v}^i$ 表示晶体中某一光束的能流密度。它们不再与入射角的某一确定值有关，而是由反射平面 (图 3-1 中的 $\overline{OL}$) 与观察面的夹角 ε 决定。与平面波入射时不同，这里得到一个较小的角度区间 $\pm \mathrm{d}\eta/2$(图 3-4)。

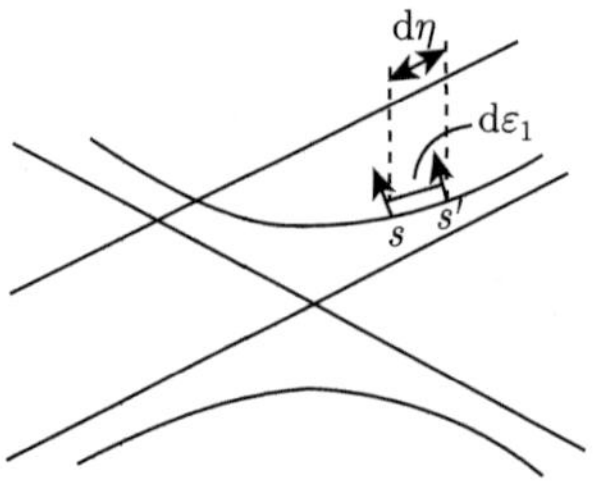

图 3-4　晶体内色散面计算角度区间示意图

图 3-1 中直线 $\overline{OP}$ 表示共有的变矢量 $\boldsymbol{v}$ 对应于相同的 ε 值，变矢量 $\boldsymbol{P}$ 的基点由斜角坐标 x 和 x' 决定，它们分别垂直于矢量 $\boldsymbol{K}_0$ 和 $\boldsymbol{K}_g$。换言之，x 和 x' 由共同的角参数 q 决定，而 q 是 ε 的函数。x 的大小由式 (3-21e) 给出，由图 3-1 可得 x' 为

$$x' = \frac{\gamma_g}{\gamma_0}(\alpha - q)\,t = l\sin(\theta - \varepsilon) \tag{3-24}$$

应用斜坐标

$$l = \overline{OP} = \frac{t}{\cos(\theta - \psi_0 + \varepsilon)} \tag{3-25}$$

由此，可得到 q 为

$$q = \frac{\sin(\theta + \varepsilon)}{\cos(\psi_g - \theta + \varepsilon)} - \frac{\sin 2\theta}{2\cos\psi_g} \tag{3-26}$$

由上述参数 x、x' 和 q，以及式 (3-22) 和式 (3-23)，可以得到晶体内波函数 D_0 和 D_g 的表达式：

$$D_0 = \frac{-\mathrm{i}}{4}\frac{1}{\sqrt{2\pi}}\frac{1}{\sqrt{k_z}}\exp\left(-\frac{\mathrm{i}\pi}{4}\right)\exp\mathrm{i}\,(K_z + P)\,\bar{f}\sqrt{\frac{x'}{x}}J_1\left(\bar{f}\sqrt{x'x}\right) \tag{3-27a}$$

$$D_g = \frac{-1}{4\sqrt{2\pi}}\frac{1}{\sqrt{K_z}}\exp\left(-\frac{\mathrm{i}\pi}{4}\right)\exp\mathrm{i}\left[K_z + 2\pi(\boldsymbol{K}\cdot\boldsymbol{r}) + \delta + P\right]\bar{f}J_0\left(\bar{f}\sqrt{x'x}\right) \tag{3-27b}$$

$$\bar{f} = f\sqrt{\frac{\gamma_g}{\gamma_0}} \tag{3-27c}$$

上述表达式说明, 点的轨迹对应于以矢量 $\boldsymbol{K}_0$ 和 $\boldsymbol{K}_g$ 为渐近线的双曲面上乘积常量：

$$xx' = \frac{\gamma_g}{\gamma_0}\left(\alpha^2 - q^2\right)t^2 \tag{3-28}$$

由式 (3-27a) 和式 (3-27b)，可以讨论晶体内波场强度，衍射波的表达式为

$$I_g = T\left(\bar{f}\right)^2\left[J_0\left(f\sqrt{xx'}\right)\right]^2 = T(f)^2\left\{J_0\left[t\varphi(\varepsilon)\right]\right\}^2 \tag{3-29}$$

正如在本章引言中提到 Kato 所观察到的 Pendllösung 干涉现象，式 (3-29) 可以用来解释和计算在 X 射线截面形貌图中观察到的钟摆状干涉效应。

因此，很自然地把上述函数的振荡与波场的干涉联系起来，这里的波场是由色散面两分支上结点的激发引入的。要描述晶体内部的波场，需要利用变矢量 $\overrightarrow{OP}$，一方面 $\overrightarrow{OP}$ 在每个特定的 ε 角下，对应于一对确定的波的衍射 (见图 3-3 中的点 A 和 A')；另一方面又作为钟摆解的干涉花纹的截面。

对于对应于色散双曲线上共轭点 A 和 A' 的波的干涉，需要满足一个对偶条件，即除了波传播方向和能流方向要一致外，两个波必须是相干波。

由于本章讨论的物理模型是基于入射波列具有窄的波前 (δ 函数)、有限的谱间隔以及角度分布涵盖了动力学极大的宽度，因此需要阐明沿着 $\nu^{(1)}$ 和 $\nu^{(2)}$ 方向传播的光束的干涉条件。假设这些光束的谱间隔在晶体内传播过程中导致色散，色散不小于上述矢量的角发散度。这只有在考虑了 (当波在最大范围内传播时) 晶体内在的放大效应才是可能的。相关的论述以及数值计算参见文献 [5]。

实际上 (图 3-4)，只要有合适的入射角间隔 $\mathrm{d}\eta$，对应于反射平面的矢量角度间隔 $\mathrm{d}\varepsilon_i$ 就会在色散双曲线出现小段 (ss')。放大系数 M 正比于该段双曲线的曲率 $1/R$，这里 R 是曲率半径。M 为

$$M=\frac{\mathrm{d}\varepsilon_{\mathrm{is}}}{\mathrm{d}\eta}=\frac{\mathrm{d}\varepsilon_i}{\mathrm{d}y_{\mathrm{s}}}\frac{\mathrm{d}y_{\mathrm{s}}}{\mathrm{d}\eta}=\frac{2\sin^2\theta\cos^2\varepsilon_{\mathrm{is}}K}{\cos\theta\left[1+\left(\dfrac{s_{\mathrm{s}}^2}{f_{\mathrm{s}}^2}\right)\right]^{3/2}}\tau_0=\frac{K\cos\theta}{R\cos\varepsilon_i}\tag{3-30}$$

这样，所关注的双曲线线段的曲率半径的大小为

$$R=\frac{\left[\left(\dfrac{s^2}{f^2}\right)+\cos^2\theta\right]\sqrt{1+(s^2+f^2)}}{2\tau_0\sin^2\theta\cos\varepsilon_i}\tag{3-31}$$

考虑下列两种极限情形：

(1) 在极大的边界上 $R\to K$，边界对应于从色散面截面双曲线到圆的传播，这时 $\varepsilon_i\to\vartheta$，且 $M\approx 1$ 也就是说，没有放大；

(2) 对严格的 Bragg 角，$\varepsilon_i=y=\dfrac{s_{\mathrm{s}}}{f_{\mathrm{s}}}$ =0，且有 $R=\dfrac{1}{2\tau_0\tan^2\theta}$ 和 $M=\dfrac{2K\tau_0\sin^2\theta}{\cos\theta}$，从比率 $\dfrac{\tau_0}{\lambda}$ 可以知道，$M\approx 10^4$ 数量级。

首先，由此估算可以得到必要的关系：

$$g_m\geqslant L2\eta_m$$

并且，对应于色散双曲线上点 A 的波与 (且仅与) 对应于共轭点 A' 上的激发波发生干涉的可能性。通过比较球面波入射和平面波入射的钟摆状干涉花纹的形成条件，发现一个显著的区别：实质上，对平行波情况是拥有近似平行波矢的波之间发生干涉，而球面波情况是干涉效应影响到平行于能流密度 (或者说传播束) 传播矢量的波。

基于上述关于放大系数 M 在最大范围的估计值，可得到另一个更具普遍性的结论。在晶体中可实现 Fraunhofer 衍射 (其实验条件是：光源的几何尺寸远小于衍射花纹)，此时，从光源到衍射花纹的距离比真空中小 10^4 数量级。

式 (3-29) 给出了在反射平面上的光强分布。它表明 I_h 的大小实际上依赖于两个独立的变量，即深度 (厚度)t 和由变矢量 $\overrightarrow{OP}$ 与反射平面迹线的夹角 ε。式 (3-29) 中 $\varphi(\varepsilon)$ 的值用下式表示：

$$\varphi_{\mathrm{c}}(\varepsilon)=\frac{KC\left|x_g\right|}{\sin 2\theta}\sqrt{\sin(\theta+\varepsilon)\sin(\theta-\varepsilon)}\arccos(\psi_h-\theta+\varepsilon) \tag{3-32}$$

对这些效应的实验研究，特别是它们在决定结构振幅的绝对值上的应用，都是基于沿着反射平面上直线 $\overline{OL}$ 轨迹 (图 3-1) 光强的变化。用 ρ 表示这条直线上任意点到入射平面上点 O 的距离，考虑到沿着 $\overline{OL}$ 的 ε 值将变为 0，且 $\cos(\psi_h-\theta+\varepsilon)=\dfrac{t}{\rho}$，可得到

$$t\varphi(\varepsilon)\rightarrow\rho\sin\theta\frac{KC\left|x_g\right|}{\sin 2\theta}=\frac{KC\left|x_g\right|}{2\cos\theta}\rho$$

式 (3-29) 可写为

$$I_g(\rho)=T\frac{4\pi^2a^2}{\sin^2\theta}\left[J_0(2\pi a\rho)\right]^2 \tag{3-33}$$

其中，$a=\dfrac{K_0C\left|x_g\right|}{2\cos\theta}$ 是色散截面双曲线的实半轴。

干涉效应的实验研究已指出，在描述沿着直线 ρ 的强度变化时，只有在衍射图样区域与 O 点相邻的区域才满足式 (3-33)。较深层区域符合 Bessel 函数的渐近展开 [6]，0 级 Bessel 函数表示为

$$J_0(\xi)\approx\sqrt{\frac{2}{\pi\xi}}\cos\left(\xi-\frac{\pi}{4}\right) \tag{3-34}$$

在这种情况下，较深层区域的干涉图样的强度变化遵循下列表达式：

$$I_g(\rho)\approx A\frac{2a}{\pi\rho\sin^2\theta}\cos^2\left(2\pi a\rho-\frac{\pi}{4}\right) \tag{3-35}$$

靠近点 O(图 3-1)，满足式 (3-33) 衍射强度分布，沿直线 ρ 两近邻双曲线极大的距离为

$$\Lambda_{mg}=\frac{\xi_{m+1}-\xi_m}{2\pi a} \tag{3-36}$$

其中，ξ_m 和 ξ_{m+1} 分别是 0 级 Bessel 函数 J_0 两个相邻极大值。对于衍射图像的其余部分，在 ρ 值比较大的区域，两相邻极大值的距离为

$$\Lambda_{mg}\approx\frac{\pi}{2\pi a}=\frac{\lambda\cos\theta}{C\left|x_h\right|}=\Lambda_{pl} \tag{3-37}$$

值得指出的是，式 (3-37) 与第 8 章 Pendellösung 干涉条纹 8.1.1 节中式 (8-11b) 是相同的。在第 2.10 节 “出射波场” 中讨论了平面波近似消光距离，但两者的极大

的绝对位置，即相对于晶体的入射表面的位置，两种干涉图样的区别是非常明显的(图 3-5)。详细描述请参看第 8.1.1 节和 8.1.2 节.

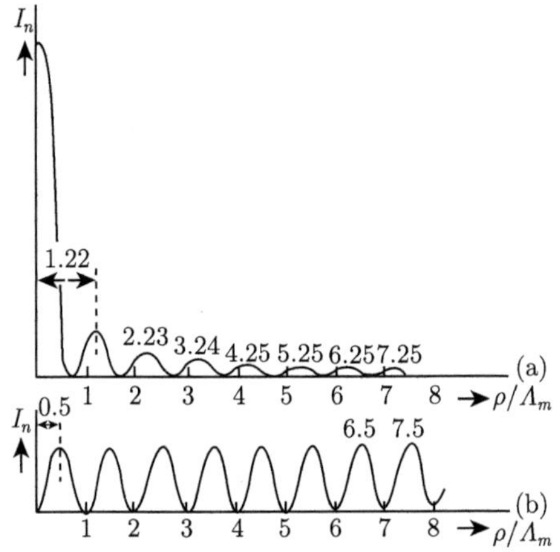

图 3-5　Pendellösung 干涉条纹间距比较

(a) 有足够角发散的波包入射；(b) 平面波入射. 横坐标相当于条纹间距 $\Lambda_{\rho l}$；横坐标是从原点 (即楔形的入射面) 到观测点的距离

从图 3-5(a) 可知，在 $\rho<0$ 处 ($2\pi a\rho<0.01$)，也就是说在最靠近入射表面处，根据式 (3-33)，函数 J_0 及其强度 $I_h(\rho)$ 都出现最大值；根据第 2.10 节，平面波入射在晶体中衍射波的强度为

$$I_h \sim \left|D_0^{(a)}\right|^2 \sin^2(\pi\Delta kz) \tag{3-38}$$

从式 (3-38) 可见，在 $z\approx 0$ 处，$I_h\approx 0$。在平面波入射的情形下，极大之间的距离 $\Lambda_{\rho l}$ 可由式 (3-37) 精确地决定，或在较大的 ρ 值处由距离 Λ_{mh} 近似得到。然而，第一极大之间的距离超过了 $\Lambda_{\rho l}$，因此第一极大和第二极大之间的距离比 $\Lambda_{\rho l}$ 大 22%。然后次极大的距离逐渐减小，接近 $\Lambda_{\rho l}$。与遵循式 (3-38) 的平面波近似相比，球面波近似向入射面方向各级极大以 $\dfrac{1}{4}\Lambda_{mh}$ 递减。

综上所述，从图 3-5 可以得到球面波理论和平面波理论处理结果的差别：

(1) 在楔形样品末端的波场强度及积分强度，球面波理论得到为有限值，而平面波理论即为零；

(2) 球面波理论得到的第一条条纹的间距比平均间距 $\Lambda_{\rm s}$ 大 22%，这不能用简单的固定相位法解释，而平面波理论得到的条纹间距是一个常数。

(3) 在平面波理论，条纹的最大值出现在距离出射面 $\left(n+\dfrac{1}{2}\right)\Lambda_{\rm p}$ 处，而球面波

理论出现在 $\left(n+\dfrac{1}{4}\right)\Lambda_{\mathrm{s}}$ 处，积分强度最大值出现在 $\left(n+\dfrac{3}{8}\right)\Lambda_{\mathrm{I}}$ 处，其中 Λ_{p}、Λ_{s} 和 Λ_{I} 分别为高价条纹相关的情况。

下面讨论导致上述区别的物理原因，特别是式 (3-38) 相对于式 (3-35) 相差 $\dfrac{\pi}{4}$ 相位的原因。对两种波 (传导波和衍射波) 的相位的完整解析，表达式对 K_y 积分后具有如下形式 (参见式 (3-20) 和式 (3-21))：

$$T_{0,h}^{(i)} = K_z + P + (\alpha t - x)\, s \pm \alpha t\sqrt{s^2 + f^2} \tag{3-39}$$

另一方面，每个波场沿矢量 $\boldsymbol{v}^i$ 方向轨迹的相位变化遵循下式：

$$T^i = \left(\boldsymbol{k}^i(\boldsymbol{v}), \boldsymbol{v}\right)$$

显而易见，式 (3-37) 给出的 Λ_{mh} 值可从如下矢量的差得到：

$$(\Delta\boldsymbol{k}(\boldsymbol{v}), \boldsymbol{v}) = \left(\left[\boldsymbol{k}^1\boldsymbol{v} - \boldsymbol{k}^2(\boldsymbol{v})\right], \boldsymbol{v}\right)$$

$$\Lambda_{mh} = \frac{2\pi}{(\Delta\boldsymbol{k}(\upsilon), \boldsymbol{v})}$$

而 Λ_{ρ_l} 的值为

$$\Lambda_{\rho l} = \frac{2\pi}{(\Delta\boldsymbol{k}(\boldsymbol{n}), \boldsymbol{n})} \tag{3-40}$$

沿着矢量 $\boldsymbol{v}^i$ 轨迹振荡的相位更为详细的表达形式可由近似的鞍点法得到。对向前透射波和衍射波的表达式分别为

$$T_0^i = \left(\frac{\pi}{2}\right)_1 + \left(-\frac{\pi}{4}\right)_2 + \left(\pm\frac{\pi}{4}\right)_3 + \left(\boldsymbol{k}_0^i\boldsymbol{v}\right) l \tag{3-41a}$$

$$T_g^i = \left[\left(\frac{\pi}{2}\right) + 2\pi(\boldsymbol{g}\cdot\boldsymbol{r}) + \delta\right]_1 + \left(-\frac{\pi}{4}\right)_2 + \left(\pm\frac{\pi}{4}\right)_3 + \left(\boldsymbol{k}_g^i\boldsymbol{v}\right) l \tag{3-41b}$$

从式 (3-41) 可见，相对式 (3-20)，分支 1 的相位含有 $\dfrac{\pi}{2}$；而分支 2 表现为对 K_y 积分 (见式 (3-19))；分支 3 的相位为对 K_x 积分；最后一项与 l 有关，决定了双曲线的形状和它们之间的距离。

关于相位的移动，在式 (3-41a) 和式 (3-41b) 中出现的 $\left(\pm\dfrac{\pi}{4}\right)_3$ 的正负号很有意思。当球面波入射到晶体时，将激发色散面 (双曲面) 两分支上的所有结点，激发波是从每个结点垂直于色散面矢量 $\boldsymbol{v}^i$ 传播的。基于上述事实出发，很明显，对色散面的一个分支 (β 分支)，光束 $\boldsymbol{v}^1$ 在靠近晶体入射面会形成一个焦点 (会聚线)；而对另一个分支 (α 分支)，与入射波的曲率同号，因而，矢量 $\boldsymbol{v}^2$ 只产生发散的扇面。其波场可以用圆柱波的积分来表示:

$$D(r)=\int_{-\infty}^{\infty}\exp\left\{\mathrm{i}\left[k_x x+f(k_x)z\right]\right\}\mathrm{d}k_x$$

利用近似鞍点法，可得结果:

$$D(\boldsymbol{r})=\int_{-\infty}^{\infty}\exp\left(\frac{\mathrm{i}}{2}\right)\left[f''(x)\right]_0 z\left[k_x-(k_x)_0\right]^2\mathrm{d}k_x=\left[\frac{2\pi}{\left|f''\right|_0 z_0}\right]^{\frac{1}{2}}\exp\left[a\left(\mathrm{i}\frac{\pi}{4}\right)\right]\left[\psi(r)\right]_0 \tag{3-42}$$

其中, 下标 0 表示对应于固定相位的点 ($a=\pm1$) 的值，它依赖于 $(f'')_0$ 的符号。得到的表达式显示相位 $\mathrm{i}\left(\frac{\pi}{4}\right)$ 的符号取决于 $f(k_x)$ 的二次导数的符号，即双曲线的曲率。

同时，从光学可知，通过焦点后，相位会改变 $\frac{\pi}{2}$。因此，色散面第二分支 (α 分支) 波的相位保持 $\left[-\mathrm{i}\left(\frac{\pi}{4}\right)\right]_3$ 不变，而第一分支 (β 分支)波的相位发生改变，变为 $\left[\mathrm{i}\left(\frac{\pi}{4}\right)\right]_3$。Sommerfeld 的专论 [7]以 Debye 理论详细讨论了这个效应，有兴趣的读者可参阅文献 [7]。

上述讨论的干涉条纹的一个重要特征是，调制后的强度极大间距都会超过式 (3-36) 和式 (3-37) 给出的间距。Hattori[8]、Hart[9] 等指出，这种调制是由于电位移振荡在互相垂直的面上辐射强度叠加引起拍而产生。考虑到从 X 射线管发出的辐射 (至少部分的) 是非偏振的，为了简单起见，从式 (3-37) 得到的 Λ_{mh} 必须区分 Λ_σ 与 Λ_π:

$$(\Lambda_\sigma)^{-1}=\frac{|\chi_g|}{\lambda\cos\theta} \tag{3-43a}$$

$$(\Lambda_\pi)^{-1}=\frac{|\chi_g|\cos2\theta}{\lambda\cos\theta} \tag{3-43b}$$

$$(\Lambda_\sigma)^{-1}+(\Lambda_\pi)^{-1}=(\Lambda_\sigma)^{-1}(1+\cos2\theta) \tag{3-43c}$$

式 (3-35) 是描述沿反射平面衍射束强度，可改写为

$$\begin{aligned}I_g(\rho)=&\frac{N_\sigma}{\rho}\cos^2\left[\left(\frac{\pi\rho}{\Lambda_\sigma}-\frac{\pi}{4}\right)+\cos2\theta\cos^2\left(\frac{\pi\rho}{\Lambda_\pi}-\frac{\pi}{4}\right)\right]\\=&\frac{N_\sigma}{2\rho}(1+\cos2\theta)+\frac{N_\sigma}{2\rho}(1+\cos2\theta)\cos\left[\pi\left(\frac{1}{\Lambda_\sigma}+\frac{1}{\Lambda_\pi}\right)\rho-\frac{\pi}{2}\right]\\&\cdot\cos\left[\pi\left(\frac{1}{\Lambda_\sigma}-\frac{1}{\Lambda_\pi}\right)\rho\right]-\frac{N_\sigma}{2\rho}(1-\cos2\theta)\\&\cdot\sin\left[\pi\left(\frac{1}{\Lambda_\sigma}+\frac{1}{\Lambda_\pi}\right)\rho-\frac{\pi}{2}\right]\cdot\sin\left[\pi\left(\frac{1}{\Lambda_\sigma}-\frac{1}{\Lambda_\pi}\right)\rho\right]\end{aligned} \tag{3-44a}$$

其中

$$N_\sigma=\left(2\frac{Aa}{\pi\sin^2\theta}\right)_\sigma \tag{3-44b}$$

这里，没有讨论随着 ρ 的增加，波场振幅按 $\dfrac{N}{2\rho}$ 因子减小。下面讨论式 (3-44a) 右边的三项：第一项是背景项；因为 $\cos 2\theta$ 接近于 1，第三项产生不明显的调制；因此，干涉图样强烈地决定于第二项，更准确地说，是由因子$\cos\left[\pi\left(\dfrac{1}{\Lambda_\sigma}+\dfrac{1}{\Lambda_\pi}\right)\rho-\dfrac{\pi}{2}\right]$ 决定。与式 (3-37) 给出的 Λ_{mh} 稍有不同，间距 Λ 遵循以下关系：

$$\frac{1}{\Lambda}=\frac{1+\cos 2\theta}{(2\Lambda_\sigma)} \tag{3-45}$$

各个 $\dfrac{N}{\rho}$ 带的振幅由两个波场强度振荡的拍进行调制，可用第二项中因子

$$\cos\left[\frac{\pi\rho}{\Lambda_\sigma}(1-\cos 2\theta)\right]$$

来表示。如果下列条件得以满足，干涉带将逐渐消退并最终完全消失：

$$\frac{(1-\cos 2\theta)\,\rho}{\Lambda}\approx\frac{2n+1}{2}$$

原点和第一个消退区之间干涉带的数目为 $\dfrac{N}{2}$。此外，在两个消退区域之间带的数目由下式决定：

$$N=\frac{1+\cos 2\theta}{2\,(1-\cos 2\theta)} \tag{3-46}$$

除了从原点到第一个极小以外，干涉带的数目都是 $\dfrac{N}{2}$。对 N 为偶数 (按排列顺序)，因子 $\cos\left[\dfrac{\pi\rho}{\Lambda_\sigma}(1-\cos 2\theta)\right]$ 是正的；反之，N 为奇数时为负。在两消退区之间的区域，形成干涉带的条件决定于正负号的选取。当取正号时，干涉带的强度极大与极小的决定条件为

$$\frac{\pi\rho}{\Lambda_\sigma}(1+\cos 2\theta)-\frac{\pi}{2}=2n\pi-\max \tag{3-47a}$$

$$\frac{\pi\rho}{\Lambda_\sigma}(1+\cos 2\theta)-\frac{\pi}{2}=(2n+1)\,\pi-\min \tag{3-47b}$$

当取负号时，式 (3-47) 需作互换，也即在每一个消退区间之后极大值和极小值的位置相互交换。上述性质在定量上与实验数据符合得很好。

虽然上述干涉图样的偏振效应是固有的，并有理由认为是在 X 射线波段内电磁波横波性的基本表现，但是，它的图像特性以及对 Λ 的观测值引入修正的合理性使其显得重要。联想到平滑的背景项和弱振荡 (式 (3-44a)) 中的第三项) 会导致极大值微小移动。重要的是干涉图样极大的形状改变。的确，极大值的形状是双曲色散面分支形状的正则函数，根据式 (3-29)，它的轨迹应该是双曲线。通过截面形

貌图的实验方法来研究色散面形状比用反射曲线更为直接。同时，发现任何偏离色散面的双曲线都是重要的，因为它直接指出平面波双束光近似是不适用的 (至少是部分不适用)。

根据式 (3-41)，对应色散面两个分支波之间总的相差是：

$$\phi=\left[\phi^{(1)}-\phi^{(2)}\right]+\left(\left[\boldsymbol{k}^{1}(\boldsymbol{v})-\boldsymbol{k}^{2}(\boldsymbol{v})\right],\boldsymbol{v}\right)l \tag{3-48a}$$

或者，根据式 (3-34) 和式 (3-41b)，可写成

$$\phi=\left[\phi^{(1)}-\phi^{(2)}\right]+\frac{2\pi C\left|\chi_{g}\right|}{\lambda\cos\theta}\sqrt{xx'} \tag{3-48b}$$

由此得到

$$\sqrt{xx'}=\frac{\left\{\phi-\left[\phi^{(1)}-\phi^{(2)}\right]\right\}\lambda\cos\theta}{2\pi C\left|\chi_{h}\right|} \tag{3-49}$$

所以，干涉带精确的双曲形状的条件是相位差 $\left[\phi^{(1)}-\phi^{(2)}\right]$ 为一个常数。该条件明显与色散面的形状相关，或者是与它的折射平面截面的形状相关。到目前为止，干涉带的形状的实验测定没有发现任何对双曲面的偏离 [10]。

有不少研究者 [10,11] 应用截面形貌图测量结构振幅的绝对值，Kato 和合作者发展了一个用于记录和应用式 (3-36) 和式 (3-37) 精确测定间距 Λ_h 的方法。如果只注意衍射图样的主要部分，而忽略入射面邻近的部分，可以看到，式 (3-37) 必定会被式 (3-45) 的偏振因子修正。在这种情况下，晶体中折射平面上相邻双曲线的顶点之间的间距为

$$\Lambda_{g}^{c}=\frac{\lambda}{\left|\chi_{g}\right|\cos\theta} \tag{3-50}$$

图 3-6 是发散 X 射线束在平行晶片中传播，摆动解所形成双曲图样示意图。间距 Λ_{h}^{c} 是沿着 ρ 轴测得的，在平行晶片出射面观察到对应的双曲线。

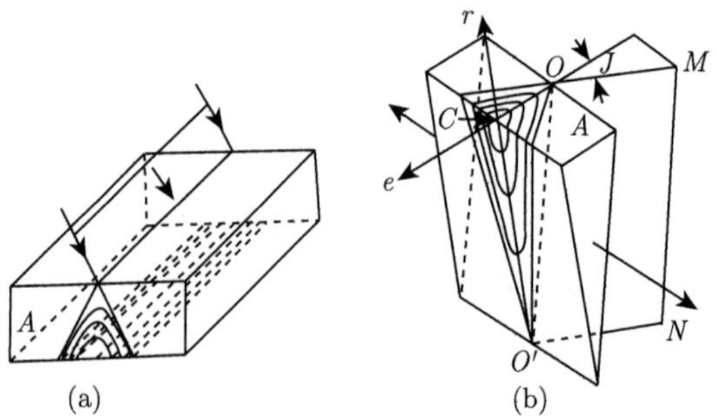

图 3-6　发散 X 射线束在平行晶片中传播，摆动解所形成双曲图样示意图

(a) 平行晶片；(b) 楔形晶体

为了真实地记录双曲线，采用楔形晶体，如图 3-6(b) 所示，在出射面观察到衍射图样，对应于 A 面图样的斜投影。

正如在本章开始时提到的，在研究 X 射线衍射动力学散射时，通常应用 X 射线截面形貌图。图 3-6 显示了晶体 (和薄片) 相对于光源的位移方向，从图中可以看到，薄片晶体内记录了截面形貌图形成的双曲线顶点的轨迹线。同时，这些线是恒定，对楔形晶体相当于等厚线。

图 3-6(b) 是典型的对称衍射：衍射面 (对称面)OCO' 垂直于平行薄片晶体的入射面和出射面，沿出射面 r 轴的间距 Λ_g 比沿 ρ 轴的间距 Λ_g^c 大，这是由于

$$\Lambda_h = \Lambda_h^c \phi_h \tag{3-51}$$

其中，$\phi_h = \dfrac{\Delta r}{\Delta \rho} \approx \cot\mu$；$\mu$ 为 $CO'O$ 的楔角。由式 (3-50)，可得 Λ_h^c 的值为

$$\Lambda_h^c \approx \frac{1}{\cos\theta}\frac{\lambda}{C\left|x_h\right|}\cot\mu \tag{3-52}$$

式 (3-52) 与平面波近似的差别仅是偏振因子 C。

充分考察楔形晶体出射面得到的衍射花样图像，将有必要引入修正 (见第 12 章)。对透明晶体情况，积分反射系数应该与入射平面波理论所得到的值相同。从第 2 章有反射系数：

$$R_i = \frac{\pi}{2}\int_0^{2A} I_0(x)\,\mathrm{d}x = \pi\sum_{n=0}^{\infty} j_{2n+1}(2A) \tag{3-53}$$

式 (3-53) 是以固定光强为背底的 $\dfrac{\pi}{2}$ 振荡衰减函数。很明显，该积分是上限的函数：

$$2A = \frac{2\pi t C\left|\chi_g\right|}{\lambda\sqrt{\gamma_0\gamma_g}}$$

它具有 2π 的振荡周期，由此导出等厚度 t 的相邻两干涉带的间距：

$$\Lambda = \frac{\lambda\sqrt{\gamma_0\gamma_g}}{C\left|\chi_g\right|} \tag{3-54}$$

因此，如果应用 Kato 和 Lang[1] 发展的扫描形貌图，就不需要对入射平面波近似的理论作修改。然而，如前所说，只有采用球面波近似，才能对所得的形貌图干涉花样形成机制及定量进行解释。

这里，对两种钟摆解 (即等厚和次极大) 进行对比是有用的。这两种情况在截面形貌图的双曲形条纹中不能应用。根据式 (3-24)~ 式 (3-26)，讨论 Bessel 函数 J_0(式 (3-29)) 对干涉花样的强度的影响，将有

$$\xi = \xi(t, \varepsilon) \tag{3-55}$$

由此得到截面形貌的带状图样表示衍射强度极大点的轨迹，对应着一定的角 ε 和厚度 (或者深度)t。所有位于反射平面沿直线 ρ 上的双曲线的点对应 $\varepsilon=0$，即矢量 $\boldsymbol{v}^i$ 或 $\boldsymbol{v}^i=2\boldsymbol{v}^i$ 的方向平行于同一个面。若沿着图 3-6(b) 所示方向对晶体扫描，在探测器 (可以是底片) 自然形成等厚线。(在晶体的出射面，只形成干涉双曲线；在扫描过程中，对入射球面波散射，晶体照射体积发生改变)。

另一方面，在截面形貌带状图样 (图 3-6(b))，包括第二极大，是由于等倾干涉。然而，在次极大的形成过程中，干涉对波的影响是在晶体内和真空中都以相同方向的波矢。当球面波进入晶体时，波之间在相同矢量 $\boldsymbol{v}$ 方向发生干涉；但是，在真空中发生在不同方向的光束或波矢之间。

如果考虑式 (3-40)，并在倒易空间中研究色散双曲线，可以容易地得到：由于在截面形貌图中干涉波的振荡间距及相位差是确定的，根据式 (3-40)，把对应色散双曲线的直径投影到垂线上 ($\boldsymbol{\nu}$ 而不是 $\boldsymbol{n}$), 很明显，接近带状图样边缘时，相位差减小为 0。这是因为曲线的垂线在接近强度极大的边界时逐渐变为垂直于双曲线的直径，这样，截面形貌图的双曲线类似于等厚干涉线而不是等倾干涉线。

3.2 有吸收晶体

3.1 节介绍的理论是应用到实验来确定透明晶体散射振幅的平均场，下面推广到有吸收晶体的情况。

为此，式 (3-21) 中的系数 χ_0 和 χ_g、χ_{-g} 都为复数，请注意，χ_0 只出现在式 (3-21a) 中，而 χ_g 和 χ_{-g} 则进入式 (3-21c) 和式 (3-21d) 积分函数中。式 (3-21a) 可重写为

$$P=P_r+\mathrm{i}P_i=\frac{k}{2}\left(\chi_{0r}+\mathrm{i}\chi_{0i}\right)\left(l_0+l_g\right) \tag{3-56}$$

因此，式 (3-20a) 和式 (3-20b) 中的积分前部分的吸收因子对应于正常的吸收系数。

讨论式 (3-21b) 和式 (3-21d) 的积分 U_0 和 U_g，注意到在计算吸收因子的指数的干涉部分时 (第 2.8 节)，依照 Zachariasen 和 Laue 的理论，做了非常重要的假设：$|\chi_{gi}|\ll|\chi_{gr}|$。当计算振幅因子时，假设 $\chi_0\approx\chi_{\mathrm{or}}$，$\chi_g\chi_{-g}\approx\left(\chi_g\chi_{-g}\right)_r=\varPhi_h$。然而，正如 Kato[2] 指出，在式 (3-21) 积分时，可以避免之前提到的限制，对通常情况下 χ_g 的实部与虚部模的任意比值计算其积分。为达到这个目的，积分在复数平面上进行。和 3.1 节一样，从积分 U_g 开始。首先，其积分条件为

$$\alpha>\frac{|x-\alpha t_0|}{t_0}=q \tag{3-57}$$

引入复变量 z 的函数:

$$I(\pm)=\left[\pm\frac{1}{2\left(z^2+f^2\right)^{\frac{1}{2}}}\right]\exp\left\{\mathrm{i}t\left[-qz\pm\alpha\left(z^2+f^2\right)^{\frac{1}{2}}\right]\right\} \tag{3-58}$$

这里, 对于 $s_r\geqslant 0$, 直线 $z=s_r+\mathrm{i}s_i$ 上,

$$\left(z^2+f^2\right)^{\frac{1}{2}}=\left(s^2+f^2\right)^{\frac{1}{2}} \tag{3-59}$$

积分回路如图 3-7 所示。

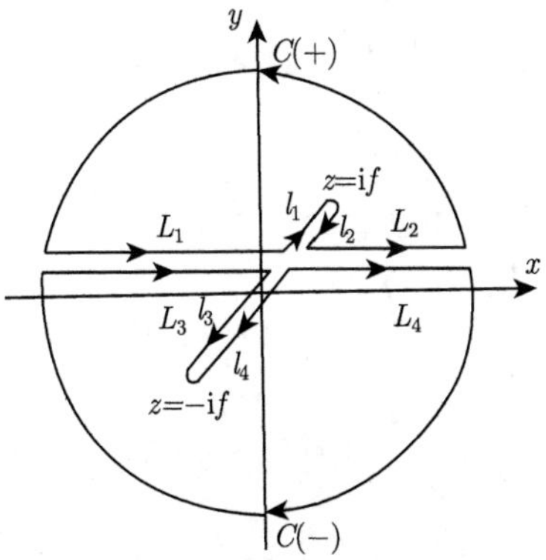

图 3-7 复数平面上积分回路 (参考文献 [2])

涵盖线段 $L_i(i=1,2,3,4)$ 的积分简化为四个积分:

$$\int_{L_1=-\infty}^{0} I(+)\,\mathrm{d}z \tag{3-60a}$$

$$\int_{L_2=0}^{0} I(+)\,\mathrm{d}z \tag{3-60b}$$

$$\int_{L_3=-\infty}^{0} I(-)\,\mathrm{d}z \tag{3-60c}$$

$$\int_{L_4=0}^{0} I(-)\,\mathrm{d}z \tag{3-60d}$$

这样, 在回路 $C(+)$ 和 $C(-)$ 上积分。然而, 在后面的回路中没有极点, 导致在无限的半圆上的线性积分在条件式 (3-57) 下趋于 0, 而围绕点 (极点)$z=\pm\mathrm{i}f$ 的无限小圆积分也等于 0。因此有

$$U_g=\bar{f}\exp\left\{\mathrm{i}\eta_g\left[\int_{L_1+L_2} I(+)\,\mathrm{d}z+\int_{L_3+L_4} I(-)\,\mathrm{d}z\right]\right\}$$

$$=\bar{f}\exp\left\{\mathrm{i}\eta_g\left[\int_{l_1+l_2}I(+)\,\mathrm{d}z+\int_{l_3+l_4}I(-)\,\mathrm{d}z\right]\right\} \tag{3-61}$$

后面的积分线路满足下列条件:

$$z=\mathrm{i}f\sin\varphi\,(l_1+l_2) \tag{3-61a}$$

或

$$z=-\mathrm{i}f\sin\varphi\,(l_3+l_4) \tag{3-61b}$$

在这种情形下，路径 $l_i(i=1,\cdots,4)$ 上的线性积分分别取以下形式:

$$\int_{l_1}I(+)\,\mathrm{d}z=-\frac{\mathrm{i}}{2}\int_{\varphi_0}^{\pi/2}\exp[ft\,(q\sin\varphi-\mathrm{i}\alpha\cos\varphi)]\mathrm{d}\varphi \tag{3-62a}$$

$$\int_{l_2}I(+)\,\mathrm{d}z=\frac{\mathrm{i}}{2}\int_{\pi/2}^{\varphi_0}\exp[ft\,(q\sin\varphi+\mathrm{i}\alpha\cos\varphi)]\mathrm{d}\varphi \tag{3-62b}$$

$$\int_{l_3}I(-)\,\mathrm{d}z=-\frac{\mathrm{i}}{2}\int_{-\varphi_0}^{\pi/2}\exp[ft\,(-q\sin\varphi+\mathrm{i}\alpha\cos\varphi)]\mathrm{d}\varphi \tag{3-62c}$$

$$\int_{l_4}I(-)\,\mathrm{d}z=-\frac{\mathrm{i}}{2}\int_{\pi/2}^{-\varphi_0}\exp\left[ft\,(-q\sin\varphi-\mathrm{i}\alpha\cos\varphi)\right]\mathrm{d}\varphi \tag{3-62d}$$

其中,φ_0 由关系 $f_r\sin\varphi_0=s_i$ 决定。通过改变变量 φ 使所有积分取第一种形式，例如，第二个积分中将 φ 变为 $(\pi-\varphi)$，可以求得所有积分的总值。

$$\begin{aligned}U_h&=\frac{\mathrm{i}}{2}\bar{f}\exp\mathrm{i}\eta_g\int_{\varphi_0}^{2\pi+\varphi_0}\exp ft\,(q\sin\varphi-\mathrm{i}\alpha\cos\varphi)\mathrm{d}\varphi\\&=\frac{\mathrm{i}}{2}\bar{f}\exp\mathrm{i}\eta_g\int_0^{2\pi}\exp\left[\mathrm{i}ft\left(\alpha^2-q^2\right)^{\frac{1}{2}}\sin\theta\right]\mathrm{d}\theta\\&=\pi\mathrm{i}\bar{f}\exp\mathrm{i}\eta_gJ_0\left[ft\left(\alpha^2-q^2\right)^{\frac{1}{2}}\right]\end{aligned} \tag{3-63}$$

式 (3-57) 用 $\alpha<q$ 来代替，可以得到 $U_h=0$，而当 $\alpha=q$ 时，积分变得不正确，即使它有总值积分 U_0 可以由类似的方法求得。

从而得到一个重要的结论，晶体中的波函数 (3-27a) 和 (3-27b) 可以应用到透明晶体和吸收晶体，只要把吸收晶体计算中的 χ_0 和 χ_h 都变为复数。对 $|\chi_{0r}|$ 和 $|\chi_{0i}|$ 模之比，或对 $|\chi_{gi}|$ 与 $|\chi_{gi}|$ 都没有限制。

当自变量 ξ 取较大值时，特别是 $\xi\,(\rho)$, Bessel 函数 J_0 取渐近值:

$$J_0\,(\xi)=\begin{cases}\sqrt{\dfrac{2}{\pi\xi}}\cos\left(\xi-\dfrac{\pi}{4}\right), & -\dfrac{\pi}{2}<\xi<\dfrac{\pi}{2}\\[2ex]\sqrt{\dfrac{2}{\pi\xi}}\cos\left(\xi+\dfrac{\pi}{4}\right), & \dfrac{\pi}{2}<\xi<\dfrac{3\pi}{2}\end{cases} \tag{3-64}$$

(参见式 (3-34))，假设这些描述晶体内波场的表达式为两束平面波，每一束波都与色散双曲线确定的一个分支相连。对吸收晶体，如第 2.8 节给出，波场在给定的双曲线结点的垂直方向上有线吸收系数，在某路径 l 上：

$$\mu^v l = K\chi_{oi}(l_0 + l_h) \pm 2\bar{f}_i(xx')^{\frac{1}{2}} = \left(\mu \pm 2\pi K_0\sqrt{\chi_{g_i}\cdot\chi_{-g_i}}\sqrt{1-\frac{\tan^2\varepsilon_i}{\tan^2\theta}}\right)(l_0 + l_g) \tag{3-65}$$

应用波场表达式 (3-27)，进而讨论波场强度，其沿着反射平面的强度变化 (长度认为沿方向 ρ)。因此，沿着晶体入射方向透射波和衍射波的波场强度分别为

$$I_0 = \frac{1}{32\pi}\frac{1}{Kr}\exp\left(-\frac{\mu\rho}{\cos\theta}\right)\left|\bar{f}\right|^2\left|J_1\left[2a_r l + \mathrm{i}(l_0 + l_g)\frac{k\mu\varepsilon}{2}\exp(\mathrm{i}\omega_g)\right]\right|^2 \tag{3-66a}$$

$$I_g = \frac{1}{32\pi}\frac{1}{Kr}\exp\left(-\frac{\mu\rho}{\cos\theta}\right)\left|\bar{f}\right|^2\left|J_0\left[2a_r l + \mathrm{i}(l_0 + l_g)\frac{k\mu\varepsilon}{2}\exp(\mathrm{i}\omega_g)\right]\right|^2 \tag{3-66b}$$

$$\varepsilon\exp(\mathrm{i}\omega_g) = \frac{\chi_{gi}}{\chi_{0i}} \tag{3-66c}$$

3.2.1 薄片平行晶体

对薄片平行晶体，

$$\left|(l_0 + l_g)\frac{K_{\mu\varepsilon}}{2}\right| \ll 1 \tag{3-67}$$

有近似表达式：

$$J_0(u + \mathrm{i}v) \approx J_0(u) - \mathrm{i}vJ_1(u), \quad v \ll 1 \tag{3-68a}$$

或

$$|J_0(2al)|^2 = |J_0(2a_r b)|^2 + \left|(l_0 + l_h)\frac{K_{\mu\varepsilon}}{2}\right||J_1(2a_r l)|^2 \tag{3-68b}$$

将式 (3-68) 代入式 (3-66b)，可得到特定的 I_g 值。现在确定式 (3-68) 给出的极大值与式 (3-36) 给出的透明晶体相应的极大值位置的相对位移。该变化量为

$$\left(\frac{\Delta l}{l}\right)_m = -\frac{x_0}{\varLambda_{mg}} \tag{3-69}$$

其中，$x_0 = \dfrac{|x_{0i}|}{|x_{gi}|}$。仅当 $x_0\varLambda_{mg} \ll 1$ 时, 式 (3-69) 可用。

值得注意，强度极大向入射表面移动。对 Ge 单晶 (220) 衍射，CuK_α 辐射，x_0 的数值约为 5%。

3.2.2 厚平行晶体

对厚晶体

$$\left|(l_0+l_h)\frac{K_{\mu\varepsilon}}{2}\right|\gg 1 \tag{3-70}$$

根据 0 级 Bessel 函数 J_0 的渐近展开式, 衍射强度在 ρ 方向为

$$I_g=\frac{1}{32\pi^2}\frac{1}{Kr}\frac{|f|}{l\sin\theta}\exp\left(-\frac{\mu l}{\cos\theta}\right)\left\{\cos\left(4a_r-\frac{\pi}{2}\right)+\cosh\left[(l_0+l_g)\,\mu\varepsilon\exp(\mathrm{i}\omega_g)\right]\right\} \tag{3-71}$$

对这个情况，预测的强度极大的相对位移表明，只有当 $x\lambda_m<1$，且 $x\approx 0.1$，做精确测量时，才需要考虑这个位移。在这种极限的条件下，只有前三个强度极大能被观察到。

球面波入射近似理论的下一个任务就是计算积分强度，它是测定出射面波场强度的积分。对楔形晶体，这个问题已被解决，特别是截面图样的解释和用于确定晶体结构振幅。

上述理论的积分反射本领和衍射本领可表示为

$$T_i^{\eta}=\frac{\sqrt{\dfrac{\gamma_g'}{\gamma_0'}}}{\sin 2\theta}C\left|\chi_g\right|\frac{\exp\left(-\mu t\right)}{2}\pi W_0 \tag{3-72a}$$

$$W_0=\left|\frac{KC\left|\chi_g\right|t}{2\sqrt{\gamma_0'\gamma_g'}}\right|\int_{-1}^{1}\frac{1-\sigma}{1+\sigma}\exp\left[\frac{\mu t}{2}\left(\frac{1}{\gamma_0'}-\frac{1}{\gamma_g'}\right)\right]\left|J_1\left(\frac{KC\left|\chi_g\right|t}{2\sqrt{\gamma_0'\gamma_g'}}\sqrt{1-\sigma^2}\right)\right|^2\mathrm{d}\sigma \tag{3-72b}$$

$$R_i^{\eta}=\frac{\sqrt{\dfrac{\gamma_g'}{\gamma_0'}}}{\sin 2\theta}C\left|\chi_g\right|\frac{\exp\left(-\mu t\right)}{2}\pi W_g \tag{3-72c}$$

$$W_g=\left|\frac{KC\left|\chi_g\right|t}{2\sqrt{\gamma_0'\gamma_g'}}\right|\int_{-1}^{1}\exp\left[\frac{\mu t}{2}\left(\frac{1}{\gamma_0'}-\frac{1}{\gamma_g'}\right)\right]\left|J_0\left(\frac{KC\left|\chi_g\right|t}{2\sqrt{\gamma_0'\gamma_g'}}\sqrt{1-\sigma^2}\right)\right|^2\mathrm{d}\sigma \tag{3-72d}$$

积分变量 σ 是沿线 RT 的正则坐标变量，它是在出射面的轨迹 (图 3-8)，有表达式:

$$\sigma=\frac{\left[\tau-\dfrac{1}{2}\left(a+b\right)\right]}{\dfrac{1}{2}\left(b-a\right)} \tag{3-73}$$

其中 $a=TF; b=RF; \tau$ 是垂直线 EF 垂足 F 到出射面的变化距离; $t'=\left(\frac{t}{2}\right)\left[\left(\frac{1}{\gamma_0'}\right)+\left(\frac{1}{\gamma_g'}\right)\right]$, γ_0' 和 γ_g' 分别是入射面和出射面与垂直线夹角的余弦。

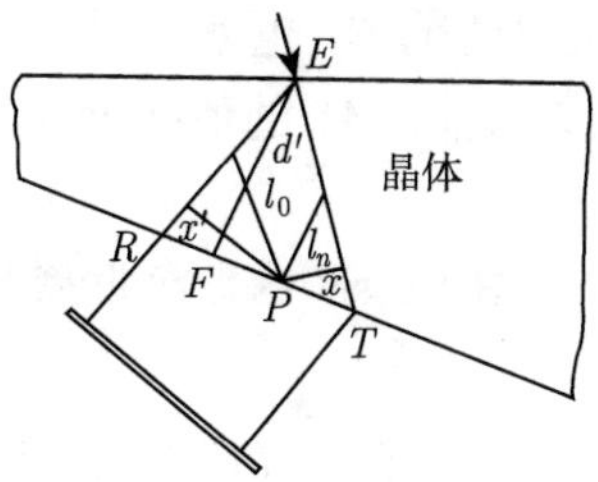

图 3-8 楔形晶体积分强度计算 (参考文献 [2])

Kato[2] 计算了式 (3-72c) 积分，并详细地分析了所得到的反射率 R_i 表达式。对于 R_i^y，推出了

$$R_i^y=\frac{\pi}{2}\exp\left(-\mu t'\right)\sqrt{\frac{1+x^2}{1-g^2}}\left\{\int_0^{2\bar{A}}J_0\left(\rho\right)\mathrm{d}\rho+\sum_{r=1}^{\infty}\frac{1}{r!r!}\left(\frac{h}{2}\right)^{2r}g_{2r+1}\left[2A\sqrt{1-g^2}\right]\right\} \tag{3-74}$$

其中

$$2\bar{A}=2A\sqrt{1-g^2}$$

$$x=\frac{|\chi_{gi}|}{|\chi_{gr}|}$$

$$g=\frac{\mu t}{2}\left(\frac{1}{\gamma_0'}-\frac{1}{\gamma_g'}\right)(2A)^{-1}$$

令 $|\chi_g|$ 和 $|\chi_{\bar{g}}|$ 为复数，即式 (3-74) 与式 (2-57) 一致。因此，$A=|A|\exp(\mathrm{i}\alpha)$; $\cos\alpha=1$, $\sin\alpha=x; h=\frac{\mu t}{2\gamma_0\gamma_g}s; s=\left|2\sqrt{\gamma_0\gamma_g(\varepsilon^2\cos^2 v_g+q^2)}\right|; \varepsilon=\left|\frac{\chi_{gi}}{\chi_{0i}}\right|; q=\frac{\gamma_g-\gamma_0}{2\sqrt{\gamma_0\gamma_g}}$。

类似的方法可应用于积分结果的定性分析。在这种情况下，γ_0' 和 γ_h' 分别为与入射面和出射面的法线夹角余弦来代替。

(1) 透明晶体：$\mu=x=g=0$。积分反射本领是角度变量 y 或者角度 η 的函数的波场强度分布，对平面波或球面波入射的结果是相同的。

(2) 薄吸收晶体：$h\,(\approx\mu t')\ll 1$。假设式 (3-74) 中 Σ 很小，以致可以忽略。这时，球面波入射的积分反射本领与透明晶体的稍有不同，表现在因子 $\sqrt{\frac{1+x^2}{1-g^2}}$ 和积分上限。

(3) 中等厚度晶体：$h\,(\approx \mu t') \approx 1$。对这种情况，需要考虑：

$$V^* = \sum_{r=1}^{\infty} \frac{1}{r!r!}\left(\frac{h}{2}\right)^{2r} g_{2r+1}\left[2A\sqrt{1-g^2}\right]$$

函数 $g_m\,(2\bar{A})$ 的值覆盖 $2\bar{A}$ 很宽的范围，也就是说，μt 乘积的很宽范围。当 x 和 g 为 0.1 的数量级时，对 $2\bar{A} < 3$，$g_m\,(2\bar{A})$ 的值接近 1。对这种情况，可以采用入射平面波近似。

(4) 厚吸收晶体：$h \gg 1$。采用 Bessel 函数渐近展开，可以得到具有积分反射本领的表达式：

$$R_g^y = \frac{\pi}{2}\frac{1}{\sqrt{2\pi h}}\exp\left(-\mu t' + h\right)\left\{1 + \left[\frac{1}{8} + \frac{x^2+g^2}{2(1+x^2)^2}\right]\frac{1}{h} + \cdots\right\} \tag{3-75}$$

也就是说，若 h 足够大，则积分反射本领与平面波近似理论一致。自然，式 (3-72) 中 γ_0' 和 γ_g' 相对于入射面。

综上所述，出射面的法线方向积分反射本领的线吸收系数为

$$\mu = \frac{1}{2}K\left|\chi_{0i}\right|\left(\frac{1}{\gamma_0'^2} + \frac{1}{\gamma_g'^2}\right) + rKC\sqrt{\chi_g\chi_{-g}}\left(\frac{x^2+g^2}{\gamma_0'\gamma_g'}\right)^{\frac{1}{2}} \tag{3-76}$$

其中，χ_g 和 χ_{-g} 为复数。

参 考 文 献

[1] Kato N, Lang A R. Acta. Crystallography, 1959(12): 787.

[2] Kato N. Acta Crystallography, 1967(14): 526, 627; J. Appl. Phys., 1968(39): 2225, 2231; J. Phys. Soc. Japan, 1966(21): 1160.

[3] Pinsker Z G. Dynamical Scattering of X-ray in Crystal. New York: Springer-Verlag Berlin Heidelberg, 1978.

[4] Courant R, Hilbert D. Methods of Mathematical Physics, Vol 1. New York: Interscience Publ. 1953.

[5] Authier A. Acta geologica et geographica. Geologica: Universitatis Comenianae, 1968(37): 14.

[6] Gray A, Mathews G B. A Treatise on Bessel Function. A. Their Application to Physics, 1922.

[7] Sommerfeld A. Optics. New York: Academic Press, 1954.

[8] Hattori H, Late H, Kuriyama, Kato N. J. Phys. Soc. Japan, 1965(20): 1047.

[9] Hart M, Lang A R. Acta Cryst., 1965(19): 73.

[10] Hattori H, late H. Kuriyama, Katagawa T, et al. J. Phys. Soc. Japan, 1965(20): 988.

[11] Tanemura S, Kato N. Acta Cryst. A, 1972(28): 69.

第 4 章　畸变晶体 X 射线衍射动力学理论

4.1 引　言

在第 2 章和第 3 章中所讨论的 X 射线衍射动力学理论局限于完美或近完美晶体，因此，晶体中的波场可以表示为由一组平面波叠加而成的布洛赫波 (式 (2-17))。实际上，现实的晶体或多或少都存在不同类型的缺陷，X 射线波在这样的晶体内传播，其波前会发生畸变，而使波场的等相位面一般不为平面。为了解释实际晶体的 X 射线衍射行为，特别是进入 20 世纪 60 年代，人工晶体生长技术以及研究晶体缺陷的 X 射线形貌技术有了很大的发展，为了解释晶体缺陷的衍衬像，必须研究畸变晶体的 X 射线衍射动力学理论，而完美晶体的平面波波场只是其一特例。

1957 年，Cowley 和 Moodie[1,2] 将晶体划分为许多平行于表面的薄层，然后对每个薄层应用波动光学原理导出相邻两个薄层界面处波函数之间的关系，用这些关系进行递推，进而得到入射面和出射面波函数之间的关系。原则上，这种方法可以应用于具有任意类型畸变的晶体。但是，由于应用时涉及太多复杂的卷积之间的递推而不实用。

到了 20 世纪 50 年代后期，高度完美的人工生长晶体的问世和 X 射线形貌技术的发展，完美晶体 X 射线衍射动力学理论的平面波衍射理论对 X 射线衍衬干涉现象的解释遇到了困难。1960 年，Kato 发展了球面波衍射理论 [3,4]，将波场以二维傅里叶变换的形式表示，并假定傅里叶变换在二维倒易空间中只有两个倒易点有显著值，从而推出晶体中波场函数的关系式。原则上，Kato 的理论也是普遍适用的，但是，若傅里叶变换是倒易空间的连续函数，其数学处理将非常复杂，计算量巨大。

Penning 和 Polder 处理了应变晶体的 X 射线衍射 [5]，他们将入射 X 射线分割成许多足够窄的小光束，在每一个小光束的宽度范围内，被照射的晶体可视为近似完美，从而处理有应变的晶体内波场关系。当然，只有对晶体畸变非常小的情况该理论才适用。

Howie 和 Whelan[6−8] 在研究电子衍射时发现，对达尔文的理论稍加修改便可用来处理电子衍射的衍射动力学问题。他们将晶体分成许多平行于表面的薄层，将达尔文处理对称布拉格衍射的方法用来处理劳厄几何情况电子衍射问题，得到了一组透射波与衍射波沿 z 方向变化的微分方程。

由于上述理论都把晶体分为多层结构，所以计算处理比较复杂。高木 [9] 采用不同的方法处理畸变晶体中的 X 射线衍射，推出了具有普适性的晶体内波场的基本方程——高木方程。由于高木方程形式上类似达尔文给出的迭代关系的微分形式，达尔文理论可以推广到畸变晶体和入射波包的普适性而重新受到重视。本章重点介绍高木理论。

4.2　晶体中的调制波

在第 2 章中，晶体中的波场表示为由一组平面波叠加而成的布洛赫波 (式 (2-17))，各分量相互干涉产生类似摆动解的振幅或相位调制，这种现象称为 Pendellösung 效应。当入射波为平面波时，对对称劳厄几何，调制方向垂直于晶体表面，这时的调制周期为晶体的消光距离。对于 X 射线，消光距离约为几十微米，为 X 射线波长的 $10^4 \sim 10^5$ 倍，因而，这种调制可视为宏观变化。当晶体存在畸变时，入射波和衍射波的调制方向不再与晶体表面垂直，其变化与晶体内的畸变有关，调制幅度为位置的函数。当晶体的畸变不太大时，可认为调制波的变化是缓慢的。因此，当晶体存在微小畸变时，布洛赫波可变为

$$\boldsymbol{D}(\boldsymbol{r}) = \sum_h \boldsymbol{D}_h(\boldsymbol{r}) \exp(-\mathrm{i}2\pi \boldsymbol{k}_h \cdot \boldsymbol{r}) \tag{4-1}$$

其中，$\boldsymbol{D}_h(r)$ 及其空间导数都是坐标的缓变函数。利用局域倒易点阵概念 [9]，可以得到 $\boldsymbol{D}(\boldsymbol{r})$ 更合适的表达式：

$$\boldsymbol{D}(\boldsymbol{r}) = \sum_h \boldsymbol{D}'_h(\boldsymbol{r}) \exp[-\mathrm{i}2\pi \boldsymbol{s}_h(\boldsymbol{r})] \tag{4-2}$$

$$\boldsymbol{s}_h(\boldsymbol{r}) = \boldsymbol{k}_h \cdot \boldsymbol{r} - \boldsymbol{h} \cdot \boldsymbol{u}(\boldsymbol{r}_0) \tag{4-3}$$

其中，$\boldsymbol{D}'_h$ 表示畸变晶体的波场振幅，各量上的撇表示畸变；$\boldsymbol{u}(\boldsymbol{r})$ 是在 $\boldsymbol{r}$ 点的原子由于畸变从 $\boldsymbol{r}_0$ 移到 $\boldsymbol{r}$ 时的位移变量，$\boldsymbol{r}_0$ 是原子畸变前的初始位置矢量, 即 $\boldsymbol{r} = \boldsymbol{r}_0 + \boldsymbol{u}(\boldsymbol{r}_0)$；$\boldsymbol{s}_h(\boldsymbol{r})$ 为等相位面函数。$\boldsymbol{h}$ 波的波矢可由等相位面的导数求得:

$$\boldsymbol{R}'_h = \nabla \boldsymbol{s}_h(\boldsymbol{r}) = \boldsymbol{R}_h - \nabla(\boldsymbol{h} \cdot \boldsymbol{u}) \tag{4-4}$$

由式 (4-1) 和式 (4-2) 可知，任何 $\boldsymbol{k}_0$ 的微小变化 $\Delta\boldsymbol{k}_0$，都可以用 $\boldsymbol{D}_h(\boldsymbol{r})$ 或 $\boldsymbol{D}'_k(\boldsymbol{r})$ 乘一个相位因子 $\exp[-\mathrm{i}2\pi \boldsymbol{s}_h(\boldsymbol{r}]$ 来补偿。只要 $\Delta\boldsymbol{k}_0$ 比任何倒易格矢小得多，这种补偿不影响 $\boldsymbol{D}_h(\boldsymbol{r})$ 或 $\boldsymbol{D}'_k(\boldsymbol{r})$ 的缓变性质。因此，$\boldsymbol{R}_0$ 的选择是任意的。一种合适的选择是令 $\boldsymbol{k}_0$ 满足: ① 其振幅为 $|\boldsymbol{k}_0| = k = nK = \left(1 + \dfrac{1}{2}\chi_0\right) K$，式中，$n$ 为平均折射率; ② 入射界面处波矢切向分量连续。

假定晶体的畸变很小，则畸变晶体内 $\boldsymbol{r}$ 处的极化率可近似取畸变前相应位置 $\boldsymbol{r}_0$ 处的极化率, 即 $\chi'(\boldsymbol{r}) = \chi(\boldsymbol{r}_0) = \chi(\boldsymbol{r} - \boldsymbol{u}_0)$, 故

$$\chi'(\boldsymbol{r}) = \Sigma_h \chi_h \exp[-\mathrm{i}2\pi \boldsymbol{h} \cdot (\boldsymbol{r} - \boldsymbol{u})] \tag{4-5}$$

4.3 高木方程

在畸变晶体内，X 射线的传播仍然满足波动方程 (2-16)。这时极化矢量 $\boldsymbol{P}$ 变为

$$4\pi\boldsymbol{P}(\boldsymbol{r})=\chi^{\mathrm{G}}(\boldsymbol{r})\boldsymbol{D}(\boldsymbol{r}) \tag{4-6}$$

式中，上角标 G 是为了区别于 Taupin 方程 (下同)。晶体中的波场可按式 (4-1) 或式 (4-2) 展开，这里，按式 (4-2) 展开，极化矢量 $\boldsymbol{P}$ 可表示为

$$\begin{aligned}4\pi\boldsymbol{P}(\boldsymbol{r})&=4\pi\Sigma_h\boldsymbol{P}_h^{\mathrm{G}}(\boldsymbol{r})\exp\left[-\mathrm{i}2\pi\left(\boldsymbol{k}_h\cdot\boldsymbol{r}-\boldsymbol{h}\cdot\boldsymbol{u}\right)\right]\\&=\chi^{\mathrm{G}}(\boldsymbol{r})\boldsymbol{D}(\boldsymbol{r})\\&=\left\{\Sigma_g\chi_g\exp\left[-\mathrm{i}2\pi\boldsymbol{g}\cdot(\boldsymbol{r}-\boldsymbol{u})\right]\right\}\left\{\Sigma_h\boldsymbol{D}_h^{\mathrm{G}}(\boldsymbol{r})\exp\left[-\mathrm{i}2\pi\left(\boldsymbol{k}\cdot\boldsymbol{r}-\boldsymbol{h}\cdot\boldsymbol{u}\right)\right]\right\}\\&=\Sigma_h\Sigma_g\chi_g\boldsymbol{D}_h^{\mathrm{G}}(\boldsymbol{r})\exp\left\{-\mathrm{i}2\pi\left[(\boldsymbol{k}_h+\boldsymbol{g})\cdot\boldsymbol{r}-(\boldsymbol{h}+\boldsymbol{g})\cdot\boldsymbol{u}\right]\right\}\\&=\Sigma_R[\Sigma_h\chi_{R-h}\boldsymbol{D}_h^{\mathrm{G}}(\boldsymbol{r})]\exp[-\mathrm{i}2\pi(\boldsymbol{k}_R\cdot\boldsymbol{r})-(\boldsymbol{R}\cdot\boldsymbol{u})]\end{aligned} \tag{4-7}$$

因此得到

$$4\pi\boldsymbol{P}_h^{\mathrm{G}}(\boldsymbol{r})=\Sigma h'\chi_{h-h'}\boldsymbol{D}_{h'}^{\mathrm{G}}(\boldsymbol{r}) \tag{4-8}$$

将式 (4-2)、式 (4-6) 及式 (4-8) 代入波动方程 (2-16)，并考虑各场变量的变化为缓变的，其二阶及以上阶导数为高阶小量，可略去不计，即得

$$\begin{aligned}&\Sigma_g\left\{-\mathrm{i}4\pi\left(\boldsymbol{k}_g\cdot\boldsymbol{\nabla}\right)\boldsymbol{D}_g^{\mathrm{G}}+4\pi^2\left(K^2-K_g'^2\right)\boldsymbol{D}_g^{\mathrm{G}}+4\pi^2\Sigma_{g'}\chi_{g-g'}[\boldsymbol{D}_{g'}^{\mathrm{G}}]_g\right\}\\&\exp\left[-\mathrm{i}2\pi\left(\boldsymbol{k}_g\cdot\boldsymbol{r}-\boldsymbol{g}\cdot\boldsymbol{u}\right)\right]=0\end{aligned} \tag{4-9}$$

式中

$$[\boldsymbol{D}_{g'}^{\mathrm{G}}]_g=\frac{-[\boldsymbol{k}_g^{\mathrm{G}}\times\left(\boldsymbol{k}_g'\times\boldsymbol{D}_{g'}^{\mathrm{G}}\right)]}{\left|\boldsymbol{k}_g'\right|^2} \tag{4-10}$$

式 (4-9) 乘 $\exp[-2\mathrm{i}\pi(\boldsymbol{k}_h\cdot\boldsymbol{r}-\boldsymbol{h}\cdot\boldsymbol{u})]$，并在元胞内对 $\boldsymbol{r}$ 积分，考虑式 (4-9) 中大括号{}内的函数以及应变函数 $\boldsymbol{u}$ 为缓变函数，因此，可提到积分号外。利用

$$\int_\Omega\exp[-\mathrm{i}2\pi(\boldsymbol{k}_g-\boldsymbol{k}_h)\cdot\boldsymbol{r}]\mathrm{d}\tau=\Omega\delta_{gh}$$

得

$$(s_h\cdot\nabla)\boldsymbol{D}_{h'}=\mathrm{i}2\pi\boldsymbol{K}\beta_h'\boldsymbol{D}_h^{\mathrm{G}}-\mathrm{i}\pi K\Sigma_{h\neq h'}\chi_{h\neq h'}[\boldsymbol{D}_{h'}^{\mathrm{G}}]_h \tag{4-11}$$

定义式中

$$\beta_h'=\frac{k_h'^2-K^2}{2K^2} \tag{4-12a}$$

这里的 k 为晶体的平均波数，$k = K(1+\chi_0)^{\frac{1}{2}} = nK$，由于 $\left|\boldsymbol{k}'_h\right| \cong K$，近似地有

$$\beta'_h = \frac{\left(\left|\boldsymbol{k}'_h\right| - k\right)}{K} \tag{4-12b}$$

式 (4-11) 为畸变晶体 X 射线衍射动力学理论的基本方程。与式 (2-19) 的区别在于，对畸变晶体的情况，场变量不再为常数，其一阶导数也不为零。对此矢量方程组的求解是很难的。从原定义知，式 (4-11) 中的 $[\boldsymbol{D}^{\mathrm{G}}_{h'}]_h$，其分量垂直于 $\boldsymbol{k}'_g$，也即垂直于 $\boldsymbol{k}_g$。又因为电磁场是横波场，$\boldsymbol{D}^{\mathrm{G}}_g$ 垂直于 $\boldsymbol{k}_g$，这样，两者都垂直于 $\boldsymbol{k}_g$，而且数值也相同，故 $[\boldsymbol{D}^{\mathrm{G}}_{h'}]_h = \boldsymbol{D}^{\mathrm{G}}_g$。类似完美晶体的 X 射线衍射动力学理论，采用双光束近似，也就是说，式 (4-11) 中只有 $\boldsymbol{h}=0$ 时，$\boldsymbol{h}$ 有较大贡献，则得

$$(\boldsymbol{s}_0 \cdot \nabla)\,\boldsymbol{D}^{\mathrm{G}}_0 = -\mathrm{i}\pi K\chi_{-h}[\boldsymbol{D}^{\mathrm{G}}_h]_0 \tag{4-13a}$$

$$(\boldsymbol{s}_h \cdot \nabla)\,\boldsymbol{D}^{\mathrm{G}}_h = \mathrm{i}2\pi K\beta'_h\boldsymbol{D}^{\mathrm{G}}_h - \mathrm{i}\pi K\chi_h[\boldsymbol{D}^{\mathrm{G}}_0]_h \tag{4-13b}$$

引入偏振因子

$$C = \begin{cases} 1, & \sigma \\ \cos 2\theta, & \pi \end{cases}$$

式 (4-13) 可化为标量方程:

$$\frac{\partial \boldsymbol{D}^{\mathrm{G}}_0}{\partial \boldsymbol{s}_0} = -\mathrm{i}\pi CK\chi_{-h}\boldsymbol{D}^{\mathrm{G}}_h \tag{4-14a}$$

$$\frac{\partial \boldsymbol{D}^{\mathrm{G}}_h}{\partial \boldsymbol{s}_h} = \mathrm{i}2\pi K\beta'_h\boldsymbol{D}^{\mathrm{G}}_h - \mathrm{i}\pi CK\chi_h\boldsymbol{D}^{\mathrm{G}}_0 \tag{4-14b}$$

式中，$\boldsymbol{s}_0$ 和 $\boldsymbol{s}_h$ 分别为入射束和反射束的方向矢量。

式 (4-14) 为著名的高木方程，可应用于畸变晶体内 X 射线具有任意形状波前的情况，因此又称 X 射线衍射动力学的普适方程。这和电子衍射的 Howie-Whelan 方程组在形式上有相似之处 [10]，对于未畸变的晶体，比较式 (2-17)、式 (4-2)，有

$$\boldsymbol{D}'_0(\boldsymbol{r}) = \boldsymbol{D}^{\mathrm{G}}_0(\boldsymbol{r})$$

$$\boldsymbol{D}'_h(\boldsymbol{r}) = \boldsymbol{D}^{\mathrm{G}}_h(\boldsymbol{r})\exp[-\mathrm{i}2\pi(\boldsymbol{h}\cdot\boldsymbol{u})]$$

将其代入式 (4-14)，得

$$\frac{\partial \boldsymbol{D}^{\mathrm{G}}_0}{\partial \boldsymbol{s}_0} = -\mathrm{i}\pi KC\chi'_{-h}\boldsymbol{D}_h \tag{4-15a}$$

$$\frac{\partial \boldsymbol{D}^{\mathrm{G}}_h}{\partial \boldsymbol{s}_h} = \mathrm{i}2\pi K\beta_h\boldsymbol{D}^{\mathrm{G}}_h - \mathrm{i}\pi CK\chi'_h\boldsymbol{D}^{\mathrm{G}}_0 \tag{4-15b}$$

其中，χ'_{-h}，χ'_h 及 β 上文已有介绍，这里不再详细讨论。式 (4-15) 就是完美晶体满足的衍射方程。它与式 (4-14) 有完全相同的形式。为了求解高木方程 (4-15)，考虑边界条件：令晶体的表面是一个曲面，入射波是球面波或其他普遍形式的波，一般表示为

$$\boldsymbol{D}_0(\boldsymbol{r}) = \boldsymbol{D}_0(\boldsymbol{r})\exp(-\mathrm{i}2\pi\boldsymbol{K}\cdot\boldsymbol{r}) \tag{4-16}$$

其振幅 $\boldsymbol{D}_0(\boldsymbol{r})$ 是复数，为宏观变量。在晶体入射表面上，由于波场的连续性，有 (用矢量的分量表示时，可写为标量形式)

$$\boldsymbol{D}_0(\boldsymbol{r})\exp(-\mathrm{i}2\pi\boldsymbol{K}\cdot\boldsymbol{r}_\mathrm{e}) = \boldsymbol{D}'_0(\boldsymbol{r})\exp(-\mathrm{i}2\pi\boldsymbol{k}_0\cdot\boldsymbol{r}_\mathrm{e}) + \boldsymbol{D}_h(\boldsymbol{r}_\mathrm{e})\exp[-\mathrm{i}2\pi(\boldsymbol{k}_h\cdot\boldsymbol{r}_\mathrm{e}-\boldsymbol{h}\cdot\boldsymbol{u})] \tag{4-17}$$

其中，$\boldsymbol{r}_\mathrm{e}$ 是入射表面上的位置矢量，令

$$\overline{\boldsymbol{D}_0}(\boldsymbol{r}) = \boldsymbol{D}_0(\boldsymbol{r})\exp[-\mathrm{i}2\pi(\boldsymbol{K}-\boldsymbol{k}_0)\cdot\boldsymbol{r}] \tag{4-18}$$

将式 (4-18) 代入式 (4-17) 有

$$\left[\boldsymbol{D}'_0(\boldsymbol{r}_\mathrm{e}) - \overline{\boldsymbol{D}_0}(\boldsymbol{r}_\mathrm{e})\right] + \boldsymbol{D}'_h(\boldsymbol{r})\exp[-\mathrm{i}2\pi\boldsymbol{h}\cdot(\boldsymbol{r}_\mathrm{e}-\boldsymbol{u})] = 0 \tag{4-19}$$

选择表面上充分小的晶体薄片，使宏观变量 $\boldsymbol{D}'_0, \boldsymbol{D}'_h$ 和 $\boldsymbol{D}_0$ 在此薄片内基本不变，然后取二维单胞积分式 (4-19)，其第二项相当于正余弦函数在周期内的积分，结果为

$$\boldsymbol{D}'_0(\boldsymbol{r}_\mathrm{e}) = \overline{\boldsymbol{D}_0}(\boldsymbol{r}_0) \tag{4-20a}$$

$$\boldsymbol{D}'_h(\boldsymbol{r}_\mathrm{e}) = 0 \tag{4-20b}$$

从条件式 (4-20) 和方程 (4-14)，得一级微商

$$\frac{\partial \boldsymbol{D}'_0(\boldsymbol{r}_\mathrm{e})}{\partial \boldsymbol{s}_0} = 0 \tag{4-21a}$$

$$\frac{\partial \boldsymbol{D}'_h(r_\mathrm{e})}{\partial \boldsymbol{s}_h} = -\mathrm{i}\pi K C\chi_h\overline{\boldsymbol{D}_0}(\boldsymbol{r}_\mathrm{e}) \tag{4-21b}$$

将式 (4-20) 相对曲线坐标 ξ 微分，ξ 是边界表面与入射面的截线 (图 4-1)，有

$$\frac{\partial \overline{\boldsymbol{D}_0}(\boldsymbol{r}_\mathrm{e})}{\partial \boldsymbol{\xi}} = \frac{\partial \boldsymbol{D}'_0(\boldsymbol{r}_\mathrm{e})}{\partial \xi} = \frac{\partial \boldsymbol{D}'_0}{\partial \boldsymbol{s}_0}\frac{\partial \boldsymbol{s}_0}{\partial \boldsymbol{\xi}} + \frac{\partial \boldsymbol{D}'_0}{\partial \boldsymbol{s}_h}\frac{\partial \boldsymbol{s}_h}{\partial \boldsymbol{\xi}} \tag{4-22a}$$

$$\frac{\partial \boldsymbol{D}'_h(\boldsymbol{r}_\mathrm{e})}{\partial \boldsymbol{\xi}} = \frac{\partial \boldsymbol{D}'_h}{\partial \boldsymbol{s}_0}\frac{\partial \boldsymbol{s}_0}{\partial \boldsymbol{\xi}} + \frac{\partial \boldsymbol{D}'_h}{\partial \boldsymbol{s}_h}\frac{\partial \boldsymbol{s}_h}{\partial \boldsymbol{\xi}} = 0 \tag{4-22b}$$

从式 (4-21) 和式 (4-22) 得

$$\frac{\partial \boldsymbol{D}'_0}{\partial \boldsymbol{s}_h} = \frac{\sin 2\theta_\mathrm{B}}{r_0(\boldsymbol{r}_\mathrm{e})}\frac{\partial \overline{\boldsymbol{D}_0}(\boldsymbol{r}_\mathrm{e})}{\partial \boldsymbol{\xi}} \tag{4-23a}$$

$$\frac{\partial \boldsymbol{D}_h'}{\partial \boldsymbol{s}_0} = -\mathrm{i}\pi K C \chi_h \frac{\boldsymbol{r}_0(\boldsymbol{r}_\mathrm{e})}{\boldsymbol{r}_h(r_\mathrm{e})} \overline{\boldsymbol{D}_0}(\boldsymbol{r}_\mathrm{e}) \tag{4-23b}$$

其中，$\boldsymbol{r}_0(\boldsymbol{r}_\mathrm{e})$ 和 $\boldsymbol{r}_h(\boldsymbol{r}_\mathrm{e})$ 是角 θ_0 和角 θ_h 的余弦值。

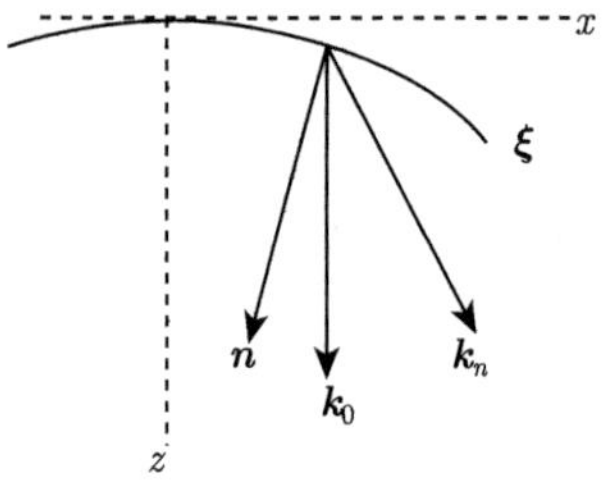

图 4-1　晶体表面曲线 $\boldsymbol{\xi}$、表面法线 $\boldsymbol{n}$ 与 $\boldsymbol{k}_0$，$\boldsymbol{k}_h$ 之间的关系

将式 (4-21b) 代入式 (4-22b) 并将结果与式 (4-23b) 比较，得出

$$\frac{\partial \xi}{\partial s_h} = \frac{\sin 2\theta_\beta}{r_0(r_\mathrm{e})}$$

$$\frac{\partial s_h}{\partial s_0} = \frac{-r_0(\boldsymbol{r}_\mathrm{e})}{\boldsymbol{r}_g(\boldsymbol{r}_\mathrm{e})} \quad (\text{附式})$$

欲使式 (4-23) 成立，即需附式成立。附式的证明如下：从图 4-2 有

$$(\Delta \boldsymbol{h})_{sh} = |\boldsymbol{k}_h'| - |\boldsymbol{k}_h| \approx |\Delta \boldsymbol{h}|, \quad \Delta \boldsymbol{h} = \boldsymbol{h}' - \boldsymbol{h} = -\boldsymbol{\nabla}(\boldsymbol{h}\cdot\boldsymbol{u})$$

再根据布拉格定律和式 (4-12)，要满足布拉格定律，即有 $|\boldsymbol{k}_h'| \approx |\boldsymbol{k}_h| = |\boldsymbol{k}_0|$；要满足式 (4-12)，即要求 $\boldsymbol{h}' \perp \boldsymbol{k}_0$，而且 $|\boldsymbol{h}'| \approx |\boldsymbol{h}|$。然后按 $\dfrac{\partial \xi}{\partial \boldsymbol{s}_h} = \boldsymbol{s}_h \cdot \nabla(\xi) = \boldsymbol{s}_h \cdot \nabla(\boldsymbol{u})$，再作些处理便可求得。

也可简便处理：过 s_h 单元端引 s_0 的平行线，交 ξ 曲线构成三角形，然后对它应用正弦定理也可证之。

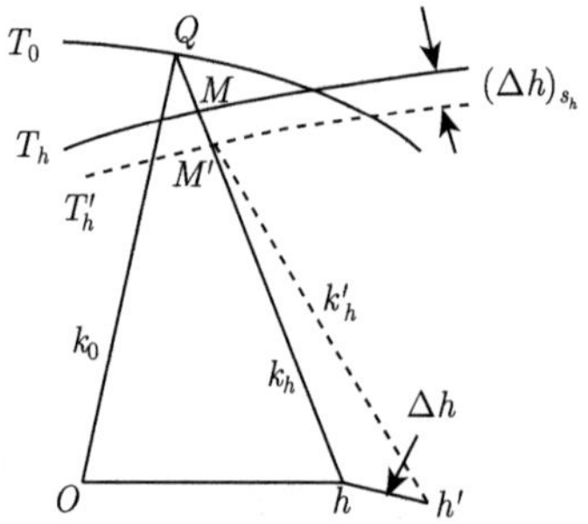

图 4-2　波矢 $\boldsymbol{k}$ 与量 $\boldsymbol{\beta}_h'$ 的几何关系。分别以 O, h, h' 为圆心，以 $\boldsymbol{k}$ 为半径画弧 T_0, T_b, T_h'。$\beta_h' = \dfrac{k_h'^2 - k^2}{2K^2} \cong |k_h'| - \dfrac{k}{K}$, $(\Delta h)_{s_h}$ 是 T_h, T_h' 两弧之差，$QM = K\beta_h$, $QM' = K\beta_h'$

4.4 高木方程的 Taupin 形式

1964 年 Taupin 独立地发表了畸变晶体 X 射线衍射动力学理论 [11]，在双光束近似下，波动方程的标量形式为

$$\frac{\mathrm{i}\lambda}{\pi}\frac{\partial D_0^{\mathrm{T}}}{\partial s_0}=\chi_0 D_0^{\mathrm{T}}+C\chi_{\bar{h}}D_h^{\mathrm{T}} \tag{4-24a}$$

$$\frac{\mathrm{i}\lambda}{\pi}\frac{\partial D_h^{\mathrm{T}}}{\partial s_h}=C\chi_h D_0^{\mathrm{T}}+(\chi_0-\alpha_h)D_h^{\mathrm{T}} \tag{4-24b}$$

高木方程与 Taupin 方程的数学表达形式不一样，但它们的物理本质没有区别。下面给出两者的变换 [12]。

为了清楚起见，如式 (4-14) 所示，高木方程的场变量右上角加 G，而 Taupin 方程的场变量右上角加 T(式 (4-24))。假定晶体沿 y 方向是均匀的，即波场只与 x 和 z 有关。此时，式 (4-14) 可改写为

$$S_{0x}\frac{\partial D_0^{\mathrm{G}}}{\partial x}+S_{0z}\frac{\partial D_0^{\mathrm{G}}}{\partial z}=-\mathrm{i}\pi CK\chi_{-h}D_h^{\mathrm{G}} \tag{4-25a}$$

$$S_{hx}\frac{\partial D_h^{\mathrm{G}}}{\partial x}+S_{hz}\frac{\partial D_h^{\mathrm{G}}}{\partial z}=-\mathrm{i}\pi CK\chi_h D_0^{\mathrm{G}}+\mathrm{i}2\pi K\beta_h' D_h^{\mathrm{G}} \tag{4-25b}$$

作变换：

$$D_0^{\mathrm{G}}(x,z)=D_0^{\mathrm{T}}(x,z)\,\mathrm{e}^{\mathrm{i}\phi(x,z)} \tag{4-26a}$$

$$D_h^{\mathrm{G}}(x,z)=D_h^{\mathrm{T}}(x,z)\,\mathrm{e}^{\mathrm{i}\phi(x,z)} \tag{4-26b}$$

式中

$$\phi(x,z)=\pi K\chi_0\left[\frac{-x(s_{0z}-s_{hz})+z(s_{0x}-s_{hx})}{s_{0x}s_{hz}-s_{0z}s_{hx}}\right] \tag{4-27}$$

式 (4-25) 作变换后可得

$$\frac{\partial D_0^{\mathrm{G}}}{\partial x}=\mathrm{e}^{\mathrm{i}\phi}\frac{\partial D_0^{\mathrm{T}}}{\partial x}+\mathrm{i}D_0^{\mathrm{T}}\mathrm{e}^{\mathrm{i}\phi}\frac{\partial\phi}{\partial x}=\mathrm{e}^{\mathrm{i}\phi}\frac{\partial D_0^{\mathrm{T}}}{\partial x}+\mathrm{i}D_0^{\mathrm{T}}\mathrm{e}^{\mathrm{i}\phi}\frac{-(s_{0z}-s_{hz})}{s_{0x}s_{hz}-s_{0z}s_{hx}}\pi K\chi_0 \tag{4-28a}$$

$$\frac{\partial D_0^{\mathrm{G}}}{\partial \mathrm{z}}=\mathrm{e}^{\mathrm{i}\phi}\frac{\partial D_0^{\mathrm{T}}}{\partial z}+\mathrm{i}D_0^{\mathrm{T}}\mathrm{e}^{\mathrm{i}\phi}\frac{\partial\phi}{\partial z}=\mathrm{e}^{\mathrm{i}\phi}\frac{\partial D_0^{\mathrm{T}}}{\partial z}+\mathrm{i}D_0^{\mathrm{T}}\mathrm{e}^{\mathrm{i}\phi}\frac{-(s_{0x}-s_{hx})}{s_{0x}s_{hz}-s_{0z}s_{hx}}\pi K\chi_0 \tag{4-28b}$$

将式 (4-28) 代入式 (4-15) 得

$$\begin{aligned}s_{0x}\frac{\partial D_0^{\mathrm{G}}}{\partial x}+s_{0z}\frac{\partial D_0^{\mathrm{G}}}{\partial z}&=\mathrm{e}^{\mathrm{i}\phi}\left(s_{0x}\frac{\partial D_0^{\mathrm{T}}}{\partial x}+s_{0z}\frac{\partial D_0^{\mathrm{T}}}{\partial z}\right)+\mathrm{i}D_0^{\mathrm{T}}\mathrm{e}^{\mathrm{i}\phi}\pi K\chi_0\\&=-\mathrm{i}\pi CK\chi_{-h}\mathrm{e}^{\mathrm{i}\phi}D_h^{\mathrm{T}}\end{aligned} \tag{4-29a}$$

类似推导可得

$$
\begin{aligned}
s_{hx}\frac{\partial D_h^{\mathrm{G}}}{\partial x}+s_{hz}\frac{D_h^{\mathrm{G}}}{\partial z}&=\mathrm{e}^{\mathrm{i}\phi}\left(s_{hx}\frac{\partial D_h^{\mathrm{T}}}{\partial x}+s_{hz}\frac{\partial D_h^{\mathrm{T}}}{\partial z}\right)+\mathrm{i}D_h^{\mathrm{T}}\mathrm{e}^{\mathrm{i}\phi}\pi K\chi_0\\
&=-\mathrm{i}\pi CK\chi_h\mathrm{e}^{\mathrm{i}\phi}D_0^{\mathrm{T}}+\mathrm{i}2\pi K\beta_h'\mathrm{e}^{\mathrm{i}\phi}D_h^{\mathrm{T}}
\end{aligned}\tag{4-29b}
$$

式 (4-29) 化简后得

$$
\frac{\partial D_0^{\mathrm{T}}}{\partial s_0}=-\mathrm{i}\pi K\chi_0D_0^{\mathrm{T}}-\mathrm{i}\pi CK\chi_{\bar{h}}D_h^{\mathrm{T}}\tag{4-30a}
$$

$$
\frac{\partial D_0^{\mathrm{T}}}{\partial s_h}=-\mathrm{i}\pi CK\chi_hD_0^{\mathrm{T}}-\mathrm{i}\pi K(\chi_0-2\beta_h')D_h^{\mathrm{T}}\tag{4-30b}
$$

式 (4-30) 两边乘 $\frac{\mathrm{i}\lambda}{\pi}$，并令 $\alpha=2\beta_h'$，便得到 Taupin 方程:

$$
\frac{\mathrm{i}\lambda}{\pi}\frac{\partial D_0^{\mathrm{T}}}{\partial s_0}=\chi_0D_0^{\mathrm{T}}+C\chi_{\bar{h}}D_h^{\mathrm{T}}\tag{4-31a}
$$

$$
\frac{\mathrm{i}\lambda}{\pi}\frac{\partial D_h^{\mathrm{T}}}{\partial s_h}=C\chi_hD_0^{\mathrm{T}}+(\chi_0-\alpha_h)D_h^{\mathrm{T}}\tag{4-31b}
$$

以上，从数学上导出了高木方程与 Taupin 方程之间的变换。下面讨论这一变换的物理含义。

不管以这两个方程中哪种形式表达，其最终给出的晶体内的波场应该相等。因此得到

$$
\sum_h\boldsymbol{D}_h^{\mathrm{G}}(\boldsymbol{r})\exp\left[-\mathrm{i}2\pi\left(\boldsymbol{R}_h^{\mathrm{G}}\cdot\boldsymbol{r}-\boldsymbol{h}\cdot\boldsymbol{u}\right)\right]=\sum_h\boldsymbol{D}_h^{\mathrm{T}}(\boldsymbol{r})\exp\left[-\mathrm{i}2\pi\left(\boldsymbol{R}_h^{\mathrm{T}}\cdot\boldsymbol{r}-\boldsymbol{h}\cdot\boldsymbol{u}\right)\right]\tag{4-32}
$$

由式 (4-26) 得

$$
\begin{aligned}
&\sum_h\boldsymbol{D}_h^{\mathrm{G}}(\boldsymbol{r})\exp\left[-\mathrm{i}2\pi\left(\boldsymbol{R}_h^{\mathrm{G}}\cdot\boldsymbol{r}-\boldsymbol{h}\cdot\boldsymbol{u}\right)\right]\\
=&\sum_h\boldsymbol{D}_h^{\mathrm{T}}(\boldsymbol{r})\exp\left[-\mathrm{i}2\pi\left(\boldsymbol{R}_h^{\mathrm{T}}\cdot\boldsymbol{r}-\boldsymbol{h}\cdot\boldsymbol{u}-\frac{\phi}{2\pi}\right)\right]\\
=&\sum_h\boldsymbol{D}_h^{\mathrm{T}}\exp[-\mathrm{i}2\pi\left(\boldsymbol{R}_h^{\mathrm{T}}\cdot\boldsymbol{r}-\boldsymbol{h}\cdot\boldsymbol{u}\right)
\end{aligned}\tag{4-33}
$$

式中

$$
\begin{aligned}
\frac{\phi}{2\pi}&=\frac{1}{2}K\chi_0\left[\frac{-(s_{0z}-s_{hz})x+(s_{0x}-s_{hx})z}{s_{0x}s_{hz}-s_{0z}s_{hx}}\right]\\
&=\Delta k_{0x}x+\Delta k_{0z}z\\
&=\Delta\boldsymbol{k}_0\cdot\boldsymbol{r}
\end{aligned}
$$

$$\Delta k_{0x} = \frac{1}{2}K\chi_0\frac{s_{hz}-s_{0z}}{s_{0x}s_{hz}-s_{0z}s_{hx}}$$
$$\Delta k_{0z} = \frac{1}{2}K\chi_0\frac{s_{0x}-s_{hx}}{s_{0x}s_{hz}-s_{0z}s_{hx}}$$

由式 (4-33) 可知

$$\begin{aligned}\boldsymbol{k}_h\cdot\boldsymbol{r}-\frac{\phi}{2\pi} &= (\boldsymbol{R}_0+\boldsymbol{h})\cdot\boldsymbol{r}-\Delta\boldsymbol{k}_0\cdot\boldsymbol{r}=(\boldsymbol{k}_0-\Delta\boldsymbol{k}_0)\cdot\boldsymbol{r}+\boldsymbol{h}\cdot\boldsymbol{r}\\ &= \boldsymbol{K}_h^{\mathrm{T}}\cdot\boldsymbol{r}=(\boldsymbol{R}_0^{\mathrm{T}}+\boldsymbol{h})\cdot\boldsymbol{r}\end{aligned}$$

因此

$$\boldsymbol{R}_0^{\mathrm{T}}=\boldsymbol{R}_0^{\mathrm{G}}-\Delta\boldsymbol{k}_0 \tag{4-34}$$

从式 (4-34) 可知，高木方程从高木形式变换到 Taupin 形式只是对应于 $\boldsymbol{k}_0$ 的不同选择，其物理本质没有区别。由于 $\chi_0\approx10^{-5}$，所以 $|\Delta\boldsymbol{k}_0|\ll K$，因而并不影响波场的缓慢变化的性质。

参 考 文 献

[1] Cowley J W, Moodie A. Proc. Phys. Soc. B, 1957 (70): 486.
[2] Cowley J W, Moodie A. Acta. Cryst., 1957 (10): 609.
[3] Kato N. Acta Crystallogragh, 1960 (13): 1091.
[4] Kato N. Acta Crystallogragh, 1963 (16): 276, 282.
[5] Penning P, Polder D. Philips Research Report, 1961 (16): 419.
[6] Howie A, Whelan M J. Proceedings of European Regional Conference on Electron Microscopy, Delft, 1960 (1): 194.
[7] Howie A, Whelan M J. Proceedings of Royal Society A, 1961 (263): 217.
[8] Howie A, Whelan M J. Proceedings of Royal Society A, 1962 (267): 206.
[9] Takagi S. J. Physics Society of Japan, 1969 (26): 1239; Acta Crystallogragh, 1962 (15): 1311.
[10] Howie A, Whelan M J. Proc.Roy.Soc., 1961(A263): 217.
[11] Taupin D. Bull. Soc. Franc. Miner. Crist., 1964 (87): 469.
[12] 贺楚光, 麦振洪, 崔树范. 物理学报，1990 (39): 778.
[13] Speriosu V S, Vreeland T. J. Applied Physics, 1984 (56): 1591.
[14] Haradai J, et al. Japan J. Applied Physics, 1985 (24): L62.
[15] Quillec M, et al. J. Applied Physics, 1984 (55):2904.
[16] Petrashen P V. Fiz. Trerd. Tela (Leninggrad), 1974 (16): 2168 (Soviet Physics, Solid State, 1975 (16): 1417); 1975 (17): 2814 (Soviet Physics, Solid State, 1976 (17): 1882).
[17] Afanasev A F, et al. Physical State Solid A, 1977 (42): 415.

[18] Kyntt R N, Petrashen P V, Sorokin L M. Physical State Solid A, 1980 (60): 381.
[19] Tapfer L, Ploog K. Physical Review B, 1986 (33): 5565.
[20] Tapfer L, Stolz W, Fischer A, et al. Surface Science, 1986 (174): 88.
[21] Taupin D, Burgreat J. Acta Cryst. Sect.A, 1968 (24): 99.
[22] Fukahara A, Takano Y. Acta Cryst. Sect.A, 1977 (33): 137.
[23] Larson B C, Barhorst J F. J. Applied Physics, 1980 (51): 3181.
[24] 贺楚光. 中国科学院物理研究所硕士学位论文, 1989.
[25] Pinsker Z G. Dynamical Scattering of X-rays in Crystal. Berlin: Springer: 1978.
[26] Kamigaki K, et al. Applied Physics Letter, 1986 (49): 1071.
[27] International Tables for Crystallgraphy, 1974.
[28] 李建华. 中国科学院物理研究所博士学位论文, 1993.
[29] Houghton D C, Perovic D D. Baribeeau J M, et al. J. Appl. Phys.,1990 (67):1850.

第 5 章　近完美晶体 X 射线衍射统计动力学理论

5.1 引　　言

第 4 章畸变晶体 X 射线衍射动力学理论描述的 Takagi-Taupin 方程 [1,2] 原则上可以用于解决任意畸变场的晶体衍射问题。但是，当晶体中存在大量无规则分布的微畸变、微缺陷时，要严格计算晶体中的 X 射线波场是不可能的，必须用统计方法处理。1973 年，Kato[3,4] 根据散射矩阵理论导出一组与 Takagi-Taupin 方程等价的方程，该方程组直接表述了晶体畸变对晶体中波场相互作用的影响，并且可以由此十分方便地引入统计描述。1980 年，Kato[5] 引入静态 Debye-Waller 因子和短程相关长度 τ 描述结晶介质，推导出一组平均相关波场$\{\langle D_0\rangle, \langle D_g\rangle\}$的衍射方程和一组非相关部分场强$\{I_0^i, I_g^i\}$的方程，它们通过从相关波场转变到非相关波场相互联系。对无吸收晶体，总场强 $\{I_0^c + I_0^i, I_g^c + I_g^i\}$ 保持能量守恒。该理论可应用到任何不完美结晶物质的衍射现象中。本章应用更直接的方式导出 Takagi-Taupin 方程的 Kato 表达，通过引入静态 Debye-Waller 因子，将其推广到存在随机晶格畸变的近完美晶体中，得到 X 射线衍射统计动力学方程。作为方程的应用实例，推导了劳厄透射条件下一束窄的入射 X 射线在晶体中激发的波场表达式，并探讨了应用该表达式研究晶体中纳米量级点状微缺陷的可能性。最后，以半导体单层膜、多层膜及超晶格和硅单晶为例，说明 X 射线衍射动力学理论对研究近完美晶体中无规则分布的尺度为纳米量级的微缺陷团的尺寸、缺陷密度等信息的普适性。

5.2 基 本 方 程

从第 4 章 Takagi-Taupin 方程可知，X 射线在晶体中满足的传播方程为

$$\nabla^2 \boldsymbol{D}^\tau + 4\pi \boldsymbol{K}^2 \boldsymbol{D}^\tau + \nabla \times \nabla \times (\chi \boldsymbol{D}^\tau) = 0 \tag{5-1}$$

式中，$\boldsymbol{K}$ 为 X 射线在真空中的波矢；χ 为晶体介质电极化率。对完美晶体，χ 为实空间的三维周期函数，式 (5-1) 的解为 Bloch 波，

$$\boldsymbol{D}^\tau(r) = \Sigma_g \boldsymbol{D}_g^\tau \exp(2\pi \mathrm{i} \boldsymbol{K}_g \cdot \boldsymbol{r}) \tag{5-2a}$$

式中，$\boldsymbol{K}_g = \boldsymbol{K}_0 + \boldsymbol{g}$, $\boldsymbol{K}_0$ 为晶体中波矢，$\boldsymbol{g}$ 为倒易空间矢量。当晶格有畸变时，式 (5-2a) 不再严格成立，这时，需要作修正，认为式 (5-2a) 等号右端指数项前面的系

数是实空间的缓变函数，即为

$$\boldsymbol{D}^{\tau}(\boldsymbol{r}) = \Sigma_g \boldsymbol{D}_g^{\tau}(\boldsymbol{r}) \exp(2\pi \mathrm{i} \boldsymbol{K}_g \cdot \boldsymbol{r}) \tag{5-2b}$$

当 $\boldsymbol{D}_g^{\tau}(\boldsymbol{r})$ 满足 Takagi-Taupin 方程时，式 (5-2b) 可作为式 (5-1) 的一个近似解 [1,2]。下面推导 $\boldsymbol{D}_g^{\tau}(\boldsymbol{r})$ 应满足的方程。

当晶体经受微小畸变时，在 $\boldsymbol{r}$ 点附近的电极化率 $\chi(\boldsymbol{r})$ 可以近似地取为 $\boldsymbol{r}_0$ 点未畸变时的 $\chi(\boldsymbol{r}_0)$ 值。设晶格的畸变场为 $\boldsymbol{u}(\boldsymbol{r})$，即 $\boldsymbol{r} = \boldsymbol{r}_0 + \boldsymbol{u}(\boldsymbol{r})$，这样，可以将 $\chi(\boldsymbol{r})$ 展开成

$$\chi(\boldsymbol{r}) = \Sigma_g \chi_g \exp[2\pi \mathrm{i} \boldsymbol{g} \cdot (\boldsymbol{r} - \boldsymbol{u})] \tag{5-3}$$

将式 (5-2b) 和式 (5-3) 代入式 (5-1)，略去二阶以上的无穷小量，并应用双光束近似，有

$$(\boldsymbol{s}_0 \cdot \nabla) \boldsymbol{D}_0^{\mathrm{T}} = -\mathrm{i}\pi \frac{K_0^2 - K^2 - \chi_0 K_0^2}{K_0} \boldsymbol{D}_0^{\mathrm{T}} - \mathrm{i}\pi \chi_{-g} K_0 \exp(2\pi \mathrm{i} \boldsymbol{g} \cdot \boldsymbol{u}) \boldsymbol{D}_{g[K_0]}^{\mathrm{T}} \tag{5-4a}$$

$$(\boldsymbol{s}_g \cdot \nabla) \boldsymbol{D}_g^{\mathrm{T}} = -\mathrm{i}\pi \frac{K_g^2 - K^2 - \chi_0 K_g^2}{K_g} \boldsymbol{D}_g^{\mathrm{T}} - \mathrm{i}\pi \chi_g K_g \exp(2\pi \mathrm{i} \boldsymbol{g} \cdot \boldsymbol{u}) \boldsymbol{D}_{0[K_g]}^{\mathrm{T}} \tag{5-4b}$$

式中, $\boldsymbol{s}_0, \boldsymbol{s}_g$ 分别为 $\boldsymbol{K}_0$ 和 $\boldsymbol{K}_g$ 方向的单位矢量; $\boldsymbol{D}_{g[K_0]}^{\mathrm{T}}$ 和 $\boldsymbol{D}_{0[K_g]}^{\mathrm{T}}$ 分别是 $\boldsymbol{D}_g^{\mathrm{T}}$和$\boldsymbol{D}_0^{\mathrm{T}}$ 在垂直于 $\boldsymbol{K}_0$ 和 $\boldsymbol{K}_g$ 方向的分量。

引入偏振因子

$$C = \begin{cases} 1, & \sigma\text{偏振态} \\ \cos 2\theta, & \pi\text{偏振态} \end{cases}$$

式 (5-4) 可以写成标量形式：

$$\frac{\partial D_0^{\mathrm{T}}}{\partial s_0} = -\mathrm{i}\pi \frac{K_0^2 - K^2 - \chi_0 K_0^2}{K_0} D_0^{\mathrm{T}} - \mathrm{i}\pi C K_0 \chi_{-g} \exp(2\pi \mathrm{i} \boldsymbol{g} \cdot \boldsymbol{u}) D_g^{\mathrm{T}} \tag{5-5a}$$

$$\frac{\partial D_g^{\mathrm{T}}}{\partial s_g} = -\mathrm{i}\pi \frac{K_g^2 - K^2 - \chi_0 K_g^2}{K_g} D_g^{\mathrm{T}} - \mathrm{i}\pi C K_g \chi_g \exp(2\pi i \boldsymbol{g} \cdot \boldsymbol{u}) D_0^{\mathrm{T}} \tag{5-5b}$$

作数学变换

$$D_0 = D_0^{\mathrm{T}} \exp\left(\mathrm{i}\pi \frac{K_0^2 - K^2 - \chi_0 K_0^2}{K_0} s_0 + \mathrm{i}\pi \frac{K_g^2 - K^2 - \chi_0 K_g^2}{K_g} s_g\right) \tag{5-6a}$$

$$D_g = D_g^{\mathrm{T}} \exp\left(\mathrm{i}\pi \frac{K_0^2 - K^2 - \chi_0 K_0^2}{K_0} s_0 + \mathrm{i}\pi \frac{K_g^2 - K^2 - \chi_0 K_g^2}{K_g} s_g\right) \tag{5-6b}$$

该变换的物理意义在文献 [6] 中有详细的论述。在此变换下，令式 (5-5) 中 $K_g \approx K_0$，并令

$$k_g = \mathrm{i}\pi K_0 \chi_g = \frac{\lambda C}{V} \frac{\mathrm{e}^2}{mc^2} F_g$$

其中，V 为晶胞体积；C 为偏振因子；其余常数按惯用定义。这样，式 (5-5) 变成

$$\frac{\partial D_0}{\partial s_0} = \mathrm{i}k_{-g} \exp\left(2\mathrm{i}\pi \boldsymbol{g} \cdot \boldsymbol{u}\right) D_g \tag{5-7a}$$

$$\frac{\partial D_g}{\partial s_g} = \mathrm{i}k_{g} \exp\left(2\mathrm{i}\pi \boldsymbol{g} \cdot \boldsymbol{u}\right) D_0 \tag{5-7b}$$

式 (5-7) 与通常应用的 Takagi-Taupin 方程相比，更直接地反映了晶格畸变对晶体中直射波 (以下简称 O 波) 与衍射波 (以下简称 G 波) 相互作用的影响。由图 5-1 可见，从晶体表面进入的入射光束经过不断地布拉格反射，形成曲曲折折的路径，而整个晶体中的波场就是由这些路径组合而成。其中指数项 $\exp(2\mathrm{i}\pi \boldsymbol{g} \cdot \boldsymbol{u})$ 揭示了晶格的畸变在每一次反射时都对波场的相位进行一次修正。这样，式 (5-7) 便将晶体畸变场与 X 射线波场的相互作用显明地表达出来，因而包含了更加直接和丰富的物理内容。

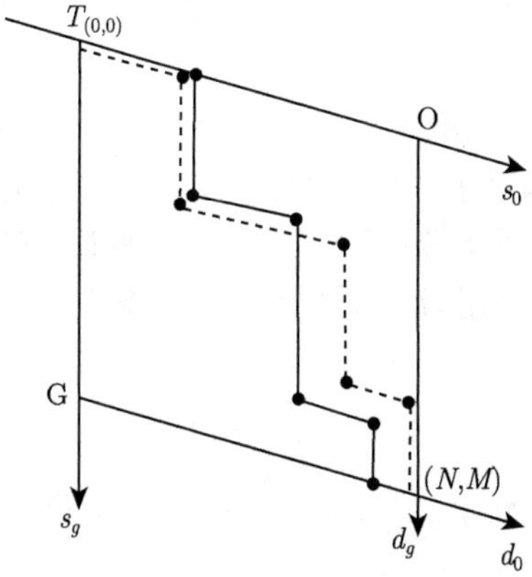

图 5-1 构成晶体中 X 射线波场的曲折路径。实心圆点代表布拉格反射

当晶体中畸变场随机分布时，可取式 (5-7) 的平均值：

$$\frac{\partial \langle D_0\rangle}{\partial s_0} = \mathrm{i}k_{-g} \langle \exp\left(2\mathrm{i}\pi \boldsymbol{g} \cdot \boldsymbol{u}\right) \boldsymbol{D}_g\rangle \tag{5-8a}$$

$$\frac{\partial \langle D_g\rangle}{\partial s_g} = \mathrm{i}k_{g} \langle \exp\left(2\mathrm{i}\pi \boldsymbol{g} \cdot \boldsymbol{u}\right) \boldsymbol{D}_0\rangle \tag{5-8b}$$

在畸变场高度随机而晶体又接近完美的情况下，晶格畸变对 X 射线的散射十分微弱，而且是非相干的，这时，晶格畸变只对其最近邻的 X 射线波场产生明显的影响。因此，可以认为式 (5-8) 中的 $\exp(2\mathrm{i}\pi \boldsymbol{g} \cdot \boldsymbol{u})$ 与 $\boldsymbol{D}_0$ 和 $\boldsymbol{D}_g$ 是统计无关的。于是晶体中的平均波场满足如下方程：

$$\frac{\partial \langle D_0\rangle}{\partial s_0} = \mathrm{i}k_{-g} \langle \exp\left(2\mathrm{i}\pi \boldsymbol{g} \cdot \boldsymbol{u}\right)\rangle \langle D_g\rangle \tag{5-9a}$$

$$\frac{\partial\langle D_g\rangle}{\partial s_g}=\mathrm{i}k_g\langle\exp\left(2\mathrm{i}\pi\boldsymbol{g}\cdot\boldsymbol{u}\right)\rangle\langle D_0\rangle \tag{5-9b}$$

以上推导中没有考虑吸收，若考虑吸收效应，并将漫散射也归于其中，令 $E=\langle\exp(2\mathrm{i}\pi\boldsymbol{g}\cdot\boldsymbol{u})\rangle$，并定义为静态 Debye-Waller 因子，可得相干波场所满足的方程：

$$\frac{\partial\langle D_0\rangle}{\partial s_0}=\mathrm{i}k_{-g}E\langle D_g\rangle-\frac{1}{2}\mu_{\mathrm{e}}\langle D_0\rangle \tag{5-10a}$$

$$\frac{\partial\langle D_g\rangle}{\partial s_g}=\mathrm{i}k_gE\langle D_0\rangle-\frac{1}{2}\mu_{\mathrm{e}}\langle D_g\rangle \tag{5-10b}$$

以及非相干波场强度所满足的方程：

$$\frac{\partial I_0^i}{\partial s_0}=-\mu_{\mathrm{sc}}I_0^i+\widetilde{\sigma}_{-g}I_g^i+\sigma_{-g}\left(1-E^2\right)I_g^c \tag{5-11a}$$

$$\frac{\partial I_g^i}{\partial s_g}=-\mu_{\mathrm{sc}}I_g^i+\widetilde{\sigma}_gI_0^i+\sigma_g\left(1-E^2\right)I_0^c \tag{5-11b}$$

式中，$\mu_{\mathrm{e}}=\mu_0+\mu_{\mathrm{sc}}$，为有效吸收系数；$\mu_0$ 为光电吸收因子，μ_{sc} 为与漫散射相关的吸收因子；k_g 为与结构因子成比例的常数；$\widetilde{\sigma}_g$ 和 σ_g 为耦合常数。本章只处理波场的相干部分，而将非相干部分归于 μ_{sc} 中。这种处理方式隐含着假定非相干部分的空间结构十分简单，这在晶体中无层错且位错密度十分小时成立。

引入短程相关长度：

$$\tau=\int_0^\infty g(\xi)\mathrm{d}\xi$$

其中，ξ 为相邻两点的距离；$g(\xi)$ 为固有相关函数。若在 τ 的范围内，$\langle D_0\rangle$ 和 $\langle D_g\rangle$ 的空间变化可以忽略，式 (5-10) 可改写为

$$\frac{\partial\langle D_0\rangle}{\partial s_0}=\mathrm{i}k_{-g}E\langle D_g\rangle-k^2\left(1-E^2\right)\tau\langle D_0\rangle \tag{5-12a}$$

$$\frac{\partial\langle D_g\rangle}{\partial s_g}=\mathrm{i}k_gE\langle D_0\rangle-k^2\left(1-E^2\right)\tau\langle D_g\rangle \tag{5-12b}$$

其中，$k^2=k_gk_{-g^*}$。式 (5-11) 假设观察点离能流三角形的边缘足够远 (大于 τ 一个数量级以上)，以致对 (s_0,s_g) 的积分极限为无限。

耦合偏微分方程 (5-12) 为近完美晶体中存在随机分布的微畸变情况的 X 射线衍射统计动力学方程。

从式 (5-10) 和式 (5-11) 可以得到劳厄透射情况 X 射线截面形貌图中 pendellösung 条纹的强度分布：

$$I_g=E^2I_g^c+E^2\left(1-E^2\right)I_g^m+\left(1-E^2\right)I_g^i \tag{5-13}$$

其中，I_g^c、I_g^m 和 I_g^i 分别为相干波场强度、混合波场强度及非相干波场强度。相干波场强度 I_g^c 可以写为

$$I_g^c = A|\beta E|^2 \exp\left(-\frac{\mu t}{\cos\theta_{\mathrm{B}}}\right)\{|J_0(\beta E\xi)|^2 + |\cos 2\theta_{\mathrm{B}}|^2 \times |J_0(|\cos 2\theta_{\mathrm{B}}|(\beta E\xi)^2)\} \tag{5-14a}$$

其中，J_0 为零阶 Bessel 函数；

$$\beta = \frac{2r_{\mathrm{e}}\lambda}{v}\sqrt{F_g F_{-g}}$$

$$E = \exp(-L_g)$$

$$\zeta = t\frac{\sqrt{\frac{x}{W}\left(1-\frac{x}{W}\right)}}{\sqrt{\sin\alpha\sin(\alpha+2\theta_{\mathrm{B}})}}$$

A 为入射光强度；μ 为光电吸收系数；θ_{B} 为 Bragg 角；λ 为入射波长；v 为晶体单胞体积；r_{e} 为电子经典半径；F_g 为结构因子 (已做温度修正)；g 为倒易空间矢量；L_g 的表达式见式 (5-16)；t 为样品厚度；α 为入射 X 射线与样品表面的夹角；W 和 x 的定义见图 5-2。

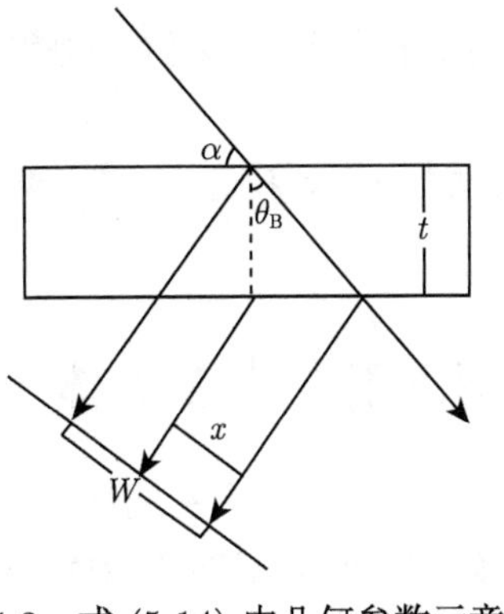

图 5-2　式 (5-14) 中几何参数示意图

非相干波场强度为

$$I_g^i = A|K_g|^2 I_0\left[2\widetilde{\sigma}_g\sqrt{\left(1-\frac{x}{W}\right)\frac{x}{W}}\right]\exp\left(-\mu\frac{t}{\sin\theta_{\mathrm{B}}}\right) \tag{5-14b}$$

其中，I_0 为零阶变形 Bessel 函数。混合波场强度为 I_g^c 与 I_g^i 的卷积。

从式 (5-13) 可以看到，与完美晶体相比，不仅 Pendellösung 条纹的强度发生了变化，而且其振荡周期也拉长了 $\frac{1}{E}$。若拍摄样品的截面形貌图，采用式 (5-13) 对实验数据进行拟合，即可得到样品内微缺陷的信息。

对于近完美晶体，X 射线漫散射十分微弱，不影响 Pendellösung 条纹空间结构的变化 [7]，因此，可以用一个简单的多项式代替式 (5-13) 中的后两项，引入三个可调参数 C_1、C_2 和 C_3，实际采用的强度分布可写为

$$\begin{aligned} I_g = & C_1|\beta E|^2 \exp\left(-\frac{\mu t}{\cos\theta_{\mathrm{B}}}\right)[|J_0(\beta E\xi)|^2 \\ & + |\cos 2\theta_{\mathrm{B}}|^2 \times |J_0(|\cos 2\theta_{\mathrm{B}}|\beta E\xi|^2)] + C_2 + C_3\frac{x}{W} \end{aligned} \tag{5-15}$$

式 (5-15) 作为一个近似表达式与无限窄入射束相对应，在实际的实验中，入射束是有一定宽度的，会造成干涉条纹的相互重叠和宽化。因此，选用适当的窗口函数，并求出此窗口函数与式 (5-15) 的卷积，才能与实验数据正确对比。

根据静态 Debye-Waller 因子的定义 [5]：

$$E = \mathrm{e}^{-L_g} = \langle \mathrm{e}^{-\mathrm{i}\boldsymbol{g}\cdot\boldsymbol{u}_j} \rangle$$

其中，$\boldsymbol{u}_j$ 为在 j 位置的原子相对于完美点阵的位移。当晶体中缺陷密度较低，且原子的位移较小时，L_g 可近似表达为 [8]

$$L_g = c\sum_i [1 - \cos(\boldsymbol{g}\cdot\boldsymbol{u}) = \frac{c}{v_0}\int \mathrm{d}r\,[1 - \cos(\boldsymbol{g}\cdot\boldsymbol{u}(\boldsymbol{r}))] \tag{5-16}$$

其中，对 i 原子的求和用积分近似代替；c 为沉淀物数量与其宿主原子数的比值；v_0 为单胞体积。

可见，E 表征晶体的完美性，$0 < E \leqslant 1$。对完美晶体，$E = 1$。本章讨论 E 接近 1 的情况。

5.3　无限窄入射光束在晶体中激发的波场

在不同条件下求解式 (5-10) 可以得到不同情况下晶体中波场的分布 [4]，本节作为一个特例，考虑 Laue 条件下一束窄的 X 射线入射束在晶体中激发的波场强度分布。

将式 (5-10) 写成差分形式：

$$\langle D_0(n+1,m)\rangle = \left(1 - \frac{1}{2}\mu_{\mathrm{e}}a\right)\langle D_0(n,m)\rangle + \mathrm{i}k_{-g}Ea\langle D_g(n,m)\rangle \tag{5-17a}$$

$$\langle D_g(n,m+1)\rangle = \left(1 - \frac{1}{2}\mu_{\mathrm{e}}a\right)\langle D_g(n,m)\rangle + \mathrm{i}k_g Ea\langle D_0(n,m)\rangle \tag{5-17b}$$

其中，(n,m) 为斜坐标系中坐标点 $(na,ma) \equiv (s_0,s_g)$ 的简写；a 为差分步长，在最后的表达式中令 a 趋于零。各量之间的关系以及反射结点类型的定义如图 5-3 所示。

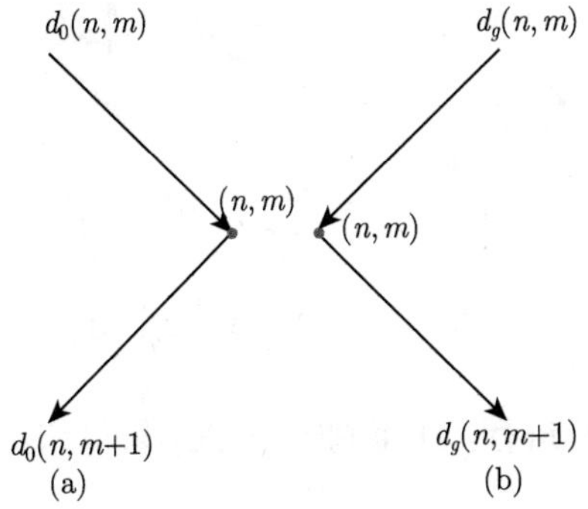

图 5-3 路径中两种类型的布拉格反射

(a) 和 (b) 分别为 a 型和 b 型反射

设入射波为 $D_{\mathrm{e}}(s_0,s_g)=A\delta(s_g)$，即在分立变量形式下，式 (5-17) 的边界条件可写成

$$(D_0(0,m))=\begin{cases}A/a, & M=0 \quad (5\text{-}18\mathrm{a})\\ 0, & m\neq 0 \quad (5\text{-}18\mathrm{b})\end{cases}$$

因为没有 G 方向的反射波到达 TO(图 5-1)，故有 $\langle D_g(n,0)\rangle=0$。此式为式 (5-17) 的边界条件。

晶体中的波场从入射点 (0, 0) 开始，每一次 a 型反射都由 O 波分出一部分振幅给 G 波，其大小为 O 波的 $\mathrm{i}k_{-g}Ea$ 倍；而每一次 b 型反射都由 G 波分出一部分振幅给 O 波，其大小为 O 波的 $\mathrm{i}k_gEa$ 倍。一条路径 (用 R 标记) 从 (0, 0) 点出发到达 (N,M) 点，并由 O 方向射出，共经历 r 次 b 型反射；同理，也经历 r 次 a 型反射，于是，(N,M) 点的振幅为

$$d_0^R(N,M)=\frac{A}{a}(-k_{-g}k_g)^rE^{2r}a^{2r} \tag{5-19}$$

扣除吸收后，有

$$d_0^R(N,M)=\frac{A}{a}(-k_{-g}k_g)^rE^{2r}a^{2r}\mathrm{e}^{-\frac{\mu_{\mathrm{e}}}{2}(N+M)a} \tag{5-20a}$$

同理，

$$d_g^R(N,M)=\frac{A}{a}(\mathrm{i}k_g)(-k_{-g}k_g)^rE^{2r+1}a^{2r+1}\mathrm{e}^{-\frac{\mu_{\mathrm{e}}}{2}(N+M)a} \tag{5-20b}$$

式 (5-20b) 多了一项是由于 d_g 共有 $r+1$ 次 a 型反射。

波场总振幅为

$$\langle D_0(N,M)\rangle=\sum_R d_0^R(N,M)$$

$$\langle D_g(N,M)\rangle = \sum_R d_g^R(N,M)$$

即有

$$I_0(N,M) = \sum_R \sum_{R'} (d_0^R)^* d_0^{R'}$$

$$I_g(N,M) = \sum_R \sum_{R'} (d_g^R)^* d_g^{R'}$$

求和对所有路径 R 和 R' 进行，注意到式 (5-20) 只与结点数 r 有关，故

$$I_0(N,M) = \begin{cases} \left|\dfrac{A}{a}\right|^2 \mathrm{e}^{-\mu_{\mathrm{e}}(N+M)a}, & M=0 \\ \left|\dfrac{A}{a}\right|^2 \left|\sum\limits_{r=1} \alpha_r(-k_{-g}k_g)^r E^{2r} a^{2r}\right|^2 \mathrm{e}^{-\mu_{\mathrm{e}}(N+M)a}, & M>0 \end{cases} \tag{5-21a}$$

$$I_g(N,M) = \left|\frac{A}{a}\right|^2 |k_g|^2 E^2 \left|\sum_{r=0} \beta_r(-k_{-g}k_g)^r a^{2r+1} E^{2r}\right|^2 \mathrm{e}^{-\mu_{\mathrm{e}}(N+M)a} \tag{5-21b}$$

其中，α_r 为包含 a 型反射和 b 型反射的可能的路径数，若 r 次 a 型反射分布在 G 方向的 N 条线上，则 $r-1$ 次 b 型反射分布在 O 方向的 $M-1$ 条线 (最后一次反射总是在第 M 条线上)，所以，

$$\alpha_r = \frac{N!}{r!\,(N-r)!}\frac{(M-1)!}{(r-1)!\,(M-r)!} \tag{5-22a}$$

同理

$$\beta_r = \frac{N!}{r!\,(N-r)!}\frac{M!}{r!\,(M-r)!} \tag{5-22b}$$

以 $(s_0, s_g) = (N_a, M_a)$ 替换式 (5-22) 中的 (N, M)，并令 a 趋近 0，那么，

$$\alpha_r = \frac{(s_0/a)^r}{r!}\frac{(s_g/a)^{r-1}}{(r-1)!} \tag{5-23a}$$

$$\beta_r = \frac{(s_0/a)^r (s_g/a)^r}{(r-1)!} \tag{5-23b}$$

将式 (5-23) 代入式 (5-21)，有

$$I_0(s_0, s_g) = \mathrm{e}^{-\mu_{\mathrm{e}}(s_0+s_g)} |A|^2 \left|\sum_{r=1}^{\infty} \frac{1}{r!\,(r-1)!}(-k_{-g}k_g)^r E^{2r} s_0^r s_g^{r-1}\right|^2 \tag{5-24a}$$

$$I_g(s_0, s_g) = \mathrm{e}^{-\mu_{\mathrm{e}}(s_0+s_g)} |A|^2 E^2 |k_g|^2 \left|\sum_{r=0}^{\infty} \frac{1}{r!r!}(-k_{-g}k_g)^r E^{2r} s_0^r s_g^r\right|^2 \tag{5-24b}$$

注意到 1 阶和 0 阶 Bessel 函数的定义，式 (5-24) 变为

$$I_0(s_0,s_g)=\mathrm{e}^{-\mu_\mathrm{e}(s_0+s_g)}|A|^2E^2|k_{-g}k_g|\frac{s_0}{s_g}\left|J_1\left(2E\sqrt{k_{-g}k_g}\sqrt{s_0s_g}\right)\right|^2 \tag{5-25a}$$

$$I_g(s_0,s_g)=\mathrm{e}^{-\mu_e(s_0+s_g)}|A|^2E^2|k_g|^2\left|J_0(2E\sqrt{k_{-g}k_g}\sqrt{s_0s_g})\right|^2 \tag{5-25b}$$

当 $E=1$ 时，就是完美晶体，式 (5-25) 与 Kato 用球面波理论计算得到的 Pendellösung 条纹的强度分布相同。

式 (5-25) 是从式 (5-10) 出发，得到 Laue 衍射条件下，一束窄的入射光入射到存在大量微畸变随机分布的近完美晶体中所激发的波场强度分布解析表达式。式 (5-25) 说明晶体中随机畸变的存在，一方面使波场强度降低 E^2，同时波场的空间振荡周期增加 E^{-1}。这种效应能使近完美晶体 X 射线衍射截面形貌图的 Pendellösung 干涉条纹的强度和周期发生变化，反之，可以从 X 射线衍射截面形貌图的 Pendellösung 干涉条纹的强度和周期发生的变化求出静态 Debye-Waller 因子 E，从而计算出近完美晶体中无规则分布的、尺度为纳米量级的微缺陷团的尺寸、缺陷密度等信息，因此，式 (5-25) 可定量分析晶体完美性。

5.4 应用实例

5.4.1 外延薄膜嵌镶结构的测定

如果晶体外延薄膜存在无规则分布微嵌镶块，由于其 X 射线衍射包含着相干衍射和漫散射，若应用第 4 章畸变晶体 X 射线动力学理论的 Takagi-Taupin 方程对其双轴晶摇摆曲线进行理论拟合，不可能得到满意的结果。这时，应该应用 X 射线衍射统计动力学理论来研究晶体外延薄膜的完美性，如嵌镶块的平均尺度、平均取向差等。作为应用实例，本节以半导体单层膜、多层膜和超晶格为例，说明 X 射线衍射动力学理论对研究近完美晶体中无规则分布的尺度为纳米量级的微缺陷团的尺寸、缺陷密度等具有普适性。

第 4 章指出，晶体外延薄膜双轴晶衍射为布拉格型衍射，漫散射波场中非相关散射波的吸收和漫散射波中的相关散射均可忽略 [9]，这样，非相关散射波的强度为

$$I_g^i=-2|a_{g0}|^2(1-E^2)\int_0^l\tau_r\exp(-\mu_\mathrm{e}z)I_0^c\mathrm{d}z \tag{5-26}$$

其中，$\mu_\mathrm{e}=\mu_0+\mu_\mathrm{sc}$，$\mu_0$ 为光电吸收因子，μ_sc 为与漫散射相关的吸收系数 (见式 (5-10))；l 为薄膜的厚度；$\tau_r=\mathrm{Re}(\tau)$。在文献 [5] 中，Kato 指出，式 (5-26) 只在 $\tau_r\ll\varLambda$ 时适用，其中 $\varLambda$ 为消光距离。

对晶体外延薄膜，由于结构参数的差异，一般都存在应力。当薄膜的厚度大于临界厚度时，薄膜内将产生失配位错，使晶面局部弯扭，从而导致外延薄膜出现尺度 $l_i \ll \Lambda$ 的微小嵌镶块、微小的取向差 $W(\alpha)$(类似带有位错的嵌镶晶体)。相对于薄膜基体，这些嵌镶块是随机分布的。假设 $W(\alpha)$ 为高斯 (Gaussian) 分布，其角度宽为 $\varDelta_m$，即有

$$E = \frac{E_{\rm b}}{[1+(\varDelta_m/\varDelta_0)^2]^{\frac{1}{2}}} \tag{5-27}$$

$$\tau_r = (l_0\varDelta_0/2\varDelta)\exp[-\pi\left(\Delta\theta/\varDelta\right)^2] \tag{5-28}$$

其中，$E_{\rm b}$ 是嵌镶块位移的均方根；$\varDelta_0$ 是单个嵌镶块衍射谱角宽；$\varDelta = [(\varDelta_m)^2 + (\varDelta_0)^2]^{\frac{1}{2}}$。式 (5-28) 可应用于单层膜。对多层膜，$\tau_r$ 是式 (5-28) 中的 τ_r 与多层膜运动学衍射理论衍射谱轮廓线的卷积。这样得到的 τ_r 可能大于单个子层，但小于多层膜的总厚度。从式 (5-12) 出发，代入相关的薄膜参数，计算出理论的外延膜的双轴晶摇摆曲线，与实验曲线拟合，直至满意为止，即可得到外延薄膜结构的相关信息。

实验样品为分子束外延 (MBE) 生长的 $\rm In_{0.47}Ga_{0.53}As$(300nm)/InP 单层异质结，采用 X 射线 CuKα 辐射，Si(004) 反射，图 5-4 是该样品的双轴晶摇摆曲线和理论拟合 [10]。从图 5-4(a) 可以看到，在薄膜峰的尾部衍射强度有所增加，这是漫散射的影响。图 5-4(b) 和 (c) 分别是应用 X 射线统计动力学理论和 Takagi-Taupin 理论拟合曲线，可以看到图 5-4(c) 对薄膜峰的拟合不好，这是因为 Takagi-Taupin 理论只考虑了相干波场的相互作用，而没有考虑非相干波场的影响。图 5-4(b) 为 X 射线衍射统计动力学理论拟合结果，与实验曲线拟合得很好，得到薄膜结构参数：平均膜厚为 170nm；平均取向不均匀角 $\varphi_0 = 115''$；$E = 0.62$ 以及 $\tau = 355$nm。

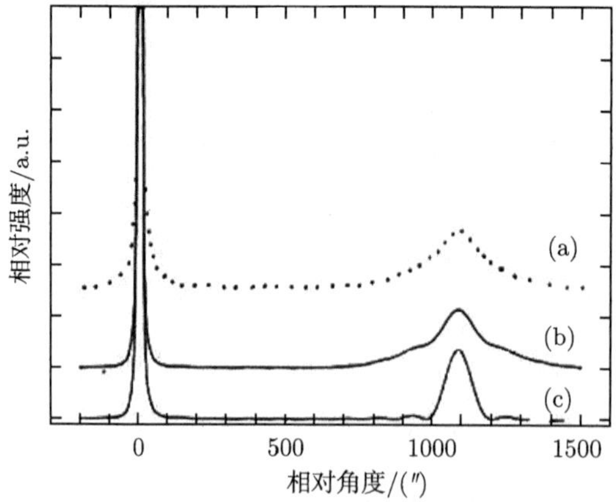

图 5-4　$\rm In_{0.47}Ga_{0.53}As$(300nm)/InP 单层异质结双轴晶摇摆曲线，Si(004) 反射

(a) 实验曲线；(b)X 射线衍射统计动力学理论拟合曲线；(c)Takagi-Taupin 理论拟合曲线

薄膜半导体激光器件的结构是上下两层成分、结构一样的膜 A，中间夹着一层不同成分的薄层，即激活层。实验和理论研究表明，这种 ABA 结构，由于薄层 B 膜的存在，波场会产生干涉，而使双轴晶摇摆曲线中对应膜 A 的峰劈裂，从而可以测定 B 膜的厚度和成分。但是，如果薄膜中微缺陷存在，就会产生非相干波场，使干涉条纹的衬度大大减弱。因此，测定薄膜结构参数时必须给以足够的重视。图 5-5 是 $Al_xGa_{1-x}As$ 组成的 ABA 激光器件结构的双轴晶摇摆曲线 [11]，采用 X 射线 CuK_α 辐射，Si(004) 反射。图 5-5(a) 是实验曲线；图 5-5(b) 是 X 射线衍射统计动力学理论拟合曲线，采用的参数为 $Al_{0.467}$ $Ga_{0.533}$ As(900nm)/$Al_{0.155}Ga_{0.845}$As(95nm)/$Al_{0.467}$ $Ga_{0.533}$As(900nm)；$E=8$ 和 $\tau=201$nm。图 5-5(c) 为 Takagi-Taupin 理论拟合曲线，为了与实验曲线拟合得尽量好，采用的参数为 $Al_{0.47}Ga_{0.53}$As(900nm)/$Al_{0.146}Ga_{0.854}$As(260)/$Al_{0.47}Ga_{0.53}$As(750nm)。所以，X 射线衍射统计动力学理论拟合结果较好，得到的参数合理 (图 5-4(b))。由于 Takagi-Taupin 理论只考虑了波场的相干散射，没有考虑非相干散射，因此，所拟合结果不好，得到的薄膜结构不符合激光器件结构。

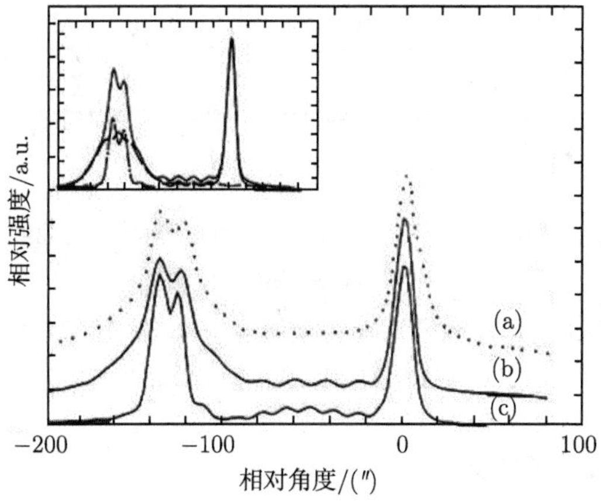

图 5-5 $Al_xGa_{1-x}As$ 组成的 ABA 激光器件结构的双轴晶摇摆曲线，Si(004) 反射

(a) 实验曲线；(b)X 射线衍射统计动力学理论拟合曲线；(c) Takagi-Taupin 理论拟合曲线

超晶格是由两种不同成分的薄膜交替生长而成，结构比较复杂。其子层的厚度或成分的微小变化都会引起其双轴晶摇摆曲线的强度和形状的变化，如卫星峰劈裂或振荡条纹等。当超晶格子层不完美时，还会引起卫星峰变宽。如果对这些结构缺陷不加以考虑，对超晶格结构不能得到正确的解析。图 5-6 是名义参数为 $In_{0.15}Ga_{0.85}$As(7nm)/GaAs(10nm) 超晶格的双轴晶摇摆曲线和理论拟合曲线，子层共 15 周期，采用 X 射线 CuK_α 辐射，Si(400) 衍射 [12]。初一看，像是结构参数完美的超晶格衍射曲线，但仔细分析发现，超晶格的 ±1 级衍射峰是不对称的。

图 5-6(d) 是 Takagi-Taupin 理论拟合曲线，参数为 $In_{0.12}Ga_{0.88}As$(6.8nm)/GaAs(8.5)，可以看到，拟合曲线与实验曲线符合得不好。进而考虑超晶格结构中某些子层的厚度和成分突然变化，所得结果示于图 5-6(b) 和 (c) 中。图 5-6(c) 是 Takagi-Taupin 理论拟合曲线，虽然 ±1 级衍射峰不对称拟合，但与实验曲线 (图 5-6(a)) 符合得不好。图 5-6(b) 是 X 射线衍射统计动力学理论拟合曲线，拟合的结构参数如下：1~7 层为 $In_{0.12}Ga_{0.88}As$(6.8nm)/GaAs(8.5nm); 8~15 层为 $In_{0.14}Ga_{0.86}As$(7.2nm)/GaAs (8.4nm); 得到 $E = 0.66$ 和 $\tau = 350$nm。可以相信，X 射线衍射统计动力学理论拟合结果十分接近样品的真实结构。

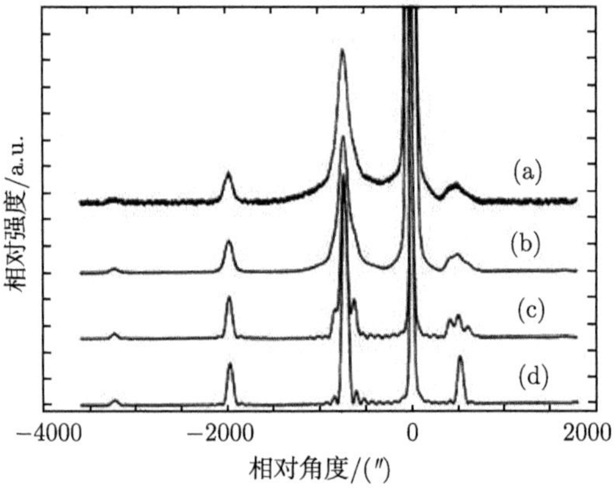

图 5-6　$In_{0.15}Ga_{0.85}As$(7nm)/GaAs(10nm) 超晶格的双轴晶摇摆曲线和理论拟合曲线，子层共 15 周期，Si(400) 衍射

(a) 实验曲线；(b)X 射线衍射统计动力学理论拟合曲线；(c) 超晶格结构突然变化的 Takagi-Taupin 理论拟合曲线；(d) 超晶格结构没有突然变化的 Takagi-Taupin 理论拟合曲线

5.4.2　晶体中颗粒物的测定

单晶硅热处理过程中，在氧沉淀形成的最初阶段，可以认为氧沉淀是弥散的且尺寸很小的球状物，假设其平均半径为 R_0，根据弹性理论，原子的位移场 $\boldsymbol{u}(\boldsymbol{r})$ 可表示为

$$\boldsymbol{u}(\boldsymbol{r}) = \begin{cases} \varepsilon \boldsymbol{r}, & \boldsymbol{r} < \boldsymbol{R} \\ \dfrac{\varepsilon R_0^3}{r^3}\boldsymbol{r}, & \boldsymbol{r} > \boldsymbol{R} \end{cases} \tag{5-29}$$

其中，R_0 为沉淀物的平均半径；ε 为应变。将式 (5-29) 代入式 (5-15) 可得

$$L_g(A) = \frac{cV}{v_0}\left\{1 + 3\left[\left(\frac{A\cos A}{A^3}\right) - \frac{\sin A}{A^3}\right] + 3\int_1^{\infty}\left(1 - \frac{\sin\dfrac{A}{x^2}}{\dfrac{A}{x^2}}\right)x^2\mathrm{d}x\right\} \tag{5-30}$$

其中，$A=h\varepsilon R_0; x=\dfrac{r}{R_0}$；$V=4\pi\dfrac{R_0^3}{3}$，为沉淀物的体积。为简单起见，认为热处理过程中，硅中 SiO_2 沉淀是球状的，即式 (2-30) 的比例常数为

$$\frac{cV}{v_0}=\left[\frac{v\left(SiO_2\right)}{2}\right]n \tag{5-31}$$

其中，$v\left(SiO_2\right)$ 为一个 SiO_2 沉淀物的体积；n 为氧沉淀的总量，可由红外吸收谱测定。

麦振洪等 [13,14] 应用 X 射线衍射统计动力学理论分析 X 射线截面形貌图中 Pendellösung 干涉条纹振幅周期和强度的变化，分别得到氧气氛下生长的直拉 (CZ) 及磁场下直拉 (MCZ) 的硅单晶，在不同热处理温度和热处理时间下处理后样品中氧沉淀的浓度及平均尺寸。

图 5-7 为不同热处理温度和热处理时间下处理后 CZ 和 MCZ 硅单晶的 X 射线截面形貌图。

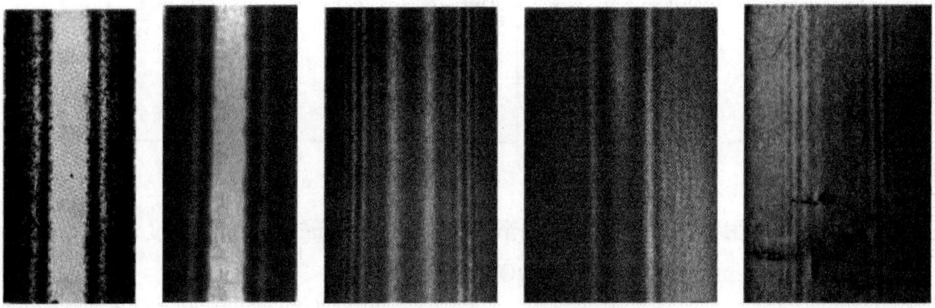

(a) (b) (c) (d) (e)

图 5-7 X 射线截面形貌图

(a) CZ 硅单晶；(b) MCZ 硅单晶，(a) 和 (b) 热处理温度为 937K，18h，$MoK_{\alpha1}$，(440) 衍射；(c) MCZ 硅单晶，热处理温度为 1023K，100h，(333) 衍射；(d) MCZ 硅单晶，热处理温度 1023K，150h，(333) 衍射；(e) MCZ 硅单晶，热处理温度 1023K，250h，(333) 衍射

图 5-7 中 Pendellösung 干涉条纹清晰可见，由于 X 射线截面形貌图的分辨率的限制，除图 5-7(e) 外，观察不到氧沉淀引起的衬度变化，更看不到 CZ 硅与 MCZ 硅样品内部微缺陷的差别。但是，应用式 (5-15) 对实验数据进行拟合，可以发现，热处理后硅单晶截面形貌图 Pendellösung 干涉条纹的振荡周期和振幅相对完美晶体都有变化。图 5-8 为图 5-7 中 X 射线截面形貌图 Pendellösung 干涉条纹强度分布。通过理论与实验数据拟合，得到所研究的硅单晶中氧沉淀的相关信息。图 5-9(a) 反映 MCZ 硅单晶中氧沉淀半径与热处理时间的关系，可以看到，随着热处理时间增加，氧沉淀的半径增大，热处理时间为 250h 时达到饱和值。图 5-9(b) 是 CZ 和 MCZ 硅单晶中氧沉淀半径与热处理温度的关系，每个温度热处理时间为

18h。可以看到，CZ 硅单晶中氧沉淀的半径增加很快。相对而言，MCZ 硅单晶的氧沉淀半径比 CZ 硅单晶的小，且增长较慢。图 5-10(a) 为 MCZ 硅单晶氧沉淀密度与热处理时间的关系。与图 5-9(a) 相反，氧沉淀密度随热处理时间增加而减小，同样，热处理时间为 250h 时达到饱和值。图 5-10(b) 为 CZ 和 MCZ 硅单晶氧沉淀密度与热处理温度的关系，从图中可以看到，对 CZ 硅单晶，随着热处理温度增加，CZ 硅单晶氧沉淀密度减小；而对 MCZ 硅单晶，随着热处理温度增加，氧沉淀密度先增大，当温度达到 923K 后减小。MCZ 硅单晶氧沉淀密度比 CZ 硅单晶的小，说明 MCZ 硅单晶中间隙氧的含量比 CZ 硅单晶的低，磁场能较好地控制氧含量，从而 MCZ 硅单晶具有较好的热稳定性。

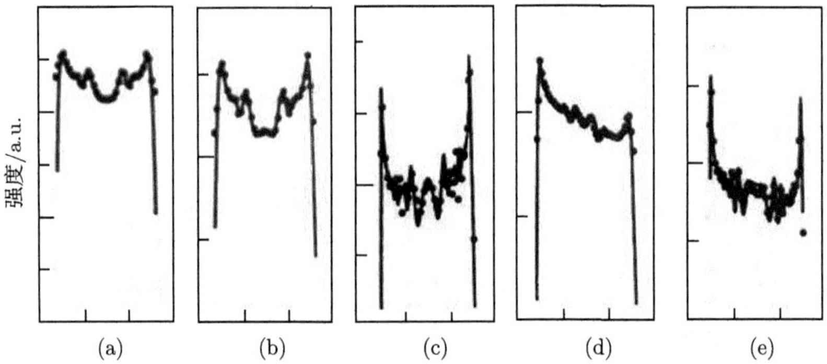

图 5-8　图 5-7 中 X 射线截面形貌图 Pendellösung 干涉条纹强度分布

点为实验值，实线为理论曲线

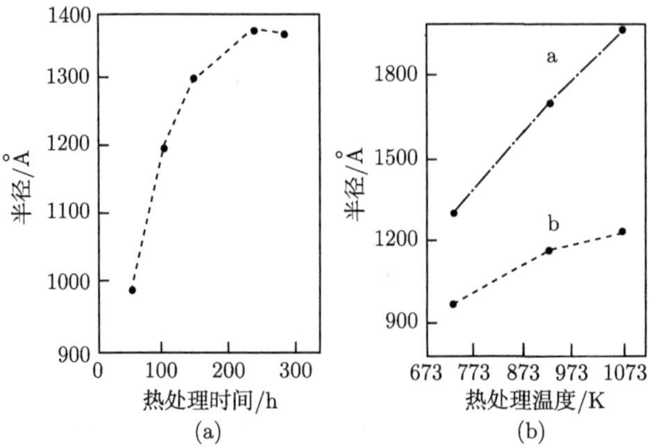

图 5-9　(a) MCZ 硅单晶中氧沉淀半径与热处理时间的关系；(b) 硅单晶中氧沉淀半径与热处理温度的关系. a. CZ 硅单晶，b. MCZ 硅单晶

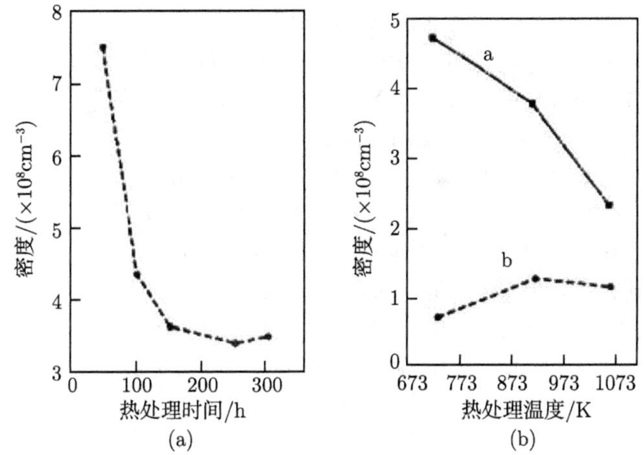

图 5-10 (a)MCZ 硅单晶氧沉淀密度与热处理时间的关系；(b) 硅单晶氧沉淀密度与热处理温度的关系，a. CZ 硅单晶，b. MCZ 硅单晶

应用 X 射线衍射统计动力学理论研究随机分布的微缺陷引起 X 射线截面形貌图 Pendellösung 干涉条纹的变化，关键在于精确拟合实验数据。由于入射 X 射线具有一定的宽度，Pendellösung 干涉条纹模糊和宽化。为此，需选用恰当窗口函数与理论公式进行卷积，在 X 射线数据处理中，一般选用矩形窗口函数或高斯型窗口函数。在上述理论计算中发现，高斯型窗口函数更接近实际入射的 X 射线束强度沿横截面的分布。窗口函数的选取不是任意的，可以通过实验求得，让入射束直接在照相底板上短时间曝光，测量其黑度分布即可得到窗口函数的实际线型 [15]。

可见，X 射线衍射统计动力学理论是分析外延薄膜结构非常有用的工具。通过对外延薄膜的双轴晶摇摆曲线或晶体 X 射线截面形貌图的分析和理论拟合，可以定量表征外延薄膜或晶体结构的完美性、微缺陷及应力状况等。第 15.2.3 节同步辐射截面形貌术测定晶体中微包裹物中介绍了崔树范、麦振洪等应用截面形貌图的 Pendellösung 条纹，推算晶体的 Debye-Waller 因子，从而得到 Si 单晶中氢微包裹物的尺度和密度 [16]。

参 考 文 献

[1] Takagi S.Acta Cryst., 1962(15): 1311.

[2] Taupin D. Bull. Soc. Franc. Miner. Cryst., 1964(89): 469.

[3] Kato N, Naturforsch Z. 1973(28A): 778.

[4] Kato N. Acta Cryst., 1976(A32): 453; 1976(A32): 458.

[5] Kato N. Acta Cryst., 1980(A36): 763; 1980(A36): 770.

[6] 贺楚光，麦振洪，崔树范. 物理学报, 1990(39) : 778.

[7] Sugita Y, et al. Jpn. J. Appl. Phys., 1987(26) :1903.
[8] Dederichs P H. J. Phys. F:Metal Phys., 1973(3): 471.
[9] Punegov V I. Sov. Phys. Solid. State, 1991(33): 136.
[10] Li M, Mai Z H, Li J H, et al. Acta Cryst., 1995(A51): 350.
[11] Tanner B K, Hill M J. Adv. X-ray Anal., 1986(29): 337.
[12] Li J H, Mai Z H, Cui S F. J. Appl. Phys., 1993(73): 7955.
[13] Li M, Mai Z H，Cui S F. Acta Cryst., 1994(A50): 725.
[14] 李明，麦振洪，崔树范. 物理学报, 1994(43): 78.
[15] Stephenson J D. Phys. Stat. Sol., 1990(1): 171.
[16] Cui S F, Iida S, Luo G M, et al. Philosophical Magazine, 1997(75): 137.

第6章　X 射线多光束衍射动力学理论

6.1　引　　言

本章介绍 X 射线多光束衍射以及多光束衍射的理论和计算方法。值得注意的是，实际中绝大多数 X 射线衍射都属于前面章节介绍的两光束衍射，而多光束衍射不太常见，所以读者可以粗略阅读本章。对多光束衍射感兴趣的读者，一方面要了解多光束衍射有很多奇特的 (和还没研究的) 性质和独特的应用，另一方面，对实际中绝大多数常规的两光束衍射，多光束衍射的出现是有害的，所以要知道多光束衍射在什么条件下才能发生，从而知道怎么去避免。

6.2　多光束衍射几何

6.2.1　三光束衍射几何

X 射线多光束衍射是指，对于一束单色平行 X 射线入射光，一个单晶两套或者两套以上的晶面同时满足各自的 Bragg 衍射条件。在倒易空间里，这种情况对应于晶体被转到某个特定方向，从而有两个或者两个以上非 000 倒易晶格点落在由入射光决定的 Ewald 球面上[1]。图 6-1 是简单的三光束衍射示意图。这里假设晶体满足衍射矢量为 $\boldsymbol{g}_1$ 的衍射条件：

$$2d_1 \sin\theta_{\mathrm{B1}} = \lambda \tag{6-1}$$

其中，$\boldsymbol{g}_1$ 是主衍射矢量；θ_{B1} 是 $\boldsymbol{g}_1$ 衍射的 Bragg 角；$d_1 = |\boldsymbol{g}_1|^{-1}$ 是对应的晶面间距；λ 是入射 X 射线波长。如果沿着主衍射矢量 $\boldsymbol{g}_1$ 旋转晶体，入射光 ($\boldsymbol{K}_0$) 和 $\boldsymbol{g}_1$ 的夹角 $(90^\circ + \theta_{\mathrm{B1}})$ 保持不变 (即 $-\boldsymbol{K}_0$ 和 $\boldsymbol{g}_1$ 的夹角一直为 $90^\circ - \theta_{\mathrm{B1}}$)。在这个过程中，很显然主衍射 $\boldsymbol{g}_1$ 一直满足 Bragg 式 (6-1)，即 $\boldsymbol{g}_1$ 对应的倒格点 G_1 一直在 Ewald 球上。但在旋转过程中，在特定的方位角 $\varPhi$，其他晶面也可能满足 Bragg 衍射条件，比如，倒易格点 G_2 落在 Ewald 球上，这时就出现三光束衍射。如果有更多倒易格点同时落在 Ewald 球上，就会发生多光束衍射。

在三光束衍射条件下，如果把第二衍射对应的衍射矢量记为 $\boldsymbol{g}_2$，它的 Bragg 角是 $\theta_{\mathrm{B2}} = \arcsin[\lambda/(2d_2)]$，其中 $d_2 = |\boldsymbol{g}_2|^{-1}$ 是第二衍射晶面间距。根据 Bragg 角的定义，这里入射波矢量 $\boldsymbol{k}_0$ 和 $\boldsymbol{g}_2$ 的夹角是 $90^\circ + \theta_{\mathrm{B2}}$。这个关系可以写成以下形

式:

$$\frac{\boldsymbol{K}_0 \cdot \boldsymbol{g}_2}{|\boldsymbol{K}_0|\,|\boldsymbol{g}_2|} = -\sin\theta_{\mathrm{B2}} \tag{6-2}$$

式 (6-2) 可以用来确定激发 $\boldsymbol{g}_2$ 衍射的方位角 $\varPhi$。这种沿着主衍射旋转晶体激发三光束衍射的方法称为 Renninger 扫描[2]。

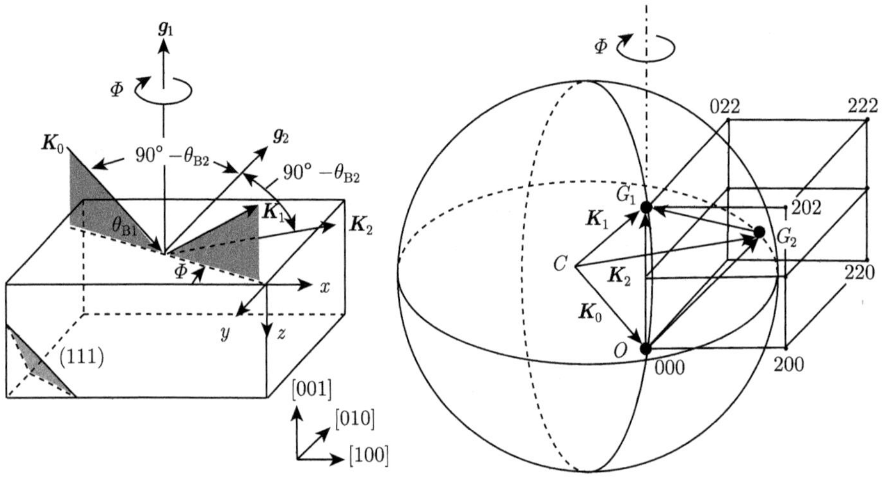

(a)　　　　(b)

图 6-1　Renninger 扫描激发三光束衍射

(a) 实空间。$\boldsymbol{K}_1 = \boldsymbol{K}_0 + \boldsymbol{g}_1$ 是 Bragg 角为 θ_{B1} 的主衍射，通常是对称衍射 (衍射面平行于晶体表面，即 $\boldsymbol{g}_1$ 垂直于晶体表面)。$\boldsymbol{K}_2 = \boldsymbol{K}_0 + \boldsymbol{g}_2$ 是 Bragg 角为 θ_{B2} 的第二衍射。$\boldsymbol{g}_2$ 与 $-\boldsymbol{K}_0$ 和 $\boldsymbol{K}_2$ 的夹角均为 $90° - \theta_{\mathrm{B2}}$. $\boldsymbol{K}_0$, $\boldsymbol{g}_2$ 和 $\boldsymbol{K}_2$ 共面，但这个平面一般不同于 $\boldsymbol{K}_0$, $\boldsymbol{g}_1$ 和 $\boldsymbol{K}_1$ 所在的平面; (b) 倒易空间。C 是半径为 $|\boldsymbol{K}_0| = 1/\lambda$ 的 Ewald 球的球心。对于 000/002/111 三光束衍射，在晶体的倒点阵中，$O = 000$，$G_1 = 002$，$G_2 = 111$，$\boldsymbol{g}_1 = \overrightarrow{OG_1}$, $\boldsymbol{g}_2 = \overrightarrow{OG_2}$. 当三光束衍射条件满足时，$O$, G_1, G_2 均在 Ewald 球面上。注意 Renninger 扫描过程是 Ewald 球不动，晶体 (倒易点阵) 绕 $\boldsymbol{g}_1$ 旋转

下面举一个例子来说明具体怎样求 Renninger 扫描的三光束方位角。讨论图 6-1 中硅单晶的 000/002/111 三光束衍射 (000 表示入射光束)，其中 $\boldsymbol{g}_1 = 002$, $\boldsymbol{g}_2 = 111$. 在 xyz 正交坐标系里，假设硅晶体的 [100] 沿着 $+x$, [010] 沿着 $-y$, [001] 沿着 $-z$. 同时晶体表面严格平行于 (001) 晶面。于是 $\boldsymbol{g}_1 = \dfrac{1}{a}(2\hat{z})$, $\boldsymbol{g}_2 = \dfrac{1}{a}(\hat{\boldsymbol{x}} - \hat{\boldsymbol{y}} - \hat{\boldsymbol{z}})$。这里 $\hat{\boldsymbol{x}}, \hat{\boldsymbol{y}}, \hat{\boldsymbol{z}}$ 分别是沿着 x, y, z 轴的单位矢量，$a = 5.431\text{Å}$，是硅晶格常数。如果选择入射 X 射线是铜 $\mathrm{K}_{\alpha1}$，波长 $\lambda = 1.5406$ Å，于是 $\boldsymbol{g}_1 = 002$ 和 $\boldsymbol{g}_2 = 111$ 对应的 Bragg 角分别是 $\theta_{\mathrm{B1}} = 16.48°$ 和 $\theta_{\mathrm{B2}} = 14.22°$. 在 Renninger 扫描中，假设在方位角 $\varPhi$ 处发生 000/002/111 三光束衍射，这时入射波矢可以写成 $\boldsymbol{K}_0 =$

$\frac{1}{\lambda}(\cos\theta_{B1}\cos\Phi\hat{\boldsymbol{x}}+\cos\theta_{B1}\cos\Phi\hat{\boldsymbol{y}}+\sin\theta_{B1}\hat{\boldsymbol{z}})$. 把 $\boldsymbol{K}_0$ 和 $\boldsymbol{g}_2$ 代入式 (6-2), 得到

$$\cos\theta_{B1}\cos\Phi-\cos\theta_{B1}\sin\Phi-\sin\theta_{B1}=-\sqrt{3}\sin\theta_{B2} \tag{6-3}$$

其中，θ_{B1} 和 θ_{B2} 已知，因此可以从式 (6-3) 求出方位角 $\Phi=51°$。在这个方位角，硅晶体的 000/002/111 三光束衍射被激发。注意在这个例子中，主衍射 002 本来是一个**消光衍射**，但本章后面动力学计算将会证明，在多光束衍射中，消光衍射能通过迂回衍射 (detour reflections) 被激发。当然，三光束衍射中主衍射没必要一定是消光衍射，可以是任何正常衍射。

在电子衍射中，电子波的波长一般远小于晶体晶格常数，所以电子波的 Ewald 球面一般很大，多个晶格倒易点落在 Ewald 球面的概率非常大，所以电子多光束衍射非常普遍[3]。相比之下，X 射线的波长大很多 (跟晶格常数相近)。因此 X 射线的 Ewald 球很小，两个以上晶体倒易格点落在 Ewald 球面的概率很小。所以 X 射线多光束衍射必须精确调节晶体方向才能激发，通常多光束衍射的角度范围只有几弧秒。

X 射线衍射的大多数应用都是基于两光束衍射，在这些应用中如果出现多光束衍射，衍射强度 (效率) 会显著降低，同时引起很多不利的复杂衍射谱，等等。因此，对这些应用 (如 X 射线单色器)，我们要知道多光束衍射出现的条件，从而尽量避免多光束衍射。但另一方面，多光束衍射的很多特殊性质也有很多重要的应用，比如，可以用多光束衍射来确定晶体结构中的相位[4−6]，确定 X 射线的偏振态[7]，测量晶体外延膜或外延纳米材料的横向应变和横向结构[8,9]，等等。

6.2.2 立方晶系背反射中的多光束衍射

除了 Renninger 扫描中出现三光束衍射外，另一个常见的多光束衍射条件是立方晶系晶体在 Bragg 角 θ_B 等于 90° 的背衍射 (back reflection)。用简单的倒空间几何可以证明，当立方晶系的任何衍射 $\boldsymbol{g}_1=HKL$ 被激发，在 $\theta_B=90°$ 时，任何其他的 (非消光) 衍射 $\boldsymbol{g}_m=hkl$，如果满足

$$h^2+k^2+l^2=Hh+Kk+Ll \tag{6-4}$$

那么，$\boldsymbol{g}_m$ 衍射也必然同时满足 Bragg 衍射条件[10]。一般把 $\boldsymbol{g}_m$ 这样的衍射称为**寄生衍射**。同时还可以证明，如果 $\boldsymbol{g}_m=hkl$ 满足式 (6-4)，总有另外一个寄生衍射 $\boldsymbol{g}'_m=\boldsymbol{g}_1-\boldsymbol{g}_m=h'k'l'$ 也满足式 (6-4)，这里 $h'=H-h, k'=K-k, l'=L-l$。因此，对立方晶系晶体，背散射中出现的寄生衍射总是成对的，而且可以证明，成对的两个寄生衍射矢量是相互垂直的，即 $\boldsymbol{g}_m\cdot\boldsymbol{g}'_m=0$。

比如，对硅单晶的 $\boldsymbol{g}_1=HKL=004$ 背反射 ($\lambda=2.716$ Å, $E=4.566$ keV), 可以很容易验证，$hkl=202, \bar{2}02, 022, 0\bar{2}2$ 都满足式 (6-4)。所以，这四个衍射都是寄生

衍射，它们组成两个寄生衍射对 $(202, \bar{2}02)$ 和 $(022, 0\bar{2}2)$。因此，硅单晶的 004 严格背反射是一个同时包含 $000, 004, 202, \bar{2}02, 022, 0\bar{2}2$ 衍射的 6 光束衍射。图 6-2 是此 6 光束衍射的倒空间情形，可以验证这六个倒易点都在 004 严格背反射的 Ewald 球上。对于立方晶系的 Si 和 Ge，除了 111 和 220 外，其他所有的背反射都是多光束衍射。对高指数衍射，涉及的光束数目会很可观，比如 Si 和 Ge 的 12·4·0 严格背反射是 24-光束衍射[10]。

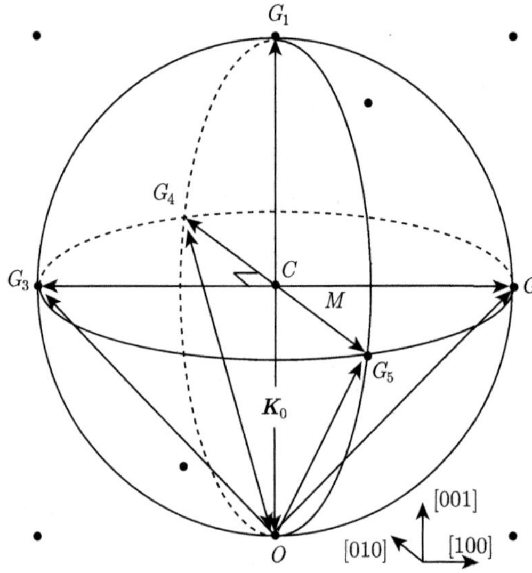

图 6-2 硅单晶 004 严格背反射过程中涉及的 6 光束衍射倒空间示意图

$O = 000$ 是倒空间原点，C 是 Ewald 球的球心，入射波矢 $\boldsymbol{K}_0 = \overrightarrow{CO}$，主衍射 $\boldsymbol{g}_1 = 004 = \overrightarrow{OG_1}$。在 004 严格背反射时，$C$ 和倒格点 002 重合，于是 $G_2 = 202, G_3 = \bar{2}02, G_4 = 022, G_5 = 0\bar{2}2$ 都落到 Ewald 球面上

X 射线非弹性散射 (inelastic X-ray scattering, IXS) 的高分辨能量分析器 (analyzer) 一般都是利用晶体的 (近) 背反射 (near back reflection)[10]，但寄生衍射的出现能显著降低分析仪的效率和分辨率，因此要细心设计和调整衍射方向以避免寄生衍射 (参见 6.3 节和 12.4 节)。

6.3 多光束衍射动力学理论和计算

6.3.1 晶体内外的电磁波矢量

除了单晶的 X 射线衍射动力学理论之外，在光学领域，人们也一直发展耦合波理论 (coupled-wave theory)，以进行周期性光子晶体的光衍射计算 (主要是光栅，

例如文献 [11-13])。实际上，这两种理论是完全等价的，都是通过麦克斯韦方程的傅里叶分析来研究电磁波与周期性结构的相互作用，唯一的区别在于：相比于通常情况下，长波长光与周期性调制介质的相互作用是强散射效应，而短波长 X 射线与晶体的相互作用是弱散射过程。因此，晶体的 X 射线衍射通常只激活一个或至多几个明显的 Bragg 反射 (分别叫做两光束和多光束衍射过程)[14−17]，而高对比度 (高折射率，即强散射) 光子晶体光的散射则通常可能涉及大量的衍射和衍射级数 (diffraction orders)。即使这样，光子晶体的光衍射在很大程度上等同于晶体的 X 射线多光束衍射，因此，可以用一种统一的通用性理论对它们建模。

但正如前文所述，历史上 X 射线衍射动力学理论却采纳了一种不同于耦合理论的选择，即选择电位场 $\boldsymbol{D}$ 作为求解麦克斯韦方程组的基本变量，主要是因为横截条件 $\nabla\cdot\boldsymbol{D}\equiv 0$ 可以简化麦克斯韦方程组。然而，由于电磁波边界条件要求表面和界面处的电场 $\boldsymbol{E}$ 和磁场 $\boldsymbol{H}$ 的切向分量连续，在衍射动力学理论中，需要将 $\boldsymbol{D}$ 场变换为 $\boldsymbol{E}$ 场和 $\boldsymbol{H}$ 场来求解边界方程[8]，非常不方便，同时还引入了一系列不必要的近似，从而导致该理论仅适用于弱散射条件。最严重的是，这些不同的公式直接导致了动力学理论与耦合波理论的不兼容性，因为耦合波理论选择了电场 $\boldsymbol{E}$ 和磁场 $\boldsymbol{H}$ 作为其基本变量[11,12]。

这里，将 X 射线动力学理论与耦合波理论改写为一种统一且简单的形式，称为傅里叶耦合波衍射理论 (FCWDT)[18]，用这种理论来描述 X 射线多光束动力学计算。

首先写出单色波在非磁性介质 (磁导率 $\mu\equiv 1$) 中的麦克斯韦方程:

$$\nabla\times\boldsymbol{E}=-\mathrm{i}K\boldsymbol{H} \tag{6-5}$$

$$\nabla\times\boldsymbol{H}=\mathrm{i}K\varepsilon\boldsymbol{E} \tag{6-6}$$

其中，ε 是介电常数；$K=1/\lambda$，λ 是真空中 X 射线的波长 (C.G.S 单位制)。

考虑厚度为 τ 的平行晶体的任意 N 光束衍射 ($N>1$)，如图 6-3 所示。这里计算 X 射线衍射涉及的磁场波 $\boldsymbol{H}$，原因是磁场波永远满足横截条件 $\nabla\cdot\boldsymbol{H}\equiv 0$. 对 $\boldsymbol{g}_0=\boldsymbol{0}$ 衍射 (即 000 零级衍射)，在晶体上表面有一个入射波 $\tilde{\boldsymbol{H}}^I\exp(-2\pi\mathrm{i}\boldsymbol{K}_0\cdot\boldsymbol{r})$ (满足横波条件: $\boldsymbol{K}_0\cdot\tilde{\boldsymbol{H}}^I=0$) 和一个镜面反射波 $\tilde{\boldsymbol{H}}_0^R\exp(-2\pi\mathrm{i}\boldsymbol{K}_{\boldsymbol{0}}^R\cdot\boldsymbol{r})$，在晶体下表面有一个向前透射波 $\tilde{\boldsymbol{H}}_0^T\exp(-2\pi\mathrm{i}\boldsymbol{K}_{\boldsymbol{0}}^T\cdot\boldsymbol{r})$，在晶体内部有一个向前折射波 $\boldsymbol{H}_0\exp(-2\pi\mathrm{i}\boldsymbol{K}_0\cdot\boldsymbol{r})$。对应于 N 光束中每一个非 000 衍射 $\boldsymbol{g}_m$ ($m=1,2,\cdots,N-1$)，晶体上下表面分别有一个衍射波 $\tilde{\boldsymbol{H}}_m^R\exp(-2\pi\mathrm{i}\boldsymbol{k}_m^R\cdot\boldsymbol{r})$ 和 $\tilde{\boldsymbol{H}}_m^T\exp(-2\pi\mathrm{i}\boldsymbol{k}_m^T\cdot\boldsymbol{r})$，晶体内部也有一个相应的波 $\boldsymbol{H}_m\exp(-2\pi\mathrm{i}\boldsymbol{k}_m\cdot\boldsymbol{r})$。

在图 6-3 中，入射波相对于 xz 平面的入射角是 θ，同时入射波矢 $\boldsymbol{K}_0$ 相对于 x 轴有一个方位角 $\varPhi$。因此入射波矢可以表示为

$$\boldsymbol{K}_0=K_{0x}\hat{\boldsymbol{x}}+K_{0y}\hat{\boldsymbol{y}}+K_{0z}\hat{\boldsymbol{z}}=K\cos\theta\cos\varPhi\hat{\boldsymbol{x}}+K\cos\theta\sin\varPhi\hat{\boldsymbol{y}}+K\sin\theta\hat{\boldsymbol{z}} \tag{6-7}$$

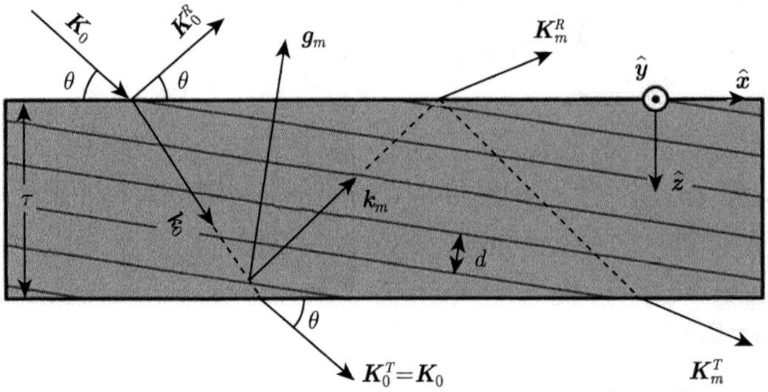

图 6-3　厚度为 τ 的平行晶体的多光束衍射示意图

$\hat{x}, \hat{y}, \hat{z}$ 分别为直角坐标系 x, y, z 轴方向上的单位矢量。这里只显示了多个衍射矢量中的任意一个 $\boldsymbol{g}_m$. 所有波矢和衍射矢量都不一定在 xz 平面内，特别是入射波矢 $\boldsymbol{K}_0$ 相对于 x 轴有一个方位角 Φ 未标出 (参见图 6-1)

相应地，000 反射波波矢为 $\boldsymbol{K}_\mathbf{0}^R = K_{0x}\hat{\boldsymbol{x}} + K_{0y}\hat{\boldsymbol{y}} - K_{0z}\hat{\boldsymbol{z}}$。晶体内部的波矢 $\boldsymbol{k}_0$ 可以表示为

$$\boldsymbol{k}_0 = k_{0x}\hat{\boldsymbol{x}} + k_{0y}\hat{\boldsymbol{y}} + p\hat{\boldsymbol{z}} \tag{6-8}$$

根据波矢匹配 (phase match) 条件，介质表面处波矢量的切向分量应该连续，因此，$k_{0x} \equiv K_{0x}$，$k_{0y} \equiv K_{0y}$。p 为待求解量。因为上下表面平行，所以 $\boldsymbol{K}_0^T \equiv \boldsymbol{K}_0$。波矢 $\boldsymbol{k}_m, \boldsymbol{K}_m^R, \boldsymbol{K}_m^T$ 的切向分量也必须连续，

$$\begin{cases} \boldsymbol{k}_m = \boldsymbol{k}_0 + \boldsymbol{g}_m = k_{mx}\hat{\boldsymbol{x}} + k_{my}\hat{\boldsymbol{y}} + (p + g_{mz})\,\hat{\boldsymbol{z}} \\ k_{mx} = K_{mx}^T = K_{mx}^R = k_{0x} + \boldsymbol{g}_{mx} \\ k_{my} = K_{mx}^T = K_{mx}^R = k_{0y} + \boldsymbol{g}_{my} \end{cases} \tag{6-9}$$

对于弹性散射，所有晶体外部波矢的模都相同，所以 $\left|\boldsymbol{K}_m^T\right| = \left|\boldsymbol{K}_m^R\right| = K$，于是 $\boldsymbol{K}_m^T$ 和 $\boldsymbol{K}_m^R$ 的垂直分量为

$$K_{mz}^T = -K_{mz}^R = \begin{cases} \sqrt{\varDelta_m}, & \varDelta_m \geqslant 0 \\ -\mathrm{i}\sqrt{-\varDelta_m}, & \varDelta_m < 0 \end{cases} \tag{6-10}$$

$\varDelta_m = K^2 - k_{mx}^2 - k_{my}^2$. 如果 $\varDelta_m < 0$，那么对应于 $\boldsymbol{g}_m$ 的外部衍射波 $\tilde{\boldsymbol{H}}_m^{R,T} \exp \cdot (-2\pi\mathrm{i}\boldsymbol{K}_m^{R,T} \cdot \boldsymbol{r})$ 将变成渐逝波 (evanescent wave)，这样的波场在远场趋向于消失。只有当 $\varDelta_m > 0$ 时，$\tilde{\boldsymbol{H}}_m^{R,T} \exp(-2\pi\mathrm{i}\boldsymbol{K}_m^{R,T} \cdot \boldsymbol{r})$ 才能传播到远场。

通过已知的入射波波矢 $\boldsymbol{K}_0$ 和各个已知衍射矢量 $\boldsymbol{g}_m$，这里得到所有的外部波波矢量以及晶体内部各波矢的切向分量都被确定，接下来就是求解 p 和所有波振幅。

6.3.2 晶体内的本征态电磁波

重写式 (6-6) 为 $\varepsilon^{-1}\nabla\times\boldsymbol{H}=\mathrm{i}K\boldsymbol{E}$，并对其左右两边分别进行旋度运算，然后联立式 (6-5) 得到

$$\nabla\times\left[\varepsilon^{-1}(\boldsymbol{r})\nabla\times\boldsymbol{H}(\boldsymbol{r})\right]=K^2\boldsymbol{H}(\boldsymbol{r}) \tag{6-11}$$

式 (6-11) 总是有效的 (包括 TE 极化情况)。在晶体内部将磁场 $\boldsymbol{H}$ 按傅里叶级数展开为

$$\boldsymbol{H}(\boldsymbol{r})=\sum\boldsymbol{H}_m\exp(-2\pi\mathrm{i}\boldsymbol{k}_m\cdot\boldsymbol{r}) \tag{6-12}$$

同时，ε^{-1} 的傅里叶级数展开为

$$\varepsilon^{-1}(\boldsymbol{r})=\sum\zeta_m\exp(-2\pi\mathrm{i}\boldsymbol{g}_m\cdot\boldsymbol{r}) \tag{6-13}$$

其中

$$\zeta_m=V^{-1}\int\frac{1}{\varepsilon(r)}\exp(2\pi\mathrm{i}\boldsymbol{g}_m\cdot\boldsymbol{r})\,\mathrm{d}\boldsymbol{r} \tag{6-14}$$

其中，V 是晶体晶胞体积。对于晶体的 X 射线衍射，$\varepsilon^{-1}=(1+\chi)^{-1}\cong1-\chi$。将这个关系代入式 (6-14) 可以得到 $\zeta_m=-\chi_m$ (对于 $m\neq0$) 和 $\zeta_0=1-\chi_0$，其中 χ 是晶体的极化率，χ_m 是对应于 $\boldsymbol{g}_m$ 的傅里叶系数，跟结构因子 $F_m(\boldsymbol{g}_m)$ 的关系是 $\chi_m=-\dfrac{r_\mathrm{e}\lambda^2}{\pi V}F_m$ (参见第 2 章)。把式 (6-12) 和式 (6-13) 代入式 (6-11)，经过简单整理，即可得到基本耦合波方程为

$$K^2\boldsymbol{H}_m=-\sum_n\zeta_{m-n}\boldsymbol{k}_m\times(\boldsymbol{k}_n\times\boldsymbol{H}_n) \tag{6-15}$$

式 (6-15) 是一个矢量方程，可以把它们投影到 x，y 和 z 轴上获得三个标量方程。可以证明，因为横波条件 $\boldsymbol{k}_m\cdot\boldsymbol{H}_m=0$，这三个标量方程中只有两个方程是完全独立的。

对于 N 光束衍射 $(m,n=0,1,\cdots,N-1)$, 将式 (6-15) 投影到 x 和 y 轴上得到 $2N$ 个标量方程。可以证明，这些标量方程可以写成下面两个矩阵方程:

$$(\boldsymbol{Q}_z\boldsymbol{F}\boldsymbol{Q}_z+\boldsymbol{S}_{yy})\underline{\boldsymbol{H}}^x+\boldsymbol{S}_{yx}\underline{\boldsymbol{H}}^y-\boldsymbol{Q}_z\boldsymbol{F}\boldsymbol{Q}_x\underline{\boldsymbol{H}}^z=\underline{\boldsymbol{0}} \tag{6-16}$$

$$\boldsymbol{S}_{xy}\underline{\boldsymbol{H}}^x+(\boldsymbol{Q}_z\boldsymbol{F}\boldsymbol{Q}_z+\boldsymbol{S}_{xx})\underline{\boldsymbol{H}}^y-\boldsymbol{Q}_z\boldsymbol{F}\boldsymbol{Q}_y\underline{\boldsymbol{H}}^z=\underline{\boldsymbol{0}} \tag{6-17}$$

这里

$$\underline{\boldsymbol{H}}^x=\begin{pmatrix}H_{0x}\\H_{1x}\\\vdots\\H_{N-1,x}\end{pmatrix},\quad\underline{\boldsymbol{H}}^y=\begin{pmatrix}H_{0y}\\H_{1y}\\\vdots\\H_{N-1,y}\end{pmatrix},\quad\underline{\boldsymbol{H}}^z=\begin{pmatrix}H_{0z}\\H_{1z}\\\vdots\\H_{N-1,z}\end{pmatrix} \tag{6-18}$$

是晶体内部 N 个磁场 $\boldsymbol{H}_m$ 的 x, y, z 分量组成的 N 维列向量。除了 $\underline{\boldsymbol{H}}^x$, $\underline{\boldsymbol{H}}^y$, $\underline{\boldsymbol{H}}^z$ 和 N 维零向量 $\underline{\boldsymbol{0}}$ 外，矩阵方程 (6-16) 和 (6-17) 中其他变量均为 $N \times N$ 矩阵，其中 $\boldsymbol{Q}_x$，$\boldsymbol{Q}_y$，$\boldsymbol{Q}_z$ 为对角矩阵且对角元素的值分别为 $Q_x^{m,m} = k_{mx}$，$Q_y^{m,m} = k_{my}$，$Q_z^{m,m} = k_{mz}$ (非对角元素均为 0)，其他方阵元素的值分别为 $F_{m,n} = \zeta_{m-n}$，$S_{xx}^{m,n} = \zeta_{m-n}k_{mx}k_{nx} - K^2\delta_{mn}$，$S_{yy}^{m,n} = \zeta_{m-n}k_{my}k_{ny} - K^2\delta_{mn}$，$S_{xy}^{m,n} = -\zeta_{m-n}k_{mx}k_{ny}$，$S_{yx}^{m,n} = -\zeta_{m-n}k_{my}k_{nx}$。其中 δ_{mn} 是克罗内克函数 (如果 $m \neq n, \delta_{mn} = 0$; 否则 $\delta_{mm} = 1$)；ζ_{m-n} 是 ε^{-1} 对应于倒易晶格矢量 $\boldsymbol{g}_m - \boldsymbol{g}_n$ 的傅里叶系数，参看式 (6-14)。

引入两个新的矩阵方程：

$$\underline{\boldsymbol{h}}^\alpha = \boldsymbol{F}\boldsymbol{Q}_z\underline{\boldsymbol{H}}^x - \boldsymbol{F}\boldsymbol{Q}_x\underline{\boldsymbol{H}}^z \tag{6-19}$$

$$\underline{\boldsymbol{h}}^\beta = \boldsymbol{F}\boldsymbol{Q}_z\underline{\boldsymbol{H}}^y - \boldsymbol{F}\boldsymbol{Q}_y\underline{\boldsymbol{H}}^z \tag{6-20}$$

根据式 (6-19) 和式 (6-20)，矩阵方程 (6-16) 和 (6-17) 可以改写为

$$\boldsymbol{Q}_z\underline{\boldsymbol{h}}^\alpha + \boldsymbol{S}_{yy}\underline{\boldsymbol{H}}^x + \boldsymbol{S}_{yx}\underline{\boldsymbol{H}}^y = \underline{\boldsymbol{0}} \tag{6-21}$$

$$\boldsymbol{Q}_z\underline{\boldsymbol{h}}^\beta + \boldsymbol{S}_{xy}\underline{\boldsymbol{H}}^x + \boldsymbol{S}_{xx}\underline{\boldsymbol{H}}^y = \underline{\boldsymbol{0}} \tag{6-22}$$

此外，式 (6-15) 投影到 z 轴上的矩阵方程为 $-\boldsymbol{Q}_x\boldsymbol{F}\boldsymbol{Q}_z\underline{\boldsymbol{H}}^x - \boldsymbol{Q}_y\boldsymbol{F}\boldsymbol{Q}_z\underline{\boldsymbol{H}}^y + (\boldsymbol{S}_{xx} + \boldsymbol{S}_{yy} + K^2\boldsymbol{I})\underline{\boldsymbol{H}}^z = \underline{\boldsymbol{0}}$. 该方程实际上是式 (6-16) 和式 (6-17) 的一个线性组合。这里写出该式仅仅是为了方便消除式 (6-19) 和式 (6-20) 中的 $\underline{\boldsymbol{H}}^z$, 因为用该式加上 $[\boldsymbol{Q}_x\times$ 式 (6-19) + $\boldsymbol{Q}_y\times$ 式 (6-20)] 可以得到

$$\underline{\boldsymbol{H}}^z = -K^{-2}\left(\boldsymbol{Q}_x\underline{\boldsymbol{h}}^\alpha + \boldsymbol{Q}_y\underline{\boldsymbol{h}}^\beta\right) \tag{6-23}$$

根据式 (6-23)，式 (6-19) 和式 (6-20) 可以改写为

$$\left(K^{-2}\boldsymbol{Q}_x^2 - \boldsymbol{F}^{-1}\right)\underline{\boldsymbol{h}}^\alpha + aK^{-2}\boldsymbol{Q}_x\boldsymbol{Q}_y\underline{\boldsymbol{h}}^\beta + \boldsymbol{Q}_z\underline{\boldsymbol{H}}^x = \underline{\boldsymbol{0}} \tag{6-24}$$

$$K^{-2}\boldsymbol{Q}_x\boldsymbol{Q}_y\underline{\boldsymbol{h}}^\alpha + \left(K^{-2}\boldsymbol{Q}_y^2 - \boldsymbol{F}^{-1}\right)\underline{\boldsymbol{h}}^\beta + \boldsymbol{Q}_z\underline{\boldsymbol{H}}^y = \underline{\boldsymbol{0}} \tag{6-25}$$

最后，引入 $k_{mz} = \boldsymbol{g}_{mz} + p$，可以将式 (6-21)、式 (6-22)、式 (6-24) 和式 (6-25) 改写为 $4N \times 4N$ 阶矩阵本征方程：

$$\left(p\boldsymbol{I}_{4N} + \boldsymbol{U}_{4N}\right)\underline{\boldsymbol{H}}_{4N} = \underline{\boldsymbol{0}}_{4N} \tag{6-26}$$

这里

$$\underline{\boldsymbol{H}}_{4N} = \begin{pmatrix} \underline{\boldsymbol{h}}^\alpha \\ \underline{\boldsymbol{h}}^\beta \\ \underline{\boldsymbol{H}}^x \\ \underline{\boldsymbol{H}}^y \end{pmatrix} \tag{6-27}$$

是有 $4N$ 个分量的列向量；$\underline{\mathbf{0}}_{4N}$ 是 $4N$ 维零列向量；$\boldsymbol{I}_{4N}$ 是 $4N \times 4N$ 阶单位矩阵；$\boldsymbol{U}_{4N}$ 是 $4N \times 4N$ 阶矩阵且其矩阵元素为

$$\boldsymbol{U}_{4N} = \begin{pmatrix} \boldsymbol{G}_z & \mathbf{0} & \boldsymbol{S}_{yy} & \boldsymbol{S}_{yx} \\ \mathbf{0} & \boldsymbol{G}_z & \boldsymbol{S}_{xy} & \boldsymbol{S}_{xx} \\ K^{-2}\boldsymbol{Q}_x^2 - \boldsymbol{F}^{-1} & K^{-2}\boldsymbol{Q}_x\boldsymbol{Q}_y & \boldsymbol{G}_z & \mathbf{0} \\ K^{-2}\boldsymbol{Q}_x\boldsymbol{Q}_y & K^{-2}\boldsymbol{Q}_y^2 - \boldsymbol{F}^{-1} & \mathbf{0} & \boldsymbol{G}_z \end{pmatrix} \tag{6-28}$$

其中，$\boldsymbol{G}_z$ 为 N 阶对角矩阵且对角元素的值为 $G_z^{m,m} = g_{mz}\,(m = 0, 1, \cdots, N-1)$；$\mathbf{0}$ 为 N 阶零矩阵 (矩阵的所有元素均为 0)；$\boldsymbol{F}^{-1}$ 为 $\boldsymbol{F}$ 矩阵的逆矩阵。请注意，$\boldsymbol{F}^{-1}$ 矩阵的元素取值实际为 $F_{m,n}^{-1} = \epsilon_{m-n}$，而 $\epsilon_m = \Omega^{-1}\int \varepsilon(\boldsymbol{r})\exp(\mathrm{i}\boldsymbol{g}_m \cdot \boldsymbol{r})\,\mathrm{d}\boldsymbol{r}$ 是介电常数 $\varepsilon(\boldsymbol{r})$ 对应于倒易格点矢量 $\boldsymbol{g}_m$ 的傅里叶分量。因为 $\varepsilon = 1 + \chi$，所以 $\epsilon_m = \chi_m$ (对于 $m \neq 0$) 和 $\epsilon_0 = 1 + \chi_0$。因此对 X 射线衍射，不需要求解 $\boldsymbol{F}$ 的逆矩阵，可以直接把 $\epsilon_m = \chi_m\,(m \neq 0)$ 和 $\epsilon_0 = 1 + \chi_0$ 赋值给 $\boldsymbol{F}^{-1}$ 的元素。

式 (6-26) 是一个复数特征值和特征矢量方程[17]，可以用 LAPACK 的程序库[19]求解出 $4N$ 个特征值 p_j，每个特征值 p_j 对应一个特征向量 $\underline{\boldsymbol{H}}^{(j)}\,(j = 1, 2, \cdots, 4N)$。这里只对 $\underline{\boldsymbol{H}}^{(j)}$ 的 $H_{mx}^{(j)}$ 和 $H_{my}^{(j)}$ 分量感兴趣 $(m = 0, 1, \cdots, N-1)$。因为 $\boldsymbol{k}_m^{(j)} \cdot \boldsymbol{H}_m^{(j)} = 0$, 每个磁场强度的 z 分量可以通过 $H_{mz}^{(j)} = -(k_{mx}H_{mx}^{(j)} + k_{my}H_{my}^{(j)})/k_{mz}^{(j)}$ 直接得到，这里 $k_{mz}^{(j)} = p_j + g_{mz}$.

晶体内部本征态的电场可以通过式 (6-6) 的傅里叶变换求出：

$$\boldsymbol{E}_m^{(j)} = -\frac{1}{K}\sum_n \zeta_{m-n}\boldsymbol{k}_n^{(j)} \times \boldsymbol{H}_n^{(j)} \tag{6-29}$$

6.3.3 边界条件

晶体外部其他平面波的电场与其对应磁场的关系是：

$$\tilde{\boldsymbol{E}}_m^S = -\frac{1}{\boldsymbol{K}}\boldsymbol{K}_m^S \times \tilde{\boldsymbol{H}}_m^S \tag{6-30}$$

其中，$S = R$ 或 T, 同时 $m = 0, 1, \cdots, N-1$。注意，每个磁场 $\tilde{\boldsymbol{H}}_m^S$ 的三个分量只有两个是独立的，这里选择的独立分量是 $\tilde{H}_{mx}^S$ 和 $\tilde{H}_{my}^S$。然后根据磁场的横波性质 $\boldsymbol{K}_m^S \cdot \tilde{\boldsymbol{H}}_m^S = 0$ 得到 z 分量

$$\tilde{H}_{mz}^S = -\frac{K_{mx}^S\tilde{H}_{mx}^S + K_{my}^S\tilde{H}_{my}^S}{K_{mz}^S} \tag{6-31}$$

根据式 (6-30) 和式 (6-31) 可以得到外部电场的切向分量：

$$\tilde{E}_{mx}^S = \frac{1}{K}\left(K_{my}^S\frac{K_{mx}^S\tilde{H}_{mx}^S + K_{my}^S\tilde{H}_{my}^S}{K_{mz}^S} + K_{mz}^S\tilde{H}_{my}^S\right) \tag{6-32}$$

$$\tilde{E}_{my}^{S} = -\frac{1}{K}\left(K_{mz}^{S}\tilde{H}_{mx}^{S} + K_{mx}^{S}\frac{K_{mx}^{S}\tilde{H}_{mx}^{S} + K_{my}^{S}\tilde{H}_{my}^{S}}{K_{mz}^{S}}\right) \tag{6-33}$$

显然，外部电场的切向分量也是对应的磁场切向分量的线性组合。因为晶体外部入射平面波 $\tilde{\boldsymbol{H}}^{I}\exp(-2\pi\mathrm{i}\boldsymbol{K_0}\cdot\boldsymbol{r})$ 是已知的，也就是说，$\tilde{H}_{x}^{I}$ 和 $\tilde{H}_{y}^{I}$ 已知。按照同样道理，$\tilde{H}_{z}^{I} = -(K_{0x}\tilde{H}_{x}^{I} + K_{0y}\tilde{H}_{xy}^{I})/K_{0z}$ 和

$$\tilde{E}_{x}^{I} = \frac{1}{K}\left(K_{0y}\frac{K_{0x}\tilde{H}_{x}^{I} + K_{0y}\tilde{H}_{y}^{I}}{K_{0z}} + K_{0z}\tilde{H}_{y}^{I}\right) \tag{6-34}$$

$$\tilde{E}_{y}^{I} = -\frac{1}{K}\left(K_{0z}\tilde{H}_{x}^{I} + K_{0x}\frac{K_{0x}\tilde{H}_{x}^{I} + K_{0y}\tilde{H}_{y}^{I}}{K_{0z}}\right) \tag{6-35}$$

也是已知的。

赋予晶体内部每个本征态 $\underline{\boldsymbol{H}}^{(j)}$ 一个复数强度参数 c_j，然后在晶体上表面处的边界条件就是对每个 $\boldsymbol{g}_m$，所有相关电磁波的切向磁场和电场连续：

$$\tilde{H}_{x}^{I} + \tilde{H}_{0x}^{R} = \sum_{j=1}^{4N} c_j H_{0x}^{(j)} \tag{6-36}$$

$$\tilde{H}_{y}^{I} + \tilde{H}_{0y}^{R} = \sum_{j=1}^{4N} c_j H_{0y}^{(j)} \tag{6-37}$$

$$\tilde{E}_{x}^{I} + \tilde{E}_{0x}^{R} = \sum_{j=1}^{4N} c_j E_{0x}^{(j)} \tag{6-38}$$

$$\tilde{E}_{y}^{I} + \tilde{E}_{0y}^{R} = \sum_{j=1}^{4N} c_j E_{0y}^{(j)} \tag{6-39}$$

$$\tilde{H}_{mx}^{R} = \sum_{j=1}^{4N} c_j H_{mx}^{(j)} \tag{6-40}$$

$$\tilde{H}_{my}^{R} = \sum_{j=1}^{4N} c_j H_{my}^{(j)} \tag{6-41}$$

$$\tilde{E}_{mx}^{R} = \sum_{j=1}^{4N} c_j E_{mx}^{(j)} \tag{6-42}$$

$$\tilde{E}_{my}^{R} = \sum_{j=1}^{4N} c_j E_{my}^{(j)} \tag{6-43}$$

其中，式 (6-36)~式 (6-39) 是对 $m = 0$ 的特殊情况 (包含入射波)，式 (6-40)~式 (6-43) 是对每一个 $m = 1, 2, \cdots, N-1$。类似的，在晶体下表面处的边界条件是：

$$\tilde{H}_{mx}^T \exp(-2\pi \mathrm{i} K_{mz}^T \tau) = \sum_{j=1}^{4N} c_j H_{mx}^{(j)} \exp(-2\pi \mathrm{i} k_{mz}^{(j)} \tau) \tag{6-44}$$

$$\tilde{H}_{my}^T \exp(-2\pi \mathrm{i} K_{mz}^T \tau) = \sum_{j=1}^{4N} c_j H_{my}^{(j)} \exp(-2\pi \mathrm{i} k_{mz}^{(j)} \tau) \tag{6-45}$$

$$\tilde{E}_{mx}^T \exp(-2\pi \mathrm{i} K_{mz}^T \tau) = \sum_{j=1}^{4N} c_j E_{mx}^{(j)} \exp(-2\pi \mathrm{i} k_{mz}^{(j)} \tau) \tag{6-46}$$

$$\tilde{E}_{my}^T \exp(-2\pi \mathrm{i} K_{mz}^T \tau) = \sum_{j=1}^{4N} c_j E_{my}^{(j)} \exp(-2\pi \mathrm{i} k_{mz}^{(j)} \tau) \tag{6-47}$$

其中，$m = 0, 1, 2, \cdots, N-1$。方程 (6-36)~(6-47) 代表 $8N$ 个线性方程。请注意，$\tilde{E}_{mx}^S$ 和 $\tilde{E}_{my}^S$ 是 $\tilde{H}_{mx}^S$ 和 $\tilde{H}_{my}^S$ 的线性组合 ($S = R$ 或 T; $m = 0, 1, 2, \cdots, N-1$)，不是独立变量。因此，方程 (6-36)~式 (6-47) 只有 $8N$ 个未知变量：$4N$ 个 c_j ($j = 1, 2, \cdots, 4N$)，N 个 $\tilde{H}_{mx}^R$，N 个 $\tilde{H}_{my}^R$，N 个 $\tilde{H}_{mx}^T$ 和 N 个 $\tilde{H}_{my}^T$ ($m = 0, 1, 2, \cdots, N-1$)。这些未知变量的值可以从该 $8N$ 线性方程组求解。在实际计算中，可以首先把方程 (6-36)~(6-47) 左边的外场变量 $\tilde{E}_{mx}^S$，$\tilde{E}_{my}^S$，$\tilde{H}_{mx}^S$ 和 $\tilde{H}_{my}^S$ 消掉，变成一个关于 c_j ($j = 1, 2, \cdots, 4N$) 的 $4N$ 线性方程组，从而求出 c_j。接着把 c_j 代入式 (6-36)、式 (6-37)、式 (6-40)、式 (6-41)、式 (6-44) 和式 (6-45)，求出外部磁场的切向分量，然后用横截条件式 (6-31) 就可求出相应的 z 分量。最后可以求出各种需要的量，包括各个光束的衍射强度：

$$R_m = \frac{|K_{mz}^R|}{K_{0z}} \frac{|\tilde{\boldsymbol{H}}_m^R|^2}{|\boldsymbol{H}^I|^2} \tag{6-48}$$

$$T_m = \frac{|K_{mz}^T|}{K_{0z}} \frac{|\tilde{\boldsymbol{H}}_m^T|^2}{|\boldsymbol{H}^I|^2} \tag{6-49}$$

其中，$|\tilde{\boldsymbol{H}}^I|^2 = |\tilde{H}_x^I|^2 + |\tilde{H}_y^I|^2 + |\tilde{H}_z^I|^2$；$|\tilde{\boldsymbol{H}}_m^S|^2 = |\tilde{H}_{mx}^S|^2 + |\tilde{H}_{my}^S|^2 + |\tilde{H}_{mz}^S|^2$；$|K_{mz}^{R,T}|/K_{0z}$ 反映了衍射光束的截面积相对于入射光截面的几何变化。注意，只有在式 (6-10) 中 $\Delta_m > 0$ 时，对应的 (远场) 衍射波才存在，式 (6-48) 和式 (6-49) 才有效。但通常 T_m 和 R_m 只有一个有可观的强度，另一个衍射强度趋近于零。如果几何上 $\boldsymbol{g}_m$ 是透射型衍射，则 T_m 可观，$R_m \to 0$。否则，如果是反射型衍射，则 R_m 可观，$T_m \to 0$。当 $\Delta_m < 0$ 时，$\boldsymbol{g}_m$ 衍射在远场没有衍射强度，但其他衍射 $\boldsymbol{g}_n$ ($n \neq m$)) 仍然可以有衍射强度，而且 $\boldsymbol{g}_m$ 也参与衍射过程 (所以在计算时仍然要包括 $\boldsymbol{g}_m$)。

实际晶体对 X 射线总有吸收，所以特征方程 (6-26) 的 $4N$ 个特征值 p_j 都是复数。这 $4N$ 个特征值有一半的虚部是正值，另一半的虚部是负值。把复数特

征值写成 $p_j = p_j^r + \mathrm{i}p_j^i$ (p_j^r 和 p_j^i 均为实数)，则式 (6-44)~式 (6-47) 中的因子 $\exp(-\mathrm{i}k_{mz}^{(j)}\tau)$ 可以写成 $\exp(-2\pi\mathrm{i}g_{mz}\tau)\exp(-2\pi\mathrm{i}p_j^r\tau)\exp(2\pi p_j^i\tau)$。对于 $p_j^i > 0$，实数因子 $\exp(2\pi p_j^i\tau)$ 的值随晶体厚度 τ 呈指数增长。因此，对厚晶体，因子 $\exp(p_j^i\tau)$ 在实际数值计算中可能会因为非常大，从而降低计算精度甚至造成数值溢出。为了解决这个问题，可以在解出式 (6-26) 之后，对 $4N$ 个特征值 p_j (连同特征向量 $\underline{\boldsymbol{H}}^{(j)}$) 按照 p_j^i 从小到大进行排序。这样，当 $1 \leqslant j \leqslant 2N$ 时，$p_j^i < 0$; 当 $2N < j \leqslant 4N$ 时，$p_j^i > 0$。然后，在式 (6-44)~式 (6-47) 中对对应于 $2N < j \leqslant 4N$ 的项进行替换，$c_j\exp(-2\pi\mathrm{i}k_{mz}^{(j)}\tau) \to \tilde{c}_j$。相应地，在式 (6-36)~式 (6-43) 中，相应的 c_j 就要替换成 $\tilde{c}_j\exp(2\pi\mathrm{i}k_{mz}^{(j)}\tau)$。注意，对应于 $j = 1, 2, \cdots, 2N$ 的项保持不变。对于 $2N < j \leqslant 4N$，因为 $p_j^i > 0$，所以 $\exp(2\pi\mathrm{i}k_{mz}^{(j)}\tau) = \exp(2\pi\mathrm{i}g_{mz}\tau)\exp(2\pi\mathrm{i}p_j^r\tau)\exp(-2\pi p_j^i\tau)$ 是不发散的。通过这些变换，把式 (6-36)~式 (6-47) 右边的 $4N$ 个未知变量 c_j 改写成 $2N$ 个 c_j $(j = 1, 2, \cdots, 2N-1)$ 和 $2N$ 个 $\tilde{c}_j$ $(j = 2N+1, 2N+2, \cdots, 4N)$。这样式 (6-36)~式 (6-47) 仍然是关于 $8N$ 个未知变量的线性方程，但现在所有系数都不发散，可以精确地进行数值解。

对晶体的厚度无限大，$\tau \to \infty$ (半无限晶体)，上面排序后的关于 $j = 2N+1, 2N+2, \cdots, 4N$ 的本征态是不存在的，因此，可以在式 (6-36)~式 (6-43) 中舍弃这些本征态，从而只用式 (6-36)~式 (6-43) (即只用上表面的边界条件) 来求解余下的 $2N$ 个有效本征态的强度 c_j $(j = 1, 2, \cdots, 2N)$ 和上表面反射型衍射波磁场切向分量 $\tilde{H}_{mx}^R$ 和 $\tilde{H}_{my}^R$ $(m = 0, 1, 2, \cdots, N-1)$。这跟第 2 章中半无限晶体的两光束衍射类似。

上述计算方法对晶体的 X 射线多光束衍射是严格有效的，适用于所有衍射情况 (包括反射型衍射、透射型衍射、混合型衍射、掠入射、掠出射等)，也适用于两光束衍射 $(N = 2)$, 特别是非共面两光束衍射 (即入射光、衍射光和晶体表面法线不共面)。对两光束衍射，相对于第 2 章的两光束动力学理论，这里可以把 σ 和 π 偏振混合在一起计算，所以可以用来计算任何混合偏振态。这种方法原则上也适用于光栅和光子晶体的长波长光衍射，不同的是光子晶体的介电常数明显不同于 X 射线能区的介电常数[18]。

6.4 多光束衍射动力学计算例子

6.4.1 主衍射是消光衍射的迂回衍射

图 6-4 是对应于图 6-1 中硅单晶 000/002/111 三光束的动力学理论计算二维衍射强度图，图中显示的是主衍射光总强度 (对应于 $\boldsymbol{g}_1 = 002$ 衍射沿着图 6-1 的 $\boldsymbol{K}_1$ 方向的衍射强度 R_1) 对入射角 θ 和方位角 $\varPhi$ 的分布图 (入射强度为 1)。这里 $\Delta\varPhi$

的零点是在 6.2.1 节中计算出的三光束衍射方位角 $\Phi = 51°$, $\Delta\theta$ 的零点定为 $\theta_{B1} = 16.48°$。图 6-4(a) 中，垂直线显然是对应于入射光保持在 Bragg 角，而晶体绕 $\boldsymbol{g}_1 = 002$ 的 Φ 扫描轨迹线，斜线是对应于图 6-1 中晶体绕 $\boldsymbol{g}_2 = 111$ 旋转的轨迹。这条斜线的等强度线 $R_1 = 0.1$ 一直延伸到左上角 ($\Phi = 650$ μrad，$\theta = -926$ μrad) 处，因此没有完全画出。图 6-4(b) 是图 6-4(a) 中心区域的放大图。图 6-5 中的三条曲线是图 6-4(a) 在 $\Phi = -60$ μrad, 0 μrad, 60 μrad 直线 (点划线) 上的以 θ 为函数的主衍射强

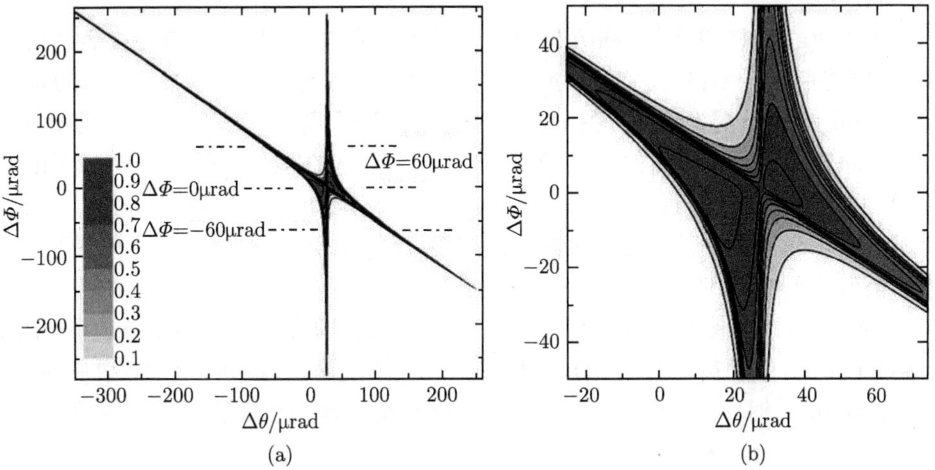

图 6-4 (a) 硅 000/002/111 三光束衍射的动力学理论计算二维衍射强度图；(b) 衍射中心区域的局部放大图。这里的衍射强度是 002 主衍射光总强度 R_1，最外围轮廓线为 $R_1 = 0.1$ 的等强度线。铜 $K_{\alpha1}$，波长 $\lambda = 1.5406$ Å，σ 偏振入射光，半无限厚晶体

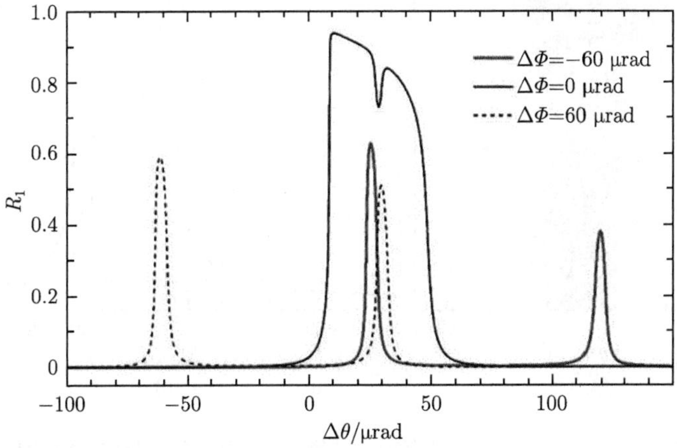

图 6-5 对应图 6-4(a) 中，在 $\Delta\Phi = -60$ μrad, 0 μrad, 60 μrad 直线上的主衍射强度分布 (随着 $\Delta\theta$ 变化的摇摆曲线)

度。从图中可以清楚看到，在 $\Delta\Phi \neq 0$ 时，主衍射相对于 θ 角的摇摆曲线分成两个衍射峰，一个对应于图 6-4(a) 中垂直线，另一个对应于图 6-4(a) 中的倾斜线。在 $\Delta\Phi = 0$ 附近，这两个衍射峰交叉合并成一个峰。

图 6-4 和图 6-5 给出了 Renninger 扫描的三光束衍射总体普遍特征：在 Φ-θ 空间，衍射谱由两条衍射峰轨迹线组成，其中一条是垂直于 θ-轴的主衍射峰分布，对应于绕主衍射 $\boldsymbol{g}_1$ 旋转的主衍射轨迹；另一条是倾斜线，相当于绕 $\boldsymbol{g}_2$ 旋转的第二衍射轨迹线。

图 6-6(a) 是硅单晶的 000/004/111 三光束衍射主衍射强度分布图，这个三光束衍射在图 6-1 中对的方位角是 $\Phi = 38°$。图 6-6(b) 是对应于 $\Phi = 0$ μrad, 100 μrad, 1000 μrad 的 θ 角摇摆曲线。图 6-6(a) 仍然有一个垂直的对应于 Φ 旋转的 004 主衍射峰轨迹线和一个倾斜的相当于绕 $\boldsymbol{g}_2 = 111$ 旋转的 111 衍射轨迹线。和图 6-4 比较，图 6-6 中 004 衍射非常强，所以 $\boldsymbol{g}_2$ 倾斜衍射峰轨迹线比较弱。另外，004 衍射不再是消光衍射，所以其衍射峰在任意的 Φ 角都存在，也就是说，如果没有多光束衍射的干扰，004 衍射在 Φ-θ 空间是一条垂直于 θ 轴的直线柱，衍射强度分布随 Φ 的改变不变，保持恒定。从图 6-6(b) 可以看出，在偏离三光束的方位角，例如 $\Phi = 100$ μrad，004 衍射对于 θ 角的摇摆曲线逐渐趋向于两光束 004 衍射曲线。在 $\Phi = 1000$ μrad 时，三光束衍射曲线和用两光束衍射理论计算的 004 衍射摇摆曲线

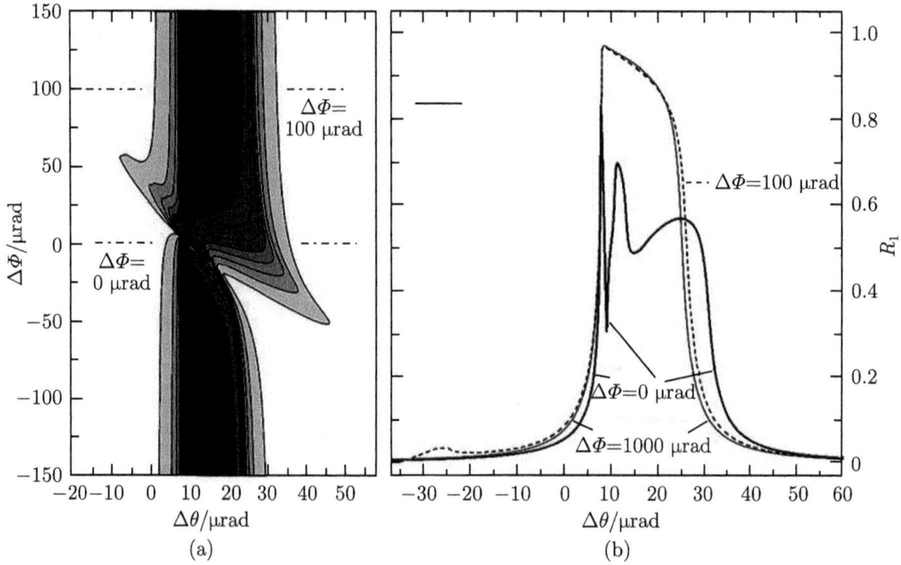

图 6-6　(a) 硅单晶 000/004/111 三光束衍射二维 004 衍射强度 (R_1) 分布图。最外围轮廓线为 $R_1 = 0.1$ 的等强度线。(b) 对应于 $\Phi = 0$ μrad, 100 μrad, 1000 μrad 的 θ 角摇摆曲线。铜靶 $K_{\alpha1}$，波长 $\lambda = 1.5406$ Å；σ 偏振入射光；半无限厚晶体

完全重合。也就是说，这时不再满足三光束条件，111 衍射趋向于消失，衍射变成常规的两光束衍射。在另一个偏离方向 $\Phi = -1000$ μrad 和更远也是如此。

相比之下，在图 6-4 中，002 对两光束衍射是一个消光衍射，这个衍射只有在狭小的 000/002/111 三光束衍射区域内才存在。请注意，这里有一个非常重要的衍射机制，在 000/002/111 三光束衍射中，从 000 到 002 的直接衍射仍然是消光的，因为结构因子 $F(002) \equiv 0$。然而如图 6-1(b) 所示，这时非消光衍射 $\boldsymbol{g}_2 = 111$ 满足衍射条件，这个衍射把入射光 $(\boldsymbol{K}_0)$ 衍射到 $\boldsymbol{K}_2 = \boldsymbol{K}_0 + \boldsymbol{g}_2$ 方向。然后，出现了一个有趣的现象，在图 6-1(b) 中，如果把沿着 $\boldsymbol{K}_2$ 方向的衍射波看成一个入射波，这个入射波可以被另一个衍射矢量 $\boldsymbol{g}_2' = \overrightarrow{G_2G_1} = \bar{1}\bar{1}1$ 衍射到 $\boldsymbol{K}_1$ 方向上，即 $\boldsymbol{K}_1 = \boldsymbol{K}_2 + \boldsymbol{g}_2'$。因此，在图 6-1(b) 中，虽然直接衍射 $\boldsymbol{K}_1 = \boldsymbol{K}_0 + \boldsymbol{g}_1$ 是被禁止的，但经过两次间接衍射：$\boldsymbol{K}_2 = \boldsymbol{K}_0 + \boldsymbol{g}_2$ 和 $\boldsymbol{K}_1 = \boldsymbol{K}_2 + \boldsymbol{g}_2'$，衍射矢量 $\boldsymbol{g}_2$ 和 $\boldsymbol{g}_2'$ 仍然能够把沿着 $\boldsymbol{K}_0$ 的入射光波矢衍射到 $\boldsymbol{K}_1$ 方向，这是因为 $\boldsymbol{g}_2 + \boldsymbol{g}_2' = \boldsymbol{g}_1$。这种间接衍射称为**迂回衍射**。当然，迂回衍射发生的条件是，在 6-1(b) 中倒格点 G_1 和 G_2 必须都在由 $\boldsymbol{K}_0$ 决定的 Ewald 球面上 (根据 Ewald 球定义，倒易空间原点 O 一直在 Ewald 球上)。

另外，对于 000/002/111 三光束衍射，如果晶体表面平行于 (001) 平面，从图 6-1(b) 可以看出，在迂回衍射中，经过第一次衍射，衍射波波矢 $\boldsymbol{K}_2$ 平行于晶体表面，这相当于掠出射衍射几何。同时，$\boldsymbol{K}_2$ 是第二次迂回衍射的入射波矢，所以这个衍射相当于掠入射几何。众所周知，掠入射或掠出射衍射条件都是对晶体表面或界面结构非常敏感的衍射方法。因此，同时涉及掠入射和掠出射的迂回衍射自然对晶体表面结构非常灵敏，可以用来表征晶体表面和外延薄膜。同时也要注意到，主衍射 $\boldsymbol{g}_1 = 002$ 是垂直于晶体表面的，所以，如果不是迂回衍射，这个主衍射就会只对晶体纵向 (垂直于晶体表面方向) 结构敏感，而对横向结构不敏感。但在这里的迂回衍射中，$\boldsymbol{g}_2$ 和 $\boldsymbol{g}_2'$ 都有水平分量，所以这个迂回衍射过程变得对横向晶体表面结构特别敏感。特别有趣的是，这里 $\boldsymbol{g}_2$ 和 $\boldsymbol{g}_2'$ 的垂直分量相等，所以垂直方向的衍射效果有可能相互抵消，从而整个迂回衍射可以非常灵敏地揭示没有混合纵向分量结构的纯横向结构 (参见 6.4.3 节)。由于这些特点，这个方法在实际中已经被用来研究晶体表面和界面横向结构[8]。

另外，对这类实验常常选择主衍射为消光衍射的原因是要消除直接垂直衍射 $\boldsymbol{K}_1 = \boldsymbol{K}_0 + \boldsymbol{g}_1$，从而使整个衍射过程是一个高灵敏度的纯粹迂回衍射。否则，如图 6-5 所示，如果主衍射不是消光衍射，直接衍射光强往往很强，从而在很大程度上掩盖了迂回衍射效果。

第 11 章将介绍，如果只利用常规的两光束衍射研究很薄的外延膜，特别是表征横向结构，一般要用掠入射衍射几何，但掠入射的缺点是摇摆曲线非常宽，对应于低角分辨率[20]。同时，入射光在晶体表面的覆盖面积很大，对应于低空间分辨率。三光束衍射虽然涉及间接的掠入射和掠出射几何，但测量的是大入射角和大出射角的主衍射强度，即图 6-1(a) 中波矢为 $\boldsymbol{K}_1$ 的衍射波强度，并不去探测掠出射光 ($\boldsymbol{K}_2$)。所以三光束衍射除了要精确旋转晶体到特定的 Φ 角外，衍射几何和常规两光束衍射几何相同，实验难度没有增加，却同时具有高角度分辨率和空间分辨率。当然这类实验理想的入射光是具有二维高准直性，而常规的两光束衍射往往只需要入射光一维准直，入射光对沿垂直入射平面方向的发散度不敏感。

6.4.2　立方晶系晶体的连续多光束衍射入射平面

6.2.2 节已经提到，对于硅锗 (或其他立方晶系) 晶体，除了 111 和 220 外，其他所有的背反射 (Bragg 角为 90°) 都是带有寄生衍射的多光束衍射。注意，Bragg 角非常接近 90° 的近背反射具有趋向最窄的衍射能带宽 (对应于最高能量分辨率) 和非常大的角接收度 (摇摆曲线很宽)，因此晶体的近背反射被广泛用来作为高能量分辨率的分析器及高能量分辨率的单色器[21]。但寄生衍射会显著降低主衍射的衍射效率和分辨率。前面已经分析过，硅单晶的 004 严格背反射是一个包含 $000, 004, 202, \bar{2}02, 022, 0\bar{2}2$ 衍射的六光束衍射。图 6-7 是用六光束衍射动力学理论计

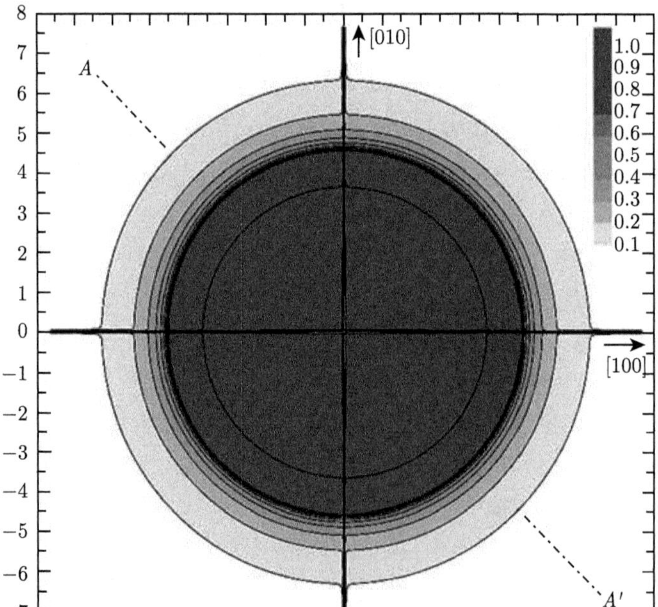

图 6-7　硅单晶的 004 背反射主衍射强度 (R_1) 分布图

入射波能量为 E_B (4.566 eV) + 0.1 eV, 对应波长为 2.657 Å。图中心对应于严格背反射条件 $\theta_B = 90°$，因此横纵坐标为入射光偏离 90° 的二维偏角。最外围轮廓线为 $R_1 = 0.1$ 的等强度线

算出的硅单晶的 004 主衍射强度在背反射附近的分布图。其入射波的能量为 $E_{\rm B}+\Delta E$, 其中 $E_{\rm B}$ 是严格背反射 ($\theta_{\rm B}=90°$) 对应的几何衍射 Bragg 能量，$\Delta E=0.1$ eV 是考虑到 X 射线微小折射率的修正[22]。

图 6-8 是沿着图 6-7 中对角线 AA' 的主衍射强度分布。这里忽略所有的寄生衍射而计算出的 004 两光束衍射强度也画在图中。可以看出，除了在偏离 90° 大约 ±40 μrad 以外，六光束衍射强度和两光束衍射强度几乎完全吻合，也就是说，在沿着 AA' 线，明显的多光束衍射只发生在一个约 80 μrad 的很小的角度范围。在这个角度范围内 (参看局部放大图)，多光束衍射效应把 004 衍射强度明显降低到几乎为零。这就是前面讨论的多光束衍射会明显降低背反射 X 射线分析器效率。只要偏离这个很小的角范围，004 衍射强度会迅速恢复到两光束衍射强度。

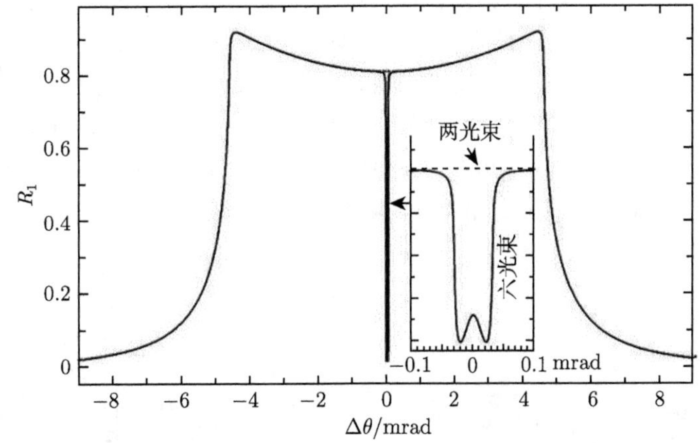

图 6-8 沿着图 6-7 中对角线 AA' 的主衍射强度分布

插图为衍射在 $\Delta\theta=0$ 附近很窄区域 (±0.1 mrad) 的放大图，其中虚线是完全不考虑多光束衍射的两光束衍射曲线。在这个区域以外沿着 AA' 方向，多光束和两光束衍射几乎完全重合

但是必须注意，在图 6-7 中沿着 ±[100] 和 ±[010] 两个方向的十字线对应于多光束衍射在这两个方向延伸到一个很可观的 ±6mrad (~0.3°) 的角度范围。所以，对近背反射分析器，入射光偏离 90° 的方向必须避开 ±[100] 和 ±[010] 两个方向。在图 6-7 中，很显然最佳角度是沿着 ±[110] 和 ±[1-10] 这两个对角线方向。

事实上，如果允许入射 X 射线波长改变，在图 6-7 中沿着 ±[100] 和 ±[010] 两个方向的多光束衍射十字线可以一直延伸到 ±90°，也就是说，对于立方晶系晶体的 004 衍射，如果入射光严格限制在 (100) 或者 (010) 晶面内，对任意 Bragg 角的 X 射线衍射永远是多光束衍射。图 6-9 可以解释这个原理。相对于图 6-2，在图 6-9(b) 中如果入射光波矢 $\boldsymbol{K}_0$ 偏离严格背反射波矢 $\overrightarrow{CO}$ (但按照定义 $\boldsymbol{K}_0$ 的终点仍然是倒易空间原点 O)，那么矢量 $\boldsymbol{K}_0$ 的起始点 A 就必须落在矢量 $\boldsymbol{g}_1=\overrightarrow{OG_1}$

的垂直平分面上才能继续保持 $\boldsymbol{g}_1$ 衍射 (这是两光束衍射的基本条件，这样才能保证倒易点 G_1 落在以 AO 为半径，A 为圆心的 Ewald 球上)。很显然，在图 6-9(b) 中，倒易点 $C = 002, G_2 = 202, G_3 = \bar{2}02, G_4 = 022, G_5 = 0\bar{2}2$ 都在这个垂直平分面上。如果进一步把 $\boldsymbol{K}_0$ 严格限制在 (010) 平面内，那么 A 就必须落在 G_2、C 和 G_3 所在的直线上。这时，矢量 $\boldsymbol{K}_0 = \overrightarrow{AO}$ 和直线 G_2G_3 的夹角 θ 就是 004 衍射的 Bragg 角，衍射波长是 $\lambda = |\boldsymbol{K}_0|^{-1}$。现在如果以 A 为圆心作一个半径为 λ 的球，这个球就是对应于入射波矢 $\boldsymbol{K}_0 = \overrightarrow{AO}$ 的 Ewald 球。很显然，倒易点 O, G_1, G_4, G_5 都落在这个 Ewald 球上。这是因为 O, G_1, G_4, G_5 对称地分布在以 C 为圆心的圆上，而直线 G_2CG_3 是一条通过这个圆的圆心并且垂直于这个圆的直线。因此，直线 G_2CG_3 上的任意一点都和 O, G_1, G_4, G_5 等距离，所以 O, G_1, G_4, G_5 都落在以 A 为圆心的 Ewald 球上。因此，倒易点 O, G_4, G_1, G_5 对应的衍射都会被激发，这是一个四光束衍射。也就是说，只要 A 落在直线 G_2CG_3 上，对应的衍射永远是 000/004/022/0$\bar{2}$2 四光束衍射 (除了 A 和 C 重合时是六光束衍射)。这个规律表示在图 6-9(a) 的实空间中，对于立方晶系晶体衍射，对于任何入射角 $\theta(< 90°)$，如果入射波严格平行 (010) 晶面，而且入射波长满足这个角度的 004 衍射条件，这时的 004 衍射永远是 000/004/202/$\bar{2}$02 四光束衍射。

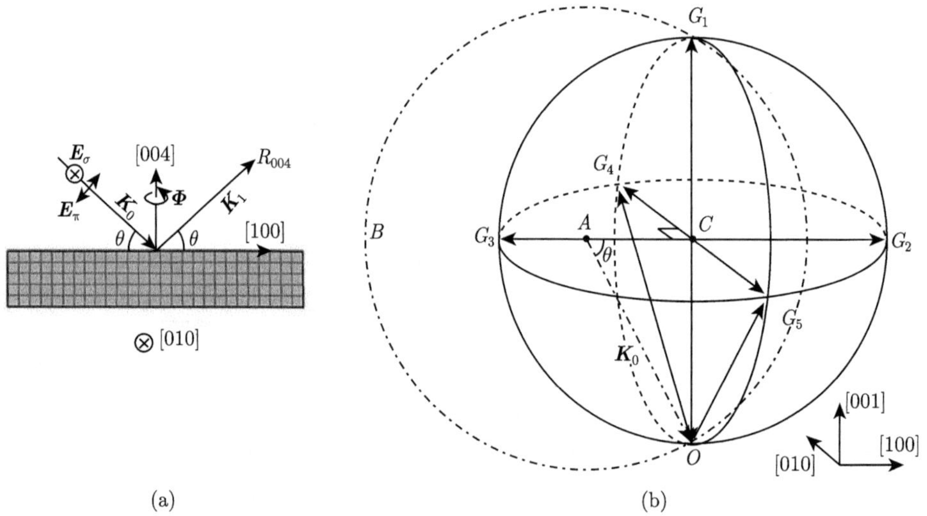

图 6-9　立方晶系晶体在 (010) 面内的主衍射为 004 的连续四光束衍射

(a) 实空间。$\boldsymbol{E}_\sigma$ 和 $\boldsymbol{E}_\pi$ 分别是 σ-偏振和 π-偏振入射光电场方向。(b) 倒空间。$O = 000$ 是倒易空间原点，$G_2 = 202, G_3 = \bar{2}02, G_4 = 022, G_5 = 0\bar{2}2$. 球 B 是以 A 为圆心的 Ewald 球

根据对称性，如果入射波严格平行 (100) 面，所激发的也是四光束衍射，但对应的倒易点变成了 O, G_1, G_2, G_3，即 000/004/202/$\bar{2}$02 四光束衍射。总之，我们可

以把 (100) 和 (010) 面称为主衍射为 004 的连续多光束衍射入射平面。

图 6-10 是硅单晶以 004 衍射为主衍射的四光束衍射的理论计算 Darwin 曲线，其入射面严格平行于 (010) 晶面。作为比较，图 6-10(a)~(c) 也给出了在相同衍射角时的两光束 004 衍射 Darwin 曲线 (虚线)。可以清楚看到，四光束衍射曲线和两光束曲线显著不同。特别是在图 6-10(d) 中，请注意，两光束 π-偏振入射光在 Brag 角为 45° 时两光束衍射本来是完全消光的 (衍射强度为零)，但这里的四光束衍射激发了两个迂回衍射路径：第一个路径是，入射光首先被 022 衍射，然后被 $0\bar{2}2$ 衍射到对应于 004 衍射的方向；第二个路径是，入射光首先被 $0\bar{2}2$ 衍射，然后被 022 衍射到对应于 004 衍射的方向 (参见 6.4.2 节)，所以 004 衍射强度依然很强。这是典型的多光束衍射特征[22]。

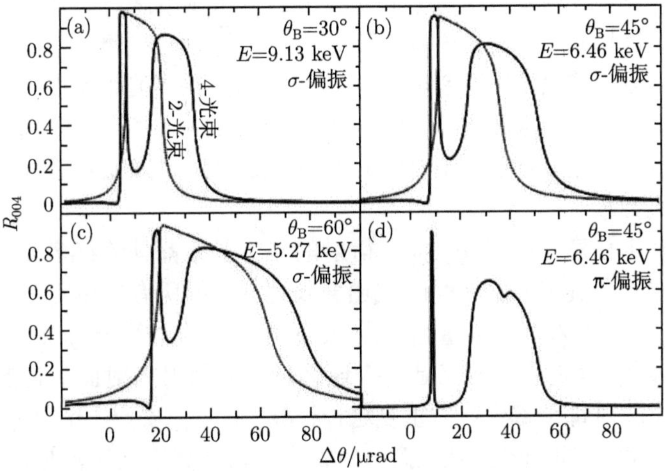

图 6-10 立方晶系硅晶体在 (010) 连续多光束衍射入射面内的四光束衍射 (000/004/022/$0\bar{2}2$) 理论计算 Darwin 曲线。主衍射是 004 对称衍射。图中的衍射强度 R_{004} 是 004 主衍射强度

立方晶系晶体 (特别是半导体晶体) 的 004 衍射是常用的 X 射线衍射，但很多人可能并不知道入射光平行 (100) 或 (010) 晶面会激发四光束衍射。事实上，类似图 6-10 的衍射曲线很难在实际中观测到，文献中也几乎没有报道过。其原因在于四光束衍射成立的条件是入射光必须很精确地平行于 (100) 或 (010) 晶面，也就是说，明显的四光束衍射一般只发生在 $\Delta\Phi \sim \pm 10^2$ μrad 或更小范围之内 (参见图 6-11)。而在一般的两光束 X 射线衍射中，一是人们几乎不会刻意去精确调节方位角 Φ，所以四光束衍射条件被满足的概率很小；二是一般入射 X 射线在沿着垂直入射平面的方向发散度较大，因此，即使满足四光束衍射条件，也只有很小一部分入射光满足四光束衍射 (在 $\Delta\Phi$ 之内)，而其余的 X 射线还是进行两光束衍射。因

此平均起来，四光束衍射特征可能并不明显。尽管如此，在两光束 X 射线衍射应用中，还是要尽量远离这种多光束衍射的条件，也就是说，入射面要避开这种连续多光束衍射入射面。这对基于两光束衍射的 X 射线立方晶系晶体单色器尤其重要。要避开这些入射面，首先要知道如何确定它们。

前面说过，立方晶系晶体的连续多光束衍射可以看成是背反射寄生衍射的延伸。所以对于任意一个 (非消光) 主衍射 $\boldsymbol{g}_1 = HKL$ (对锗硅晶体，$HKL \neq 111$ 或 220), 可以用一个简单的计算机程序挑选出全部满足式 (6-4) 的寄生衍射 $\boldsymbol{g}_m$。类似于图 6-9(b), 这些寄生衍射对应的倒易点 G_m 全部落在以 $\boldsymbol{g}_1 = \overrightarrow{OG_1}$ 为直径的背反射 Ewald 球上。每一个 $\boldsymbol{g}_m = \overrightarrow{OG_m}$ 和 $\boldsymbol{g}_1 = \overrightarrow{OG_1}$ 决定一个以 $\boldsymbol{g}_1 = \overrightarrow{OG_1}$ 为直径的大圆。在 6.2.2 节已经说过，立方晶系晶体的寄生衍射都是成对的，这里和 $\boldsymbol{g}_m = \overrightarrow{OG_m}$ 配对的寄生衍射是 $\boldsymbol{g}'_m = \boldsymbol{g}_1 - \boldsymbol{g}_m$。如果在倒易空间把 $\boldsymbol{g}'_m$ 矢量的起点也定于倒易空间原点 O，那么很显然其 $\boldsymbol{g}'_m = \overrightarrow{OG'_m}$ 对应的倒易点 G'_m 也在这个大圆上。根据上面的结论，满足包含 O, G_1, G_m, G'_m 的多光束衍射入射光矢量起点 A 就必须在垂直这个大圆并且通过这个大圆圆心的一条直线上，而对应的连续多光束衍射入射面就是平行于这条直线的平面。很显然，这个连续多光束衍射入射面垂直于这个大圆。

因此，确定任意一个以 $\boldsymbol{g}_1$ 为主衍射的立方晶系晶体连续多光束衍射入射面的步骤很简单：首先利用式 (6-4) 找出背反射 $\boldsymbol{g}_1$ 的所有寄生衍射。对任意一个寄生衍射 $\boldsymbol{g}_m$，因为入射波矢量起始点 A 所在的直线平行于 $\boldsymbol{g}_1 \times \boldsymbol{g}_m$，这条垂直线和 $\boldsymbol{g}_1 = \overrightarrow{OG_1}$ 确定的平面就是一个连续多光束衍射入射面，它的法向就沿着 $\boldsymbol{g}_1 \times (\boldsymbol{g}_1 \times \boldsymbol{g}_m)$。对每个寄生衍射重复这种计算，就可以确定主衍射 $\boldsymbol{g}_1$ 的所有连续多光束衍射入射面。很显然，从任意一对寄生衍射计算出来的入射面是相同的，因为它们对应的倒易点处于以 $\boldsymbol{g}_1 = \overrightarrow{OG_1}$ 为直径的 Ewald 球的同一个大圆上。有时会有更多倒易点同时落在同一个大圆上，这些倒易点所对应的连续多光束衍射入射面都是同一个面。

例如，对于硅晶体的 $\boldsymbol{g}_1 = 440$ 背反射，式 (6-4) 给出的所有寄生衍射对是 (022, $42\bar{2}$), ($20\bar{2}$, 242), (202, $24\bar{2}$), ($02\bar{2}$, 422), (400, 040)。对每一个寄生衍射 $\boldsymbol{g}_m$，可以用 $\boldsymbol{g}_1 \times (\boldsymbol{g}_1 \times \boldsymbol{g}_m)$ 求出一个连续多光束衍射入射面法向方向。读者可以验证，这里寄生衍射 022, $42\bar{2}$, $20\bar{2}$, 242 给出的法线法向都平行于 $[1\bar{1}\bar{2}]$ 面，也就是说 $(1\bar{1}\bar{2})$ 面是一个 000/440/022/$42\bar{2}$/$20\bar{2}$/242 连续六光束衍射入射面，因为这六个倒易点都处于以 $\boldsymbol{g}_1 = \overrightarrow{OG_1} = 440$ 为直径的 Ewald 球的一个大圆上。同样可以证明，$(\bar{1}1\bar{2})$ 面是 000/440/202/$24\bar{2}$/$02\bar{2}$/422 连续六光束衍射入射面，而 $(\bar{1}10)$ 面是 000/440/400/040 连续四光束衍射入射面。因此，硅晶体的 440 衍射有三个不同的多光束衍射入射面，即 $(1\bar{1}\bar{2})$, $(\bar{1}1\bar{2})$ 和 $(\bar{1}10)$。在设计、切割和应用一个两光束衍射 (440) X 射线单色器 (包括对称衍射和不对称衍射) 时，要保证入射面远离这三个面。作为另一个例

子，可以证明硅单晶 (333) 衍射的连续多光束衍射入射面是 $(\bar{2}11)$, $(1\bar{2}1)$ 和 $(11\bar{2})$。当然上文提到过，对于硅晶体的 111 和 220 衍射没有连续多光束衍射入射面，所以可以沿任何方向入射。

另外，对于利用近背反射的 X 射线分析仪，入射光偏离严格背反射的方向也必须远离这些连续多光束衍射入射面。例如在图 (6-7) 中，实际入射光偏离方向最好是沿 AA' 方向或另一个对角线方向，即入射面最好是 (110) 面或者 $(1\bar{1}0)$ 面，而不能是连续多光束衍射入射面 (100) 或者 (010)。

6.4.3 四光束衍射对应的面内衍射

图 6-9 所示的立方晶系 004 衍射在 (100) 或者 (010) 入射面内激发的四光束衍射有一个非常重要的应用，它提供了两组 Bragg 公式，一组对应垂直于晶体表面方向的晶格常数，即纵向的 (004) 晶面间距，另一组对应横向的 (040) 或 (400) 晶面间距。所以这种方法除了可以测量纵向结构外，也可以精确测量横向应变 (特别是外延晶体) 而不需要用传统的掠入射衍射几何。

图 6-11(a) 是完美硅晶体 004 对称衍射在入射面平行于 (010) 晶面附近的 $000/004/022/0\bar{2}2$ 四光束衍射强度在 Φ-θ 坐标的理论计算分布图。与图 6-4 和图 6-6 相似，这里沿垂直方向的衍射峰对应于 004 主衍射，其在远离 $\Phi=0$ 时是不随 Φ 改变的双光束衍射。而图 6-11(a) 中的两条斜线则分别对应于入射束光沿 $\boldsymbol{g}_2=022$ 和 $\boldsymbol{g}_3=0\bar{2}2$ 旋转的轨迹线。在硅晶体没有应变的情况下 (即沿着 [100]、[010] 和 [001] 方向的晶格常数完全相等)，$a_x=a_y=a_z=a$ 这三条线相交于图 6-11(a) 的 P 点。图 6-11(b) 为假设在 a_z 不变的情况下，晶体沿 [010] 方向有一个微小应变 $\Delta a_y/a=-0.04\%$。这时图 6-11(a) 中的三线交点 P 就分离成三个两线相交的交点 P_1, P_2 和 P_3 。数值计算可以证明，相对于图 6-11(a) 的 P 点，图 6-11(b) 中的 P_1 点沿 θ 方向的偏离角 $\Delta\theta$ 严格满足横向 040 衍射的 Bragg 公式的微分形式：

$$\frac{\Delta a_y}{a}=-\Delta\theta\cot\theta_{\mathrm{B}}^{y} \tag{6-50}$$

其中，θ_{B}^{y} 是横向 040 衍射 Bragg 角 (和 004 的 Bragg 角相同)。与图 6-1 和图 6-4 的 000/002/111 三光束相似，图 6-11 中的两条斜线分别对应于两个三光束衍射即 000/004/022 和 $000/004/0\bar{2}2$。在离开 004 主衍射区 (垂直线) 外，这两个三光束衍射变成两个迂回衍射过程。因为垂直方向的衍射效应在每个迂回衍射的两次衍射中抵消了，这样的迂回衍射的总体效果就是横向衍射，因而衍射角满足横向衍射 Bragg 式 (6-50) (详细原理请参见文献 [9])。

请注意，如果横向应变很大，图 6-11(b) 中的 P_1 将远离四光束衍射条件，因此 P_1 的衍射强度就会非常弱，实验可能测不到。但可以证明，这两条斜线和 004 垂直线相交的两个点 P_2 和 P_3 偏离图 6-11(a) 的 P 点的角度也是 $\Delta\theta$。而 P_2 和 P_3 是分别对应于 000/004/022 和 $000/004/0\bar{2}2$ 的三光束衍射点，不管应变有多大，在实验中总能测到。所以实验中只要测出 P_2 和 P_3 的角距离 $2\Delta\theta$, 就可以用式 (6-50) 求出沿 [010] 方向的横向应变。

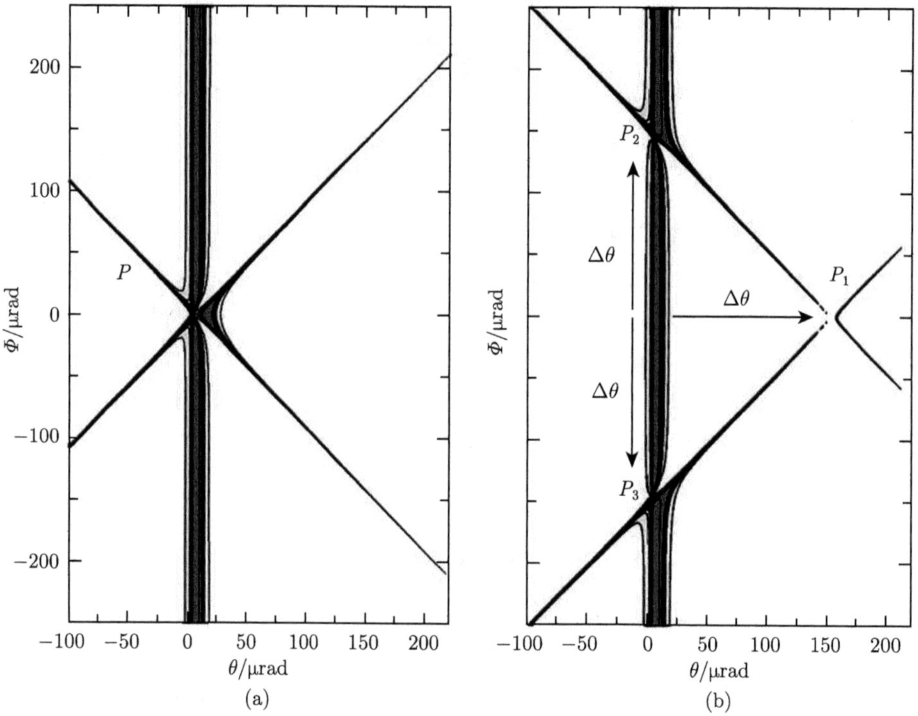

图 6-11　(a) 完美硅单晶在 (010) 面内的 004 衍射四光束衍射强度分布；(b) 施加一个横向应力 $\Delta a_y/a = -0.04\%$后的四光束衍射强度分布。θ 的零点对应于 004 衍射的 Bragg 角 $\theta_{\rm B} = 20°$, $E = 13.35$ keV, σ-偏振。$\Phi = 0$ 对应于入射光严格平行 (010) 晶面。最外围轮廓线为 $R_1 = 0.1$ 的等强度线

很显然，如果入射束平行另一个连续四光束衍射入射面 (100), 式 (6-50) 就对应于沿 [100] 方向的横向应变 $\Delta a_x/a$，因此，如果晶体 (特别是外延晶体) 的应变在 (001) 面内是各向异性的，则可以通过沿着 (010) 和 (100) 两个垂直的入射面测量出各向异性来。

当然，如果晶体有纵向应变 $\Delta a_z/a$，图 6-11 中垂直方向就会沿水平 θ 轴移动，移动的角度 $\Delta\theta$ 满足

$$\frac{\Delta a_z}{a} = -\Delta\theta\cot\theta_{\rm B}^z \tag{6-51}$$

这就是上文说的 000/004/022/0$\bar{2}$2 四光束衍射提供了两组 Bragg 公式。如果研究的晶体是长在衬底上的外延薄膜，那么测量出的图 6-11 就可能是衬底和外延薄膜的两组多光束衍射谱叠加在一起。通过比较，就能同时测出横向晶格失配对应的衍

射角差别 $\Delta\theta_x$ 和 $\Delta\theta_z$，然后可以很方便地用式 (6-51) 和式 (6-50) 分别求出横向晶格失配 $\Delta a_x/a$ 和纵向晶格差 $\Delta a_z/a$.

对于外延晶体的衍射谱，如果外延层在纵向被调制 (如多层膜)，图 6-11 的垂直线会变宽，带有卫星峰等。但如果水平方向薄膜没有调制结构，即图 6-11 中的两条对应水平衍射的斜线仍然会很尖锐，表明此技术有很高的水平分辨率。这个优点是常规掠入射两光束衍射测量薄膜所不具备的。如果晶体表面横向有调制，图 6-11 的两条斜线也会出现类似垂直方向调制引起的卫星峰等结构。所以 $000/004/022/0\bar{2}2$ 四光束衍射原则上可以用来研究晶体表面水平方向的纳米结构等。另外，和图 6-1(b) 的 000/002/111 三光束衍射相似，对于没有斜切的 (001) 晶体表面，其 $000/004/022/0\bar{2}2$ 涉及的迂回衍射的中间波矢，即图 6-9(b) 中的矢量 $\overrightarrow{AG_4}$ 和 $\overrightarrow{AG_5}$，也是严格平行于 (001) 晶体表面，所以这样的迂回衍射对表面结构非常灵敏，可以用来研究非常薄的外延薄膜 (参见文献 [9])。

值得注意的是，图 6-11(b) 的理论计算是基于单晶体。对于单晶，如果在实验中测出图 6-11(b) 的二维衍射谱，从而得到 $\Delta\theta$，用式 (6-50) 得到的是 a_y 相对于 a_z 的相对差别，即 a_y/a_z，其中 $\Delta a_y = a_y - a_z$。此方法测量晶体常数虽然是比较法，但却是自相比较，即单晶的纵向晶格常数和横向晶格常数的比较，不需要其他的参照物。对于立方系晶体，如果测出的横向与纵向晶格常数不一样，$\Delta a_y/a_z \neq 0$，立即可以知道晶体存在应变。对于自由晶体，此方法的另一个应用是可以精确测量立方晶体向四方晶体的相变，即测量相变过程中晶体纵向与横向晶格常数的差别和变异。这在关于立方晶相向铁磁、铁电、铁弹等相变的研究中有重要的应用。

另外，式 (6-50) 只对 $000/004/022/0\bar{2}2$ 或者 $000/008/044/0\bar{4}4$ 类四光束衍射成立，对其他多光束不一定成立。但是，由于大多数半导体结构和器件都是生长在立方晶系晶体的 (001) 面方向，所以这类衍射虽然是特例，却可以广泛用在半导体薄膜与器件研究中。

如前所说，X 射线多光束衍射需要入射束在两个垂直方向的准直性都很高 (最好小于 10 μrad)。常规 X 射线光源一般只有一个方向有比较高的准直性，而另一个方向的发散度很大。这就是文献中报道的 X 射线多光束衍射精度一般很低，很多理论计算的特征都没有在实验中精确揭示出来。但随着自由电子激光和第四代同步辐射光源的出现，具有二维高准直性的 X 射线光源变成可能，因此，X 射线多光束衍射的应用将会得更广泛。

参 考 文 献

[1] Chang S L. X-ray Multiple-Wave Diffraction: Theory and Applications// Solid State Sciences Series, Vol. 143. Berlin: Springer-Verlag, 2004.

[2] Renninger M. Z. Phys. A Hadrons Nucl, 1937(106): 141–176.
[3] Hirsch P B. Electron Microscopy of Thin Crystals. Malabar: Krieger, 1977.
[4] Weckert E, Hümmer K. Acta Cryst., 1997(A53): 108.
[5] Shen Q. Phys. Rev. Lett., 1998(80): 3268.
[6] Shen Q, Huang X R. Phys. Rev. B, 2001(63): 174102.
[7] Shen Q, Finkelstein K. Phys. Rev. B, 1992(45): 5075.
[8] Lang R, de Menezes A S, dos Santos A O, et al. J. Appl. Cryst., 2013(46): 1796.
[9] Huang X R, Peng R W, Gog T, et al. Appl. Phys. Lett., 2014(105): 181903.
[10] Sutter J, Alp E, Hu M, et al. Phys. Rev. B, 2001(63): 094111.
[11] Moharam M G, Gaylord T K. J. Opt. Soc. Am., 1981(71): 811.
[12] Moharam M G, Grann E B, Pommet D A, et al. J. Opt. Soc. Am. A, 1995(12): 1068.
[13] Lalanne P, Morris G M. J. Opt. Soc. Am. A, 1996(13): 779.
[14] Pinsker Z G. Dynamical Scattering of X-Rays in Crystals. Berlin: Springer-Verlag, 1978.
[15] Authier A. Dynamical Theory of X-ray Diffraction. New York: Oxford University Press, 2001.
[16] Colella R. Acta Crystallogr. A, 1974(30): 413.
[17] Stetsko Y P, Chang S L. Acta Crystallogr. A, 1997(53): 28.
[18] Huang X R, Peng R W, Hönnicke M G, et al. Phys. Rev. A, 2013(87): 063828.
[19] http://www.netlib.org/lapack/.
[20] Stepanov S A, Kondrashkina E A, Köhler R, et al. Phys. Rev. B, 1998(57): 4829.
[21] Burkel E. Inelastic Scattering of X-Rays with Very High Resolution. New York: Springer-Verlag, 1991.
[22] Huang X R, Jia Q J, Wieczorek M, et al. J. Appl. Cryst., 2014(47): 1716.

第 2 篇　X 射线动力学衍射现象

(7～10 章)

介绍 X 射线衍射动力学理论预言，并得到实验证实的衍射现象。这些现象无法应用 X 射线衍射运动学理论解释。使读者加深对 X 射线衍射动力学理论的认识，同时，介绍这些衍射现象的实用性。

第7章　异常透射

1941 年 Borrmann[1] 做石英的 X 射线衍射实验时发现，X 射线通过完美的水晶晶体时，透射束的强度不遵循光电吸收定律 $I = I_0 e^{-\mu t}$，称为异常透射 (或称 Borrmann effect)。随后，Campbell 等[2−4] 在方解石中也发现类似现象。20 世纪 50 年代后期，完美性很好的 Ge 单晶可以通过人工获得。人们发现，对足够厚的 Ge 单晶 (注意：因为 Ge 的吸收系数很大，几百微米就可谓 “厚晶体”)，按正常光电吸收定律，应该没有透射光通过，但实验仍然观察到异常透射光[5−7]。异常透射现象是 X 射线衍射动力学效应之一。

7.1　异常透射现象

图 7-1 所示为两侧平行的单晶，衍射面垂直于晶体表面 Borrmann 效应示意图。(a) 为薄晶体情况 ($\mu t \ll 1$)；(b) 为厚晶体情况 ($\mu t \gg 10$)；(c) 为两种情况衍射强度示意图。当一束 X 射线入射，若入射角远远偏离 Bragg 角 (即 $\theta \neq \theta_B$)，透射束的强度遵循光电吸收定律：$I = I_0 e^{-\mu t}$。当入射束满足 Bragg 定律 ($\theta = \theta_B$) 时，对薄晶体将产生衍射，而使透射束强度下降 (图 7-1(a))。这是因为透射束有部分能量转移到衍射束，这是 X 射线衍射动力学理论所得的结果*。但对厚晶体，向前衍射

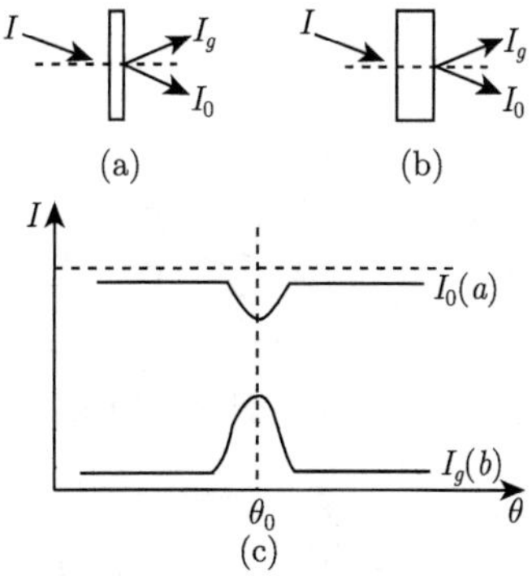

图 7-1　Borrmann 效应示意图

(a) 薄晶体情况；(b) 厚晶体情况；(c) 衍射强度示意图

---

* 请注意，X 射线衍射运动学理论得出能量不守恒是对 $\theta = \theta_B$ 时晶体内向前衍射束和衍射束而言。此处讨论的是从 $\theta \neq \theta_B$ 到 $\theta = \theta_B$ 的情况。

束的强度不遵循光电吸收定律。按照光电吸收效应，不应该有透射束通过。但实验中，在 $\theta = \theta_{\mathrm{B}}$ 处出现一个峰 (图 7-1(c))，表明有透射束通过。这个现象称为异常透射效应 (或称 Borrmann 效应)。X 射线衍射运动学理论是不能解释异常透射现象的，所以只能应用动力学理论来解释。

7.2　完美晶体内波场强度

在第 2.8 节讨论吸收效应时，给出了有效吸收系数：

$$\mu_0(\text{eff}) = \mu_0[1 \mp |c|\,\epsilon(1 - Q^2)^{\frac{1}{2}}] \tag{7-1}$$

其中，$\epsilon = \dfrac{F''_g}{F''_0}$，$F''$ 为结构因子的虚部；$Q = \dfrac{\tan\varDelta}{\tan\theta}$，$\varDelta$ 为波矢 $\boldsymbol{s}$ 与衍射面的夹角；"−" 号对应 α 支，而 "+" 对应 β 支。在严格满足 Bragg 条件下，$\theta = \theta_{\mathrm{B}}$，$\varDelta = 0$ 和 $Q = 0$。从式 (7-1) 可知，对色散面 α 支，波场吸收系数小于正常吸收系数；而对色散面 β 支，波场吸收系数却大于正常吸收系数。从第 2.3 节色散方程 (2-32) 可知，在晶体内有四个波场。这样，α 支的两个波场 (0 波和 H 波) 将沿着晶体衍射面穿过晶体，到达出射面。特别是对 α 支的 σ 偏振，$C = 1$，在严格满足 Bragg 条件下，会出现 $\mu_0\,(\text{eff}) \to 0$。因此，$\sigma$ 偏振波总能沿着衍射面到达出射面！这是 X 射线衍射运动学理论不可解释的。

对于有中心对称情况，$F_g = F_{-g}$，晶体内总波场为两相干平面波之和：

$$\boldsymbol{D} = \boldsymbol{D}_0 \exp 2\pi\mathrm{i}\,(vt - \boldsymbol{k}_0 \cdot \boldsymbol{r}) + \boldsymbol{D}_g \exp 2\pi\mathrm{i}\,(vt - \boldsymbol{k}_g \cdot \boldsymbol{r})$$

波场强度为

$$\begin{aligned} |\boldsymbol{D}|^2 &= |\boldsymbol{D}_0|^2 + |\boldsymbol{D}_g|^2 + 2\boldsymbol{D}_0 \cdot \boldsymbol{D}_g \cos 2\pi\,(\boldsymbol{g} \cdot \boldsymbol{r}) \\ &= D_0^2 \left[1 + \frac{|D_g|^2}{|D_0|^2} + 2C\frac{D_g}{D_0}\cos 2\pi\,(\boldsymbol{g} \cdot \boldsymbol{r})\right] \end{aligned} \tag{7-2}$$

其中，$\boldsymbol{D}_0 \cdot \boldsymbol{D}_g = C\,|D_0|^2$；$\boldsymbol{k_g} = \boldsymbol{k_0} + \boldsymbol{g}$；对严格 Bragg 入射，$\dfrac{D_g}{D_0} = \pm 1$，"+" 号对于 β 支，"−" 号对应 α 支。

$$C = \begin{cases} 1, & \sigma\ \text{偏振} \\ \cos 2\theta, & \pi\ \text{偏振} \end{cases}$$

式 (7-2) 表示波场所建立的驻波，其极值位置正好位于 $\boldsymbol{g} \cdot \boldsymbol{r} =$ 常数所确定的一组点阵平面上。

对 α 支，α_0 为正值，χ_g 为负值，由第 2 章得

$$\frac{D_g}{D_0}=\frac{KC\chi_g}{2\alpha_g}=\frac{2\alpha_0}{KC\chi_{-g}} \tag{7-3}$$

可判断 $\dfrac{D_g}{D_0}<0$。这时，$|D|^2$ 为最小值，波场的波节恰好与产生衍射的原子面相重合，吸收效应比正常吸收情况小。

对 β 支，则 $\dfrac{D_g}{D_0}>0$，$|D|^2$ 为最大值，波场的波腹恰好与产生衍射的原子面相重合，吸收效应比正常吸收情况大。

图 7-2 是异常吸收效应在晶体内驻波波场示意图。图中表明，晶体内波场分布有四种可能：

(1) 对 α 支 σ 偏振 (图 7-2(a))，波场的波节恰好与产生衍射的原子面相重合，吸收最小，随着入射束偏离严格的布拉格条件，吸收逐渐增大；

(2) 对 β 支 σ 偏振 (图 7-2(b))，波场的波腹恰好与产生衍射的原子面相重合，吸收最大，随着入射波偏离布拉格条件，吸收逐渐减小；

(3) 对 α 支 π 偏振 (图 7-2(c))，由于 π 偏振的偏振因子 $C=\cos 2\theta$，式 (7-2) 中 $C=\cos 2\pi(\boldsymbol{g}\cdot\boldsymbol{r})\neq 1$。因此，在原子面处波场强度不为零或 $4|D|^2$，而与 Bragg 角有关；

(4) 对 β 支 π 偏振 (图 7-2(d))，有与图 7-2(b) 相似的情况。

从而可以看到，由于色散面 α 支与 β 支的 $\left|\dfrac{D_g}{D_0}\right|$ 符号总是相反的，因此，色散面 α 支波场吸收系数比 β 支的小；而 α 支 σ 偏振波场吸收系数比 π 偏振的小。前文已经指出，σ 偏振的波场可以沿衍射面到达出射面；晶体内随深度变化，两分支波场的驻波结点位置与 $\left|\dfrac{D_g}{D_0}\right|$ 无关，波场强度与 $\left|\dfrac{D_g}{D_0}\right|$ 有关。

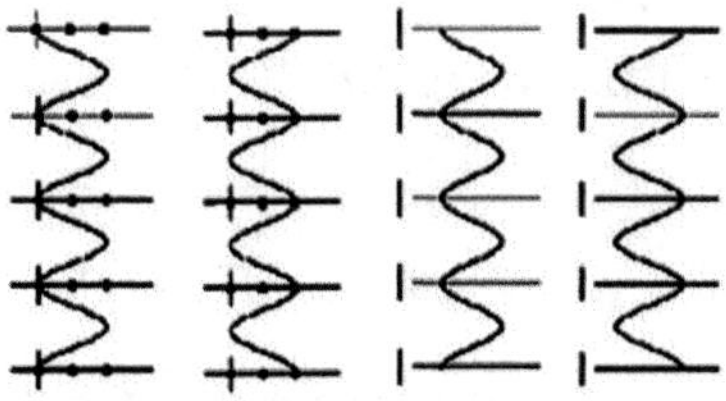

(a) (b) (c) (d)

图 7-2 异常吸收效在晶体内驻波波场应示意图

(a) α 支 σ 偏振；(b) β 支 σ 偏振；(c) α 支 π 偏振；(d) β 支 π 偏振

上述结果也可以从第 2.8 节吸收效应的讨论得到。由式 (2-50) 可知，异常吸收与 η 有关，当 $\eta=0$ 时正好满足 Bragg 条件，异常吸收效应最大，只有 α 支 σ 偏

振 $\mu_0(\text{eff}) \to 0$；而当 $\eta \to \pm\infty$ 时，也就是说，远离 Bragg 条件，吸收系数趋于正常吸收。可见，在异常吸收效应中，α 支的 Bloch 波在严格布拉格角的情况下总可以沿着衍射面向前传播，到达出射面后去耦，分解为向前透射波和衍射波。第 2 章中图 2-8 指出，吸收在色散面上反映是劳厄点到 α 支的最短距离，即散射中心与同原子面的吸收中心重合，导致其波场吸收最小。可见，晶体内色散面 α 支 σ 偏振和 π 偏振的 Bloch 波吸收比 β 支相应的 σ 偏振和 π 偏振的吸收小。

考虑均匀热场的影响，原子的热运动会导致原子电场增大，从而使吸收随温度增加而增大。

如果不考虑晶体的对称性，若所有的原子散射为同相反射，即最大的异常透射产生，而且，结点在离劳厄点最近的色散面上所激发的波场被吸收最小。

7.3 应变晶体内波场强度

7.2 节讨论的是完美晶体异常吸收情况，但是对有应变的晶体，晶面将是弯曲的或不相互平行，以致不能用一个晶格参数和振幅来描述。为简单起见，认为应变是非常缓慢的，以致可以用晶体内足够小的一组反射面来描述，在一组面内具有一个均匀参数和相应的振幅。这样，晶体可认为是随晶格变化的介质。同时，在晶体内把 X 射线波场分为很多非常窄的束，每束内晶格参数和振幅都可视为一致。另外，这么窄的 X 射线束，波矢对应的不确定性相对较小。Penning[8] 应用局域的晶格参数 $\boldsymbol{b}$ 和波矢 $\boldsymbol{k}$ 来描述应变晶体内波场强度。请注意：本节内容和符号主要参考文献 [8]，故所用的符号与 7.2 节不同。

设一束 X 射线在群速度方向从 $\boldsymbol{r}$ 点传播了距离 $\mathrm{d}l$，即有

$$\mathrm{d}\boldsymbol{r} = a\mathrm{d}l\nabla_{\boldsymbol{k}}\omega \tag{7-4}$$

其中，$a = |\nabla_k\omega|^{-1}$；$\boldsymbol{v}_g = \nabla_k\omega$，为衍射束群速度，平行于色散面上对应结点法线方向；$\omega = \boldsymbol{k}_0 C$，$C$ 是真空中光速，$\boldsymbol{k}_0$ 的轨迹就是色散面。对新的位置 $\boldsymbol{r} + \mathrm{d}\boldsymbol{r}$，$\boldsymbol{b}$ 也有相应的微小的变化：

$$\mathrm{d}\boldsymbol{b} = (\mathrm{d}\boldsymbol{r}\cdot\nabla_{\boldsymbol{r}})\,\boldsymbol{b} = a\mathrm{d}l\,(\nabla_{\boldsymbol{k}}\omega\cdot\nabla_{\boldsymbol{r}})\,\boldsymbol{b} \tag{7-5}$$

其中，$\boldsymbol{b} = \dfrac{1}{2}\boldsymbol{k}_{hkl}$。如果这个应变的变化是突然的，色散面上每个分支中的每一个波场都会在 $\boldsymbol{r} + \mathrm{d}\boldsymbol{r}$ 处激发两个波场。由第 2 章可知，一束入射束在色散面两个分支上激发四个结点。如果 $\mathrm{d}\boldsymbol{b}$ 很短，作为原始波，不同分支的两个结点振幅小，而同一分支上的两个结点将相互靠近。

为了了解 $\boldsymbol{b}$ 缓慢变化时晶体内发生什么变化，可采用光学模拟方法：设一束光通过折射率 n 缓慢变化的介质，光束波矢随着光束前进路径缓慢变化。如果折

射率 n 的变化足够慢，光束波矢将不会发散。这样，沿着光路径波矢的变化，$\mathrm{d}\boldsymbol{k}$ 将平行于 $\nabla_r \boldsymbol{n}$，其方向在 n 空间变化很快。

X 射线沿着 $\boldsymbol{b}$ 缓慢变化的晶体传播可以描述为沿着光路径波矢 $\boldsymbol{k}$ 和 $\boldsymbol{k}'$ 也作缓慢变化，在倒易空间没有分裂。这意味着，沿着光路径光束保持色散面振动模式不变。问题是在结点 $\boldsymbol{P}$ 晶体多大尺度才认为是不均匀的？众所周知，色散面是 $\boldsymbol{b}$ 和 $\boldsymbol{k}$ 的函数，对于均匀晶体，平面波理论没有要求在结点 $\boldsymbol{P}$ 附近都是一致的。如果平面波矢为 $\boldsymbol{k}$，$\boldsymbol{b}$ 在 $\boldsymbol{P}$ 点附近的变化，对定值 $\boldsymbol{k}$，$\mathrm{d}\omega$ 为零，这时晶体可认为是均匀的。对 $\mathrm{d}\omega$ 的非零解，只有当 $\boldsymbol{b}$ 在 $\nabla_b\omega$ 方向围绕 $\boldsymbol{P}$ 点变化。这时，波矢 $\boldsymbol{k}$ 通过就需要考虑晶体是不均匀的。这样，波矢在晶体不均匀方向引入一个变量 $\mathrm{d}\boldsymbol{k}$，这个方向就是 $\boldsymbol{b}$ 的梯度方向：

$$\mathrm{d}\boldsymbol{k} = \beta\nabla_{\boldsymbol{r}}(\boldsymbol{b}\cdot\nabla_{\boldsymbol{b}}\omega) \tag{7-6}$$

沿着光的路径，有

$$\mathrm{d}\omega = \mathrm{d}\boldsymbol{k}\cdot\nabla_{\boldsymbol{k}}\omega + \mathrm{d}\boldsymbol{b}\cdot\nabla_{\boldsymbol{b}}\omega = 0 \tag{7-7}$$

式 (7-6) 中的 β 可从式 (7-7) 要求满足的条件求得。将式 (7-5) 代入式 (7-7)，有

$$\mathrm{d}\boldsymbol{k} = -a\mathrm{d}l\nabla_{\boldsymbol{r}}(\boldsymbol{b}\cdot\nabla_{\boldsymbol{b}}\omega) \tag{7-8}$$

对平面波另一分量作同样处理，可得

$$\mathrm{d}\boldsymbol{k}' = -a\mathrm{d}l\nabla_{\boldsymbol{r}}(\boldsymbol{b}\cdot\nabla'_{\boldsymbol{b}}\omega) \tag{7-9}$$

其中，$\nabla'_{\boldsymbol{b}}\omega$ 表示当 $\boldsymbol{k}' = \boldsymbol{k} - 2\boldsymbol{b}$ 为常数时，ω 随 $\boldsymbol{b}$ 的变化梯度。从而，有

$$\mathrm{d}\boldsymbol{k}' = \mathrm{d}\boldsymbol{k} - 2a\mathrm{d}l\nabla_{\boldsymbol{r}}(\boldsymbol{b}\cdot\nabla_{\boldsymbol{k}}\omega) \tag{7-10}$$

最后要确定式 (7-5)、式 (7-8) 和式 (7-9) 在传播过程中对色散面每个分支其模式不变，也就是保证

$$\mathrm{d}\boldsymbol{k}' = \mathrm{d}\boldsymbol{k} - 2\mathrm{d}\boldsymbol{b} = \mathrm{d}\boldsymbol{k} - 2a\mathrm{d}l\,(\nabla_{\boldsymbol{k}}\omega\cdot\nabla_{\boldsymbol{r}})\,\boldsymbol{b} \tag{7-11}$$

下节将讨论当 $\boldsymbol{b}$ 不转动时，式 (7-10) 和式 (7-11) 是等同的。

7.3.1 定量计算

形变晶体最常用的是用位移矢量 $\boldsymbol{v}$ 来描述，设形变前为 $\boldsymbol{R}$，形变后

$$\boldsymbol{r} = \boldsymbol{R} + \boldsymbol{v}$$

由于形变很小，忽略 $\boldsymbol{v}$ 的高次项，可以认为 $\boldsymbol{v}$ 为 $\boldsymbol{r}$ 的函数。对形变晶体，反射面为

$$\boldsymbol{R}\boldsymbol{b}' = \pi m$$

其中，m 为整数；$\boldsymbol{b}'$ 为无形变晶体倒易矢量的 π 倍。应变将使晶面变形

$$\boldsymbol{rb}' - \boldsymbol{vb}' = \pi m$$

这时，新的倒易矢量为

$$\boldsymbol{b} = \boldsymbol{b}' - \nabla_{\boldsymbol{r}}\left(\boldsymbol{vb}'\right)$$

$\boldsymbol{k}$ 和 $\boldsymbol{b}$ 的变化可以用位移来描述

$$\mathrm{d}\boldsymbol{k} = a\mathrm{d}l\nabla_{\boldsymbol{r}}\left(\nabla_{\boldsymbol{b}}\omega\cdot\nabla_{\boldsymbol{r}}\right)\left(\boldsymbol{vb}'\right) \tag{7-12a}$$

$$\mathrm{d}\boldsymbol{b} = -a\mathrm{d}l\nabla_{\boldsymbol{r}}\left(\nabla_{\boldsymbol{k}}\omega\cdot\nabla_{\boldsymbol{r}}\right)\left(\boldsymbol{vb}'\right) \tag{7-12b}$$

式中 ω 被认为在 $\boldsymbol{r}$ 的微分中是一个常数。

至此，可以计算两个平面波振幅比。为了简化，令 $\xi = \dfrac{D_g}{D_0}$，

$$\mathrm{d}\xi = 4\frac{\xi^2}{1+\xi^2}\frac{a\mathrm{d}l}{V_1}\left[\left(\boldsymbol{b}\cdot\nabla_{\boldsymbol{r}}\right)\left(\nabla_{\boldsymbol{b}}\omega\cdot\nabla_{\boldsymbol{r}}\right)\left(\boldsymbol{vb}'\right) - \left\{\left(\boldsymbol{k}-2\boldsymbol{b}\right)\cdot\nabla_{\boldsymbol{r}}\right\}\left(\nabla_{\boldsymbol{k}}\omega\cdot\nabla_{\boldsymbol{r}}\right)\left(\boldsymbol{vb}'\right)\right]$$

其中，V_1 为晶体内两偏振 (σ 和 π) 态波场。转换到色散面上

$$\mathrm{d}\xi = 4\frac{\xi^2}{1+\xi^2}\frac{a\mathrm{d}l}{V_1}\frac{C^2}{\omega}\left\{\left(\boldsymbol{k}_0-2\boldsymbol{b}\right)\cdot\nabla_{\boldsymbol{r}}\right\}\left(\boldsymbol{k}_0\cdot\nabla_{\boldsymbol{r}}\right)\left(\boldsymbol{vb}'\right) \tag{7-13}$$

式 (7-13) 表明，在晶体内光束通过距离 dl 后，ξ 的微小变化相应于矢量 $\boldsymbol{v}$ 的微小位移。在 $\boldsymbol{k}$-空间，波矢在色散面的微小变化与 $\nabla_{\boldsymbol{r}}(\boldsymbol{vb}')$ 相比在同一个数量级或者更小，因此，可以忽略。

式 (7-13) 反映形变晶体内沿着光的路径波场强度的变化。通常，光的路径是弯曲的。到达出射面，光束去耦形成向前透射束和衍射束，其强度为

$$I_{\mathrm{T}} = \left(\frac{\gamma}{\gamma+\xi^2}\right)I_{\xi} \tag{7-14a}$$

$$I_{\mathrm{R}} = \left(\frac{\xi^2}{\gamma+\xi^2}\right)I_{\xi} \tag{7-14b}$$

其中，$\gamma = \dfrac{\boldsymbol{k}_1\boldsymbol{s}}{\left(\boldsymbol{k}_1-2\boldsymbol{b}\right)\boldsymbol{s}}$，$\boldsymbol{s}$ 为晶体外表面法线矢量。对严格布拉格条件下入射及对称劳厄情况，$\boldsymbol{s}\perp\boldsymbol{b}$，此时 $\gamma=1$。

式 (7-14) 对严格布拉格角偏离 η 积分，就是在严格布拉格角附近作摇摆曲线，可得到向前透射束和衍射束的积分强度：

$$T = \int_{-\infty}^{\infty}\gamma I_{\mathrm{T}}\mathrm{d}\eta \tag{7-15a}$$

$$R = \int_{-\infty}^{\infty} \gamma I_{\mathrm{R}} \mathrm{d}\eta \tag{7-15b}$$

作为实例，Penning 和 Polder 对温度梯度引起晶体形变和弯曲引起晶体的应变产生的异常透射效应做了理论分析，与实验结果符合得较好。有兴趣的读者可参阅文献 [8]。

参考文献

[1] Borrmann G. Z. Phys., 1941(42): 157; 1950(127): 297.
[2] Campbell H N. J. Appl. Phys., 1951(22): 1139.
[3] Rogoss G L, Schwarz G. Phys. Rev., 1952(87): 995.
[4] Brogren G, Adell O. Ark. Fysik., 1954(8): 401.
[5] Hunter L P. Appl. J. Phys., 1959(30): 874.
[6] Borrmann G, Hildebrandt G. Z. Phys., 1959(156): 189.
[7] Batterman B W. Phys. Rev., 1962(126): 1461.
[8] Penning P, Polder D. Philips Res. Repts., 1961(16): 419.

第 8 章 Pendellösung 干涉条纹

在第 2 章提到一种 X 射线衍射动力学现象，即衍衬干涉条纹 (Pendellösung frings)，它是由晶体内从色散面不同分支间两束 Bloch 波相互干涉产生的。1916 年 Ewald 在论文“X 射线衍射动力学理论”中已经预言了这种干涉现象的存在[1]。1958 年，Lang[2] 发现一种透射型新的 X 射线衍射条纹，并用来观察单个位错。这种条纹与 Heidenreich 等[3] 在电镜中观察到的 MnO_2 条纹类似。1959 年 Kato 和 Lang[4] 比较系统地研究于楔形 LiF、Si 和 SiO_2 完美单晶透射 X 射线衍射产生的干涉条纹，称之为 Pendellösung 条纹。为了解释这种条纹，Kato 发展了 X 射线衍射动力学球面波理论[5]。随后，不少研究人员研究 Pendellösung 条纹的特性，并用来测定晶体的结构振幅。1969 年 Uragami 在理论上推断反射型 (Bragg 型) 的 Pendellösung 条纹存在，并声称观察到 Pendellösung 条纹；1978 年麦振洪采用金刚石，通过实验观察到反射型 Pendellösung 条纹，修正了 Uragami 理论，并指出 Uragami 并没有观察到 Pendellösung 条纹。

8.1 劳厄型 Pendellösung 干涉条纹

第 1 章已经指出，X 射线衍射运动学理论认为，如果一束 X 射线入射到晶体，只有沿着入射束 ET 和衍射束 ER 方向才有能量流通过，而且入射束的强度在传播过程中是不变的，而衍射束的强度随着传播深度增加而增加，在出射面得到等强度分布的波场，从而不遵循能量守恒定律。然而，实验上在出射面却观察到干涉条纹。这种现象可以用 X 射线衍射动力学理论解释：对完美晶体，如果晶体比较厚，晶体内原子间的多重散射不可忽略，在能流三角形 (borrmann fan) 内都有能量流通过。2.7 节“能流方向和坡印亭矢量”指出，能量流的方向：

$$\langle\langle \boldsymbol{s} \rangle\rangle = \boldsymbol{s}_\alpha + \boldsymbol{s}_\beta + \boldsymbol{s}_{\alpha\beta} \tag{8-1}$$

其中

$$s_\alpha = A(|D_{0\alpha}|^2 \, s_0 + |D_{g\alpha}|^2 \, \boldsymbol{s_g}), \quad \omega = \omega' = \alpha$$

$$s_\beta = A(|D_{0\beta}|^2 \, s_0 + |D_{g\beta}|^2 \, \boldsymbol{s_g}), \quad \omega = \omega' = \beta$$

$$s_{\alpha\beta} = B(|D_{0\alpha}|\,|D_{g\beta}|\,\boldsymbol{s}_0 + |D_{g\alpha}|\,|D_{g\beta}|\,\boldsymbol{s}_g) \cdot \cos 2\pi[(\boldsymbol{k}'_{0\alpha} - \boldsymbol{k}'_{0\beta}) \cdot \boldsymbol{r}]$$

$$\boldsymbol{A} = \frac{c}{8\pi} \exp[2\pi\,(\boldsymbol{k}_i \cdot \boldsymbol{r})]$$

$$B = \frac{c}{4\pi} \exp[2\pi (\boldsymbol{k}_i \cdot \boldsymbol{r})]$$

$$\boldsymbol{k}_0 = \boldsymbol{k}''_{0\alpha} = \boldsymbol{k}''_{0\beta}$$

$$D_{0i} = \frac{1}{2} \left[1 \mp \frac{\eta}{\left(\frac{b}{|b|} + \eta^2 \right)^{\frac{1}{2}}} \right] D^a \tag{8-2a}$$

$$D_{gi} = \pm \frac{D^a}{2} \frac{|C| \, |b|^{\frac{1}{2}}}{C} \frac{(\chi_g \chi_{-g})^{\frac{1}{2}}}{\chi_{-g}} \frac{1}{\left(\frac{b}{|b|} + \eta^2 \right)^{\frac{1}{2}}} \tag{8-2b}$$

其中，$i = \alpha, \beta$。式 (8-2a) 中 “−” 号对应 α 支，式 (8-2b) 中 “+” 号对应 β 支 (式 (8-2) 与式 (2-47) 相同)。A 和 B 代表吸收效应，当考虑坡印亭矢量的方向时，吸收因子不影响其方向性质。因为波矢量虚部垂直于晶体表面，所以可将波矢量视为常数，也可认为 $k_i = 0$。这样，s_α 和 s_β 与光强有关，与在晶体表面下的深度无关。$s_{\alpha\beta}$ 为干涉项，是深度的余弦函数。由边界条件决定矢量 $(\boldsymbol{k}_{0\alpha} - \boldsymbol{k}_{0\beta})$ 垂直晶体的入射面，$s_{\alpha\beta}$ 是平行于晶体表面的常数，并随着晶体深度作余弦函数变化，其周期为

$$\varLambda = \frac{1}{\boldsymbol{k}_{0\alpha} - \boldsymbol{k}_{0\beta}} \tag{8-3}$$

图 8-1 为干涉项周期 $\varLambda$ 在色散面上的示意图，可以清晰地看出各量之间的关系。

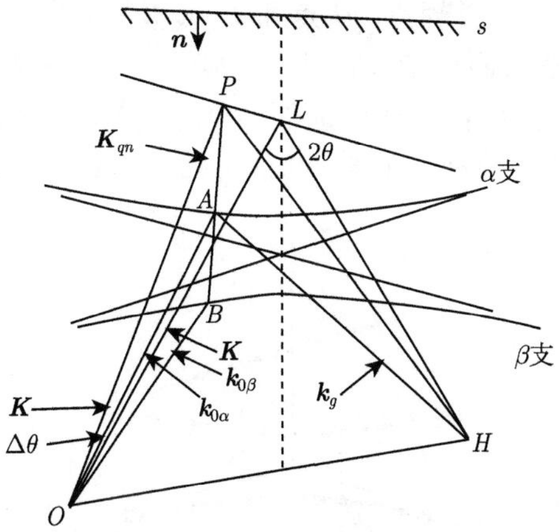

图 8-1 干涉项周期 $\varLambda$ 在色散面上的示意图

第 2 章讨论平面波的局限性时指出，平面波理论适用的首要条件是相干入射束的角发散度 $\varOmega$ 要小于完美晶体反射曲线的半高宽 υ，即 $\varOmega < \upsilon$；否则需要应用球面波理论处理。

如图 8-2 所示，一束 X 射线从 E 点入射，$\boldsymbol{k}_0$ 为直射束，$\boldsymbol{k}_g$ 为衍射束；P 为观测点；$\boldsymbol{v}$ 为 $\overrightarrow{EP}$ 波传播的方向；EF 为衍射面；x' 和 x 分别是 P 到 ER 和 ET 的垂直距离；θ 为观测点波矢与衍射面的夹角；$R'P$ 和 $T'P$ 分别平行于 ET 和 ER。

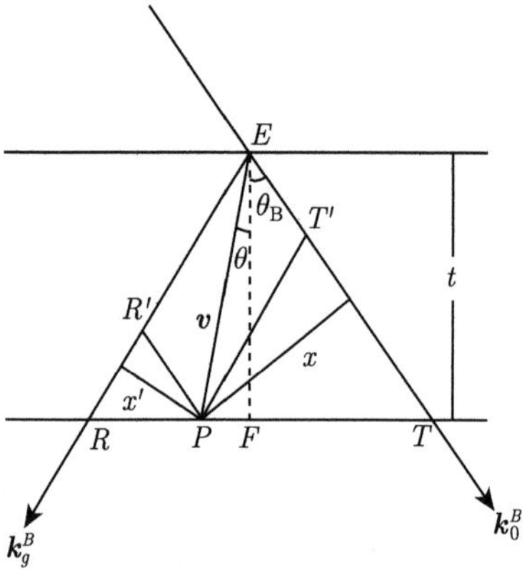

图 8-2　晶体中波场示意图

第 2 章已经介绍，球面波理论认为入射束是相干的波束，如图 8-3 所示，在色散面上的 P 不是一点 (注意：平面波理论认为是一点。)，而是 “相当宽” 的一段，其上的每一个结点都与平面波的情况一样。在晶体内激发波场，也就是说，“相当宽” 的色散面被激发。如果观察 $\boldsymbol{v}$ 方向 P 点的波，还必须考虑其共轭点 P'。由于色散面的截面是双曲线，因此，沿相同方向 $\boldsymbol{v}$ 传播的波相应的结点在两个色散面上是对应 Lorents 点 L_0 的共轭点。P 点和 P' 点波的方向一致，将产生干涉。在正空间，一个入射波将激发两个 Bloch 波。一般情况下，这两个波的波长略有差别，其方向垂直于所在的色散面，由色散面的不对称决定。在观测点 P (图 8-2)，所通过的 Bloch 波是相干的，将产生干涉。从而可知，干涉条纹将由共轭点所激发的波的相位差来决定。

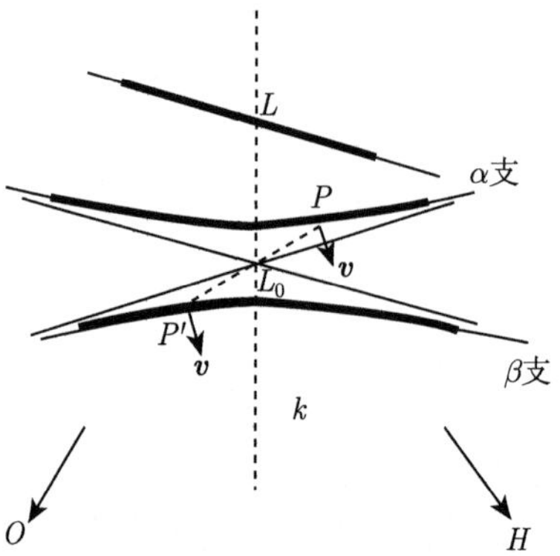

图 8-3　Pendellösung 条纹色散面解释示意图

$$\boldsymbol{S}_0^{\alpha} - \boldsymbol{S}_0^{*\beta} = \left\{\phi_0^{\alpha} - \phi_0^{*\beta}\right\} + \left\{\left[\boldsymbol{k}_0^{\alpha}(\boldsymbol{v}) - \boldsymbol{k}_0^{*\beta}(\boldsymbol{v})\right] \cdot \boldsymbol{v}\right\} \cdot l \tag{8-4a}$$

$$\boldsymbol{S}_g^{\alpha} - \boldsymbol{S}_g^{*\beta} = \left\{\phi_g^{\alpha} - \phi_g^{*\beta}\right\} + \left\{\left[\boldsymbol{k}_g^{\alpha}(\boldsymbol{v}) - \boldsymbol{k}_g^{*\beta}(\boldsymbol{v})\right] \cdot \boldsymbol{v}\right\} \cdot l \tag{8-4b}$$

其中，α 和 β 表示色散面分支；$\phi_{0,g}^{\alpha,\beta}$ 表示各波在入射面的起始相位；l 为从入射点沿 $\boldsymbol{v}$ 传播的距离；$*$ 号表示在 β 色散面上，以强调共轭关系。从式 (8-4) 的第二项可得干涉条纹间距：

$$\Lambda_x = \frac{2\pi}{\Delta\boldsymbol{k}(\boldsymbol{v}) \cdot \boldsymbol{v}} \tag{8-5}$$

从图 8-1 可知，$\boldsymbol{k}_0^{\alpha}(\boldsymbol{v}) - \boldsymbol{k}_0^{*\beta}(\boldsymbol{v}) = AB$；$\boldsymbol{k}_g^{\alpha}(\boldsymbol{v}) - \boldsymbol{k}_g^{*\beta}(\boldsymbol{v}) = AB$。$\Delta\boldsymbol{k}(\boldsymbol{v})$ 对 0 波和 g 波是一样的。因此，干涉条纹的间距相等。色散面的截面是双曲面，由简单的几何计算可得

$$\Delta\boldsymbol{k}(\boldsymbol{v}) \cdot \boldsymbol{v} = D\cos\theta\sqrt{1-Q^2} \tag{8-6}$$

其中，D 为色散面直径；θ 为 $\boldsymbol{v}$ 方向与衍射面的夹角；$Q = \dfrac{\tan\theta}{\tan\theta_{\mathrm{B}}}$。在正空间 (图 8-2)，有 $x = l\sin(\theta_{\mathrm{B}}+\theta)$ 和 $x' = l\sin(\theta_{\mathrm{B}}-\theta)$。因此，

$$\sqrt{xx'} = l\sin\theta_{\mathrm{B}}\cos\sqrt{1-Q^2} \tag{8-7}$$

比较式 (8-6) 和式 (8-7)，可得

$$(\Delta\boldsymbol{k}(\boldsymbol{v}) \cdot \boldsymbol{v}) \cdot l = \frac{D\sqrt{xx'}}{\sin\theta_{\mathrm{B}}} \tag{8-8}$$

从式 (8-8) 可见，干涉条纹的形状由 $\sqrt{xx'}$ 给出，而 $\sqrt{xx'}$ 为常数，因此，干涉条纹的形状为双曲线，其渐近线 ER 和 ET 见图 8-2。图 8-4 给出矩形和楔形样品产生的 Pendellösung 干涉条纹的形状示意图，与实验结果十分符合。

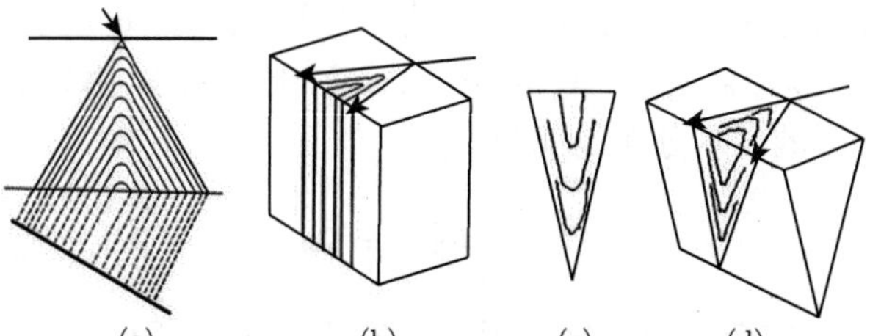

图 8-4 矩形和楔形样品产生的 Pendellösung 干涉条纹的形状示意图

(a) 和 (b) 矩形样品内干涉条纹的分布；(c) 楔形样品得到的干涉条纹示意图；(d) 楔形样品内干涉条纹的分布示意图

为了简单起见，对 Pendellösung 干涉条纹的性质不做详细推导，对此有兴趣的读者，可参阅文献 [6, 7]。Authier 的综述文章对此也做了很好的评述[8]。

8.1.1　Pendellösung 干涉条纹的间距

从球面波理论可推出衍射波的强度为

$$I_g = D(\bar{\beta})^2[J_0(\bar{\beta}\sqrt{xx'})]^2 \tag{8-9}$$

其中，D 为色散面两分支顶点的距离；

$$\bar{\beta} = \beta\sqrt{\frac{\gamma_0}{\gamma_g}} = \frac{KC\sqrt{\chi_g\chi_{\bar{g}}}}{\sin 2\theta_{\mathrm{B}}}$$

$$\beta = \frac{KC\sqrt{\dfrac{\gamma_g}{\gamma_0}}\sqrt{\chi_g\chi_{\bar{g}}}}{\sin 2\theta_{\mathrm{B}}}$$

K 为真空波矢。

偏振因子为

$$C = \begin{cases} 1, & \sigma \text{ 分支} \\ |\cos 2\theta_{\mathrm{B}}|, & \pi \text{ 分支} \end{cases}$$

J_0 为 Bessel 函数零级项，

$$J_n(x) = \sum_{K=0}^{\infty} \frac{(-1)^K\left(\dfrac{x}{2}\right)^{n+2K}}{K!\Gamma(n+K+1)}$$

利用 J_0 的渐近展开，可得到沿衍射面 X 射线的强度分布：

$$I_g \cong \left(\frac{2}{\pi}\right) D\bar{\beta}\left(\frac{1}{l\sin\theta_{\mathrm{B}}}\right)\cos^2\left(\bar{\beta}\sin\theta_{\mathrm{B}}\cdot l - \frac{\pi}{4}\right) \tag{8-10}$$

其中，l 为入射点沿衍射面到观测点的距离。由于实验时，θ 值很小，式 (8-7) 可近似为 $\sqrt{xx'} = l\sin\theta_{\mathrm{B}}$。请注意，式 (8-10) 与式 (3-35) 相同。由式 (8-10) 可知，X 射线衍射束在出射面的强度分布周期为

$$\bar{\beta}\sin\theta_{\mathrm{B}}\cdot l = 2\pi$$

注意到式 (8-10) 中三角函数是平方项，周期减少一半。因此 Pendellösung 干涉条纹间距为

$$\Lambda_{\perp,\parallel} = \frac{\pi}{\bar{\beta}\sin\theta_{\mathrm{B}}} = \frac{\sin 2\theta_{\mathrm{B}}}{KC\sqrt{\chi_g\chi_{\bar{g}}}}\cdot\frac{\pi}{\sin\theta_{\mathrm{B}}} \tag{8-11a}$$

对有中心对称的晶体，式 (8-11a) 可简化为

$$\Lambda_{\perp,\parallel} = \frac{\lambda\cos\theta_{\mathrm{B}}}{C\,|\chi_g|} \tag{8-11b}$$

其中，$|\chi_g| = \dfrac{\lambda^2}{\pi V}\dfrac{e^2}{mC^2}|F_g|$；$\lambda$ 为 X 射线波长；$\dfrac{e^2}{mC^2}$ 为电子半径；$|F_g|$ 为结构因子。请注意，式 (8-11b) 与式 (3-37) 相同。

由式 (8-11) 可见，Pendellösung 干涉条纹间距为 $\Lambda_{\perp,\parallel} \approx \dfrac{1}{|F_g|}$。因此，实验测定得到 Pendellösung 干涉条纹间距，从而得到 $|F_g|$，这是绝对测定 $|F_g|$ 的理论基础。

8.1.2 Pendellösung 干涉条纹的绝对位置

图 8-4(d) 是一束 X 射线入射到楔形单晶，8.1 节已经讨论了在晶体内波场干涉，在出射面将观察到 Pendellösung 干涉条纹 (图 8-4(c))。关于 Pendellösung 干涉条纹的绝对位置测量的步骤，读者可参阅文献 [9]。他们利用一块没有位错但具有一个 (111) 的孪晶替代楔形晶体，拍摄 X 射线截面形貌图。可以认为，干涉条纹的距离和 X 射线截面形貌图在出射面上条纹顶端正比于晶体的厚度 (图 8-4(c) 和 (d))，这样，就能够以干涉条纹间距的尺度 Λ 来测量干涉条纹的绝对位置。

在球面波理论中，Bragg 反射波的积分强度是出射面波场的空间积分；而在平面波理论中，积分强度是 Bragg 反射波对入射方向的角度积分。然而，在数学上，由熟知的 Fourier 变换的 Parseval 定理推出的结果可知，平面波理论和球面波理论得到的积分强度是一样的。

需要指出，对厚度为 t 的完美晶体，由于在传播的过程中 X 射线截面图的强度调制而被弥散，根据光学倒易定理不难得出结论：积分强度必须应用 X 射线衍射动力学理论。详细内容可参阅文献 [10]。楔形样品的厚度是随位置而变化的，其透射花样的强度分布可以由 Waller's 积分强度公式[11] 描述：

$$I(t) = \frac{\pi}{2}\int_0^{2\alpha\beta t} J_0(l)\,\mathrm{d}l$$

其中，J_0 为零级 Bessel 函数。

图 8-5 是采用球面波理论和平面波理论处理所得沿出射面 l 的强度分布。由图 8-5 可以得到两者结果的差别。

(1) 对于楔形样品末端的强度及积分强度，由球面波理论得到为有限值，而由平面波理论得到为零；

(2) 球面波理论得到的第一条条纹的间距比平均间距 Λ_s 大 22%，这不能用简单的固定相位法解释，而用平面波理论得到的条纹间距是一个常数；

(3) 在平面波理论中，条纹的最大值出现在距离出射面 $\left(n+\dfrac{1}{2}\right)\Lambda_\mathrm{p}$ 处，而由球面波理论，条纹最大值出现在 $\left(n+\dfrac{1}{4}\right)\Lambda_\mathrm{s}$ 处，积分强度最大值出现在 $\left(n+\dfrac{3}{8}\right)\Lambda_\mathrm{I}$

处。其中 Λ_{p}、Λ_{s} 和 Λ_{I} 分别为高价条纹相关的情况。

上述 (1) 和 (2) 很容易从定量测量截面形貌图得到。事实上，由 (1) 可以决定 X 射线截面图顶端的位置。对 (3) 需要进行详细的讨论。用作图法，横坐标为截面图顶点到条纹最大值的距离，纵坐标为条纹的级数，从 $n=0$ 对各点作连线可得到截距，其值为 $\frac{1}{2}\Lambda_{\mathrm{p}}$ 或 $\frac{1}{4}\Lambda_{\mathrm{s}}$。

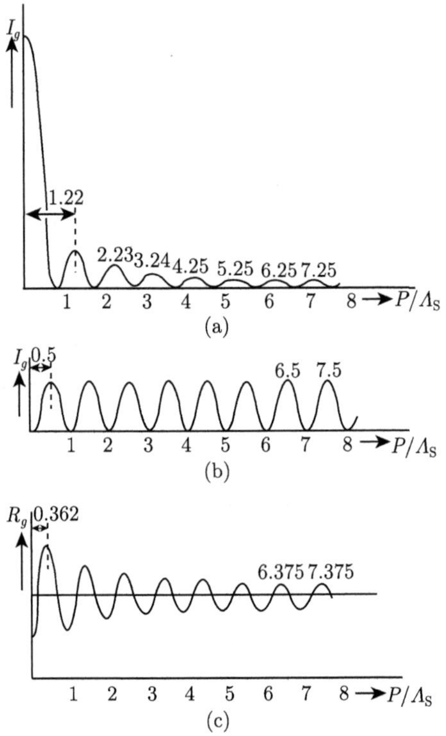

图 8-5　沿晶体面 Bragg 反射波强度分布

(a) 球面波处理；(b) 平面波处理；(c) 球面波传播，平面波积分

8.1.3　X 射线偏振的影响 —— 消衰现象

从式 (8-11) 可以看到，Pendellösung 干涉条纹间距决定于 X 射线的偏振状态，在通常的实验条件下，X 射线是非偏振的，可分解为两个相互垂直偏振的波，其振幅相等。在晶体内，每个偏振波都激发一个与入射波有相同偏振面的波场，由于相互垂直偏振的波不能产生干涉，于是，在晶体内存在两组干涉条纹，总波场强度为两偏振波强度的叠加。在实验中可以观察到干涉条纹的调制效应，称为消衰现象 (fading phenomena)。有关消衰现象的细节将在第 10 章介绍。

8.2 布拉格型 Pendellösung 干涉条纹

8.2.1 布拉格型 Pendellösung 干涉条纹的定义

前面的章节已经提到，有多种形式的布拉格衍射干涉现象，例如，高准直的 X 射线入射到薄的低吸收晶体中，在布拉格反射曲线两翼的强度产生振荡[12]；对中等或高吸收情况的 Borrmann-Lehmann 条纹 (见第 9 章) 和所谓 “gap” 条纹花样[13] 等。这些干涉条纹都是产生于色散面同一分支的结点激发的波之间的干涉。相比之下，X 射线入射晶体，从色散面不同分支间波场产生的干涉，其干涉条纹的内在相关系可以由表面边界条件所决定。1917 年 Ewald 在处理晶体内直射波与衍射波相互交换能量时，把晶体内波函数的解形象地比喻为机械运动的双振子运动，称为摆动解 (pendulun solutio)。后来，Batterman 等把他们观察到的干涉条纹称为 Pendellösung 干涉条纹[12]。Lang 和麦振洪认为 Pendellösung 干涉条纹与其他干涉条纹是有明显的区别的[14]，建议把 Pendellösung 干涉条纹定义为色散面分支间的干涉现象。

8.2.2 Uragami 实验的质疑

1969 年 Uragami[15] 推导出反射型 (Bragg 型)Pendellösung 干涉条纹的波函数分布，并声称采用 10μm 入射光阑，硅单晶 (440) 反射，$MoK_{\alpha 1}$ 辐射观察到 Bragg 型 Pendellösung 干涉条纹 (图 8-6)。由图 8-6(b) 很难相信 Uragami 真正观察到了 Pendellösung 干涉条纹。

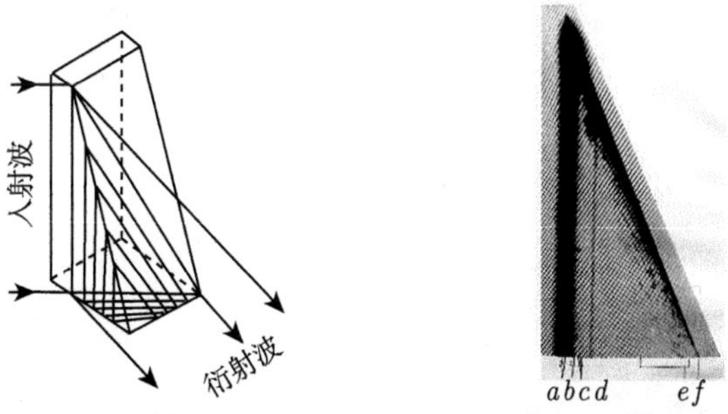

(a) (b)

图 8-6 (a) Uragami 实验几何示意图；(b) 所观察到的 Pendellösung 干涉条纹

Uragami 从高木方程出发，采用两束波近似，推导从 O 沿晶体出射面 OC' 距离为 x 的强度分布。

波动方程为

$$\frac{\partial D_0}{\partial s_0} = -\mathrm{i}\pi K C \chi_{-g} D_g \tag{8-12a}$$

$$\frac{\partial D_g}{\partial s_g} = -\mathrm{i}\pi K C \chi_g D_0 + \mathrm{i}2\pi\beta_g D_g \tag{8-12b}$$

其中，s_0 和 s_g 分别为平行于波矢 $\boldsymbol{k}_0$ 和 $\boldsymbol{k_g}$ 的实空间坐标；D_0 和 D_g 为波场振幅；K 为真空中入射波的波数；C 为 X 射线偏振因子；$\chi_g = -\dfrac{e^2\lambda^2}{\pi mc^2}\dfrac{F_g}{V}$；$\beta_g = \dfrac{k_g^2 - k^2}{2K} - \dfrac{1}{K}\dfrac{\partial(\boldsymbol{g}\cdot\boldsymbol{u})}{\partial s_g}$；这里，晶体内平均波数为 $k = K\sqrt{1+\chi_0} = nK$；$\boldsymbol{u}$ 为原子对完美晶格的位移。式 (8-12) 可改写为

$$\frac{\partial^2 D_0}{\partial \boldsymbol{s}_0 \partial \boldsymbol{s}_g} - \mathrm{i}2\pi K\beta_g \frac{\partial D_0}{\partial s_0} + \pi^2 K^2 C^2 \chi_g \chi_{-g} D_0 = 0 \tag{8-13a}$$

$$\frac{\partial^2 D_g}{\partial s_0 \partial s_g} - \mathrm{i}2\pi K\beta_g \frac{\partial D_g}{\partial s_0} + \left(\pi^2 K^2 C^2 \chi_g \chi_{-g} - \mathrm{i}2\pi K \frac{\partial \beta_g}{\partial s_0}\right) D_g = 0 \tag{8-13b}$$

劳厄透射几何的边界条件为

$$D_0 = \Phi_0$$

$$D_g = 0$$

$$\frac{\partial D_0}{\partial s_0} = 0$$

$$\frac{\partial D_g}{\partial s_g} = -\mathrm{i}\pi K C \chi_g \Phi_0$$

布拉格反射几何的边界条件为

$$D_0 \frac{\partial D_0}{\partial s_0} = 0$$

$$D_g \frac{\partial D_g}{\partial s_g} = 0$$

$$D_0 = \Phi_0$$

$$\frac{\partial D_g}{\partial s_g} - \mathrm{i}2\pi K \beta_g D_g = -\mathrm{i}\pi K C \chi_g \Phi_0$$

其中，$\Phi_0 = D_0(r)\exp[-2\pi\mathrm{i}(K - k_0)\cdot r]$。

为了简洁，本节略去烦琐的数学推导过程，只讨论结果。有兴趣的读者可参阅文献 [15]。经过一番推算，令入射束非常窄，则有 $\Phi_0 = \delta(x)$，可得波场振幅：

$$D_0(s_0 s_g) = \frac{\sin\phi}{\sin 2\theta_{\mathrm{B}}}\delta(s_g) - \frac{\alpha}{2\sin 2\theta_{\mathrm{B}}}[s_0 \sin\phi - s_g \sin(2\theta_{\mathrm{B}} - \phi)]\frac{J_1(\alpha\sqrt{s_0 s_g})}{\sqrt{s_0 s_g}} \tag{8-14a}$$

$$D_g(s_0, s_g) = -\mathrm{i}\frac{\alpha}{2\sin 2\theta_{\mathrm{B}}}\sqrt{\frac{\chi_g}{\chi_{-g}}}\cdot\left\{\left[\sin\phi - \frac{s_g}{s_0}\sin(2\theta_{\mathrm{B}} - \phi)\right] J_0\left(\alpha\sqrt{s_0 s_g}\right)\phi\right.$$

$$+2\sin(2\theta_{\rm B}-\phi)\frac{s_g}{s_0}\frac{J_1\left(\alpha\sqrt{s_0 s_g}\right)}{\alpha\sqrt{s_0 s_g}}\Bigg\}$$

$$=-{\rm i}\frac{\alpha}{2\sin 2\theta_{\rm B}}\sqrt{\frac{\chi_g}{\chi_{-g}}}\left\{\sin\phi J_0\left(\alpha\sqrt{s_0 s_g}\right)+\sin\left(2\theta_{\rm B}-\phi\right)\frac{s_g}{s_0}J_2\left(\alpha\sqrt{s_0 s_g}\right)\right\} \tag{8-14b}$$

其中，$\phi=\frac{\pi}{2}-\theta_{\rm B}$；$\alpha=2\pi KC\sqrt{\chi_g\chi_{-g}}$；$K$ 为真空中入射波波数 (即 λ^{-1})；C 为偏振因子，有

$$C=\begin{cases}1, & \sigma\ 分支\\ |\cos 2\theta_{\rm B}|, & \pi\ 分支\end{cases}$$

$J_{0,1,2}$ 分别为零级、一级和二级 Bessel 函数；$\chi_g=-\frac{e^2\chi^2}{4\pi mc^2}\frac{F_g}{V}$，$F_g$ 为结构因子，V 为单胞体积，e、m 和 c 为惯用定义。

当入射束非常窄时，式 (8-14b) 为布拉格几何情况 Pendellösung 干涉条纹的表达式。由式 (8-14b) 可知，Bragg 型的 Pendellösung 干涉条纹的波场由 J_0、J_1 和 J_2 决定，而且系数也不一样，而 Laue 型的 Pendellösung 干涉条纹的波场仅由 J_0 决定[10]，因此，两者的 Pendellösung 干涉条纹的形状不一样。

沿 s_0 轴，式 (8-14) 可简化为

$$D_0(s_0,0)=\infty-\frac{\sin\phi}{\sin 2\theta_{\rm B}}\pi^2K^2C^2\chi_g\chi_{-g}s_0 \tag{8-15a}$$

$$D_g\left(s_0,0\right)=-{\rm i}\frac{\sin\phi}{\sin 2\theta_{\rm B}}\pi KC\chi_g \tag{8-15b}$$

式 (8-15) 表明布拉格几何有边缘效应，也就是说，波场强度沿 s_0 轴增强。透射波 $D_0(s_0,0)$ 沿 s_0 单调减小，其峰宽随 s_0^{-2} 减小。

衍射波式 (8-14b) 的第一项表示靠近 s_0 轴的区域波场随 J_0 变化，而沿 s_0 轴，J_1 对 $D_g\left(s_0,0\right)$ 没有影响 (式 (8-15b))。在晶体内入射面 J_1 显得重要，而 J_0 趋于 0。在入射面

$$D_0\left(x\right)=\delta(x) \tag{8-16a}$$

$$D_g=-{\rm i}\sqrt{\frac{\sin\phi}{\sin\left(2\theta_{\rm B}-\phi\right)}\frac{\chi_g}{\chi_{-g}}}\frac{1}{x}J_1\left(\alpha\frac{\sqrt{\sin\left(2\theta_{\rm B}-\phi\right)\sin\phi}}{\sin 2\theta_{\rm B}}x\right) \tag{8-16b}$$

值得注意的是，衍射波 (式 (8-16b)) 在入射面沿着 x 是振荡的，衍射波强度在 $x=0$ 处非常大 (对应于振荡条纹的第一极大)，条纹极大的强度随 $\frac{1}{x^3}$ 急速下降，第一极大与第二极大强度相差约 100 倍。如果入射波的发散度在入射面大于晶体的消光长度，Pendellösung 干涉条纹和波场强度在入射面的振荡将被模糊，以致观察不到 Pendellösung 干涉条纹和波场强度在入射面的振荡。

从式 (8-16) 可得沿入射面波场强度为

$$I(x) = Ax^{-2}\left|J_1\left\{\left[\sqrt{\frac{\sin(2\theta_B - \phi)\sin\phi}{\sin 2\theta_B}}\right]\alpha x\right\}\right|^2 \tag{8-17}$$

其中，A 为正比于入射 X 射线强度的常数；x 为出射面上观测点到入射点的距离。

图 8-7 为单偏振模型反射型 Pendellösung 干涉条纹，可以看到，条纹峰值强度下降非常快，第一峰值与第二峰值相差很大。从图 8-7 可见，设条纹的第一极大位于 $X=0$，Bessel 函数 J_1 的极小分别位于 $X = 1.220, 2.233, 3.238, 4.241, \cdots$，而条纹强度极大分别位于 $X = 1.635, 2.680, 3.697, 4.710, \cdots$。令条纹第一极大的强度为 1，那么顺次极大的强度分别为 $1.75\times10^{-2}, 4.16\times10^{-3}, 1.6\times10^{-3}, 7.79\times10^{-4}$。因此，要通过实验观察到反射型 Pendellösung 干涉条纹需要完美性好的晶体和精湛的技术。这一点比观察劳厄型 Pendellösung 干涉条纹实验条件苛刻得多。

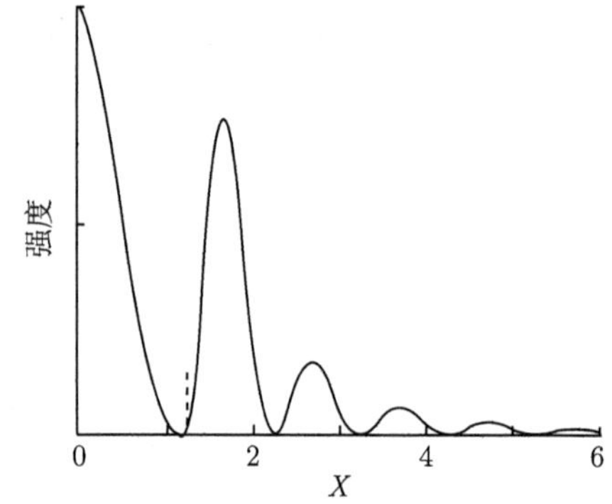

图 8-7　单偏振模型反射型 Pendellösung 干涉条纹

$X = \dfrac{Bx}{\xi_g}$, ξ_g 为消光距离；B 见式 (8-19)。曲线强度的纵坐标在横坐标 $X = 1.22$ 以后放大了 43 倍

如果非偏振 X 射线入射，其强度应为 σ 和 π 两偏振态之和。对透射 X 射线形貌图，Pendellösung 干涉条纹消衰现象已有较好的研究[16]，当高价的干涉条纹被观察到时，消衰现象对干涉条纹间距的测量没有影响。从反射型 Pendellösung 干涉条纹的理论计算可以看到，在衍射角相当宽的范围内，由于两个偏振的干涉条纹重叠，所以观察不到 Pendellösung 干涉条纹。因此，入射波应该是单偏振平面波，只产生 σ 偏振或 π 偏振的干涉条纹。

Uragami 的实验采用非偏振的 $\mathrm{MoK}_{\alpha1}$ 辐射，硅 440 衍射，图 8-8 是 Uragami 实验参数的理论计算模拟曲线。图 8-8(a) 为各偏振分量干涉条纹强度曲线，粗线是 σ 偏振辐射，细线是 π 偏振辐射；(b) 是 σ 和 π 偏振干涉条纹强度的叠加。从图 8-8(a) 可以看到，Uragami 所采用的实验条件是不理想的。σ 和 π 偏振干涉条纹强度的第一极大都在零点，而 σ 偏振条纹强度的第二极大刚好位于 π 偏振条纹强度的第一极小，π 偏振干涉条纹强度的第二极大又刚好落在 σ 偏振条纹强度的第二极小，只有当 $X = 3.7$ 时，两个偏振干涉条纹强度才重叠 (图 8-8(b))。由实验参数及室温下 $MoK_{\alpha 1}$ 辐射硅的结构因子 F_{440} 可以推算出这是在晶体表面离 X 射线入射点为 200μm，对应着沿衍射束方向只有 74μm，其强度只有第一极大的 $\frac{1}{400}$。因此，有理由怀疑 Uragami 得到的实验结果 (图 8-6(b)) 的确切性。

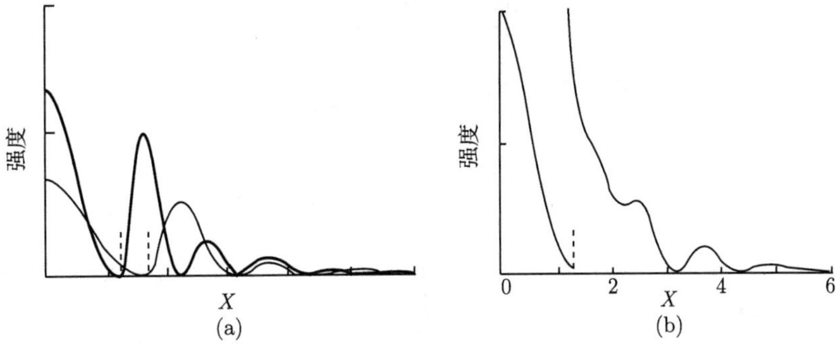

图 8-8 Uragami 实验参数的理论计算干涉条纹强度模拟曲线

采用非偏振的 $MoK_{\alpha 1}$ 辐射，硅 440 衍射。$2\theta_B = 43.40°$，$X = \frac{x}{\xi_g^\sigma}$。(a) 粗线是 σ 偏振辐射，细线是 π 偏振辐射；在各自第一个极小后，强度坐标放大了 43 倍；(b) σ 和 π 偏振干涉条纹强度的叠加，在 $X = 1.22$ 处强度坐标放大了 43 倍

8.2.3 反射型 Pendellösung 干涉条纹新的实验

8.2.2 节的分析表明，要获得反射型 Pendellösung 干涉条纹的条件：第一要有非常完美的晶体；第二入射 X 射线束非常窄，以保持入射束的相干性；第三选择特定的布拉格角，尽量使偏振因子 $C = |\cos 2\theta_B| \approx 1$ 或 0，以降低两个偏振波场叠加的影响，提高干涉条纹的可见度。这些因素都是 Uragami 实验没有考虑到的。为此，麦振洪和 Lang 设计了一个新的实验[14]。

图 8-9 是麦振洪设计的反射型 Pendellösung 干涉条纹实验几何安排示意图。X 射线为球面波点光源入射到晶体，入射束 SOT 与晶体表面的夹角为 ϕ ($\phi < 2\theta_B$, $TOO' = 2\theta_B$)，衍射束 OO' 为 Pendellösung 干涉条纹强度第一极大的位置。在三角形 TOC' 内的双曲线为波场强度 $T(x)$ 的足迹，它们与 OC' 相交，平行于 OO'，沿 $O'Y$ 分布着 Pendellösung 干涉条纹强度第二极大、第三极大、…… 的位置。由于入射束 SO 和衍射束 OO' 的强度是反射型 Pendellösung 干涉条纹强度的几十倍，为了获得清晰的 Pendellösung 干涉条纹图像，在实验时先精确移动光阑 F，使光阑 F 刚好挡住衍射束 OO'，让 Pendellösung 干涉条纹充分曝光后，撤走光阑 F，

让衍射束 OO' 曝光，以得到 OO' 处 Pendellösung 干涉条纹强度第一极大的位置。

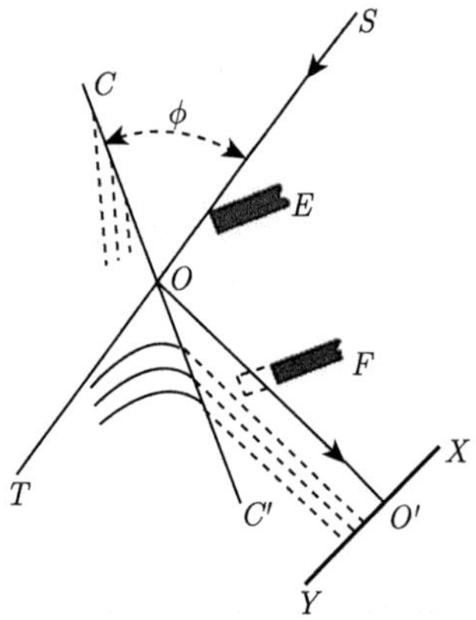

图 8-9　反射型 Pendellösung 干涉条纹实验几何安排示意图

为了表达方便，引入消光距离 ξ_g，在透射几何中它是沿衍射面 Pendellösung 干涉条纹的振荡周期，式 (8-17) 可改写为

$$I(x) = Ax^{-2}\left|J_1\left(\frac{\pi Bx}{\xi_g}\right)\right|^2 \tag{8-18}$$

其中

$$\begin{cases} B = \sqrt{\dfrac{\sin(2\theta_{\mathrm{B}} - \phi)\sin\phi}{\sin\theta_{\mathrm{B}}}} \\ \alpha = \dfrac{2\pi\cos\theta_{\mathrm{B}}}{\xi_g} \end{cases} \tag{8-19}$$

考虑非偏振 X 射线，对 σ 偏振，其消光距离为 ξ_g^σ，而对 π 偏振为 ξ_g^π，两者关系为 $\xi_g^\pi = \dfrac{\xi_g^\sigma}{C}$。因此，其强度分布应为两偏振态强度之和：

$$I(x) = Ax^{-2}\left\{\left|J_1\left(\frac{\pi Bx}{\xi_g^\sigma}\right)\right|^2 + \left|J_1\left(\frac{\pi BxC}{\xi_g^\sigma}\right)\right|^2\right\} \tag{8-20}$$

经过大量的理论模拟和分析，决定选用 Ia 型天然金刚石，表面为 (001)，不对称 113 衍射，$\mathrm{CuK}_{\alpha1}$ 辐射，在此实验条件下，$2\theta = 91.50°$，$|\cos 2\theta_{\mathrm{B}}| = 0.026$，也就是说，$\pi$ 偏振的影响可以忽略，只收集 σ 偏振态条纹的信息。入射狭缝为 10μm，然后光阑 E 把 X 射线束减小到 4μm。应该指出，光阑 E 和 F 对实验的成功起着重要的作用。图 8-10 为反射型 Pendellösung 干涉条纹理论模拟曲线，可以看到，π 偏振条纹强度非常小，在图 8-9 中探测器 XY 上只收集到 σ 偏振的干涉条纹。

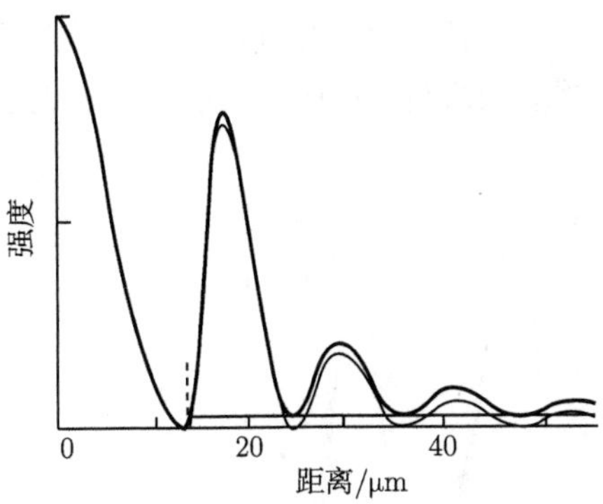

图 8-10 天然金刚石 (110) 表面，不对称 113 衍射，反射型 Pendellösung 干涉条纹理论模拟曲线

非偏振 $CuK_{\alpha1}$ 辐射入射，细线是 σ 偏振辐射，π 偏振辐射强度非常小；粗线是两偏振强度之和。截线以后曲线强度放大了 41 倍

图 8-11 为实验得到的反射型 Pendellösung 干涉条纹 X 射线形貌图，(a) 显示低级数条纹，视场为 96μm，图中标示线从右到左为第一极大、第一极小、第二、第三和第四极大；(b) 显示高级数条纹，视场为 165μm，图中标示线从右到左为第一极小、第二、第三和第四极大。从图 8-11(a) 的中部和图 8-11(b) 的顶部清晰地看到层错的衍衬像，说明实验样品还不是十分完美。

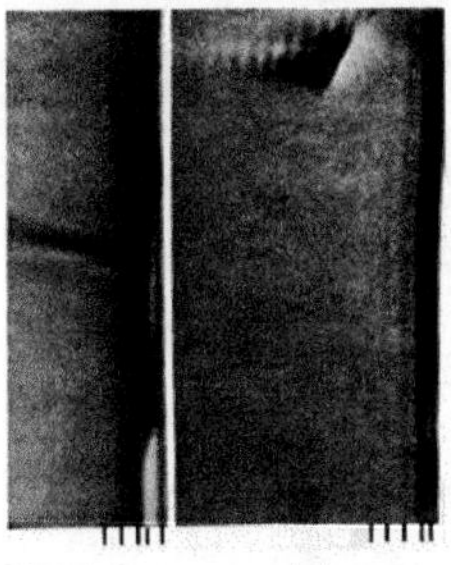

图 8-11 反射型 Pendellösung 干涉条纹 X 射线形貌图

天然金刚石表面为 (001)，不对称 113 衍射，$CuK_{\alpha1}$ 辐射，Ilford 核乳胶片，曝光时间为 22h，最后 22min 将光阑 F 撤出，以获得第一极大条纹。(a) 显示低级数条纹，视场为 96μm；(b) 显示高级数条纹，视场为 165μm

应用式 (8-19) 理论模拟实验得到的反射型 Pendellösung 干涉条纹，可以得到消光距离 ξ_g^σ。必须指出，理论拟合时，必须考虑实验的仪器参数，即 X 射线入射束的空间发散度、X 射线反射曲线的角宽和 X 射线入射波长的本征发散度。综合实验条件分析，麦振洪采用等腰梯形仪器参数窗口与式 (8-19) 卷积，图 8-12 是卷

积得到的曲线。虽然图 8-12 与图 8-10 差别不大，但应用图 8-12 测量干涉条纹强度极小值和极大值的位置更为准确，从而得到的 ξ_g^σ 也更为准确。

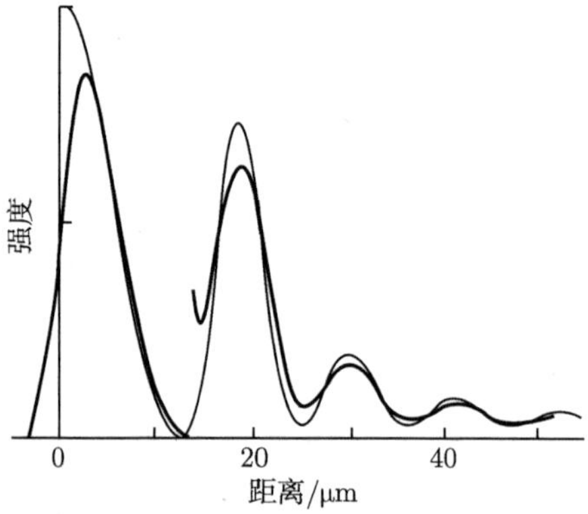

图 8-12　等腰梯形仪器参数窗口与式 (8-19) 卷积曲线

实验条件与图 8-11 相同。细线为理论 Pendellösung 干涉条纹；粗线为仪器参数窗口与理论曲线卷积。离原点 13.5μm 截线以后，强度坐标放大了 41 倍

定义消光距离比：$R=\dfrac{\max.2-\max.1}{\max.3-\max.2}$。采用上述的仪器参数窗口卷积 Uragami 曲线，得到 $R_U=1.55$；由图 8-12 得到，$R_{\rm C}=1.36$；实验值 $R_{\rm E}=1.35$。可见，新的实验设计和数据分析与实验更符合。

精确测定实验的 Pendellösung 干涉条纹强度极小值和极大值在底片上的距离，计算得到实验用的金刚石样品消光距离 $\xi^\sigma_{g实验}=0.984\xi^\sigma_{g计算}$，$\xi^\sigma_{g计算}=25.25\mu\text{m}$，从而导出金刚石 113 衍射原子散射因子 $f=(1.63\pm0.03)$e.u.。

应该指出，虽然观察到的反射型 Pendellösung 干涉条纹数目不多，不能作为原子散射因子的精确测量，但是它避免了系统误差，是绝对测量。值得注意的是，其误差可能来自于样品晶面加工的偏差。

参 考 文 献

[1] Ewald P P. Ann. Ann. d. Phys., (Lpz), 1916(49): 117; Annln Phys., (4) 1917(54): 557.

[2] Lang A R. J. Appl. Phys., 1958(29): 597.

[3] Heidenreich R D. Phys. Rev., 1942(62): 291; Kinder E. Naturwiss, 1943(31): 149; Hall C E. J. Appl. Phys., 1948(19): 198.

[4] Kato N, Lang A R. Acta. Cryst., 1959(12): 787.

[5] Kato N. Acta Crys., 1960(13): 349; J. Apple. Phys., 1968(39): 2231.

[6] Ednid L, Azároff V, et al. X-ray Diffraction. Mcgran-Hill Book Company, 1972: 328.

[7] Kato N. Acta Geologica et Geogrphica Universitatis Comenianae, Geologica Nr 14 Bratislava 1968: 43.
[8] Authier A. Advance in Structure Research by Diffraction methods. Pergamor, 1970(10): 1.
[9] Homma S, Ando Y, Kato N. Journal of the Physical Society of Japan, 1966(21): 1160.
[10] Kato N. Acta Cryst., 1961(14): 526; 1961: 627.
[11] Waller I. Ann. Physik, 1926(79): 79, 261.
[12] Batterman B W, Hildebrandt G. Acta Crystallogr., 1968(A24): 150.
[13] Hart M, Milne A D. Acta Crystallogr., 1970(A26): 223.
[14] Lang A R, Mai Z H. Proc. R. Soc. Lond. A, 1979(368): 313.
[15] Uragami T. Journal of the Physical Society of Japan, 1969(27): 147.
[16] Hart M, Lang A R. Acta Crystallogr., 1965(19): 73.

第 9 章　Borrmann-Lehmann 干涉现象

9.1　引　　言

1963 年 Borrmann 和 Lehmann[1,2] 做了一个实验 (图 9-1)，一束很窄的 X 射线 (约 10μm) 入射到等厚晶体的边缘，晶体内 Borrmann 扇形的一部分 Bloch 波 (图 9-1 中 $\triangle EAD$) 在晶体的边缘内表面处发生反射。路经 ERP 的反射波到达 P 点与直接从 E 点到达 P 点的波发生干涉，产生不同于 Pendellösung 条纹的干涉条纹，称为 Borrmann-Lehmann 干涉条纹 (简称 B-L 条纹)，这类实验称为 B-L 实验*。

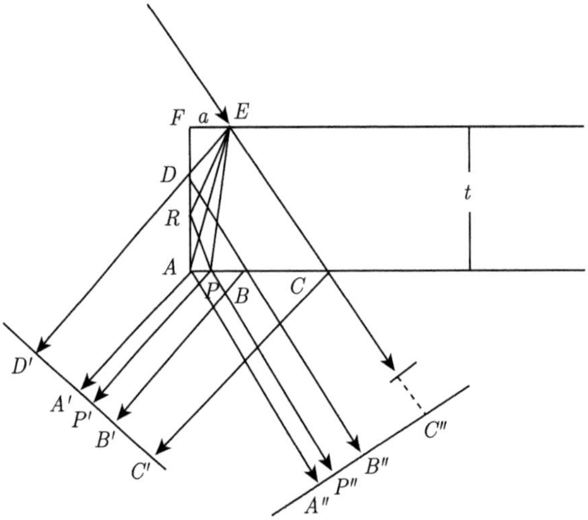

图 9-1　Borrmann-Lehmann 实验安排示意图

B-L 实验所用样品是 Si 和 Ge 单晶，样品很厚，X 射线吸收很大，μt 值分别为 18、8.4 和 76。他们根据边缘反射的光束与直接到达出射面的光束之间的相位关系导出干涉条纹间距的公式 (简称 B-L 公式)：

$$d_M = \frac{\lambda}{C\,|\chi_g|}\sin\theta_B\tan\theta_B\frac{t}{a} \tag{9-1}$$

其中，C 是偏振因子；t 是晶体厚度；a 是入射点到晶体边缘的距离 (图 9-1 中距离 EF)。B-L 实验结果与式 (9-1) 误差约为 25%，他们认为这是 a 值测量不准确造

* B-L 实验有两种几何安排，图 9-1 的几何安排称为“正”安排，因为其倒易矢量 $\boldsymbol{g}$ 与晶体边缘表面内法线方向一致；相反，图 9-2 的几何安排称为“负”安排。

成的。

麦振洪和 Lang[3] 采用图 9-2 安排做 B-L 实验，样品是天然金刚石，μt 值为 1.6，属中吸收情况。实验结果表明，此实验安排所得干涉条纹的衬度比图 9-1 实验安排的好，并且 B-L 干涉条纹间距与式 (9-1) 不符。

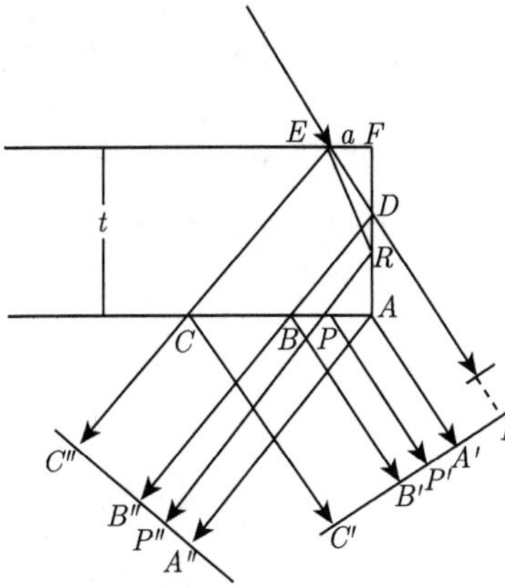

图 9-2 麦振洪所做 B-L 实验安排示意图

Lang 等[4,5] 对中吸收 ($\mu t = 1.6$) 和低吸收 ($\mu t = 0.47$) 情况，分别采用普通 X 射线源 ($\mathrm{CuK}_{\alpha1}$) 和同步辐射光源 ($\lambda = 0.15\mathrm{nm}$ 和 0.1nm) 做了 B-L 实验。利用同步辐射的线偏振性，可以研究偏振特性对 B-L 条纹的影响，而普通 X 射线是两种偏振的叠加，因此，同步辐射光源实验更有利于揭示晶体中波场的性质。Lang 等导出条纹间距公式，结果与式 (9-1) 一致。但是，由实验测出条纹间距，计算晶体的结构因子，发现误差较大。

B-L 条纹间距与样品的吸收关系很大，Borrmann 和 Lehmann 以及 Lang 等推导 B-L 条纹间距公式时都只考虑同一分支波场的干涉，而忽略了分支间波场的干涉。对高吸收情况，由于某一分支波场吸收严重而强度很弱，分支间干涉可以忽略。但对中吸收或低吸收情况，分支间干涉不能忽略，必须加以考虑。

严格的处理方法是求解晶体内波场强度表达式，进行数值计算和计算机模拟，才能得到与实验符合得很好的结果。麦振洪和赵鸿对此做了比较完整的研究[6]。

9.2 晶体波场的球面波解

Uragami[7] 曾用高木方程求解 Laue 以及 Laue+Bragg 情况的波场振幅表达式。本章采用 Kato[8] 和 Saka[9] 的球面波处理方法。

9.2.1 Laue 情况下的波场表达式

1. 平面波理论解

第 2 章指出，在双光束近似下，一个入射平面波 $d^a(\boldsymbol{r})=\exp(\mathrm{i}\boldsymbol{k}\cdot\boldsymbol{r})$ 将在晶体中激发两个 Bloch 波，每个 Bloch 波由直射波 (O 波) 和衍射波 (G 波) 组成:

$$\text{O 波：}d_{\mathrm{o}}^{j}(\boldsymbol{r})=C_{\mathrm{o}}^{j}\exp\{\mathrm{i}[(\boldsymbol{k}\cdot\boldsymbol{r}_{\mathrm{e}})+\boldsymbol{k}_{\mathrm{o}}^{j}\cdot(\boldsymbol{r}-\boldsymbol{r}_{\mathrm{e}})]\} \tag{9-2a}$$

$$\text{G 波：}d_{\mathrm{g}}^{j}(\boldsymbol{r})=C_{\mathrm{g}}^{j}\exp\{\mathrm{i}[(\boldsymbol{k}\cdot\boldsymbol{r}_{\mathrm{e}})+\boldsymbol{k}_{\mathrm{g}}^{j}\cdot(\boldsymbol{r}-\boldsymbol{r}_{\mathrm{e}})]\} \tag{9-2b}$$

其中，$j=\alpha$、β 表示色散面两个不同分支；C_{o}^{j} 和 C_{g}^{j} 分别是 O 波和 G 波的振幅因子；$\boldsymbol{k}_{\mathrm{o}}^{j}$ 和 $\boldsymbol{k}_{\mathrm{g}}^{j}$ 分别是 O 波和 G 波的波矢；$\boldsymbol{r}_{\mathrm{e}}$ 是晶体入射面上任意一点的位置矢量。

波矢的边界条件为

$$\boldsymbol{k}_{\mathrm{o}}^{j}=\boldsymbol{K}-Kq^{j}\boldsymbol{n}_{\mathrm{e}},\quad \text{切向连续条件} \tag{9-3a}$$

$$\boldsymbol{k}_{\mathrm{g}}=\boldsymbol{k}_{\mathrm{o}}+\boldsymbol{g},\quad \text{反射条件} \tag{9-3b}$$

其中，$\boldsymbol{K}$ 是真空中入射的波矢；$\boldsymbol{n}_{\mathrm{e}}$ 是入射面内法线单位矢量；q^{j} 为协调量，一般为复数，只有在无吸收情况下为实数 (详细讨论请参阅 2.4 节色散面)。

忽略边界的折射时，可把边界两侧的电位移矢量视为相等，即

$$d_{\mathrm{o}}^{\alpha}(\boldsymbol{r}_{\mathrm{e}})+d_{\mathrm{o}}^{\beta}(\boldsymbol{r}_{\mathrm{e}})=d^{a}(\boldsymbol{r}_{\mathrm{e}}) \tag{9-4a}$$

$$d_{\mathrm{g}}^{\alpha}(\boldsymbol{r}_{\mathrm{e}})+d_{\mathrm{g}}^{\beta}(\boldsymbol{r}_{\mathrm{e}})=0 \tag{9-4b}$$

于是，可得振幅的边界条件:

$$C_{\mathrm{o}}^{\alpha}+C_{\mathrm{o}}^{\beta}=1 \tag{9-5a}$$

$$C_{\mathrm{g}}^{\alpha}+C_{\mathrm{g}}^{\beta}=0 \tag{9-5b}$$

令 $\boldsymbol{K}_{\mathrm{B}}$ 为衍射动力学意义下严格满足 Bragg 条件的入射束波矢，而实际的入射束波矢 $\boldsymbol{K}$ 对 Bragg 条件有一定偏离，即

$$\boldsymbol{K}=\boldsymbol{K}_{\mathrm{B}}+\boldsymbol{K}_{x} \tag{9-6}$$

倒易空间在坐标系选取见图 9-3，$\boldsymbol{K}_{x}\perp\boldsymbol{K}_{\mathrm{B}}$。忽略 K_{x}^{2} 和 $(Kq^{j})^{2}$ 以上高次项后，由式 (9-3a) 和式 (9-3b) 可得

$$(k_{\mathrm{o}}^{j})^{2}=(\boldsymbol{K}_{\mathrm{B}}+\boldsymbol{K}_{x}-Kq^{j}\boldsymbol{n}_{\mathrm{e}})^{2}\approx K^{2}-2K^{2}q^{j}\gamma_{\mathrm{o}} \tag{9-7a}$$

$$(k_{\mathrm{g}}^{j})^{2}=(\boldsymbol{K}_{\mathrm{B}}+\boldsymbol{g}+\boldsymbol{K}_{x}-Kq^{j}\boldsymbol{n}_{\mathrm{e}})^{2}\approx K^{2}-2K^{2}q^{j}\gamma_{\mathrm{g}}+2KK_{x}\sin 2\theta_{\mathrm{B}} \tag{9-7b}$$

其中

$$\gamma_o = \cos(\boldsymbol{K}_B, \boldsymbol{n}_e) \tag{9-8a}$$

$$\gamma_g = \cos(\boldsymbol{K}_B + \boldsymbol{g}, \boldsymbol{n}_e) \tag{9-8b}$$

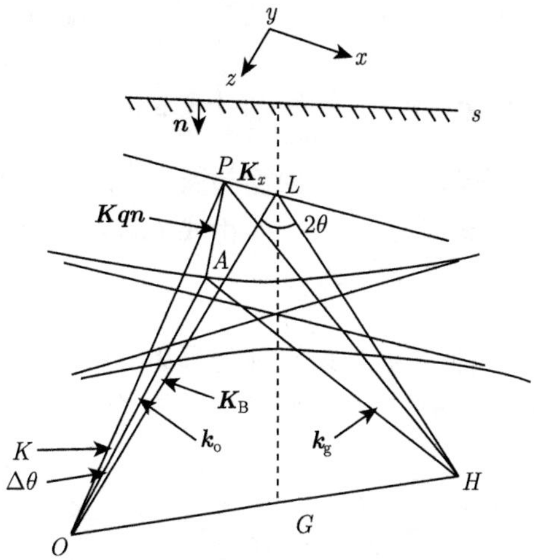

图 9-3 色散面内波矢关系示意图

将式 (9-7) 代入色散面方程 (2-30)，略去高次项，可得

$$Kq^j = -\frac{1}{2}\frac{K\chi_o}{\gamma_o} - \left(S \pm \sqrt{S^2 + \bar{\beta}^2}\right)\frac{\sin 2\theta_B}{2\gamma_g} \tag{9-9}$$

其中，正、负号分别代表 α 支和 β 支；$S = -K_x + \dfrac{K_o}{2\sin 2\theta_B}\left(1 - \dfrac{\gamma_g}{\gamma_o}\right)$ 和 $\bar{\beta} = KC(\chi_g\chi_{\bar{g}})^{\frac{1}{2}}\left(\dfrac{\gamma_g}{\gamma_o}\right)^{\frac{1}{2}}\dfrac{1}{\sin 2\theta_B}$。Bloch 波两分量的振幅比 R^j 可以从基本方程 (2-28) 得到

$$R^j = \frac{C_g^j}{C_o^j} = \frac{(k_o^j)^2 - K^2(1+\chi_o)}{K^2 C\chi_{\bar{g}}} = \frac{K^2 C\chi_{\bar{g}}}{(k_g^j)^2 - K^2(1+\chi_o)} \tag{9-10}$$

将式 (9-7a) 和式 (9-7b) 代入式 (9-10)，可得

$$R^j = \frac{2\sin 2\theta_B}{K\chi_g C}\left(S \pm \sqrt{S^2 + \bar{\beta}^2}\right)\frac{\gamma_o}{\gamma_g} \tag{9-11}$$

由式 (9-5) 和式 (9-11) 可得到

$$C_o^j = \frac{1}{2}\frac{-S \pm \sqrt{S^2 + \bar{\beta}^2}}{\pm\sqrt{S^2 + \bar{\beta}^2}} \tag{9-12a}$$

$$C_{\mathrm{g}}^{j}=\pm\frac{1}{2}\left(\frac{\chi_{\mathrm{g}}}{\chi_{\bar{\mathrm{g}}}}\right)^{2}\left(\frac{\gamma_{\mathrm{o}}}{\gamma_{\mathrm{g}}}\right)^{2}\frac{\bar{\beta}}{\sqrt{S^{2}+\bar{\beta}^{2}}} \tag{9-12b}$$

这样，式 (9-2) 可写成

$$d_{\mathrm{o}}^{j}(\boldsymbol{r})=C_{\mathrm{o}}^{j}\exp\left\{\mathrm{i}\left[\boldsymbol{k}\cdot\boldsymbol{r}+\frac{1}{2}\frac{K\chi_{\mathrm{o}}}{\gamma_{\mathrm{o}}}t+\left(S\pm\sqrt{S^{2}+\bar{\beta}^{2}}\right)\frac{\sin 2\theta_{\mathrm{B}}}{2\gamma_{\mathrm{g}}}t\right]\right\} \tag{9-13a}$$

$$d_{\mathrm{g}}^{j}(\boldsymbol{r})=C_{\mathrm{g}}^{j}\exp\left\{\mathrm{i}\left[(\boldsymbol{k}\cdot\boldsymbol{g})\cdot\boldsymbol{r}+\frac{1}{2}\frac{K\chi_{\mathrm{o}}}{\gamma_{\mathrm{o}}}t+\left(S\pm\sqrt{S^{2}+\bar{\beta}^{2}}\right)\frac{\sin 2\theta_{\mathrm{B}}}{2\gamma_{\mathrm{g}}}t\right]\right\} \tag{9-13b}$$

其中，$t=(\boldsymbol{r}-\boldsymbol{r}_{\mathrm{e}})\cdot\boldsymbol{n}_{\mathrm{e}}$，表示 $\boldsymbol{r}$ 点到入射面的深度。式 (9-13) 是入射平面波在晶体中激发的一个 Bloch 波，其振幅 C_{o}^{j} 和 C_{g}^{j} 由式 (9-12) 给出。

2. 球面波理论解

第 3 章指出球面波理论是波衍射波前处理为一组平面波的叠加，因此，把式 (9-13) 代入式 (3-9) 可得到晶体中球面波激发的波场：

$$D_{\mathrm{o}}=\frac{1}{8\pi^{2}}\iint_{-\infty}^{\infty}\frac{1}{K_{z}}\sum_{j}^{\alpha,\beta}d_{\mathrm{o}}^{j}(\boldsymbol{r})\,\mathrm{d}K_{x}K_{y} \tag{9-14a}$$

$$D_{\mathrm{g}}=\frac{1}{8\pi^{2}}\iint_{-\infty}^{\infty}\frac{1}{K_{z}}\sum_{j}^{\alpha,\beta}d_{\mathrm{g}}^{j}(\boldsymbol{r})\,\mathrm{d}K_{x}K_{y} \tag{9-14b}$$

由于协调量 q^{j} 不含 K_{y}，因此，关于 K_{y} 的积分可用最陡下降法[10] 求出，最陡下降法要计算的是式 (9-15) 的积分表达式

$$f=\int_{a}^{b}g(t)\mathrm{e}^{\mathrm{i}h(t)}\mathrm{d}t \tag{9-15}$$

其中，$g(t)$ 和 $h(t)$ 是在一定区域内复变数 t 的解析函数。用最陡下降法可求出式 (9-15) 的近似值

$$f\approx\sqrt{\frac{2\pi}{h''(t_{0})}}\boldsymbol{g}(t_{0})\mathrm{e}^{\mathrm{i}h(t_{0})}\exp\left(-\mathrm{i}\frac{\pi}{4}\right)$$

其中，$h''(t_0)$ 是 $h(t_0)$ 的二阶导数；t_0 是 $h(t)$ 的一阶导数的零点，即 $h'(t)=0$。

对式 (9-14) 情况，

$$h=\boldsymbol{K}\cdot\boldsymbol{r}=K_{\boldsymbol{x}}+K_{\boldsymbol{y}}+K_{\boldsymbol{z}}$$

$$K_{z}=K^{2}-K_{x}^{2}-K_{y}^{2}$$

为了简单，令 $y=0$，即有

$$\frac{\partial h}{\partial K_{y}}=-\frac{K_{y}}{K_{z}}z$$

$$\frac{\partial^2 h}{\partial K_y^2} = -\frac{z}{K_z} \approx -\frac{r}{K}$$

因此，

$$f = \sqrt{\frac{2\pi K}{r}} \exp\left(-\mathrm{i}\frac{\pi}{4}\right) g(t_0) \mathrm{e}^{\mathrm{i}h(t_0)}$$

其中

$$h(t_0) = K_x x + K_z z = \left[\frac{K\chi_\mathrm{o}}{2\sin 2\theta}\left(1 - \frac{r_g}{r_\mathrm{o}}\right) - s\right] x + K_z z$$

可见，对 K_y 的积分结果只是一个乘积因子：$\sqrt{\frac{2\pi K}{r}} \exp\left(-\mathrm{i}\frac{\pi}{4}\right)$，于是式 (9-14) 可写成

$$D_\mathrm{o} = \frac{\mathrm{i}}{2}\left(\frac{1}{2\pi}\right)^{\frac{3}{2}}\left(\frac{1}{Kr}\right)^{\frac{1}{2}} \exp\left(-\mathrm{i}\frac{\pi}{4}\right) \exp\mathrm{i}(Kz + P) \cdot U_\mathrm{o} \tag{9-16a}$$

$$D_\mathrm{g} = \frac{\mathrm{i}}{2}\left(\frac{1}{2\pi}\right)^{\frac{3}{2}}\left(\frac{1}{Kr}\right)^{\frac{1}{2}} \exp\left(-\mathrm{i}\frac{\pi}{4}\right) \exp\mathrm{i}(Kz + \boldsymbol{g}\cdot\boldsymbol{r} + P) \cdot U_g \tag{9-16b}$$

其中，$K_z z$ 已用 Kz 近似代替；$P = \frac{K\chi_\mathrm{o}}{2r_\mathrm{o}}\left[t + \left(\frac{r_\mathrm{o} - r_\mathrm{g}}{\sin 2\theta_\mathrm{B}}\right)x\right] = \frac{K\chi_\mathrm{o}}{2}(l_\mathrm{o} + l_g)$，$l_\mathrm{o}$ 和 l_g 的定义见图 9-4；U_o 和 U_g 是关于 K_x 的积分

$$U_\mathrm{o} = \int_{-\infty}^{\infty} \sum_j^{\alpha,\beta} C_\mathrm{o}^j \exp\mathrm{i}(\alpha t - x)s \pm \alpha t(s^2 + \bar{\beta}^2)^{\frac{1}{2}} \mathrm{d}s \tag{9-17a}$$

$$U_\mathrm{g} = \int_{-\infty}^{\infty} \sum_j^{\alpha,\beta} C_\mathrm{g}^j \exp\mathrm{i}(\alpha t - x)s \pm \alpha t(s^2 + \bar{\beta}^2)^{\frac{1}{2}} \mathrm{d}s \tag{9-17b}$$

其中，$\alpha = \frac{1}{2}\frac{\sin 2\theta_\mathrm{B}}{r_\mathrm{g}}$。

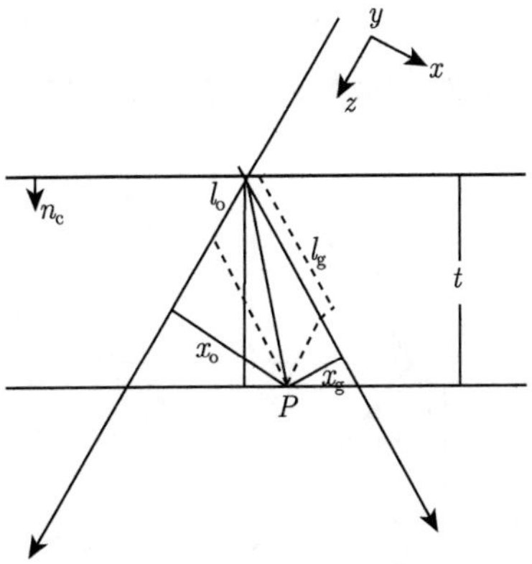

图 9-4 式 (9-19) 各参数在晶体内的几何关系示意图

式 (9-17) 积分过程详见文献 [8]，所得结果是 Bessel 函数：

$$
\begin{aligned}
U_{\rm o} &= \pi\beta\left(\frac{x_{\rm g}}{x_{\rm o}}\right)^{\frac{1}{2}} J_1\left(\beta\sqrt{x_{\rm o}x_{\rm g}}\right), \quad x_{\rm o}x_{\rm g}>0 \\
&= 0, \qquad\qquad\qquad\qquad\qquad x_{\rm o}x_{\rm g}<0
\end{aligned} \tag{9-18a}
$$

$$
\begin{aligned}
U_{\rm g} &= {\rm i}\pi\beta\left(\frac{\chi_{\rm g}}{\chi_{\bar{\rm g}}}\right)^{\frac{1}{2}} J_0\left(\beta\sqrt{x_0x_{\rm g}}\right), \quad x_{\rm o}x_{\rm g}>0 \\
&= 0, \qquad\qquad\qquad\qquad\qquad x_{\rm o}x_{\rm g}<0
\end{aligned} \tag{9-18b}
$$

其中，$\chi_{\rm g}$ 和 $\chi_{\bar{\rm g}}$ 分别是极化系数 χ 的傅里叶系数 (Fourier coefficient)；$x_{\rm o}$ 和 $x_{\rm g}$ 分别是 P 点到入射束和衍射束方向的距离 (图 9-4)；$\beta=\left(\frac{r_{\rm o}}{r_{\rm g}}\right)^{\frac{1}{2}}\bar{\beta}=\frac{KC\sqrt{\chi_{\rm g}\chi_{\bar{\rm g}}}}{\sin 2\theta_{\rm B}}$。

从式 (9-18) 可见，波场只存在于能流三角形内 ($x_{\rm o}x_{\rm g}>0$)，把式 (9-18) 代入式 (9-16)，得到完美晶体波场振幅的表达式：

$$D_{\rm o}=-\frac{\rm i}{4}\left(\frac{1}{2\pi Kr}\right)^{\frac{1}{2}}\exp{\rm i}\left(Kz+p-\frac{\pi}{4}\right)\beta\left(\frac{x_{\rm g}}{x_{\rm o}}\right)^{\frac{1}{2}}J_1(\beta\sqrt{x_{\rm o}x_{\rm g}}) \tag{9-19a}$$

$$D_{\rm g}=-\frac{1}{4}\left(\frac{1}{2\pi Kr}\right)^{\frac{1}{2}}\exp{\rm i}\left(Kz+\boldsymbol{g}\cdot\boldsymbol{r}+p-\frac{\pi}{4}\right)\beta\left(\frac{\chi_{\rm g}}{\chi_{\bar{\rm g}}}\right)^{\frac{1}{2}}J_0(\beta\sqrt{x_{\rm o}x_{\rm g}}) \tag{9-19b}$$

9.2.2　晶体边缘的反射和透射

对 B-L 实验，晶体边缘处于 Borrmann 扇区 (图 9-5)，到达晶体边缘内表面的 Bloch 波将发生布拉格反射和透射。本节与 9.2.1 节的处理方法一样，先用平面波理论处理晶体边缘内表面的反射和透射，然后把结果推广到球面波理论，得出 B-L 干涉条纹的波场。

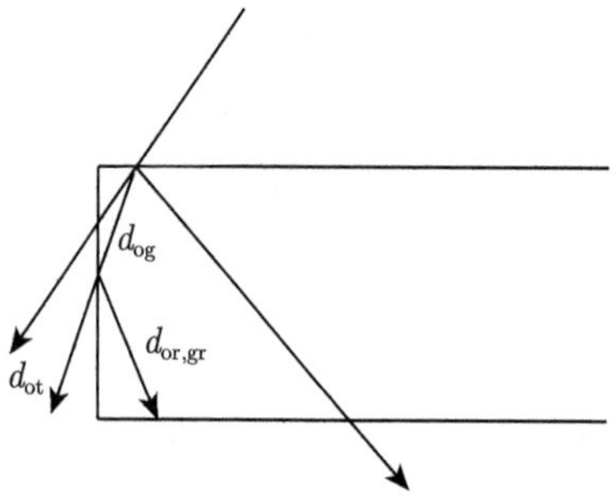

图 9-5　B-L 实验晶体内波场示意图

1. 平面波理论解

如图 9-5 所示，一束很窄的 X 射线得到晶体边缘内表面的 Bloch 波，将激发出另一个 Bloch 波，这两个 Bloch 是位于色散面上的同一分支 (图 9-6)。因此，波场振幅的边界条件可写为

$$d_{\rm o}\left(\boldsymbol{r}_{\rm s}\right)+d_{\rm or}\left(\boldsymbol{r}_{\rm s}\right)=d_{\rm ot}\left(\boldsymbol{r}_{\rm s}\right) \tag{9-20a}$$

$$d_{\rm g}\left(\boldsymbol{r}_{\rm s}\right)+d_{\rm gr}\left(\boldsymbol{r}_{\rm s}\right)=0 \tag{9-20b}$$

式中，省略了表示不同分支的上标 j；$\boldsymbol{r}_{\rm s}$ 是晶体边缘内表面上任意一点的位置矢量；$d_{\rm o}\left(\boldsymbol{r}_{\rm s}\right)$ 和 $d_{\rm g}\left(\boldsymbol{r}_{\rm s}\right)$ 分别为真空中的入射波和所激发的原始波；$d_{\rm or}\left(\boldsymbol{r}_{\rm s}\right)$ 和 $d_{\rm gr}\left(\boldsymbol{r}_{\rm s}\right)$ 分别为晶体边缘内表面的反射波；$d_{\rm ot}\left(\boldsymbol{r}_{\rm s}\right)$ 是晶体边缘的透射波。它们的表达式分别为

$$d_{\rm o}\left(\boldsymbol{r}_{\rm s}\right)=C_{\rm o}\exp{\rm i}[(\boldsymbol{K}\cdot\boldsymbol{r}_{\rm e})+\boldsymbol{K}_{\rm o}\cdot(\boldsymbol{r}-\boldsymbol{r}_{\rm e})] \tag{9-21a}$$

$$d_{\rm g}\left(\boldsymbol{r}_{\rm s}\right)=C_{\rm g}\exp{\rm i}[(\boldsymbol{K}\cdot\boldsymbol{r}_{\rm e})+\boldsymbol{K}_{\rm g}\cdot(\boldsymbol{r}-\boldsymbol{r}_{\rm e})] \tag{9-21b}$$

$$d_{\rm or}\left(\boldsymbol{r}_{\rm s}\right)=C_{\rm or}\exp{\rm i}[(\boldsymbol{K}-\boldsymbol{k}_{\rm o})\cdot\boldsymbol{r}_{\rm e}+(\boldsymbol{k}_{\rm o}-\boldsymbol{k}_{\rm or})\cdot\boldsymbol{r}_{\rm s}+\boldsymbol{k}_{\rm or}\cdot\boldsymbol{r}] \tag{9-21c}$$

$$d_{\rm gr}\left(\boldsymbol{r}_{\rm s}\right)=C_{\rm gr}\exp{\rm i}[(\boldsymbol{K}-\boldsymbol{k}_{\rm g})\cdot\boldsymbol{r}_{\rm e}+(\boldsymbol{k}_{\rm g}-\boldsymbol{k}_{\rm gr})\cdot\boldsymbol{r}_{\rm s}+\boldsymbol{k}_{\rm gr}\cdot\boldsymbol{r}] \tag{9-21d}$$

$$d_{\rm ot}\left(\boldsymbol{r}_{\rm s}\right)=C_{\rm ot}\exp{\rm i}[(\boldsymbol{K}-\boldsymbol{k}_{\rm o})\cdot\boldsymbol{r}_{\rm e}+(\boldsymbol{k}_{\rm o}-\boldsymbol{K})\cdot\boldsymbol{r}_{\rm s}+\boldsymbol{k}_{\rm ot}\cdot\boldsymbol{r}] \tag{9-21e}$$

其中，$\boldsymbol{k}_{\rm or}$ 和 $\boldsymbol{k}_{\rm gr}$ 分别是反射后 O 波和 G 波的波矢。将式 (9-21) 代入式 (9-20)，得

$$C_{\rm o}+C_{\rm or}=C_{\rm ot} \tag{9-22a}$$

$$C_{\rm g}+C_{\rm gr}=0 \tag{9-22b}$$

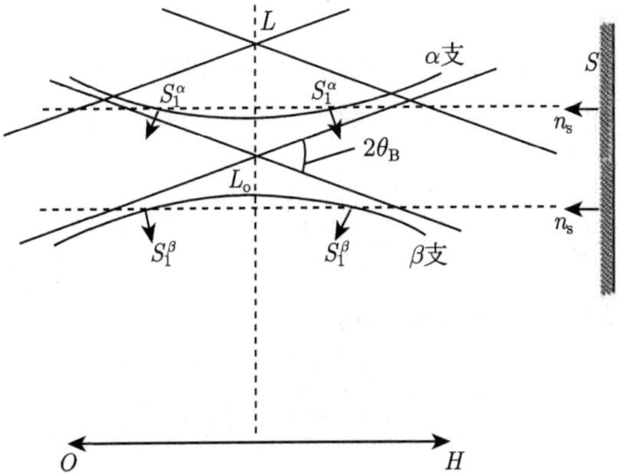

图 9-6 B-L 实验对应色散面示意图

由此可见，在晶体边缘，衍射波全部被反射，直射波部分被反射，部分被透射。

众所周知，边界条件是保持波场切向分量连续性，也就是说，由晶体边缘反射引起的波矢变化只沿着表面内法线方向。因此，波矢的边界条件可写为

$$\boldsymbol{k}_{\rm or} = \boldsymbol{k}_{\rm o} - Kq_{\rm r}\boldsymbol{n}_{\rm s}, \quad \text{反射波切向连续条件} \tag{9-23a}$$

$$\boldsymbol{k}_{\rm gr} = \boldsymbol{k}_{\rm or} + \boldsymbol{g}, \quad \text{Bragg 反射条件} \tag{9-23b}$$

$$\boldsymbol{K}_{\rm ot} = \boldsymbol{k}_{\rm o} - Kq_{\rm t}\boldsymbol{n}_{\rm s}, \quad \text{透射波切向连续条件} \tag{9-23c}$$

其中，$\boldsymbol{n}_{\rm s}$ 是晶体表面内法线单位矢量；$q_{\rm r}$ 和 $q_{\rm t}$ 分别是反射波和透射波的协调量。将式 (9-3a) 代入式 (9-23c)，有

$$\boldsymbol{K}_{\rm ot} = \boldsymbol{K}_{\rm B} + \boldsymbol{K}_x - Kq\boldsymbol{n}_{\rm e} - Kq_{\rm t}\boldsymbol{n}_{\rm s} \tag{9-24}$$

式 (9-24) 两边点乘 $\boldsymbol{K}_{\rm B}$，并作近似 $\boldsymbol{K}_{\rm ot}\cdot\boldsymbol{K}_{\rm B} = K^2$，可得

$$Kq_{\rm t} = \frac{\gamma_{\rm o}}{\gamma'_{\rm o}}Kq \tag{9-25}$$

其中，$\gamma'_{\rm o} = \cos(\boldsymbol{n}_{\rm s}, \boldsymbol{K}_{\rm B})$；$Kq$ 由式 (9-8) 给出。由式 (9-3)、式 (9-6) 和 (9-23)，略去 K_x^2，$(Kq)^2$ 及 $(Kq_{\rm r})^2$ 以上的高阶项，可得

$$(\boldsymbol{k}_{\rm or})^2 = (\boldsymbol{k}_{\rm o} - Kq_{\rm r}\boldsymbol{n}_{\rm s})^2 \approx K^2 - 2K^2q\gamma_{\rm o} - 2Kq_{\rm r}\gamma'_{\rm o} \tag{9-26a}$$

$$(\boldsymbol{k}_{\rm gr})^2 \approx K^2 - 2K^2q\gamma_{\rm g} - 2K^2q_{\rm r}\gamma'_{\rm g} + 2KK_x\sin 2\theta_{\rm B} \tag{9-26b}$$

其中，$\gamma'_{\rm g} = \cos(\boldsymbol{n}_{\rm s}, \boldsymbol{K}_{\rm B} + \boldsymbol{g})$。把式 (9-26) 代入第 2 章色散方程 (6-20) 可得

$$Kq_{\rm r} = -\alpha\left(\frac{\gamma_{\rm o}}{\gamma'_{\rm o}} - \frac{\gamma_{\rm g}}{\gamma'_{\rm g}}\right)S \mp \alpha\left(\frac{\gamma_{\rm o}}{\gamma'_{\rm o}} - \frac{\gamma_{\rm g}}{\gamma'_{\rm g}}\right)\sqrt{S^2 + \bar{\beta}^2} \tag{9-27}$$

其中，参数 α，S 和 $\bar{\beta}$ 的定义分别见式 (9-17) 和式 (9-9) 的参数表达式。反射波的振幅比可由第 2 章双光束近似下波动方程 (2-26c) 和边界条件式 (9-23) 以及式 (9-27) 得到

$$R_{\rm r} = \frac{C_{\rm gr}}{C_{\rm or}} = \left(\frac{\chi_{\rm g}}{\chi_{\bar{\rm g}}}\right)^{\frac{1}{2}}\left(\frac{\gamma_{\rm g}}{\gamma_{\rm o}}\right)^{\frac{1}{2}}\left(\frac{\gamma''_{\rm o}}{\gamma''_{\rm g}}\right)\frac{\bar{\beta}}{-S \mp \sqrt{S^2 + \beta^2}} \tag{9-28}$$

由式 (9-12)、式 (9-22) 和式 (9-28) 可得

$$C_{\rm or} = \frac{S \pm \sqrt{S^2 + \bar{\beta}^2}}{\pm\sqrt{S^2 + \bar{\beta}^2}} \times \frac{1}{2}\left(\frac{\gamma_{\rm o}}{\gamma_{\rm g}}\right)\left(\frac{\gamma''_{\rm g}}{\gamma''_{\rm o}}\right) \tag{9-29a}$$

$$C_{\rm gr} = -C_{\rm g} = \mp\frac{1}{2}\left(\frac{\chi_{\rm g}}{\chi_{\bar{\rm g}}}\right)^{\frac{1}{2}}\left(\frac{\gamma_{\rm o}}{\gamma_{\rm g}}\right)^{\frac{1}{2}}\left(\frac{\bar{\beta}}{\sqrt{S^2 + \bar{\beta}^2}}\right) \tag{9-29b}$$

$$C_{\mathrm{ot}}=\pm\frac{1}{2}\left\{\frac{-S\pm\sqrt{S^2+\bar{\beta}^2}}{\sqrt{S^2+\bar{\beta}^2}}+\left(\frac{\gamma_{\mathrm{o}}}{\gamma_{\mathrm{g}}}\right)\left(\frac{\gamma_{\mathrm{g}}''}{\gamma_{\mathrm{o}}''}\right)\frac{S\pm\sqrt{S^2+\bar{\beta}^2}}{\sqrt{S^2+\bar{\beta}^2}}\right\} \tag{9-29c}$$

把式 (9-23)、式 (9-25) 和式 (9-27) 代入式 (9-21)，把 $d_{\mathrm{or}}(\boldsymbol{r})$、$d_{\mathrm{gr}}(\boldsymbol{r})$ 和 $d_{\mathrm{ot}}(\boldsymbol{r})$ 改写为

$$d_{\mathrm{or}}(\boldsymbol{r})=C_{\mathrm{or}}\exp\left\{\mathrm{i}\left[K_y y+K_z z+\frac{K\chi_{\mathrm{o}}}{2\gamma_{\mathrm{o}}}t-\frac{K\chi_{\mathrm{o}}}{2\sin\theta_{\mathrm{B}}}\left(\frac{\gamma_g}{\gamma_{\mathrm{o}}}-1\right)\pm\eta_1\sqrt{S^2+\bar{\beta}^2}-\eta_2 S\right]\right\} \tag{9-30a}$$

$$d_{\mathrm{gr}}(\boldsymbol{r})=C_{\mathrm{gr}}\exp\left\{\mathrm{i}\left[\boldsymbol{g}\cdot\boldsymbol{r}+K_y y+K_z z+\frac{K\chi_{\mathrm{o}}}{2\gamma_{\mathrm{o}}}t-\frac{K\chi_{\mathrm{o}}}{2\sin\theta_{\mathrm{B}}}\left(\frac{\gamma_{\mathrm{g}}}{\gamma_{\mathrm{o}}}-1\right)\pm\eta_1\sqrt{S^2+\bar{\beta}^2}-\eta_2 S\right]\right\} \tag{9-30b}$$

$$d_{\mathrm{ot}}(\boldsymbol{r})=C_{\mathrm{ot}}\exp\left\{\mathrm{i}\left[K_y y+K_z z-\frac{K\chi_{\mathrm{o}}}{2\gamma_{\mathrm{o}}}t_{\mathrm{s}}+\frac{K\chi_{\mathrm{o}}}{2\gamma_{\mathrm{o}}}t-\frac{K\chi_{\mathrm{o}}}{2\sin\theta_{\mathrm{B}}}\left(\frac{\gamma_{\mathrm{g}}}{\gamma_{\mathrm{o}}}-1\right)\pm\eta_1\sqrt{S^2+\bar{\beta}^2}-\eta_2 S\right]\right\} \tag{9-30c}$$

其中

$$\eta_1=\alpha t-\alpha t_{\mathrm{s}}\left(\frac{\gamma_{\mathrm{o}}}{\gamma_{\mathrm{o}}'}+\frac{\gamma_{\mathrm{g}}}{\gamma_{\mathrm{o}}'}\right)$$

$$\eta_2=x-\alpha t+\alpha t_{\mathrm{s}}\left(\frac{\gamma_{\mathrm{o}}}{\gamma_{\mathrm{o}}''}+\frac{\gamma_{\mathrm{g}}}{\gamma_{\mathrm{o}}''}\right)$$

$$t_{\mathrm{s}}=(\boldsymbol{r}-\boldsymbol{r}_{\mathrm{s}})\cdot\boldsymbol{n}_{\mathrm{s}}$$

t_{s} 表示离开侧表面的距离 (图 9-2)，当图 9-2 中 P 点在晶体外时，$t_{\mathrm{s}}<0$；反之，在晶体内时，$t_{\mathrm{s}}>0$。

式 (9-30) 为在晶体边缘界面波场表达式。

2. 球面波理论解

将式 (9-30) 代入式 (9-14) 即可得到 X 射线在晶体边缘反射和透射的球面波处理结果。式 (9-14) 的积分过程与完美晶体的情况基本一样：对 Ky 的积分结果产生一个乘积因子 $\sqrt{\frac{2\pi K}{r}}\exp\left(-\mathrm{i}\frac{\pi}{4}\right)$，而对 Kx 的积分结果是 Bessel 函数。本节直接给出结果，详细积分推导过程可查阅文献 [9]。

$$D_{\mathrm{or}}=\frac{\mathrm{i}}{4}\left(\frac{1}{2\pi Kr}\right)^{\frac{1}{2}}\exp\left[\mathrm{i}\left(-\frac{\pi}{4}+Kz+P\right)\beta\left(\frac{x_{\mathrm{gr}}}{x_{\mathrm{or}}}\right)^{\frac{1}{2}}J_1(\beta\sqrt{x_{\mathrm{or}}x_{\mathrm{gr}}})\right] \tag{9-31a}$$

$$D_{\mathrm{gr}}=\frac{\mathrm{i}}{4}\left(\frac{1}{2\pi Kr}\right)^{\frac{1}{2}}\exp\left[\mathrm{i}\left(-\frac{\pi}{4}+Kz+\boldsymbol{g}\cdot\boldsymbol{r}+P\right)\beta\left(\frac{\chi_{\mathrm{g}}}{\chi_{\bar{\mathrm{g}}}}\right)^{\frac{1}{2}}J_{\mathrm{o}}(\beta\sqrt{x_{0\mathrm{r}}x_{\mathrm{gr}}})\right] \tag{9-31b}$$

$$D_{\mathrm{ot}} = \frac{\mathrm{i}}{4}\left(\frac{1}{2\pi Kr}\right)^{\frac{1}{2}}\left(\frac{|\gamma'_{\mathrm{g}}|}{\gamma'_{\mathrm{o}}}\right)^{\frac{1}{2}}\exp\left[\mathrm{i}\left(-\frac{\pi}{4}+Kz+P_{\mathrm{t}}\right)\right]$$
$$\cdot\beta\left(\sqrt{\frac{x_{\mathrm{o}}}{x_{\mathrm{or}}}}-\sqrt{\frac{x_{\mathrm{or}}}{x_{\mathrm{o}}}}\right)J_1\left(\beta\sqrt{\frac{|\gamma'_{\mathrm{g}}|}{\gamma'_{\mathrm{o}}}x_{\mathrm{or}}x_{\mathrm{o}}}\right) \tag{9-31c}$$

其中，P 和 β 的定义分别参见式 (9-18) 和式 (9-16) 的参数说明；$P_{\mathrm{t}} = P - \dfrac{K\chi_{\mathrm{o}}}{2\gamma'_{\mathrm{o}}}t_{\mathrm{s}}$；坐标 x_{or} 和 x_{gr} 如图 9-7 所示。

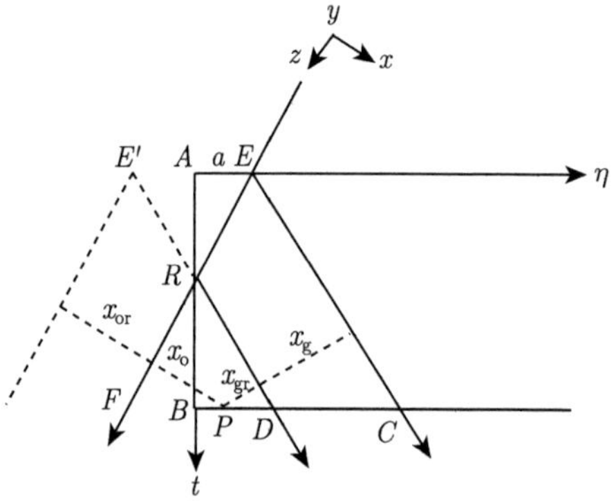

图 9-7　x_{or} 和 x_{gr} 在晶体内的几何关系示意图

可以看到，晶体边缘反射波振幅表达式 (9-31) 与完美晶体的波场表达式 (9-19) 几乎一样，只是相位差 180°。因此，可以把反射波想象为从虚焦点 E' 处入射的球面波所激发的波场 (图 9-7)。B-L 条纹可以看成是分别由 E 和 E' 发出的柱面发散波相互干涉的结果。

9.3　吸 收 效 应

考虑晶体对 X 射线有吸收的情况，极化系数 χ 的傅里叶分量 χ_{o}、χ_{g} 和 $\chi_{\bar{\mathrm{g}}}$ 都是复数，

$$\chi_{\mathrm{o}} = \chi_{\mathrm{o}}^{\mathrm{r}} + \mathrm{i}\chi_{\mathrm{o}}^{\mathrm{i}} \tag{9-32a}$$

$$\chi_{\mathrm{g}}\chi_{\bar{\mathrm{g}}} = (\chi_{\mathrm{g}}\chi_{\bar{\mathrm{g}}})^{\mathrm{r}} + \mathrm{i}(\chi_{\mathrm{g}}\chi_{\bar{\mathrm{g}}})^{\mathrm{i}} \tag{9-32b}$$

于是，β 也是复数：

$$\beta = \beta^{\mathrm{r}} + \beta^{\mathrm{i}} = \frac{KC}{\sin 2\theta_{\mathrm{B}}}\left[(\chi_{\mathrm{g}}\chi_{\bar{\mathrm{g}}})^{\frac{1}{2}\mathrm{r}} + \mathrm{i}(\chi_{\mathrm{g}}\chi_{\bar{\mathrm{g}}})^{\frac{1}{2}\mathrm{i}}\right] \tag{9-32c}$$

在式 (9-19) 和式 (9-31) 的积分过程中，假设积分变量为实数。Kato 指出[11]，即使是对于复数自变量，不需要作任何近似，也可以得到同样的积分结果。因此，式

(9-19) 和式 (9-31) 也适用于吸收晶体的情况，只要代入 χ_o、χ_g 和 β 的复数形式代入即可。这种处理晶体吸收的唯象方法曾被 Kohler[12] 和 Moliére[13] 用量子力学证明过。

此时，式 (9-16) 中 P 也是复数，

$$P = P^{\mathrm{r}} + \mathrm{i}P^{\mathrm{i}} = \frac{1}{2}K(\chi_o^{\mathrm{r}} + \mathrm{i}\chi_o^{\mathrm{i}})(l_o + l_g)$$

其中，l_o 和 l_g 的定义见图 9-4。可是看到，Bloch 波由于 P 的虚部 P^{i} 引起的衰减与平面波理论中平均吸收系数 μ 的效果一样。在平面波理论中有 $\mu = K\mu_0^{\mathrm{i}}$，而 μ 对所有 Bloch 波的衰减效果都是一样的，也就是按指数 $\exp\left(-\dfrac{\mu t}{\cos\theta}\right)$ 衰减。

真正反映衍射动力学吸收性质的是由 β 的虚部引起的，其效果蕴含在复数自变量的 Bessel 函数中，实自变量 Bessel 是一个衰减振荡函数，而复自变量 Bessel 函数包含有增强项。其绝对值可远大于 1，这一点可以从 Bessel 函数的渐近表达式看到：

$$J_0(\rho) \approx \left(\frac{2}{\pi\rho}\right)^{\frac{1}{2}} \cos\left(\rho - \frac{\pi}{4}\right) \tag{9-33a}$$

$$J_1(\rho) \approx \left(\frac{2}{\pi\rho}\right)^{\frac{1}{2}} \cos\left(\rho - \frac{3\pi}{4}\right) \tag{9-33b}$$

而复自变量的余弦函数可表为

$$\cos\left(\rho^{\mathrm{r}} + \mathrm{i}\rho^{\mathrm{i}}\right) = \cos\rho^{\mathrm{r}} \cdot \mathrm{ch}\rho^{\mathrm{i}} - \mathrm{i}\sin\rho^{\mathrm{r}} \cdot \mathrm{sh}\rho^{\mathrm{i}}$$

双曲函数中的指数因子 $\exp(\pm\rho^{\mathrm{i}})$ 中的正、负号分别对应于色散面的两个分支，正号的分支为吸收增强，而负号的分支吸收减小，反映了动力学的异常吸收效应。异常吸收对不同的 Bloch 波的效果是不一样的，因此，不同吸收条件下 Pendellösung 条纹和 Borrmann-Lehmann 条纹的特点也不同，后文将对其进行详细讨论。有关晶体对 X 射线吸收的详细讨论，可参阅文献 [14]。

9.4　波场强度与 B-L 干涉条纹图样

前文已介绍了完美晶体内波场振幅表达式 (式 (9-19)) 及晶体边缘内表面反射波和透射波的振幅表达式 (式 (9-31))，表面在晶体边缘附近的一个区域 (图 9-7 中 RBD)，所观察到的波场是由 E 和 E' 发出的柱面发散波相互干涉的结果。原始波与反射波在这个区域内相干叠加，产生干涉条纹，这一区域被称为 Borrmann-Lehmann 区。在 Borrmann 扇形的其他区域 (图 9-7 中 $CDRE$) 没有反射波，其波场分布与完美晶体的情况一样。虽然这个区域不存在 B-L 干涉条纹，但色散面

支间干涉产生的 Pendellösung 干涉条纹可能出现，因此，该区域称为 Pendellösung 区。本节先给出各部分波场强度的表达式；然后，应用渐近公式研究波场强度及干涉条纹的性质；最后，对整个 Borrmann 扇形的波场强度做精确的数值计算，以便对强度分布有一个较为清晰的图像。

9.4.1　波场强度表达式

在 B-L 区 (图 9-7 中 RBD)，波场是原始波和晶体边缘内表面反射波的叠加，因此，波场振幅是式 (9-19) 和式 (9-31) 的相加，即有

直射波：

$$D_{\mathrm{o}}+D_{\mathrm{or}}=\frac{1}{4}\left(\frac{1}{2\pi Kr}\right)^{\frac{1}{2}}\exp\mathrm{i}\left(Kz+p-\frac{\pi}{4}\right)\beta \times\left[-\left(\frac{x_{\mathrm{g}}}{x_{\mathrm{o}}}\right)^{\frac{1}{2}}J_1\left(\beta\sqrt{x_{\mathrm{o}}x_{\mathrm{g}}}\right)+\left(\frac{x_{\mathrm{g}}}{x_{\mathrm{o}}}\right)^{\frac{1}{2}}J_1\left(\beta\sqrt{x_{\mathrm{o}}x_{\mathrm{g}}}\right)\right] \tag{9-34a}$$

衍射波：

$$D_{\mathrm{g}}+D_{\mathrm{gr}}=\frac{\mathrm{i}}{4}\left(\frac{1}{2\pi Kr}\right)^{\frac{1}{2}}\exp\mathrm{i}\left(-\frac{\pi}{4}+Kz+\boldsymbol{g}\cdot\boldsymbol{r}+P\right)\beta\left(\frac{\chi_{\mathrm{g}}}{\chi_{\bar{\mathrm{g}}}}\right)^{\frac{1}{2}} \times\left[-J_0\left(\beta\sqrt{x_{\mathrm{o}}x_{\mathrm{g}}}\right)+J_0\left(\beta\sqrt{x_{\mathrm{or}}x_{\mathrm{gr}}}\right)\right] \tag{9-34b}$$

其中，$\beta=\dfrac{KC\sqrt{\chi_{\mathrm{g}}\chi_{\bar{\mathrm{g}}}}}{\sin 2\theta_{\mathrm{B}}}$；$P=\dfrac{K\chi_{\mathrm{o}}}{2r_{\mathrm{o}}}\left[t+\left(\dfrac{r_{\mathrm{o}}-r_{\mathrm{g}}}{\sin 2\theta_{\mathrm{B}}}\right)x\right]$；$\chi_{\mathrm{o}}$、$\chi_{\mathrm{g}}$ 和 $\chi_{\bar{\mathrm{g}}}$ 是极化率 χ 的傅里叶系数；t 表示离开入射面的深度；坐标 x、y、z 和 x_{o}、x_{g}、x_{or}、x_{gr} 的定义见图 9-7。

为简单起见，考虑有吸收的情况，上述参数都是复数，因此，波场强度可由式 (9-34) 乘上它的复共轭得到。如考虑对称入射，有

$$\gamma_{\mathrm{o}}=\gamma_{\mathrm{g}}=\cos\theta_{\mathrm{B}}$$

$$P^i=\frac{K\chi_{\mathrm{o}}^i t}{2\gamma_{\mathrm{o}}}=\frac{\mu t}{2\cos\theta_{\mathrm{B}}}$$

另假设晶体有中心对称，有 $\left|\dfrac{\chi_{\mathrm{g}}}{\chi_{\bar{\mathrm{g}}}}\right|=1$，用式 (9-34) 的复数共轭乘以其自身，即可得到波场强度的表达式：

直射波

$$\begin{aligned}I_{\mathrm{o}}&\equiv I_{\mathrm{o}1}+I_{\mathrm{o}2}+I_{\mathrm{o}3}\\&=A\cdot C\cdot\exp\left(-\frac{\mu t}{\cos\theta_{\mathrm{B}}}\right)\left\{\frac{x_{\mathrm{g}}}{x_{\mathrm{o}}}\left|J_1\left(\beta\sqrt{x_{\mathrm{o}}x_g}\right)\right|^2+\frac{x_{\mathrm{gr}}}{x_{\mathrm{or}}}\left|J_1\left(\beta\sqrt{x_{\mathrm{or}}x_{\mathrm{gr}}}\right)\right|^2\right.\end{aligned}$$

$$-\left(\frac{x_{\rm g}}{x_{\rm o}}\frac{x_{\rm gr}}{x_{\rm or}}\right)^{\frac{1}{2}}\left[J_1^*\left(\beta\sqrt{x_{\rm o}x_{\rm g}}\right)J_1\left(\beta\sqrt{x_{\rm or}x_{\rm gr}}\right)+J_1\left(\beta\sqrt{x_{\rm o}x_{\rm g}}\right)J_1^*\left(\beta\sqrt{x_{\rm or}x_{\rm gr}}\right)\right]\Bigg\} \tag{9-35a}$$

衍射波

$$\begin{aligned}I_{\rm g}&\equiv I_{\rm g1}+I_{\rm g2}+I_{\rm g3}\\&=A\cdot C\cdot\exp\left(-\frac{\mu t}{\cos\theta_{\rm B}}\right)\left\{\left|J_0\left(\beta\sqrt{x_{\rm o}x_{\rm g}}\right)\right|^2+\left|J_0\left(\beta\sqrt{x_{\rm or}x_{\rm gr}}\right)\right|^2\right.\\&\quad\left.-\left[J_0^*\left(\beta\sqrt{x_{\rm o}x_{\rm g}}\right)J_0\left(\beta\sqrt{x_{\rm or}x_{\rm gr}}\right)+J_0\left(\beta\sqrt{x_{\rm o}x_{\rm g}}\right)J_0^*\left(\beta\sqrt{x_{\rm or}x_{\rm gr}}\right)\right]\right\}\end{aligned} \tag{9-35b}$$

其中，$A=\dfrac{1}{32\pi r}\dfrac{|\chi_{\rm g}\chi_{\bar{\rm g}}|}{\sin 2\theta_{\rm B}}$，$C$ 为偏振因子；星号 * 表示复数共轭。

由式 (9-35) 可以看出，直射波和衍射波的强度都由三部分组成：$I_{\rm o1}$ 和 $I_{\rm g1}$ 是图 9-7 中 E 处入射的球面波激发的波场；$I_{\rm o2}$ 和 $I_{\rm g2}$ 是晶体边缘内表面反射的波场；相当于从图 9-7 中 E' 处入射的球面波所激发的波场。这两部分都具有完美晶体波场所具有的摆动特性 (Pendellösung)；$I_{\rm o3}$ 和 $I_{\rm g3}$ 是原始波与反射波的干涉项。前面两项称为 Pendellösung 项，而第三项称为 Borrmann-Lehmann 项 (B-L 项)。

在 Pendellösung 区，波场与完美晶体的情况相同，强度公式只包含一项，即

$$I_{\rm o}=I_{\rm o1}=A\cdot C\cdot\exp\left(-\frac{\mu t}{\cos\theta_{\rm B}}\right)\left(\frac{x_{\rm g}}{x_{\rm o}}\right)\left|J_1\left(\beta\sqrt{x_{\rm o}x_{\rm g}}\right)\right|^2 \tag{9-36a}$$

$$I_{\rm g}=I_{\rm g1}=A\cdot C\cdot\exp\left(-\frac{\mu t}{\cos\theta_{\rm B}}\right)\left|J_0\left(\beta\sqrt{x_{\rm o}x_{\rm g}}\right)\right|^2 \tag{9-36b}$$

透射波的强度可由式 (9-31c) 得到

$$I_{\rm t}=A\cdot C\cdot\exp\left(-\frac{\mu t}{\cos\theta_{\rm B}}+\frac{\mu a}{\sin\theta_{\rm B}}\right)\left(\sqrt{\frac{x_{\rm o}}{x_{\rm or}}}-\sqrt{\frac{x_{\rm or}}{x_{\rm o}}}\right)\left|J_1(\beta\sqrt{x_{\rm or}x_{\rm o}}\right|^2 \tag{9-36c}$$

其中，a 是观察点到晶体边缘的距离 (见图 9-7 中 AE)。

9.4.2 Pendellösung 干涉条纹和 Borrmann-Lehmann 干涉条纹间距表达式

为讨论方便，先作坐标变换：($x_{\rm o}$、$x_{\rm g}$) $\rightarrow(\eta,t)$，($x_{\rm or}$、$x_{\rm gr}$) $\rightarrow(\eta,t)$，坐标 η 和 t 的定义见图 9-7。从图 9-7 可得到

$$\begin{aligned}x_{\rm o}&=\cos\theta_{\rm B}(t\cdot\tan\theta_{\rm B}-a+\eta)\\x_{\rm g}&=\cos\theta_{\rm B}(t\cdot\tan\theta_{\rm B}+a-\eta)\\x_{\rm or}&=\cos\theta_{\rm B}(t\cdot\tan\theta_{\rm B}+a+\eta)\\x_{\rm gr}&=\cos\theta_{\rm B}(t\cdot\tan\theta_{\rm B}-a-\eta)\end{aligned}$$

令

$$\zeta_1 = \beta\sqrt{x_o x_g} = \beta\cos\theta_B[(t\cdot\tan\theta_B)^2 - (\eta - a)^2]^{\frac{1}{2}} \tag{9-37a}$$

$$\zeta_2 = \beta\sqrt{x_{or} x_{gr}} = \beta\cos\theta_B[(t\cdot\tan\theta_B)^2 - (\eta + a)^2]^{\frac{1}{2}} \tag{9-37b}$$

ζ_1 和 ζ_2 是强度表达式在 Bessel 函数的自变量。当晶体存在吸收项时，β 为复数，此时 ζ_1 和 ζ_2 也是复数，即

$$\zeta_1 = \zeta_1^r + i\zeta_1^i$$
$$\zeta_2 = \zeta_2^r + i\zeta_2^i$$

式中，r 和 i 分别表示实部和虚部。

对通常的 B-L 实验，在晶体边缘附近有：$|\zeta_1 \gg 1|$，$|\zeta_2 \gg 1|$，因此，强度公式中的 Bessel 函数可以用其渐进式 (式 (9-33)) 代替。

1. 衍射波

经式 (9-37) 变换，衍射波强度式 (9-35b) 可写成

$$\begin{aligned} I_g &\equiv I_{g1} + I_{g2} + I_{g3} \\ &= A\cdot C\cdot\exp\left(-\frac{\mu t}{\cos\theta_B}\right) \\ &\cdot\left\{|J_0(\zeta_1)|^2 + |J_0(\zeta_2)|^2 - [J_0^*(\zeta_1)J_0(\zeta_2) + J_0^*(\zeta_2)J_0(\zeta_1)]\right\} \end{aligned} \tag{9-38}$$

同样，式 (9-38) 包括三部分：前两部分 I_{g1}、I_{g2} 为 Pendellösung 项，而第三项 I_{g3} 为 B-L 项。当 ζ_1 和 ζ_2 为复数时，利用式 (9-33)，有

$$|J_0(\zeta)|^2 = \frac{1}{\pi|\zeta|}\left[\mathrm{ch}\left(2\zeta^i\right) + \cos\left(2\zeta^r - \frac{\pi}{2}\right)\right] \tag{9-39}$$

式中省略了变量 ζ 的下标 1 和 2。

$$\begin{aligned} &J_0^*(\zeta_1)J_0(\zeta_2) + J_0^*(\zeta_2)J_0(\zeta_1) \\ &= \frac{2}{\pi}\sqrt{\frac{1}{|\zeta_1\zeta_2|}}\left[\mathrm{ch}\left(\zeta_1^i + \zeta_2^i\right)\cos\left(\zeta_1^r - \zeta_2^r\right) + \mathrm{ch}\left(\zeta_1^i - \zeta_2^i\right)\cos\left(\zeta_1^r + \zeta_2^r - \frac{\pi}{2}\right)\right] \end{aligned} \tag{9-40}$$

1) Pendellösung 干涉条纹间距表达式

式 (9-39) 包含了三角函数和双曲函数两部分，三角函数的振荡特性表明波场能量的空间分布具有周期性，也就是说，存在 Pendellösung 干涉条纹，并且在 B-L 区，原始波和反射波各自的 Pendellösung 干涉条纹重叠在一起。

对低吸收情况 ($\mu t < 1$)，$\zeta^i \approx 0$，$\mathrm{ch}(2\zeta^i) \approx 1$，此时三角函数的振荡特性明显，实验将观察到 Pendellösung 干涉条纹。从式 (9-39) 可知 $I_{g1} \propto \dfrac{1}{|\zeta|}$，$\zeta$ 的值在

Borrmann 扇形中心处最大，在边缘处最小。因此，边缘处干涉条纹的强度大于中心处，这就是第 10 章介绍的边缘增强效应。

对高吸收的情况 ($\mu t \gg 1$)，这时

$$\mathrm{ch}2\zeta^{\mathrm{i}} = \frac{1}{2}[\exp\left(2\zeta^{\mathrm{i}}\right) + \exp\left(-2\zeta^{\mathrm{i}}\right)] \tag{9-41}$$

式 (9-41) 中一项指数增大，使 $\mathrm{ch}2\zeta^{\mathrm{i}} \gg 1$，三角函数部分对强度的贡献将被掩盖。因此，对高吸收情况，实验将观察不到 Pendellösung 干涉条纹。式 (9-41) 指数中 $2\zeta^{\mathrm{i}}$ 的正负号代表色散面两个分支。第 7 章已经介绍，对高吸收情况，在能流三角形中，一个色散面分支的波场被严重衰减，而另一个分支的波场吸收比正常光电吸收还小，因此，仍有 X 射线通过晶体，这就是异常吸收效应。由于 $\exp\left(2\zeta^{\mathrm{i}}\right)$ 在 Borrmann 三角形中部达最大值，因此，与边缘效应相反，异常吸收效应强度主要集中在 Borrmann 伞形的中部。

Pendellösung 干涉条纹沿出射面的间距计算：先求出坐标 η 变化 $\Delta\eta$ 时，2ξ 的变化量，根据式 (9-37) 可得

$$\Delta(2\xi) = -\frac{2\beta\cos\theta_{\mathrm{B}}\cdot(\eta\mp a)}{\sqrt{(t\cdot\tan\theta_{\mathrm{B}})^2-(\eta\mp a)^2}}\cdot\Delta\eta \tag{9-42}$$

其中符号 “−” 和 “+” 分别代表原始波和反射波。另有 $|\Delta(2\xi)| = 2\pi$，即可求出 Pendellösung 干涉条纹沿出射面的间距：

$$\Delta\eta_p = \frac{\pi}{\beta\cos\theta_{\mathrm{B}}}\sqrt{\left(\frac{t\cdot\tan\theta}{\eta\mp a}\right)^2-1} \tag{9-43}$$

从式 (9-43) 可以看到，Pendellösung 干涉条纹沿出射面的间距是不等距的。

2) Borrmann-Lehmann 干涉条纹间距表达式

从式 (9-40) 可以看到，B-L 项两部分都包含余弦。因此，B-L 条纹比 Pendellösung 干涉条纹复杂得多，不能像 Pendellösung 干涉条纹那样导出一个一般情况下的条纹间距公式，而只能针对不同情况，采用近似方法，导出相应的公式。由后文的讨论可知，式 (9-1) 只是高吸收条件下的近似。

为了方便，把式 (9-40) 中包含 $\cos(\xi_1^{\mathrm{r}}-\xi_2^{\mathrm{r}})$ 的称为负项，而包含 $\cos\left(\xi_1^{\mathrm{r}}+\xi_2^{\mathrm{r}}-\frac{\pi}{2}\right)$ 的称为正项。正项和负项对总的条纹图像都有贡献，实际上相当于两个波的非相干叠加，如果正、负项各自的条纹间距差别较大，那么叠加后的条纹间距与较小的一致，较大的起调制波的作用。但是，由于这两项的条纹间距都是 η 的函数，所以叠加后的情况不像 Pendellösung 干涉条纹那样两个偏振态的波场非相干叠加而出现的非常有规律的拍效应 (beat effect)。

为了求出式 (9-40) 中正、负项各自的条纹间距，仿照 9.4.1 节的方法，先求出余弦函数中自变量 $\xi_1^{\mathrm{r}}\pm\xi_2^{\mathrm{r}}$ 的变化量。由式 (9-37) 得

$$\xi_1^{\mathrm{r}}\pm\xi_2^{\mathrm{r}}=\beta^{\mathrm{r}}\cos\theta[(t\cdot\tan\theta_{\mathrm{B}})^2-(\eta-a)^2]^{\frac{1}{2}}\pm[(t\cdot\tan\theta_{\mathrm{B}})^2-(\eta+a)^2]^{\frac{1}{2}} \tag{9-44}$$

其中，β^{r} 是 β 的实部:

$$\beta^{\mathrm{r}}=\frac{|\chi_{\mathrm{g}}^{\mathrm{r}}|KC}{\sin 2\theta_{\mathrm{B}}}=\frac{2\pi|\chi_{\mathrm{g}}^{\mathrm{r}}|C}{\lambda\sin 2\theta_{\mathrm{B}}} \tag{9-45}$$

当 η 变化 $\Delta\eta$ 时，$\xi_1^{\mathrm{r}}\pm\xi_2^{\mathrm{r}}$ 的变化为

$$\Delta(\xi_1^{\mathrm{r}}\pm\xi_2^{\mathrm{r}})=\beta^{\mathrm{r}}\cos\theta\left\{-\left[\left(\frac{t\cdot\tan\theta_{\mathrm{B}}}{\eta-a}\right)^2-1\right]^{-\frac{1}{2}}\mp\left[\left(\frac{t\cdot\tan\theta_{\mathrm{B}}}{\eta+a}\right)^2-1\right]^{-\frac{1}{2}}\right\}\Delta\eta$$

由 $|\Delta(\xi_1^{\mathrm{r}}\pm\xi_2^{\mathrm{r}})|=2\pi$，可得条纹间距为

$$\Delta\eta_{\pm}=\frac{2\lambda\sin\theta_{\mathrm{B}}}{|\chi_{\mathrm{g}}^{\mathrm{r}}|C}f_{\pm}(\eta) \tag{9-46}$$

其中

$$f_{\pm}(\eta)=\left|\left\{-\left[\left(\frac{t\cdot\tan\theta_{\mathrm{B}}}{\eta-a}\right)^2-1\right]^{-\frac{1}{2}}\mp\left[\left(\frac{t\cdot\tan\theta_{\mathrm{B}}}{\eta+a}\right)^2-1\right]^{-\frac{1}{2}}\right\}^{-1}\right| \tag{9-47}$$

式 (9-47) 中 “−” 代表正项，“+” 代表负项。

从式 (9-47) 可知，正项和负项的条纹间距是不同的，它们对实验条纹图像的影响与其波场强度的贡献有关。如果其中一个波场强度远远小于另一个，那么，这个波场对总图像的影响就很小。因此，研究 B-L 条纹时，必须考虑波场强度。Borrmann 和 Lehmann[1] 及 Lang[4] 的论述中都忽略了这一点，而只考虑波场的相位关系。

研究波场强度需要考虑晶体对 X 射线的吸收。根据式 (9-37)，自变量 $\xi_1^{\mathrm{i}}\pm\xi_2^{\mathrm{i}}$ 可写成

$$\xi_1^{\mathrm{i}}\pm\xi_2^{\mathrm{i}}=\beta^{\mathrm{i}}\cos\theta_{\mathrm{B}}[(t\cdot\tan\theta_{\mathrm{B}})^2-(\eta-a)^2]^{\frac{1}{2}}\pm[(t\cdot\tan\theta_{\mathrm{B}})^2-(\eta+a)^2]^{\frac{1}{2}} \tag{9-48}$$

当满足 $(\eta+a)\ll\frac{1}{2}(t\cdot\tan\theta_{\mathrm{B}})$ 时，有

$$\xi_1^{\mathrm{i}}+\xi_2^{\mathrm{i}}\approx 2\beta^{\mathrm{i}}t\cdot\sin\theta_{\mathrm{B}}$$
$$\xi_1^{\mathrm{i}}-\xi_2^{\mathrm{i}}\approx 0$$

对高吸收情况，β^{i} 较大，

$$\xi_1^{\mathrm{i}}+\xi_2^{\mathrm{i}}\gg\xi_1^{\mathrm{i}}-\xi_2^{\mathrm{i}}$$
$$\mathrm{ch}(\xi_1^{\mathrm{i}}+\xi_2^{\mathrm{i}})\gg\mathrm{ch}(\xi_1^{\mathrm{i}}-\xi_2^{\mathrm{i}})$$

从式 (9-40) 可看到，对高吸收情况，负项对波场强度的贡献大于正项。因此，其条纹间距由负项主导。此时，由式 (9-47) 有

$$f_{-}(\eta) \approx \frac{t \cdot \tan\theta_{\mathrm{B}}}{2a} \tag{9-49a}$$

$$f_{+}(\eta) \approx \frac{t \cdot \tan\theta_{\mathrm{B}}}{2} \tag{9-49b}$$

将式 (9-49) 代入式 (9-46)，得到

$$\Delta\eta_{-} = \frac{\lambda}{C\left|\chi_{\mathrm{g}}^{\mathrm{r}}\right|} \sin\theta_{\mathrm{B}} \cdot \tan\theta_{\mathrm{B}} \cdot \frac{t}{a} \tag{9-50}$$

式 (9-50) 等同于式 (9-1)，没有考虑吸收对波场的影响，只适用于高吸收情况。

对低吸收情况，$\beta^{\mathrm{i}} \sim 0$。由于 $\mathrm{ch}(\xi_1^{\mathrm{i}} + \xi_2^{\mathrm{i}}) \approx \mathrm{ch}(\xi_1^{\mathrm{i}} - \xi_2^{\mathrm{i}}) \approx 1$，正项和负项对强度的贡献相当，因此，对条纹图像都有影响，干涉条纹与高吸收情况不一样，是不等间距。在 $\eta \ll a$ 的区域，$f_{-} \ll f_{+}$，条纹间距主要由负项决定，其值与式 (9-50) 接近，但条纹受到一个调制项的调制。在 $\eta \gg a$ 的区域，$f_{-} > f_{+}$，条纹间距主要由正项决定，条纹呈不等距，随 η 的增加而减小。

2. 直射波

应用式 (9-37)，直射波强度式 (9-35) 可写成

$$\begin{aligned} I_{\mathrm{o}} &\equiv I_{\mathrm{o1}} + I_{\mathrm{o2}} + I_{\mathrm{o3}} \\ &= A \cdot C \cdot \exp\left(-\frac{\mu t}{\cos\theta_{\mathrm{B}}}\right)\left\{\frac{x_{\mathrm{g}}}{x_{\mathrm{o}}}\left|J_1(\zeta_1)\right|^2 + \frac{x_{\mathrm{gr}}}{x_{\mathrm{or}}}\left|J_1(\zeta_1)\right|^2\right. \\ &\quad \left. - \left(\frac{x_{\mathrm{g}}}{x_{\mathrm{o}}}\frac{x_{\mathrm{gr}}}{x_{\mathrm{or}}}\right)^{\frac{1}{2}}\left[J_1^*(\zeta_1) J_1(\zeta_2) + J_1(\zeta_1) J_1^*(\zeta_2)\right]\right\} \end{aligned} \tag{9-51}$$

利用渐近式 (9-33)，有

$$\left|J_1(\zeta)\right|^2 = \frac{1}{\pi|\zeta|}\left[\mathrm{ch}\left(2\zeta^{\mathrm{i}}\right) + \cos\left(2\zeta^{\mathrm{r}} - \frac{3\pi}{2}\right)\right] \tag{9-52}$$

式 (9-51) 中变量 ζ 下标省略了 1、2。

$$\begin{aligned} &J_1^*(\zeta_1) J_1(\zeta_2) + J_1^*(\zeta_2) J_1(\zeta_1) \\ &= \frac{2}{\pi}\sqrt{\frac{1}{|\zeta_1\zeta_2|}}\left[\mathrm{ch}\left(\zeta_1^{\mathrm{i}} + \zeta_2^{\mathrm{i}}\right)\cos\left(\zeta_1^{\mathrm{r}} - \zeta_2^{\mathrm{r}}\right) + \mathrm{ch}\left(\zeta_1^{\mathrm{i}} - \zeta_2^{\mathrm{i}}\right)\cos\left(\zeta_1^{\mathrm{r}} + \zeta_2^{\mathrm{r}} - \frac{3\pi}{2}\right)\right] \end{aligned} \tag{9-53}$$

把式 (9-51)~式 (9-53) 与式 (9-38)~式 (9-40) 比较，可以看到，吸收对衍射波和直射波的影响是一样的。因此，关于衍射波的讨论也适用于直射波，两者的干涉条纹图像是一样的。在高吸收情况下，条纹间距与式 (9-1) 相同。

直射波与衍射波的区别如下：

其一是强度分布不同。衍射波的强度分布只决定于 Bessel 函数部分 (见式 (9-38))，而直射波的强度分布除依赖于 Bessel 函数外，还与坐标因子 $\frac{x_{\mathrm{g}}}{x_{\mathrm{o}}}$ 和 $\frac{x_{\mathrm{gr}}}{x_{\mathrm{or}}}$ 有关 (见式 (9-51))，其强度分布总的趋势是从入射束方向到反射束方向衰减。

其二是衍射波的强度由零阶 Bessel 函数决定，而直射波是由一阶 Bessel 函数决定，两者相位差为 π (见式 (9-33))。

比较式 (9-39) 和式 (9-52)，可以得知，对于 Pendellösung 干涉条纹，直射波和衍射波的相位相差 π，因此，直射波与衍射波的强度是互补的。也就是说，直射波强度极大值的位置对应于衍射波强度极小值的位置，反之亦然。但是对于 Borrmann-Lehmann 干涉条纹，比较直射波 (式 (9-53)) 和衍射波 (式 (9-40))，可以看到，衍射波和直射波只在正项上相位相差 π，而负项的相位相同，因此，不能在一般情况下给出直射波与衍射波的相位差。Borrmann 和 Lehmann 曾断言[1]，对于 B-L 干涉条纹，直射波与衍射波强度极大值和极小值的位置应该一致。但确切地说，这个结论只是对高吸收情况适用，因为在高吸收情况下，条纹图像主要取决于负项，因而直射波与衍射波的相位可视为相同。

9.4.3　强度分布曲线计算

本节根据式 (9-35b) 和式 (9-36c) 计算了高、中吸收情况下的波场强度分布，并绘出其波场强度曲线。

图 9-8 是金刚石 220 衍射波场强度沿晶体出射面的分布曲线。所用参数：CuKα 辐射，晶体厚度 $t = 1\mathrm{mm}$，$\mu t = 1.62$，$a = 0.2\mathrm{mm}$。属低吸收情况，图中字母 B，E，D，C 等与图 9-7 中相应的字母定义相同。图 9-8(a) 是衍射波的强度曲线，右部区域强度为零，是由于衍射波被晶体边缘全反射。图 9-8(b) 是直射波强度曲线，右部区域透射波的强度很高，绘制时已被压缩了 15 倍 (本节中其他的直射波强度分布曲线图均被压缩了 15 倍)。

从图 9-8 可以看到，在 Pendellösung 条纹区 (图 9-8(a) 中 CD) 及透射区 ((图 9-8(b) 中 BF) 干涉条纹很有规律，这是由于两个偏振态叠加引起的拍效应明显，并且直射波和衍射波的极大值和极小值出现的位置正好相反。在 B-L 区 (图 9-8(a) 和 (b) 中 DB)，B-L 干涉条纹很复杂，在靠近晶体边缘处 ($\eta \ll a$)，虽然条纹间距还基本上保持等距，但强度变化无规律；在远离边缘处 ($\eta \gg a$)，条纹变得更无规律，间距越来越小。直射波和衍射波的 B-L 条纹，既不像 Pendellösung 条纹那样极大值和极小值位置刚好相反，也不完全相同。另外，从图 9-8(a) 还可以看出，在衍射波 Pendellösung 区和 B-L 区交界处附近，B-L 条纹的强度明显高于 Pendellösung 条纹强度。这有利于在实验上把两者分开，以便确定几何参数 a。

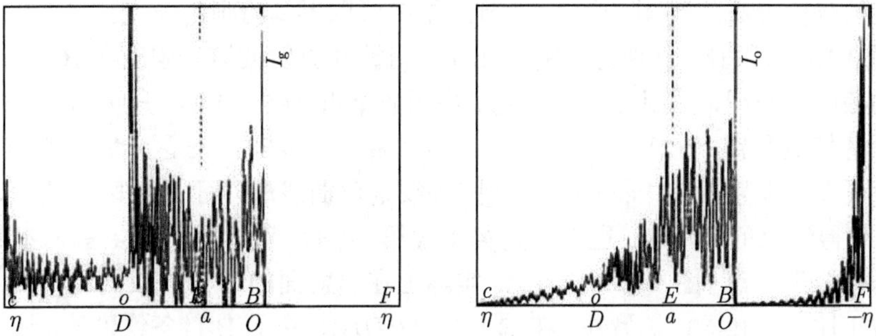

(a) (b)

图 9-8 金刚石 220 衍射波场强度沿晶体出射面的分布曲线

(a) 衍射波；(b) 直射波，CuK_α 辐射，晶体厚度 $t = 1\mathrm{mm}$，$\mu t = 1.62$，$a = 0.2\mathrm{mm}$

图 9-9 是硅单晶 220 波场强度沿晶体出射面的分布曲线，(a) 衍射波，(b) 直射波。透射波的波场强度分布没画出。所用参数：MoK_α 辐射，晶体厚度 $t = 12\mathrm{mm}$，$\mu t = 18$，$a = 0.2\mathrm{mm}$。属高吸收情况。

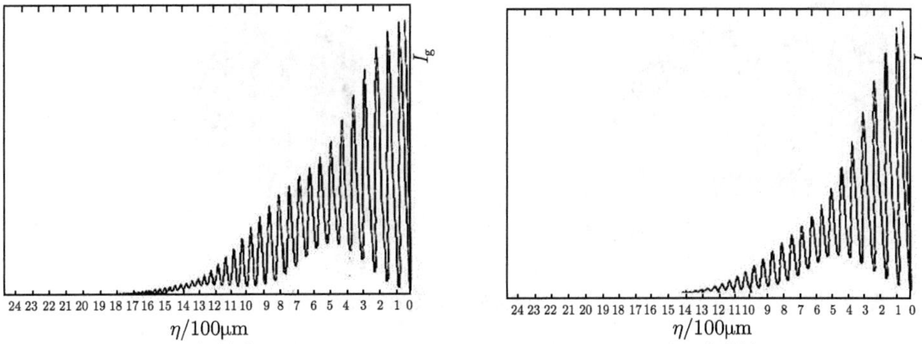

(a) 衍射波 (b) 直射波

图 9-9 硅单晶 220 波场强度沿晶体出射面的分布曲线

(a) 衍射波；(b) 直射波，MoK_α 辐射，晶体厚度 $t = 12\mathrm{mm}$，$\mu t = 18$，$a = 0.2\mathrm{mm}$

从图 9-9 可以看出，对高吸收情况，Pendellösung 条纹已不存在，B-L 条纹也变得较有规律。在晶体边缘附近，条纹基本上是等间距的，但在远离边缘处条纹间距有所变小，衍射波和直射波的极大值和极小值相同。强度随 η 增大而逐渐减小。B-L 区和 Pendellösung 区没有明显的界线，因此，实验上要得到精确的 a 值比较困难。

9.4.4 不同吸收情况 Borrmann 扇形内 X 射线波场强度分布

为了更清楚地了解在 Borrmann 扇形内 X 射线波场强度的分布及吸收效应的影响，本节对不同吸收情况下 Borrmann 扇形内的波场强度进行了数值计算，并绘出相应的强度分布二维图，由 9.4.3 节的结果可以得到清晰的表现。

图 9-10(a) 和 (b) 分别是金刚石 220 衍射波和直射波波场强度在 Borrmann 扇形内的截面分布图，采用 CuK_α 辐射，中吸收情况 ($\mu t = 1.6$)，只考虑 σ 偏振。由图可以清楚地看到，在 B-L 区 (图中 RBD) 和 Pendellösung 区 (图中 $ECDR$) 波场强度分布有差别。在 Pendellösung 区条纹是双曲线形，而 B-L 区条纹是发散的直线。值得注意的是，B-L 区的衍衬像不像第 14.3.3 节中所介绍层错 X 射线衍衬像那样会聚于一点 (图 14-22)。因此，实际上在出射面的 B-L 条纹间距不满足与厚度 t 成正比 (式 (9-50))。另外，在 B-L 区 (RDB)，除了 B-L 条纹以外，还存在两组 Pendellösung 条纹。因此，对中吸收情况，B-L 区的条纹比较复杂。

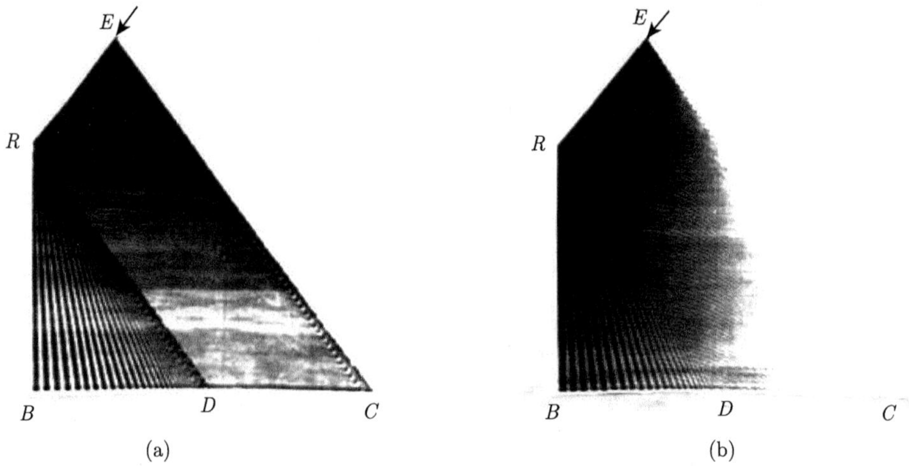

图 9-10　金刚石 220 衍射波和直射波波场强度在 Borrmann 扇形内的截面分布图

计算时只考虑 σ 偏振。(a) 衍射波；(b) 直射波

图 9-11 与图 9-10 的计算参数一样，只是同时考虑 σ 偏振和 π 偏振。可以看到，在 B-L 区和 Pendellösung 区都观察到偏振效应引起的拍效应。

图 9-12 是高吸收情况下 Borrmann 扇形内 X 射线波场强度截面分布图。样品为 NaCl，400 衍射，计算采用的参数：CuK_α 辐射，$t = 1$mm，$a = 0.2$mm，$\mu t = 16$，同时考虑 σ 偏振和 π 偏振。从图 9-12(b) 可以清楚地看到，在晶体入射面附近 (μt 较小) Pendellösung 条纹仍然存在，但在其余区域 (μt 大) 已看不到 Pendellösung 条纹。在 B-L 区，B-L 没有受到 Pendellösung 条纹的干扰，图像比低吸收情况简单。对于衍射波 (9-12(a))，Pendellösung 区与 B-L 区的明显分界线 (图 9-11(a)) 已不存在。另外，还可以看到，无论是直射波还是衍射波，由于异常透射效应，波场强度都主要集中在 Borrmann 扇形的中央区域 (可比较图 9-12 与图 9-11)。

(a) (b)

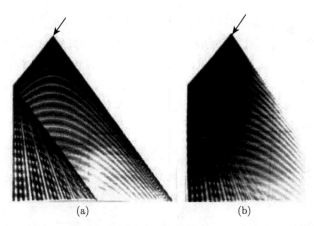

图 9-11 金刚石 220 衍射波和直射波波场强度在 Borrmann 扇形内的截面分布图

计算时考虑 σ 偏振和 π 偏振。(a) 衍射波；(b) 直射波

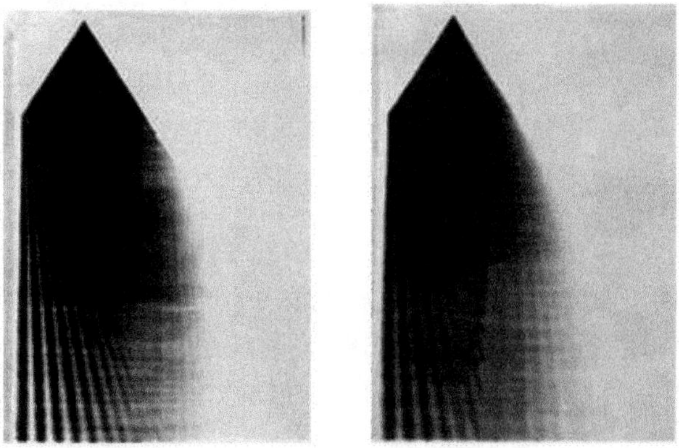

(a) (b)

图 9-12 NaCl 400 衍射衍射波和直射波波场强度在 Borrmann 扇形内的截面分布图

计算时考虑 σ 偏振和 π 偏振。(a) 衍射波；(b) 直射波

9.5 Borrmann-Lehmann 干涉条纹的计算机模拟

X 射线衍射形貌图的计算机模拟是 X 射线衍射动力学研究的重要手段，通过对 X 射线形貌图的计算模拟可以验证和发展衍射动力学理论，还可以得到晶体内部微结构有清晰的图像。

X 射线衍射形貌图的计算模拟是根据 X 射线衍射动力学理论对晶体内部微结构的计算、分析，得到出射面 X 射线强度分布的数值解。其过程包括程序编制、探测器的 X 射线强度响应特性等，需要具备计算机专业知识，本节只列举部分计算模拟结果，并与实验结果进行比较，以证实本章理论分析是正确的。因计算程序的编写，模拟参数的选择等比较复杂，本节不作介绍，有兴趣的读者可参阅文献 [6]。

如图 9-13 所示，(a) 是金刚石 220 衍射的计算模拟图，计算参数取自文献 [6]，$CuK_{\alpha 1}$ 辐射，$t = 1mm$，$a = 0.2mm$；(b) 是文献 [6] 的相应 X 射线实验图；比较 (a) 和 (b) 可以看到，计算模拟图与 X 射线实验图拟合得很好；而 (c) 和 (d) 波场强度分布稍有差别，但两者条纹间距基本一致。

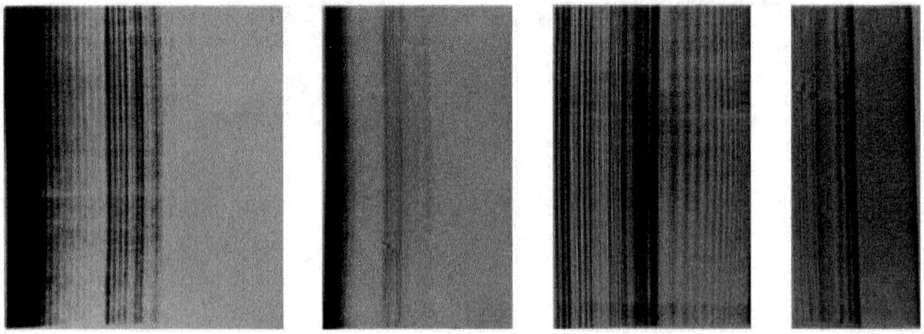

(a) (b) (c) (d)

图 9-13 金刚石 B-L 干涉实验理论计算模拟图与实验图比较

$CuK_{\alpha 1}$ 辐射，$t = 1mm$，$a = 0.2mm$。(a) 直射波的理论计算模拟图；(b) 相应的 X 射线实验图；(c) 衍射波的理论计算模拟图；(d) 相应的 X 射线实验图

图 9-14(a) 和 (b) 分别是金刚石 220 衍射衍射波的计算模拟图和 X 射线实验图 (参见文献 [4])，采用同步辐射，$\lambda = 0.15nm$，$t = 1mm$，$a = 0.21mm$。比较图 9-14 与图 9-13，可以看到，由于同步辐射 X 射线是偏振光，因而 B-L 条纹显得均匀。另外，由于样品存在缺陷 (图 9-14(b))，在缺陷附近波场受到干扰，所以 B-L 条纹显得不规则。

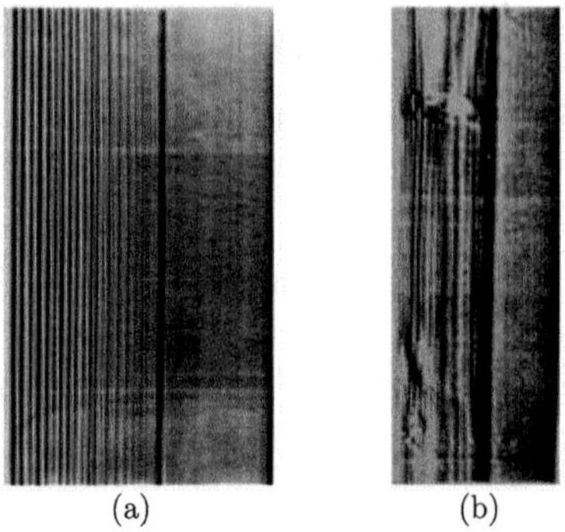

(a) (b)

图 9-14 金刚石 B-L 干涉实验理论计算模拟图与实验图比较

同步辐射，$\lambda = 0.15nm$，$t = 1mm$，$a = 0.21mm$。(a) 衍射波的理论计算模拟图；(b) 相应的实验图

9.6 小　结

综上分析，可得以下结论：

(1) B-L 条纹比 Pendellösung 条纹复杂，其原因是，波场强度表达式在 B-L 项 (式 (9-40)) 中，且两组 Pendellösung 条纹重叠在一起，特别是对低吸收情况。

(2) Borrmann 和 Lehmann 导出的条纹间距公式 (式 (9-1)) 适用于高吸收情况。对高吸收情况，B-L 区与 Pendellösung 区的边界不明显 (对比图 9-11 与图 9-12)，使得实验上测准 a 值很困难。

(3) 衍射波和直射波的 B-L 条纹间距相同，在一般情况下 (除高吸收情况)，直射波和衍射波条纹的位置不重合，也不像 Pendellösung 条纹那样，衍射波的极大值的位置恰好对应于直射波的极小值。

B-L 干涉条纹实验的应用之一是测定晶体的结构因子。如前所述，采用高吸收情况，计算简单，但 a 值要测准。对于低吸收情况，可以采用计算机模拟，得到的结果比较可靠。

参 考 文 献

[1] Borrmann G, Lehmann K. Crystallography and Crystal Perfection. London: Academic Press, 1963: 101-108.
[2] Lehmann K, Borrmann G. Z. Kristallogr, 1967(125): 234.
[3] Mai Z H, Lang A R. The Conference of Diamond. Cambridge UK, 1979.
[4] Lang A R, Kowalski G, Makepeace A P W, et al. Acta Cryst. A，1986(42): 501.
[5] Lang A R, Kowalski G, Makepeace A P W. Acta Cryst. A, 1990(46): 215.
[6] Mai Z H, Zhao H. Acta Cryst. A, 1989(45): 602; 赵鸿，中国科学院物理研究所硕士学位论文, 1987.
[7] Uragami T. J. Phys. Soc. Japan, 31(1971): 1141.
[8] Kato N. X-ray Diffraction. Mc Graw-Hill, Inc., 1974.
[9] Saka T, Katagawa T, Kato N. Acta Cryst. A, 1972(28): 102.
[10] 王竹溪，郭敦仁. 特殊函数概论. 北京: 科学出版社, 1979: 420.
[11] Kato N, Appl J. Phys., 1968(39): 2225.
[12] Kohler M. Ann. Physik., 1933(18): 265.
[13] Moliére G. Ann. Physik., 1935(24): 591; 1939(35): 272, 297; 1939(36): 265.
[14] Aftavasev A M, Kagan Y U. Acta Cryst. A, 1968(24): 163.

第 10 章 其他衍射动力学效应

前文介绍了几种主要的 X 射线衍射动力学效应，本章介绍第 2 章提及的其他 X 射线衍射动力学效应。

10.1 X 射线偏振的影响 —— 消衰现象

第 2 章和第 8 章都介绍了非偏振 X 射线入射到晶体时，可以分成两种偏振状态 (σ 偏振态和 π 偏振态)，也就是说，可分解为两个相互垂直偏振的波，其振幅相等。在晶体内，每个偏振波都激发一个与入射波相同偏振面的波场，由于相互垂直偏振的波不能产生干涉，于是，在晶体内存在两组干涉条纹，总波场强度为两偏振波强度的叠加。在实验中可以观察到干涉条纹的调制效应，称为消衰现象 (fading phenomena)。Hart 和 Lang[1] 将经过平面偏振和未经平面偏振的 X 射线入射所得到的 Pendellösung 干涉条纹进行比较，确认了消衰现象是偏振因子的影响所致。

从第 8 章式 (8-11) 可以看到，Pendellösung 干涉条纹间距决定于 X 射线的偏振状态，对通常的实验条件，X 射线是非偏振的，对 X 射线截面形貌图，条纹的消衰是有规律的。两个消衰区域的条纹数随着反射级数的增加而减少。

从第 8 章式 (8-9) 中 $\bar{\beta}$ 和式 (8-11) 中 $\varLambda_{\perp,\parallel}$ 表达式可得到波场总强度分布[2]：

$$\begin{aligned} I_g &= I_{g\parallel} + I_{g\perp} \\ &= \frac{A'}{l}\left[\cos^2\left(\frac{\pi l}{\varLambda_\perp} - \frac{\pi}{4}\right)\right] + |\cos 2\theta_\mathrm{B}|\cos^2\left(\frac{\pi l}{\varLambda_\parallel} - \frac{\pi}{4}\right) \end{aligned}$$

其中，A' 为相应式 (8-9) 中 D 的一个常数，D 为色散面两分支顶点的距离。直接运算可得

$$\begin{aligned} I_g = &\frac{A'}{2l}(1+\cos 2\theta_\mathrm{B}) + \frac{A'}{2l}(1+\cos 2\theta_\mathrm{B})\cos\left(\frac{2\pi l}{\varLambda} - \frac{\pi}{2}\right)\cos(2\pi\varDelta\cdot l) \\ &- \frac{A'}{2l}(1-\cos 2\theta_\mathrm{B})\sin\left(\frac{2\pi l}{\varLambda} - \frac{\pi}{2}\right)\sin(2\pi\varDelta\cdot l) \end{aligned} \tag{10-1}$$

其中

$$\frac{1}{\varLambda} = \frac{1}{2}\left(\frac{1}{\varLambda_\perp} + \frac{1}{\varLambda_\parallel}\right) \tag{10-2}$$

$$\varDelta = \frac{1}{2}\left(\frac{1}{\varLambda_{\perp}} + \frac{1}{\varLambda_{\parallel}}\right) \tag{10-3}$$

对透射形貌图的一般实验条件，$\cos 2\theta_B$ 很接近 1。因此，式 (10-1) 中第三项趋于零，干涉条纹的性质主要由第二项决定。由此可得到以下结论。

(1) 由式 (10-2) 得到干涉条纹间距：

$$\varLambda = \frac{2\varLambda_{\perp}}{1 + |\cos 2\theta_B|} \tag{10-4}$$

(2) 干涉条纹的衬度由式 (10-1) 中第二项中 $\cos(2\pi\varDelta \cdot l)$ 所调制，在接近 $2\varDelta l = n + \frac{1}{2}$ 的位置，干涉条纹消失，这些区域称为衰减区；条纹出现的区域称为条纹区。每个衰减区域的中心由 $2\varDelta \cdot l = n + \frac{1}{2}$ 给出，即 $\cos(2\pi\varDelta \cdot l) = 0$。两邻近衰减区域中心之间干涉条纹数推导：从 n 到 $n+1$ 区的距离为 $l_{n+1} - l_n = \frac{1}{2\varDelta}\left[\left(n+1+\frac{1}{2}\right) - \left(n+\frac{1}{2}\right)\right]$，条纹间距为 $\varLambda$，所以 n 到 $n+1$ 区的条纹数为

$$N = \frac{1}{2\varDelta\varLambda} = \frac{1}{2}\frac{1 + |\cos 2\theta_B|}{1 - |\cos 2\theta_B|} \tag{10-5}$$

值得提出，式 (10-5) 对第一区不适用。第一区的条纹数只有 $\frac{N}{2}$，这是因为对第一区，$l = 0$ 时，$\cos(2\pi\varDelta \cdot l) = 0$，所以第一区 $2\varDelta l$ 是从 0 到 $\frac{1}{2}$，$l = \frac{1}{4\varDelta}$。因此，$N_{\text{第一区}} = \frac{N}{2}$。表 10-1 为 Si 样品不同 X 射线辐射所得到的条纹数实验值和理论值比较，可以看到，实验值与理论值符合得较好。

表 10-1 Si 样品不同 X 射线辐射所得到的条纹数实验值和理论值比较

hkl	第一区域	第二区域
	$AgK_{\alpha1}$	
111	32 (31.2)	—(62.4)
220	12 (11.5)	24 (23.0)
311	9 (8.3)	15 (16.6)
400	5 (5.6)	11 (11.2)
511	3 (3.2)	7 (6.5)
444	2 (1.7)	3 (3.4)
	$MoK_{\alpha1}$	
111	21 (19.2)	— (38.5)
220	7 (7.1)	14 (14.1)

注：括号内的值是式 (10-5) 计算结果。

(3) 对 n 为奇数的条纹区，$\cos(2\pi\Delta\cdot l)$ 为正，而对 n 为偶数的条纹区，$\cos(2\pi\Delta\cdot l)$ 为负。从式 (10-1) 可知，条纹衬度极大和极小的位置在衰减区两侧变换。

(4) 由于式 (10-1) 中第三项的存在，条纹的位置发生小的位移，当 $2\Delta\cdot l=n+\dfrac{1}{2}$ 时，$\sin(2\pi\Delta\cdot l)=1$，在高阶衍射靠近衰减区中心附近会出现所谓鬼条纹。

第 2 章式 (2-35) 给出了每种偏振态所对应的色散面顶点的距离：

$$D=\frac{KC\sqrt{\chi_g\chi_{-g}}}{\cos\theta_{\mathrm{B}}}=\frac{r_{\mathrm{e}}\lambda CF_g}{\pi V\cos\theta_{\mathrm{B}}}=\frac{1}{\xi_g}$$

其中，ξ_g 为消光距离；$r_{\mathrm{e}}=\dfrac{mC^2}{e^2}$ 为电子半径。显然两种偏振态波场的 Pendellösung 干涉条纹的消光距离是不同的。表 10-2 列出了金刚石晶体 (111) 衍射的消光距离 ξ_g 计算结果。

表 10-2　金刚石晶体 (111) 衍射不同偏振态波场的消光距离

	Ag 辐射/μm	Mo 辐射/μm	Cu 辐射/μm
σ 偏振态	47.93	37.59	16.29
π 偏振态	49.77	39.96	22.62

蒋树声[3] 应用 X 射线截面形貌术研究了金刚石晶体中 Pendellösung 干涉条纹的消衰现象，实验表明，在平板状晶体、尖劈形晶体及包含一片层错的晶体中都观察到 Pendellösung 干涉条纹的消衰现象。图 10-1 为平板状金刚石晶体 X 射线截面形貌图，可以清楚地看到，Pendellösung 干涉条纹的强度不是均匀分布，而是作周期性变化的，很容易联想到 X 射线两种不同偏振状态波场的相互作用。对 Cu 辐射金刚石 $(\bar{1}1\bar{1})$ 衍射，式 (10-5) 计算得到 $N=3.08$，与图 10-1 中每个消衰周期内的条纹数符合得很好。图 10-1 中两边的 Pendellösung 干涉条纹不对称是该实验采用不对称劳厄衍射几何所致。

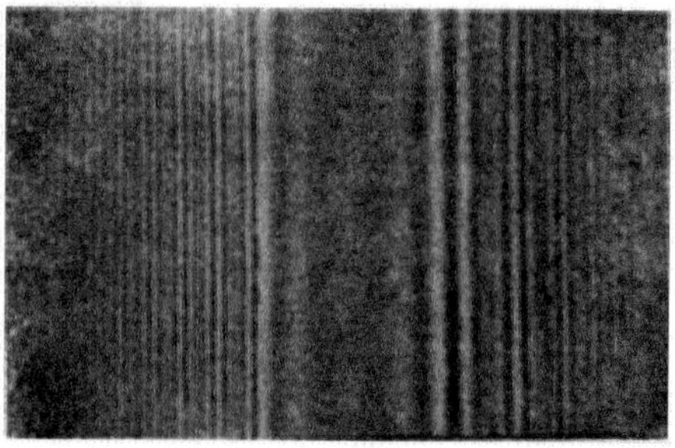

图 10-1　平板状金刚石晶体 X 射线截面形貌图，$\mathrm{CuK}_{\alpha1}$ 辐射，$(\bar{1}1\bar{1})$ 衍射

值得指出的是，Pendellösung 干涉条纹的重要应用是从干涉条纹间距可以获得晶体结构因子，将在第 13 章中讨论。

10.2 边缘效应

第 2.10.2 节推导出对称劳厄几何，沿出射面出射束强度的分布公式 (式 (2-59))。不考虑两个偏振波的相互干涉，根据式 (2-59) 画出了不同 $\mu_0 t_0$ 值下衍射束强度和透射束强度沿出射面的分布 (图 10-2，注意该图与图 2-17 相同)。从图 10-2(a) 可以看出，对于薄晶体 ($\mu t \ll 1$)，在出射面边缘强度增加，对 $\mu t \approx 0$，边缘的强度比中心的强度还大。X 射线衍射运动学理论认为，在中心点 $Q = 0$，X 射线处于严格的布拉格反射几何，该点 X 射线强度最大，对边缘强度增强现象是不可理解的。但从 X 射线衍射动力学理论出发，由于出射束角度的变化，在 $Q \approx 0$ 附近，Q 值的变化急剧，色散面的曲率最大，大部分入射束的能量流向靠近边缘的方向。从第 2.6 节色散面可知，当入射束偏离严格的布拉格角入射时，色散面的曲度会使能流集中到一边。对薄晶体，吸收小，边缘附近虽然光程差长了一些，但吸收衰减很小，因此，能流主要转移到边缘。随着厚度的增加，吸收项越来越重要，在第 2.8 节已经指出，在能流三角形内，吸收系数随偏离角而变，边缘的强度减弱很明显，但中心部分减弱不明显，大约为无吸收晶体值的一半。对于厚晶体，衍射束的峰位在中心，透射束的强度分布是不对称的；对薄晶体，强度从直射方向到衍射方向单调下降。随着厚度增加，边缘的吸收增大，强度下降，峰值移向中心。这个现象称为 “边缘效应” (Margin effect)。

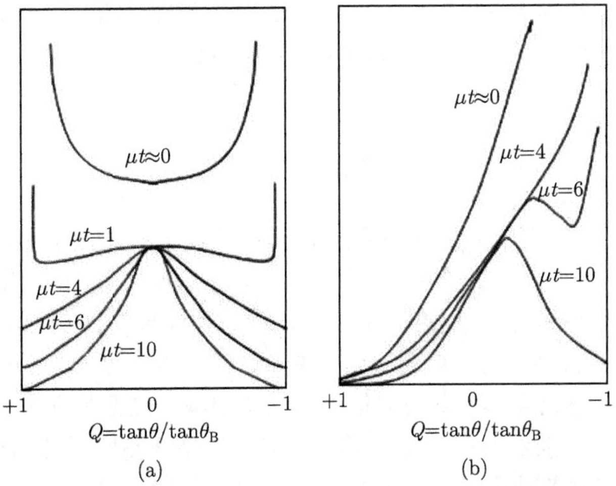

图 10-2 衍射束强度和透射束强度沿出射面分布示意图

(a) 衍射束；(b) 透射束

这种现象在 X 射线截面形貌图上经常看到，早在 20 世纪 30 年代就观察到了[4−8]，然而，当时认为是一种从晶体表面层状嵌镶结构或表面损伤引起的运动学反射。但分析发现，如果是这个原因，不仅是衍射束，而且透射束也应该出现边缘增强现象。最明显的事实是，透射束形貌图如果强度增强是由于晶体表面层的反射，则在透射形貌图的衍射束方向强度也应增强，因为在出射面的嵌镶层也会反射衍射束。况且，X 射线衍射运动学理论认为，实验上在透射束形貌图的边缘区域没有透射波出射。后来，X 射线衍射动力学理论分析指出，这是 X 射线衍射动力学理论的一个结果 —— 衍射强度沿出射面分布边缘效应。

图 10-3(a) 和 (b) 分别为氢气氛下生长的硅单晶同步辐射 X 射线截面形貌图和理论模拟曲线[9]，可以清楚地看到，理论模拟 Pendellösung 条纹强度分布曲线与实验曲线拟合得很好，衍射强度分布有明显的边缘效应。详细内容可参阅第 15.2.3 节。

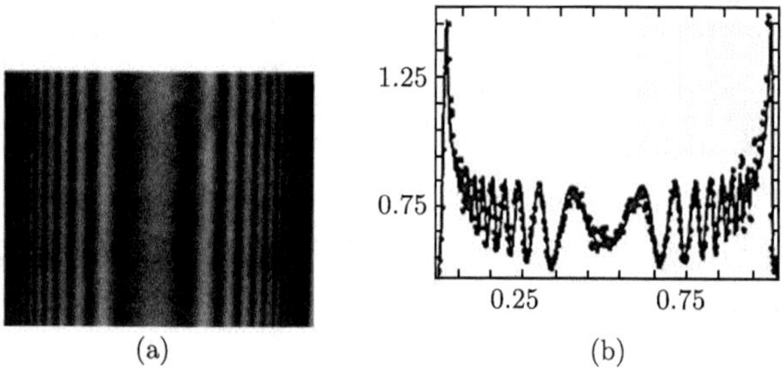

图 10-3　(a) 氢气氛下生长的硅单晶同步辐射 X 射线截面形貌图；(b) 理论模拟曲线

∗ 为实验数据，— 为理论模拟

10.3　初级消光、次级消光

X 射线通过晶体时，由于 X 射线与晶体中的原子相互作用，部分能量被吸收，当通过距离 $\mathrm{d}x$ 时，X 射线的强度将衰减 $-\mathrm{d}I = \mu I \mathrm{d}x$，其中 μ 为线性吸收系数。对各向同性晶体，晶体任意处的 μ 值是相同的。当晶体位于布拉格反射情况时，除了吸收外，还有消光效应使 X 射线强度减弱。消光效应可分为初级消光和次级消光。初级消光和次级消光是 X 射线衍射动力学现象，在通常的 X 射线晶体结构分析中，一般采用 X 射线衍射运动学理论。但对于精确测定晶体结构，需要考虑影响晶体衍射强度的各种因素，因此，采用 X 射线衍射运动学理论的同时，又讨论初级消光和次级消光 —X 射线衍射动力学现象的影响。

值得指出，初级消光和次级消光可以同时产生，但其产生机制不同。

10.3.1 初级消光

1914 年 Darwen[10] 采用物理光学方法处理 X 射线衍射动力学理论：在布拉格情况下，将原子层逐层用整数 n_{-i} 表示，如图 10-4 所示，X 射线 I_0 被晶面 n 反射一次，一部分能量转移到反射束，并且，反射束 I_1 与入射束将产生相位差 $\frac{\pi}{2}$；入射束继续前进，在晶面 $n-1$ 处经历一次反射，其方向与原入射束相同，在晶面 $n-1$ 经历二次反射，此时 I_3 的相位与 I_1 相差 π，产生相消干涉，导致强度减弱。这种由于多重反射使 X 射线强度减弱的现象称为初级消光，也是一种 X 射线衍射动力学现象。也就是说，初级消光发生在一个晶块内部，由多次反射使它们之间的相位差为 π 所引起。一般来说，同一晶面的第 n 次反射与第 $n+2$ 次反射的反射束总是相消干涉。初级消光使入射束和衍射束的强度都衰减，对完美晶体，初级消光对衍射强度的影响是严重的。一般来说，对高角度影响较小，对强衍射线的影响比弱衍射线大。大多数情况下，嵌镶晶块尺寸小，以致在 X 射线晶体结构分析中初级消光的影响可以忽略不计。

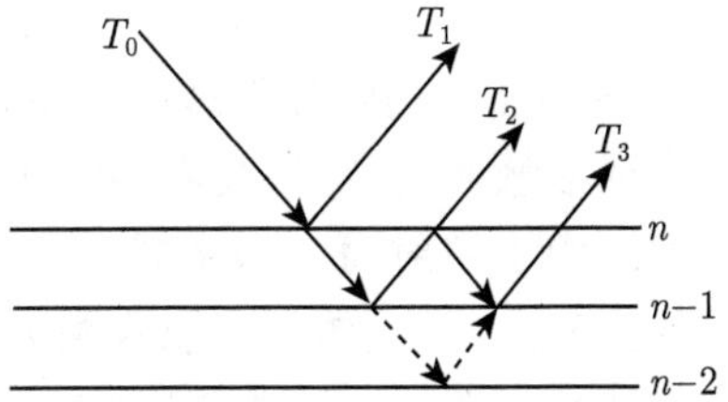

图 10-4 布拉格反射情况下，多层相干反射

10.3.2 次级消光

大多数实际晶体都存在不同程度的不完美性，往往由许多嵌镶块组成，嵌镶块之间存在很小的角度差。当 X 射线入射到晶块 A，并满足衍射条件时，由于晶块 A 内某晶面满足布拉格条件，晶面反射了一部分入射束能量，即初级消光效应，使入射束能量减弱，这束减弱的光束继续向前转播，当再次遇到与晶块 A 取向差很小乃至相同取向的晶块 C 时，也会产生同晶面反射。但由于晶块 A 消光后入射到晶块 C 的光强减弱，以及二次衍射束反射后加到 I_{0C} 中也会因相位差为 π 而减弱。这种由上层晶块衍射导致对下层晶块屏蔽作用而使衍射强度减弱的现象称为次级消光。次级消光对 $\frac{\sin\theta}{\lambda}$ 值小、衍射强度高的衍射影响大。对晶体样品较大，嵌镶晶块较粗大，晶块间取向差较小的情况，次级消光较强。对多晶粉末衍射，其晶粒小，且随机取向，次级消光可忽略不计。在实际晶体的 X 射线衍射中，由于上层晶块对下层的屏蔽作用而产生的次级消光是影响衍射强度的因素之一，因此，在单晶结构分析的修正阶段进行次级消光校正，可能改善 R 因子和提高结构参数的准确

度，这对积累精确的结构资料和研究结构与性能的关系都是有意义的。从次级消光校正中求得的消光系数是一个有物理意义的参数，可为进一步研究嵌镶晶体的结构提供数据。关于次级消光的处理，Zachariasen 作了详细的论述，有兴趣的读者可参阅文献 [11]。

10.3.3　初级消光、次级消光与其他消光的区别

初级消光与次级消光的主要区别是强度衰减，而不是振幅相消过程。

(1) 初级消光与次级消光的区别：它们都含有振幅消光和强度消光，但发生的地点不同。初级消光发生在一个晶块内，且主要表现为振幅衰减；次级消光发生在晶块之间，主要表现为强度衰减。

(2) 消光与吸收的区别：两者都使 X 射线强度衰减，但本质不同。消光包括振幅衰减和强度衰减，但波长不变。这是由于处于布拉格条件各反相位的同向光束之间相互抵消。而吸收是光电效应激发物质中电子转移，而使入射光子能量转变成其他形式的能量，使原光束能量降低，与晶体是否发生衍射无关。

在能量转换和守恒上，两者又是统一的。吸收主要是光电吸收，入射 X 射线的能量转变为光电子能量和各种波长的荧光射线的能量，其前后能量守恒。而消光的能量是转移到其他方向或漫散射的 X 射线，1967 年 Zachariasen[11] 指出，根据能量守恒定律，每束衍射线由于散射而使强度减弱，一定会使其他光束或散射强度增强，而使前后的总强度守恒。设晶体真空吸收系数为 μ，把次级消光效应归到晶体线吸收系数中，它与波长 λ 有关，称为伪吸收，即 $\Theta(\theta)$，则总吸收系数为 $\mu_{\mathrm{t}}=\mu+\Theta(\theta)$。

(3) 初级消光与晶体空间群消光的区别：晶体衍射理论指出，X 射线入射到晶体，从点阵基元发出的射线，由于光程差不等于波长的整数倍，某些衍射有规律的、系统性的不出现，最后，使某些 (hkl) 晶面的衍射强度为零。它与次级消光虽然都与布拉格衍射有关，但情况不同。空间群消光是非原始简单点阵、滑移面或螺旋轴等引起的亚周期，使同次反射波之间光程差为 $\dfrac{\lambda}{2}$ 的整数倍，造成相位差为 π 的整数倍，而导致衍射强度为零。对初级消光而言，虽然也是沿同方向传播的 X 射线振幅反相位叠加，但彼此之间是相隔二次的反射波叠加，是一强一弱的反相位叠加，其强度是逐渐变弱。布拉格角越大，初级消光效应越小。

10.3.4　按消光效应分类晶体

初级消光和次级消光都是特殊类型的干涉效应，是 X 射线衍射动力学理论考虑到多重散射，即入射束与衍射束，以及衍射束与衍射束之间相互作用的结果。根据消光效应的程度，晶体可分为：

(1) 理想完美的大晶体，存在强烈的初级消光；

(2) 由彼此间强烈错排的大晶块组成的多粒晶体，存在强烈的初级消光，轻微的次级消光；

(3) 由大晶块组成的轻微错排的晶体，存在强烈的初级消光和次级消光；

(4) 由小晶块组成的轻微错排的晶体，存在强烈的次级消光和轻微的初级消光；

(5) 由小晶块组成的无规分布的大错取向的粉末多晶体，初级消光和次级消光都可以忽略不计。此类晶体称为理想不完美晶体，如粉末多晶体或块状嵌镶块组成的多晶体。

按此分类，晶体的衍射强度分析原则：当存在强烈初级消光，轻微次级消光时，必须应用 X 射线衍射动力学理论计算每个晶块的衍射强度，然后用 X 射线衍射运动学理论对各晶块求和，如上述 (1) 和 (2) 情况；当存在强烈的初级消光时，则全部应用 X 射线衍射动力学理论来处理，如上述 (3) 和 (4) 情况；当初级消光和次级消光都很小时，可用 X 射线衍射运动学理论来处理，如上述 (5) 情况。

对 X 射线粉末相分析，采用 X 射线衍射动力学理论与 X 射线衍射运动学理论处理结果相似，但对金属块状样品，一般情况下可用 X 射线衍射运动学理论来处理。但当晶粒尺度相当大，或错取向很小时，则需用 X 射线衍射动力学理论来处理。对存在消光效应的晶体衍射强度分析和计算可参阅文献 [12]。

参 考 文 献

[1] Hart M, Lang A R. Acta Cryst., 1965(19): 1047.

[2] Kato N. Acta geologica et geographica universitatis comenianae. Geologica, 1968(14): 43.

[3] 蒋树声. 物理学报, 1983(32): 1497.

[4] Cork J M. Phys. Rev., 1932(42): 749.

[5] Murdock C C. Phys. Rev., 1934(45): 117.

[6] DuMond J W M, Bollmannn V L. Phys. Rev., 1936(50): 524.

[7] Armstrong E J. Bell Syst. Tech. J., 1946(25): 136.

[8] James R W. General Reference, 1948: 298.

[9] Cui S F, Iida S, Luo G M, et al. Phi. Mag., 1997(75): 137.

[10] Darwen C G. Phil., Mag., 1914(27): 314, 673.

[11] Zachariasen W H. Acta Cryst., 1963(16): 1139; 1967(23): 558.

[12] 滕凤恩, 王煜明, 龙骧. X 射线学基础与应用. 长春: 吉林大学出版社, 1991.

第 3 篇　X 射线衍射动力学理论应用
(11～15 章)

介绍 X 射线衍射动力学理论在外延薄膜和多层膜微结构表征、X 射线谱仪、晶体结构因子、微应力等精确测量、X 射线形貌技术以及同步辐射光源的应用。使读者初步掌握将学到的知识用于研究，学以致用。

第 11 章　外延薄膜和多层膜微结构表征

11.1　引　　言

低维材料的出现是 20 世纪材料科学发展的一个重要标志。它所表现出的强劲学科生命力不仅是因为它不断揭示深刻的物理内涵，推动凝聚态物理的发展，而且更重要的是，它所发现的新的物理现象、物理效应源源不断地被用来开发具有新原理、新结构，并具有特殊性能的纳米结构器件。薄膜材料是重要的低维材料，已广泛应用到国家安全、国民经济的各个领域。

薄膜材料包括单层膜和多层膜材料，无损检测对薄膜材料结构研究是重要的。X 射线双轴晶衍射技术作为表征薄膜材料结构的一个有效手段已得到广泛应用。它可以无损检测单层膜或多层膜内部结构、界面状况以及纵向和横向的共格程度。此外，由于 X 射线在物质中的折射率非常接近 1(但小于 1)，利用 X 射线在薄膜材料表面的空气/固体界面的折射现象，采用很小的掠入射角，可以研究薄膜材料表面以下几个纳米深度的结构变化。在小角范围，由不同的 X 射线散射几何记录的非镜面漫散射强度分布可得到薄膜结构纵向和横向共格程度的信息。在大角范围，高分辨 X 射线衍射可探测薄膜中微小的应变或点阵失配。应用高度准直和单色的 X 射线，记录倒易空间中衬底某一布拉格峰附近衍射强度二维分布，可以分离相干和非相干 X 射线散射，研究衬底与薄膜的晶格失配及弛豫。掠入射衍射几何，采用高非对称衍射，可研究近薄膜表面的结构。

对薄膜 X 射线衍射和散射实验数据进行理论模拟，可以得到薄膜内部微结构的详细信息，如膜的厚度、成分及完美性等，为研究薄膜的生长机制，优化生长条件，改善薄膜性能提供科学依据，是薄膜材料过程控制和基础研究的一个重要内容。

为了适应薄膜结构 X 射线表征的需要，麦振洪等出版了《薄膜结构 X 射线表征》[1] 一书，系统介绍了应用 X 射线衍射和散射技术表征薄膜微结构的多种基本实验装置、实验数据分析理论以及典型的薄膜微结构表征实例。本章仅介绍与 X 射线衍射动力学相关的实验方法和典型的薄膜微结构表征实例。有兴趣深入学习薄膜结构 X 射线表征的读者可参阅文献 [1].

11.2　薄膜双轴晶衍射摇摆曲线的理论计算

11.2.1　布拉格几何晶体内波场振幅[2]

2.10.3 节和 2.10.4 节已分别介绍了晶体内 X 射线波在出射面直射波和衍射波的摇摆曲线及积分强度。上述对 X 射线在出射面的讨论重点是劳厄几何，即透射情况。对布拉格几何，即反射情况，色散面的作图方法与透射情况一样。由于 $\varphi < \theta$，过 P 点的晶体内表面法线只截一支色散面 (α 支或 β 支)，或者在两色散面之间 (图 11-1)。如果在两色散面之间，在晶体内只存在指数衰减的波场，对应于全反射情况。图 11-1 为布拉格几何入射色散面示意图。$\boldsymbol{k}_g$ 是指向晶体外，不能在晶体内传播，产生衍射效应；只有 $\boldsymbol{k}_0$ 在晶体内传播。

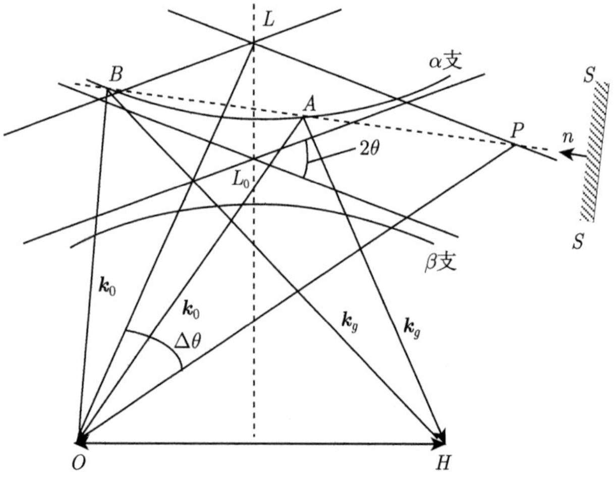

图 11-1　布拉格几何入射色散面示意图

布拉格几何情况晶体与真空界面处的边界条件和劳厄几何情况不同，在色散面不同的角区域内衍射的物理性质不同。对劳厄几何情况，各物理量的复数部分表示晶体对 X 射线的吸收；而对布拉格几何情况，不仅有吸收，还有干涉效应 —— 消光。在一些区域内，消光的影响可以超过吸收的影响。

考虑无吸收情况，对布拉格几何 $\gamma_g < 0$，这时，$\beta = 2K\Delta\theta\sin 2\theta - \chi_0\left(1 + \dfrac{|\gamma_g|}{\gamma_0}\right)$，

$$\frac{D_g}{D_0} = \frac{(\beta \pm w)\,\gamma_0}{2C\chi_{-g}\,|\gamma_g|} \tag{11-1}$$

式中，$w = \sqrt{\beta^2 - \dfrac{4C^2\,|\gamma_g|\,\chi_g\chi_{-g}}{\gamma_0}}$，当 β 满足

$$-2C\left|\chi_g\right|\sqrt{\frac{|\gamma_g|}{\gamma_0}} < \beta < 2C\left|\chi_g\right|\sqrt{\frac{|\gamma_g|}{\gamma_0}} \tag{11-2}$$

时，w 为纯虚数，波矢为复数，表示 X 射线进入晶体内，其振幅按指数衰减，这个区域称为全反射区。

令

$$y = \frac{\beta\gamma_0}{2C\sqrt{\gamma_0\left|\gamma_g\right|\chi_g\chi_{-g}}} \tag{11-3}$$

可以得到波场振幅比：

$$\frac{D_g}{D_0} = \sqrt{\frac{\gamma_0\chi_g}{\left|\gamma_g\right|\chi_{-g}}}\left(y \pm \sqrt{y^2-1}\right) \tag{11-4}$$

式中，“+” 号对应 β 支色散面，“−” 号对应 α 支色散面。可知全反射区对应于 $-1 < y < 1$。

11.2.2 无吸收晶体的反射率

从图 11-2 可知，在布拉格几何情况下，色散面可分三个区域，即全反射区及其两个相邻区域 (图 11-2)。令区域 I 对应于 $y < -1$，区域 II 对应于全反射区，而区域III对应于 $y > 1$。从式 (11-3) 可知，在区域 I 内，只有 β 支色散面上四个结点 (σ 偏振和 π 偏振各两个结点) 被激发；同理，在区域III内，只有 α 支色散面上四个结点被激发；在区域 II 内，晶体内表面法线不与色散面相交，在晶体内没有波场被激发，入射波场被全反射。

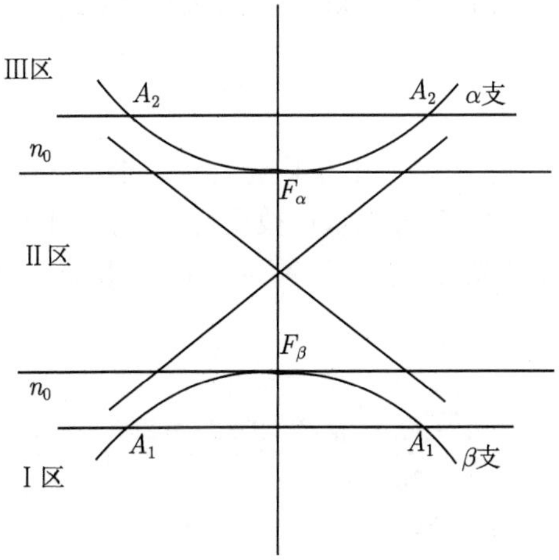

图 11-2 对称布拉格几何的色散面

定义反射振幅

$$Q = \sqrt{\frac{|\gamma_g|}{\gamma_0}}\frac{D_g}{D_0} \tag{11-5}$$

反射率为

$$R = \frac{|\gamma_g|}{\gamma_0}\left|\frac{D_g}{D_0}\right|^2 \tag{11-6}$$

则有

$$R_{\mathrm{I},\ \mathrm{III}} = \left|\sqrt{\frac{\chi_g}{\chi_{-g}}}\left(y + \sqrt{y^2 - 1}\right)\right|^2$$
$$R_{\mathrm{II}} = 1$$

式中，“+” 号对应区域 I，“−” 号对应区域III。

图 11-3 为无吸收晶体的反射率曲线。区域 I 对应于 $y < -1$，区域 II 对应于全反射区，区域III对应于 $y > 1$，反射曲线的中心为 $y = 0$。

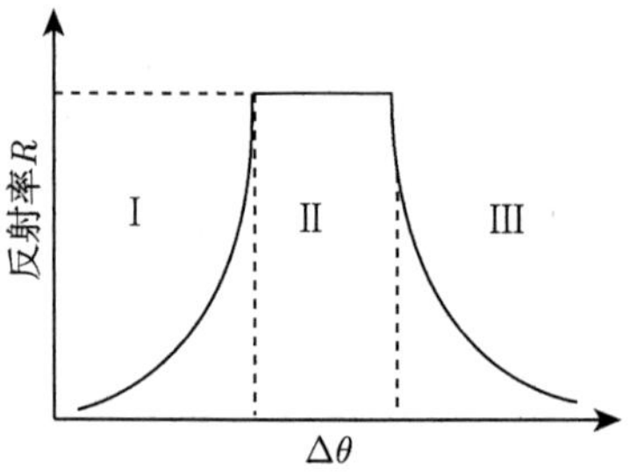

图 11-3　无吸收晶体的反射率曲线

11.2.3　有吸收晶体的反射率

对有吸收晶体情况，χ，β，w 和 y 均为复数。在区域 II 内，由于晶体吸收，反射率不等于 1，但入射波的大部分能量仍被反射。在全反射区域内也只有 α 支的两个偏振态色散面上结点被激发。引入变量 A、B、E 和 F：

$$A = C\frac{\chi_{-g}}{|\gamma_g|}$$
$$B = \frac{1}{2}\left(\frac{\chi_0}{\gamma_0} + \frac{\chi_0}{\gamma_g} - \frac{2\Delta\theta\sin 2\theta}{|\gamma_g|}\right)\sqrt{\frac{\gamma_0}{|\gamma_g|}}$$
$$E = C\frac{\chi_g}{|\gamma_g|}$$
$$F = \frac{\pi}{\lambda}\sqrt{\frac{|\gamma_g|}{\gamma_0}}$$

式 (11-1) 可改写为

$$\frac{D_g}{D_0}=\sqrt{\frac{\gamma_0}{\gamma_g}}\frac{-B\pm S}{A}$$

式中，$S=\sqrt{B^2-EA}$；“+” 号对应色散面区域 I，“−” 号对应色散面区域 II 和 III。在区域 I 中 S 的虚部为负，区域 II 和 III 中 S 的虚部为正，反射振幅可表示为

$$Q=-\frac{B+S*\mathrm{sign}\left(\mathrm{imaginary}\left(S\right)\right)}{A} \tag{11-7}$$

式 (11-7) 是有吸收完美晶体反射振幅公式，是计算晶体 X 射线反射摇摆曲线的基础。对外延薄膜材料，采用迭代求解摇摆曲线时，衬底可视为无穷厚的完美晶体，其反射振幅可由式 (11-7) 求得。值得指出的是，式 (2-58) 是讨论劳厄透射情况，而本节是讨论布拉格反射情况。

11.2.4 双轴晶衍射摇摆曲线的理论计算

双轴晶衍射摇摆曲线实验是固定第一晶体在一个角度不动，第二晶体在其布拉格反射角附近缓慢摆动，记录反射强度随入射角的变化曲线。晶体的不完美性对摇摆曲线的影响主要表现为半峰宽的宽化效应。在 X 射线衍射运动学理论的假设下，只有在严格的布拉格角处才有衍射产生。而 X 射线衍射动力学理论指出，在偏离布拉格角的一个很小范围内都有衍射发生，其强度随对布拉格角的偏离增加而递减，强度减小到最大值的一半的角度范围称为半峰宽。对完美晶体，其半峰宽称为本征半峰宽。然而，实际晶体不是完美晶体，其内部或多或少会存在某些类型的缺陷，缺陷的存在会使其半峰宽宽化。因此，从实验得到的半峰宽包括两部分：完美晶体的本征半峰宽和样品中缺陷及仪器引起的展宽。这一展宽可表示为

$$\Delta\omega=\omega_{实}-\omega_{本} \tag{11-8}$$

式中，$\omega_{实}$ 为实验曲线的半峰宽；$\omega_{本}$ 为本征半峰宽。相对展宽为

$$\delta\omega=\frac{\Delta\omega}{\omega_{本}} \tag{11-9}$$

$\Delta\omega$ 或 $\delta\omega$ 包含晶体缺陷和仪器引起的展宽的信息，可作为描述晶体完美性的参数。但在讨论晶体完美性时，还应把仪器引起的展宽减去。

不考虑晶体吸收，完美晶体的半峰宽为全反射角。11.2.2 节指出，全反射角范围由 $-1\leqslant y\leqslant 1$ 确定，用 β 表示为式 (11-2)，用角度表示为

$$-2C\left|\chi_h\right|\sqrt{\frac{|\gamma_h|}{\gamma_0}}<-2\Delta\theta\sin2\theta_{\mathrm{B}}-\chi_0\left(1+\frac{|\gamma_h|}{\gamma_0}\right)<2C\left|\chi_h\right|\sqrt{\frac{|\gamma_h|}{\gamma_0}} \tag{11-10}$$

从而得到全反射角范围为

$$\omega = \Delta\theta_{+} - \Delta\theta_{-} = \frac{2C\left|\chi_h\right|\sqrt{\frac{\left|\gamma_h\right|}{\gamma_0}}}{\sin 2\theta_{\mathrm{B}}} \tag{11-11}$$

式 (11-11) 是无吸收情况下单块晶体的理论本征半峰宽。对双轴晶衍射实验，X 射线经过两块晶体反射，所得的摇摆曲线是两块晶体反射率的卷积，其结果是使实验的摇摆曲线半峰宽增宽。对同类晶体 $(n,-n)$ 排列的双晶衍射摇摆曲线近似经验公式：

$$\omega'_{\text{本}} = \sqrt{2}\omega \tag{11-12}$$

值得注意的是，当入射 X 射线为 π 偏振或 σ 偏振时，同类晶体双轴晶衍射摇摆曲线的本征半峰宽与式 (11-12) 得到的值差不多。但对圆偏振 X 射线，两者相差较大，这是由于 ω 是根据式 (11-11)，令 C 取两种偏振状态的平均值求得的，即 $C = \dfrac{1 + \left|\cos 2\theta_{\mathrm{B}}\right|}{2}$。精确计算是分别求出两种偏振状态的反射系数，其步骤是：根据式 (11-7)，得到反射系数：

$$R = \left|Q_0\right|^2 = \left|-\frac{B + S \times \operatorname{sign}(\text{imaginary}S)}{A}\right|^2 \tag{11-13}$$

利用式 (11-13) 分别求出两块晶体的反射系数 $R_A(\alpha)$ 和 $R_B(\beta)$，然后将两块晶体的反射系数卷积：

$$R(\beta) = \frac{\int_{-\infty}^{\infty} R_A(\alpha) R_{\mathrm{B}}(\alpha - \beta)\,\mathrm{d}\alpha}{\int_{-\infty}^{\infty} R_A(\alpha)\,\mathrm{d}\alpha} = R\int_{-\infty}^{\infty} R_A(\alpha) R_B(\alpha - \beta)\,\mathrm{d}\alpha \tag{11-14}$$

式中，R 为常数。由式 (11-14) 得到理论摇摆曲线，再从摇摆曲线求得本征半峰宽。

11.3　多层膜结构材料反射率的 X 射线衍射动力学理论计算

11.3.1　概述

多层膜结构材料是重要的低维材料，有着广泛而重要的应用。大量的研究和应用表明，多层膜材料的结构完美性对其性能的影响很大，因而，对多层膜结构材料完美性的检测非常重要。对多层膜结构材料完美性的检测方法有多种，如 X 射线衍射技术、X 射线形貌技术、电子显微技术及各种谱学方法。相对其他的检测方法，X 射线技术具有测量精度高，无损检测等优点。

双轴晶衍射给出的物理信息包含在摇摆曲线中，采用 X 射线衍射运动学理论求解多层外延材料的基本思路是：根据实验 X 射线摇摆曲线测得衍射峰之间的角距离，利用微分形式的布拉格公式将角距离转化为垂直方向的晶格失配，再从晶格失配中扣除四方畸变的影响，从而导出外延层的成分。在这一思路中，假设外延层与衬底独立地散射 X 射线。因此，认为一个假想的垂直方向晶格常数取四方畸变后的值为处于自由状态的薄晶体与在同一衬底材料上生长的同类外延薄膜晶体的衍射峰有相同的角位置。显然，这一假设没有考虑自由薄膜晶体下表面与在衬底上生长的外延薄晶体的下表面的边界条件是不同的，同时也忽略了进入衬底的光束的影响。因此，根据衍射峰间角距离求解的方法误差较大，当外延多层膜结构比较简单时，误差尚小。当多层膜结构比较复杂时，如超晶格和量子阱结构，X 射线衍射峰与晶格常数不为一一对应，应用 X 射线衍射运动学理论分析将引入误差。此时，需要对衍射摇摆曲线进行理论模拟，采用 X 射线衍射运动学理论也可对摇摆曲线进行理论模拟[3-5]，但值得注意的是，当多层外延膜反射强度大于 6%时，X 射线衍射运动学理论就有其局限性[3]。Petrashen 首先引入半运动学理论近似[6]，对高木方程取反射率的一阶迭代，得到反射率的解析表达式。随后，半运动学理论被用来研究硅单晶中杂质缺陷分布引起的应力[7,8]。Tapfer 和 Ploog 等将半运动学理论用于模拟外延层结构的 X 射线摇摆曲线，取得了较好的结果[9,10]。半运动学理论的实质是对衬底作衍射动力学处理，而对外延薄膜作衍射运动学处理，因而仍有一定的局限性，尤其对厚度较厚，完美程度较高或失配较大的体系，误差相对较大。

X 射线衍射动力学理论最早用于对硅单晶离子注入和硼扩散引起的应变研究[11-13]. 采用 X 射线衍射动力学理论求解多层外延材料的基本思路：首先引入晶体中应变或成分变化的一个假想调制模型，利用第 4 章高木方程或 Taupin 方程求出理论模拟的摇摆曲线，再根据理论模拟曲线与实验曲线的拟合程度调整调制模型，直到两条曲线吻合达到最佳为止。

11.3.2 外延材料反射率的 X 射线衍射动力学理论解[2]

外延多层膜是在近完美晶体衬底上生长的，其结构如图 11-4 所示。这种结构水平方向的几何尺度远大于垂直方向的几何尺度，因而，在水平面内可作为均匀无限大处理，各场变量只是深度 z 的函数。这时 Taupin 方程 (式 (4-24)) 可简化为一维方程：

$$\frac{\mathrm{i}\lambda}{\pi}\gamma_0\frac{\mathrm{d}D}{\mathrm{d}z}=\chi_0 D_0+C\chi_{\bar{h}}D_h \tag{11-15a}$$

$$-\frac{\mathrm{i}\lambda}{\pi}\left|\gamma_h\right|\frac{\mathrm{d}D_h}{\mathrm{d}z}=C\chi_h D_0+(\chi_0-\alpha_h)D_h \tag{11-15b}$$

其中，$\gamma_0=\cos\phi_0$，入射束方向余弦；$\gamma_h=\cos\phi_h$，出射束方向余弦；$\alpha_h=-2\Delta\theta\sin 2\theta_{\mathrm{B}}$，

θ_B 为衬底的布拉格角；$z = s_0\gamma_0 + s_h\gamma_h$。

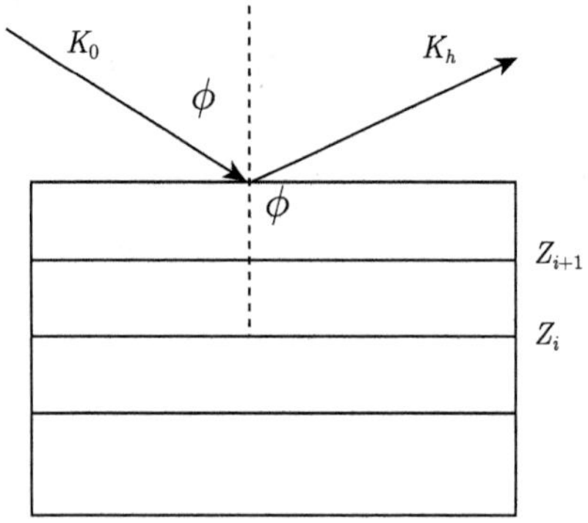

图 11-4　外延多层膜结构 X 射线反射几何示意图

把多层膜在水平方向分成许多薄层，每层薄层内其各变量可视为不变，第 i 层内角度偏离：

$$\Delta\theta_i = \Delta\theta_\mathrm{s} + \theta_{B_s} - \theta_i \pm (\phi_s - \phi_i)$$

式中，$\Delta\theta_s$ 为入射束和衬底衍射面的夹角与衬底严格布拉格角的偏离；θ_{B_s} 和 θ_i 分别为衬底和外延膜的布拉格角；ϕ_s 和 ϕ_i 分别为衬底和外延膜衍射面与表面法线夹角；"±" 分别对应于小角入射和小角出射的衍射几何。

定义反射振幅：

$$Q = \sqrt{\frac{|\gamma_h|}{\gamma_0}}\frac{D_h}{D_0} \tag{11-16}$$

可得

$$\frac{\mathrm{d}Q}{\mathrm{d}z} = \sqrt{\frac{|\gamma_h|}{\gamma_0}}\left(\frac{1}{D_0}\frac{\mathrm{d}D_h}{\mathrm{d}z} - \frac{D_h}{D_0^2}\frac{\mathrm{d}D_0}{\mathrm{d}z}\right) \tag{11-17}$$

将式 (11-15) 和式 (11-16) 代入式 (11-17) 得

$$\begin{aligned}\frac{\mathrm{d}Q}{\mathrm{d}z} &= \frac{\mathrm{i}\pi}{\lambda}\sqrt{\frac{|\gamma_h|}{\gamma_0}}\left\{\frac{1}{D_0}\frac{1}{|\gamma_h|}[C\chi_h D_0 + (\chi_0 - \alpha_h)D_h] + \frac{D_h}{D_0^2}\frac{1}{\gamma_0}(\chi_0 D_0 + C\chi_{\bar{h}} D_h)\right\}\\ &= \frac{\mathrm{i}\pi}{\lambda}\sqrt{\frac{|\gamma_h|}{\gamma_0}}\left\{\frac{C\chi_{\bar{h}}}{|\gamma_h|}Q^2 + \left(\frac{\chi_0}{\gamma_0} + \frac{\chi_0}{|\gamma_h|} - \frac{\alpha_h}{\gamma_0}\right)\sqrt{\frac{\gamma_0}{|\gamma_h|}}Q + \frac{C\chi_h}{|\gamma_h|}\right\}\\ &= \mathrm{i}D(AQ^2 + 2BQ + E)\end{aligned} \tag{11-18}$$

式中

$$A = \frac{C\chi_{\bar{h}}}{|\gamma_h|}$$

$$B = \frac{1}{2}\left(\frac{\chi_0}{\gamma_0} + \frac{\chi_0}{|\gamma_h|} - \frac{\alpha_h}{\gamma_0}\right)\sqrt{\frac{\gamma_0}{|\gamma_h|}}$$

$$D = \frac{\pi}{\lambda}\sqrt{\frac{|\gamma_h|}{\gamma_0}}$$

$$E = \frac{C\chi_h}{|\gamma_h|}$$

$$\alpha_h = -2\Delta\theta \sin 2\theta_{\mathrm{B}}$$

A、B、D 和 E 均为实验的几何条件和材料本身特性参数，是 z 的函数。在每一个薄层内成分均一，则在该层内上述的特性参数可视为常数，式 (11-18) 变为常微分方程。在第 i 个薄层区，$z_i \leqslant z \leqslant z_{i+1}$ 内，对式 (11-18) 积分：

$$\int_{Q_i}^{Q_{i+1}} \frac{\mathrm{d}Q}{AQ^2 + 2BQ + E} = \int_{z_i}^{z_{i+1}} iD\mathrm{d}z$$

上式积分可得到第 i 层上表面的反射振幅 Q_{i+1} 与下表面的反射振幅 Q_i 的关系：

$$Q_{i+1} = \frac{Q_i S + \mathrm{i}(E + BQ_i)\tan(-DSt_i)}{S - \mathrm{i}(B + AQ_i)\tan(-DSt_i)} \tag{11-19}$$

其中，$S = \sqrt{B^2 - EA}$；$t_i = z_{i+1} - z_i$，为第 i 层的厚度。由于反射振幅在界面处是连续的，因此，可利用式 (11-19) 从衬底界面的反射振幅 Q_0 出发，逐层迭代，求得样品表面处的反射振幅。

考虑到晶体的吸收效应，A、B、E 和 S 均为复数，衬底材料一般为较完美的晶体，而且其厚度比外延膜总厚度大得多，可视为半无限厚完美晶体，令衬底下表面反射振幅 $Q = 0$，代入式 (11-19)，则可求得衬底上表面处的反射振幅：

$$Q_0 = -\frac{B + S \cdot \mathrm{sign}[\mathrm{imaginary}(S)]}{A} \tag{11-20}$$

注意，式 (11-20) 与式 (11-7) 相同。由式 (11-19) 求得样品表面的反射振幅 Q_n 后，可求得样品表面处的反射率：

$$R = |Q_n|^2 \tag{11-21}$$

以上的推导并没有对晶体沿 z 方向的周期结构作任何假设，因此，式 (11-19) 不仅适用于超晶格等周期结构，也适用于非周期性结构。对于成分连续变化的外延膜，可将成分变化区域划分为若干个足够薄的薄层，在每个薄层内，成分可视为均匀，即可应用式 (11-19) 求解。

对双轴晶衍射，式 (11-21) 对样品改变入射角，可得到样品反射率随入射角度的变化，即样品的反射率曲线 $R_2(\omega)$。第一晶体的反射率曲线 $R_1(\omega)$ 可由式 (11-20) 和式 (11-21) 求得。对 $(n,-n)$ 排列的双轴晶衍射仪的反射率，将对 $R_1(\omega)$ 和 $R_2(\omega)$ 求卷积得到

$$R(\omega)=\frac{Q_2}{Q_1}=\frac{\int_{-\infty}^{\infty}R_1(\omega_1)R_2(\omega_1-\omega_2)\mathrm{d}\omega_1}{\int_{-\infty}^{\infty}R_1(\omega_1)\mathrm{d}\omega_1} \tag{11-22}$$

如果双轴晶衍射采用波长色散排列，式 (11-22) 求得的双轴晶摇摆曲线还需与仪器函数 $G(\omega)$ 卷积[14]：

$$G=\int_{-\infty}^{\infty}S(\lambda-\lambda_0)R_1\left[\omega-\frac{\lambda-\lambda_0}{\lambda_0}(\tan\theta_1-\tan\theta_2)\right]\mathrm{d}\lambda \tag{11-23}$$

其中，$S(\lambda-\lambda_0)$ 是特征 X 射线的谱形；θ_1 和 θ_2 分别是第一晶体和第二晶体在平均波长 λ 时的布拉格角。

对于非偏振化的 X 射线，式 (11-22) 应为

$$Q(\omega)=\frac{Q_2}{Q_1}=\frac{\int_{-\infty}^{\infty}[R_1^{\sigma}(\omega_1)R_2^{\sigma}(\omega_1-\omega_2)+R_1^{\pi}(\omega_1)R_2^{\pi}(\omega_1-\omega_2)]\mathrm{d}\omega_1}{\int_{-\infty}^{\infty}[R_1^{\sigma}(\omega_1)+R_1^{\pi}(\omega_1)]\mathrm{d}\omega_1} \tag{11-24}$$

11.3.3　迭代公式中参数的计算

求解式 (11-19) 的关键是求解各外延层的特征参数 A,B,D,E 和 α_h。这五个参数都是外延层的晶格参数、成分、结构因子以及实验的衍射几何的函数，因此，计算前必须先求出这些参数。

1. 外延层的晶格参数与四方畸变

对异质外延结构，由于外延膜与衬底之间以及不同的外延膜之间的晶格参数可能并不完全相等，存在一定的晶格失配。当它们生长在一起时，如果每一层的厚度都小于产生失配位错的临界厚度，那么，这种失配通常由晶格在水平方向受到压缩或扩张来调节，没有剪切应力的作用，只有轴向应力，这就是通常所说的共格生长。外延膜点阵发生四方畸变，如图 11-5 所示。发生四方畸变的晶格参数与体材料状态时有一些差别。

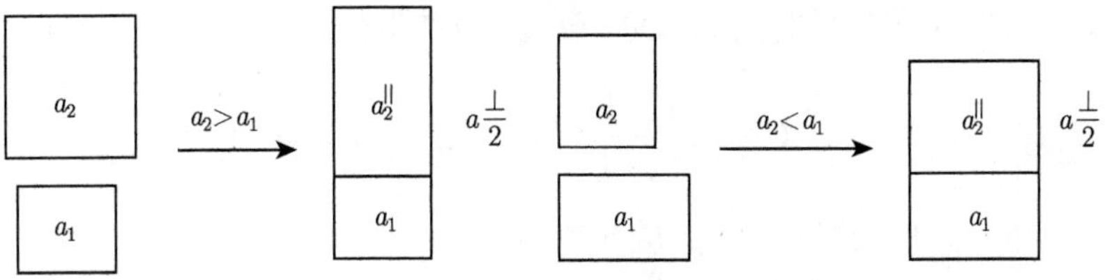

图 11-5 异质外延结构四方畸变示意图

对一元和二元材料，其体材料的晶格参数可查有关的物理常数表、国际粉末衍射数据库或有关网站。对三元和四元材料的晶格参数可根据维加 (Vegard) 定律求得，如三元材料的晶格参数是二元材料的晶格参数的线性插值：

$$a_{A_xB_{(1-x)}C} = xa_{AC} + (1-x)a_{BC} = a_{BC} + (a_{AC} - a_{BC})x \tag{11-25a}$$

四元化合物 $A_xB_{1-x}C_yD_{1-y}$，其点阵参数为

$$a = xya_{AC} + x(1-y)a_{AD} + (1-x)ya_{BC} + (1-x)(1-y)a_{BC} \tag{11-25b}$$

值得指出，不少研究结果表明，有些化合物，特别是半导体化合物的晶格参数并不严格遵循维加定律，因而会引起误差。

对共格生长的外延膜，其在生长面内的晶格参数与衬底的相同，水平方向的应力是均匀的，因而，只有轴向应力，没有剪切应力。外延层的应变张量可表达为

$$(\varepsilon_{ij}) = \begin{bmatrix} \varepsilon_{xx} & 0 & 0 \\ 0 & \varepsilon_{yy} & 0 \\ 0 & 0 & \varepsilon_{zz} \end{bmatrix} \tag{11-26}$$

其中

$$\varepsilon_{xx} = \varepsilon_{yy} = \varepsilon_{\|} = \frac{a_{\|} - a_0}{a_0} \tag{11-27a}$$

$$\varepsilon_{zz} = \varepsilon_{\perp} = \frac{a_{\perp} - a_0}{a_0} \tag{11-27b}$$

a_0 是外延膜体材料的晶格参数；$a_{\|}$ 和 $a_{\perp}$ 分别是发生四方畸变后沿平行和垂直于生长面方向的晶格参数。垂直方向的应变 $\varepsilon_{\perp}$ 可根据应变能极小的条件导出。对立方晶系，应变能可表示为[15]

$$\begin{aligned} U = &\frac{1}{2}C_{11}(\varepsilon_{xx}^2 + \varepsilon_{yy}^2 + \varepsilon_{zz}^2) + \frac{1}{2}C_{44}(\varepsilon_{xy}^2 + \varepsilon_{yz}^2 + \varepsilon_{zx}^2) \\ &+ \frac{1}{2}C_{12}(\varepsilon_{xx}\varepsilon_{yy} + \varepsilon_{yy}\varepsilon_{zz} + \varepsilon_{zz}\varepsilon_{xx}) \end{aligned}$$

在四方畸变下，应变张量取式 (11-26) 形式，应变能化简为

$$U = C_{11}\left(\varepsilon_{\parallel}^2 + \frac{1}{2}\varepsilon_{\perp}^2\right) + C_{12}(\varepsilon_{\parallel}^2 + 2\varepsilon_{\parallel}\varepsilon_{\perp})$$

其中，C_{11} 和 C_{12} 均为弹性常数。应变能极小的条件为

$$\frac{\mathrm{d}U}{\mathrm{d}\varepsilon} = C_{11}\varepsilon_{\perp} + 2C_{12}\varepsilon_{\parallel} = 0$$

因此，

$$\varepsilon_{\perp} = -\frac{2C_{12}}{C_{11}}\varepsilon_{\parallel} \tag{11-28}$$

代入式 (11-27b)，可得

$$a_{\perp} = a_0(1+\varepsilon_{\perp}) = a_0 + \left(-\frac{2C_{12}}{C_{11}}\right)(a_{\parallel} - a_0) \tag{11-29}$$

定义外延层与衬底的晶格失配为

$$f = \frac{a_0 - a_s}{a_s}$$

式中，a_s 为衬底材料的晶格参数。对共格生长，

$$a_{\parallel} = a_s \tag{11-30a}$$

代入式 (11-29) 得

$$a_{\perp} = a_s\left[1 + \left(1 + \frac{2C_{12}}{C_{11}}\right)f\right] \tag{11-30b}$$

式 (11-29) 为共格生长条件下外延膜发生四方畸变后的晶格参数。如果失配外延层的厚度超过其产生失配位错的临界厚度，这时失配将部分或全部由失配位错来调节。在完全应变弛豫的情况下，外延膜将按其体材料的晶格参数生长。

2. 结构因子

X 射线在晶体中传播时，晶体极化率 χ_h 可由结构因子求得

$$\chi_h = -\frac{r_{\mathrm{e}}\lambda^2}{\pi V}F_h$$

其中，$\boldsymbol{h}$ 为衍射面的倒易点阵矢量；V 为原胞体积；r_{e} 为经典电子半径。(hkl) 衍射的单胞结构因子为

$$F_{hkl} = \sum_{j}^{n} f_j \exp[\mathrm{i}2\pi(hx_j + ky_j + lz_j)]$$

其中，n 为单胞内原子个数；(x_j, y_j, z_j) 为单胞内第 j 个原子坐标；f_j 为第 j 个原子的原子散射因子。原子散射因子 f_j 是 $\dfrac{\sin\theta}{\lambda}$ 的函数，假定入射 X 射线的频率比原子共振频率大得多，原子内的外层电子可近似地认为是经典的自由电子，入射 X 射线经自由电子散射后相位不变，因此，原子散射因子 f 为实数，用 f_0 表示。f_0 是入射 X 射线波长与特定衍射的布拉格角的函数，为计算方便，引入纯数学意义的分析近似[16]：

$$f_0\left(\frac{\sin\theta}{\lambda}\right)=\sum_{i=1}^{4}a_i\exp\left(-b_i\frac{\sin^2\theta}{\lambda}\right)+c$$

其中，a_i, b_i 和 c 均为拟合参数。表 11-1 给出部分元素的分析系数。

表 11-1 结构因子分析系数

元素	a_1	a_2	a_3	a_4	b_1	b_2	b_3	b_4	c
Si	6.2915	3.0353	1.9891	1.5410	2.4386	32.334	0.6785	81.694	1.1407
Ga	15.2354	6.7006	4.3591	2.9623	3.0669	0.2412	10.781	61.415	1.7189
As	16.6723	6.0701	3.4313	4.2779	2.6345	0.2647	12.948	47.797	2.5310
Al	6.4202	1.9002	1.5936	1.9646	3.0387	0.7426	31.547	85.089	1.1151
In	19.1624	18.5596	4.2948	2.0396	0.5476	6.3776	25.850	92.803	4.9391
P	6.4345	4.1791	1.7800	1.4908	1.9067	27.157	0.5260	68.165	1.1149

实际上，原子内的电子是处于束缚状态，其电子对 X 射线的散射能力与自由电子的散射能力略有差异，考虑原子色散效应，散射 X 射线的相位与入射 X 射线的相位不一致，原子的平均散射因子应为

$$f=f_0+\Delta f'+\mathrm{i}\Delta f''$$

式中，$\Delta f'$ 和 $\Delta f''$ 为色散校正项，都是 $\dfrac{\sin\theta}{\lambda}$ 的函数。由于色散效应主要来自内层电子的影响，因此，与 θ 的关系较小，对同一波长它们近似为常数。

综上所述，可求得二元化合物的结构因子：

$$(F_{hkl})_{AB}=F_A+F_B$$

其中

$$F_A=\sum_{j=1}^{N_A}f_A\exp[\mathrm{i}2\pi(hx_j^A+ky_j^A+lz_j^A)]$$

$$F_B=\sum_{j=1}^{N_B}f_B\exp[\mathrm{i}2\pi(hx_j^B+ky_j^B+lz_j^B)]$$

$$f_A=f_{0A}+\Delta f'_A+\mathrm{i}\Delta f''_A$$

$$f_B=f_{0B}+\Delta f'_B+\mathrm{i}\Delta f''_B$$

三元化合物的结构因子同样可根据维加定律求出，表示式为

$$\begin{aligned} F_{A_xB_{1-x}C} &= xF_A + (1-x)F_B + F_C \\ &= (F_B + F_C) + (F_A - F_B)x \end{aligned}$$

3. 几何参数

求解式 (11-19) 所需的第三类参数是某一特定衍射的衍射几何参数，这些参数的定义是明确的。假设外延膜处于四方畸变，第 j 个外延层 (hkl) 面间距可由四方晶系面间距公式求得畸变后 (hkl) 面的面间距：

$$d_{hkl} = \left(\frac{h^2+k^2}{a_{\parallel}^2} + \frac{l^2}{a_{\perp}^2}\right)^{\frac{1}{2}} \tag{11-31}$$

由布拉格定律得布拉格衍射角：

$$\theta_{j\mathrm{B}} = \arcsin\left(\frac{\lambda}{2d_{hkl}}\right) \tag{11-32}$$

第 j 个外延层 (hkl) 面与表面 (HKL) 的夹角为

$$\phi_j = \arccos\left\{\frac{\dfrac{hH+kK}{a_{\parallel}^2} + \dfrac{lL}{a_{\perp}^2}}{\left[\left(\dfrac{h^2+k^2}{a_{\parallel}^2} + \dfrac{l^2}{a_{\perp}^2}\right)\left(\dfrac{H^2+K^2}{a_{\parallel}^2} + \dfrac{L^2}{a_{\perp}^2}\right)\right]^{\frac{1}{2}}}\right\} \tag{11-33}$$

式中，(HKL) 为外延膜表面的晶面指数。衬底的 $\theta_{S\mathrm{B}}$ 和 ϕ_S 可用类似的方法求得。

另一个重要的几何参数是 α_h (式 (11-18))，其中 $\Delta\theta$ 为入射束对严格的布拉格角的偏离，它是 z 的函数，对不同的外延层有不同的值，有关系：

$$\Delta\theta = \Delta\theta_0 + (\theta_{S\mathrm{B}} - \theta_{j\mathrm{B}}) \pm (\varphi_S - \varphi_j) \tag{11-34}$$

式中，$\Delta\theta_0$ 为入射束与衬底衍射面的夹角对衬底严格布拉格角的偏离；$\theta_{S\mathrm{B}}$ 和 $\theta_{j\mathrm{B}}$ 分别为衬底和外延膜的布拉格角；φ_S 和 φ_j 分别为衬底和外延膜衍射面与表面的夹角；“+” 和 “−” 分别对应掠入射和掠出射的衍射几何。

对非对称衍射几何情况，X 射线入射束和衍射束相对衬底内法线的方向余弦 γ_0 和 γ_h 分别表示为

$$\gamma_0 = \sin(\theta_{S\mathrm{B}} \mp \varphi_j)$$

$$\gamma_h = -\sin(\theta_{S\mathrm{B}} \pm \varphi_j)$$

式中，“±” 号的上、下分别对应掠入射和掠出射的衍射几何。

至此，已完成了摇摆曲线理论模拟的全部准备工作，可以编写计算机程序进行计算。

11.4 应变弛豫超晶格的 X 射线双轴晶摇摆曲线计算[17]

11.3 节讨论了双轴晶 X 射线摇摆曲线的 X 射线衍射动力学理论模拟计算，假设应变外延层是完全共格生长的完美单晶。但是，如果外延膜发生了应变弛豫，那么外延膜与衬底之间将出现非共格生长，外延膜中的应变分布也将发生变化，因而，对 11.3 节介绍的方法还需作一些修正，并要考虑以下几个问题：

(1) 对应变超晶格，存在不止一种弛豫机制。在不同的弛豫机制中，应变的分布也不相同。

(2) 在发生大的应变弛豫后，在超晶格层与衬底之间常常会发生一个倾角，即取向差，这导致衍射卫星峰偏离其正常位置。

(3) 由于应变弛豫，在界面上可能产生失配位错，从而使得衍射卫星峰展宽。

11.4.1 弛豫机制与应变分布

对应变超晶格，通常认为存在两种可能的应变弛豫机制[18]，如图 11-6 所示。

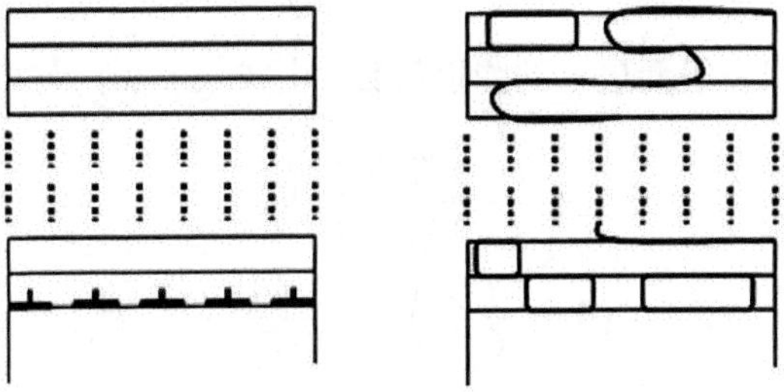

(a) (b)

图 11-6 应变超晶格的两种可能的应变弛豫机制

(a) 机制 (1)；(b) 机制 (2)

机制 (1)：失配位错只产生在超晶格层与衬底的界面上，超晶格层作为一个整体趋于以无衬底存在时的自由晶格参数而存在 (图 11-6(a))。

机制 (2)：失配应变的弛豫贯穿整个超晶格层，在每一界面上都有位错形成，各组元层趋于以自己本身的固有参数存在 (图 11-6(b))。

如果在机制 (2) 下，应变达到完全弛豫，即在超晶格中不再有残余应变存在；而在机制 (1) 中，即使应变完全弛豫，在两个组元层之间仍有部分应变能存在。

组元层 $i=(i=1,2)$ 与衬底之间在无应变时的晶格失配可定义为

$$f_i = \frac{a_i - a_s}{a_s} \tag{11-35}$$

其中，a_i 为组元层 i 的点阵参数；a_s 为衬底材料的点阵参数。在两种机制下，各组

元层沿平行及垂直超晶格生长面方向上的 X 射线应变 (即 X 射线测得的应变层与衬底之间的有效失配) $\varepsilon^{\|}$ 和 $\varepsilon^{\perp}$ 都可表达为

$$\varepsilon_i^{\|} = \frac{a_i^{\|} - a_s}{a_s} \tag{11-36}$$

$$\varepsilon_i^{\perp} = \frac{a_i^{\perp} - a_s}{a_s} \tag{11-37}$$

各组元层的真实应变则为

$$e_i^{\|} = \frac{a_i^{\|} - a_i}{a_i} \tag{11-38}$$

$$e_i^{\perp} = \frac{a_i^{\perp} - a_i}{a_i} \tag{11-39}$$

由式 (11-38), 则得到

$$\frac{a_i^{\perp} - a_i}{a_i} = \left(-\frac{2C_{12}^i}{C_{11}^i}\right)\frac{a_i^{\|} - a_i}{a_i} \tag{11-40}$$

其中，C_{11} 和 C_{12} 代表组元层 i 的弹性常数。由式 (11-40) 及式 (11-36) 得到

$$\begin{aligned} a_i^{\perp} &= a_i + \left(-\frac{2C_{12}^i}{C_{11}^i}\right)\left(a_i^{\|} - a_i\right) \\ &= \left(1 + \frac{2C_{12}^i}{C_{11}^i}\right)a_i - \frac{2C_{12}^i}{C_{11}^i}\left(1 + \varepsilon_i^{\|}\right) \\ &= \left[1 + f_i + \left(f_i - \varepsilon_i^{\|}\right)\frac{2C_{12}^i}{C_{11}^i}\right]a_s \end{aligned} \tag{11-41}$$

$$\varepsilon_i^{\perp} = f_i + \left(f_{\mathrm{i}} - \varepsilon_i^{\|}\right)\frac{2C_{12}^i}{C_{11}^i} \tag{11-42}$$

由 (11-36) 式，还可得到

$$a_i^{\|} = \left(1 + \varepsilon_i^{\|}\right)a_s \tag{11-43}$$

式 (11-41) 和式 (11-43) 是应变弛豫状态下超晶格各组元层的晶格参数的表达式，可用它们代替式 (11-30a) 和式 (11-30b)，以计算应变弛豫状态下超晶格的 X 射线衍射摇摆曲线。

式 (11-42) 和式 (11-43) 中除了材料本身的特征参数外，还有一个变量 $\varepsilon_i^{\|}$，$\varepsilon_i^{\|}$ 的大小反映了应变弛豫的大小。如果 $\varepsilon_i^{\|} = 0$，则表明组元层 i 没有发生应变弛豫，而如果 $\varepsilon_i^{\|} = f_i$，则表明组元层 i 处于完全应变弛豫状态。在应变弛豫机制 (1) 的情形下，显然有 $\varepsilon_i^{\|} = \varepsilon_2^{\|}$；而在机制 (2) 下，则一定有 $\varepsilon_i^{\|} \neq \varepsilon_2^{\|}$。

对机制 (1) 的情形，由于超晶格层是作为一个整体在与衬底的界面上发生应变弛豫，故有 $\varepsilon_1^{\parallel} = \varepsilon_2^{\parallel} = \varepsilon^{\parallel}$。定义平均弛豫比 R 为

$$R = \frac{a^{\parallel} - a_s}{\langle a \rangle - a_s} = \frac{\varepsilon^{\parallel}}{\langle f \rangle} \tag{11-44}$$

式中

$$\langle a \rangle = \frac{t_1 a_1 + t_2 a_2}{t_1 + t_2} \tag{11-45}$$

$$\langle f \rangle = \frac{t_1 f_1 + t_2 f_2}{t_1 + t_2} \tag{11-46}$$

分别是没有应变时超晶格材料的平均晶格参数和平均晶格失配，其中 t_1 和 t_2 分别为超晶格各组元层的厚度。将式 (11-44) 中的 $\varepsilon^{\parallel}$ 代入式 (11-42) 和式 (11-43) 中，则得到

$$a_i^{\parallel} = (1 + R\langle f \rangle)\, a_s \tag{11-47}$$

$$a_i^{\perp} = \left[1 + f_i + (f_i - R\langle f \rangle)\frac{2C_{12}^i}{C_{11}^i}\right] a_s \tag{11-48}$$

在机制 (2) 情形中，由于 $\varepsilon_i^{\parallel} \neq \varepsilon_2^{\parallel}$，情形略为复杂。考虑在实际中一种最常见的情况，即组元 1 与衬底材料相同，且完全应变弛豫，而组元 2 则部分应变，其弛豫比 R 定义为

$$R = \frac{a_2^{\parallel} - a_s}{a_2 - a_s} = \frac{\varepsilon_2^{\parallel}}{f_2} \tag{11-49}$$

于是，由式 (11-42) 和式 (11-43), 有

$$a_1^{\parallel} = a_1^{\perp} = a_s \tag{11-50}$$

$$a_2^{\parallel} = (1 + Rf_2)\, a_s \tag{11-51}$$

$$a_2^{\perp} = \left[1 + f_2 + (f_i - R) f_2)\frac{2C_{12}^2}{C_{11}^2}\right] a_s \tag{11-52}$$

对应变弛豫超晶格的 X 射线双轴晶摇摆曲线的计算是根据不同实验情况应用式 (11-22) 或 (11-23) 或式 (11-24) 进行的。

11.5　影响 X 射线双轴晶摇摆曲线的因素

X 射线双轴晶衍射技术已广泛地应用于晶体完美性和薄膜结构的研究，对实际样品测定的 X 射线双轴晶摇摆曲线进行理论模拟，可以确定实际样品的结构参数，如膜的厚度、成分和完美性等。但在采用 X 射线衍射动力学理论模拟时有时出现理论计算结构与实验曲线拟合不好，为了得到薄膜的真实结构参数，必须分析影响 X 射线双轴晶摇摆曲线的各种因素。

11.5.1　X 射线偏振态的影响

11.2 节和 11.3 节分别讨论了薄膜和多层膜双轴晶衍射仪反射率的计算，即对 $R_1(\omega)$ 和 $R_2(\omega)$ 求卷积 (见式 (11-14) 和式 (11-22))，两式都包含 X 射线两种偏振态：对 σ 偏振，$C=1$，而对 π 偏振，$C=\cos 2\theta$。不同偏振态对反射率的影响不同。图 11-7 和图 11-8 分别为理论计算的 $(n,-n)$ 排列的双轴晶衍射摇摆曲线，计算采用：双轴晶 A,B 两晶体同为 Si 或 GaAs，晶体表面为 (001)，衍射面都是 (004)，CuK_α 辐射。从图中可以看到，π 偏振的反射率曲线的峰值和积分强度均低于 σ 偏振，而且半峰宽也较小。这是由于晶体对 π 偏振的 X 射线吸收大于对 σ 偏振的吸收。麦振洪等[19] 研究了多种晶体、多种衍射面 $(n,-n)$ 排列双轴晶摇摆曲线本征半峰宽，实验结果证明，对偏振化的 X 射线入射，对同类晶体 $(n,-n)$ 排列情况下，双轴晶摇摆曲线本征半峰宽式 (11-12) 是很好的近似。对圆偏振 X 射线入射，其偏差较大。这是因为对圆偏振 X 射线，是根据式 (11-11)，偏振系数 C 取两种偏振态的平均值，即 $C=\dfrac{1+\cos 2\theta_{\mathrm{B}}}{2}$，求得。对精确计算需要分别求出两种偏振态

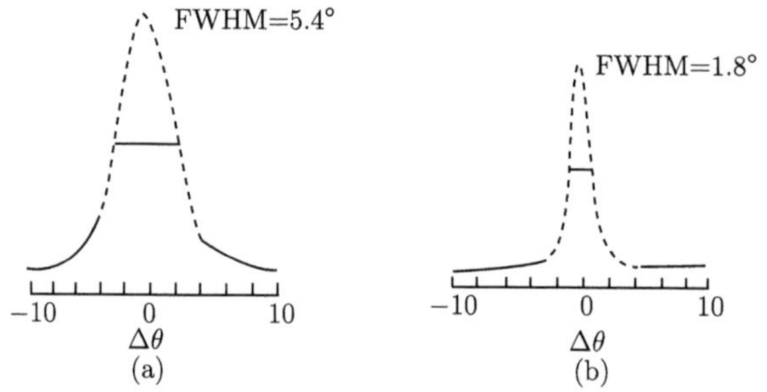

图 11-7　Si(004) 衍射本征摇摆曲线，CuK_α

(a) σ 偏振；(b) π 偏振

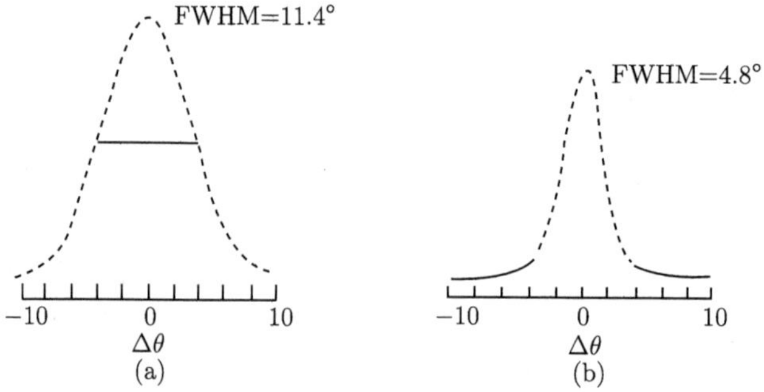

图 11-8　GaAs(004) 衍射本征摇摆曲线，CuK_α

(a) σ 偏振；(b) π 偏振

的反射率，然后，从反射率取平均得到摇摆曲线，再从摇摆曲线得到半峰宽。值得指出的是，对圆偏振 X 射线入射，式 (11-11) 和式 (11-12) 不再适用，其半峰宽介于两种偏振态的半峰宽之间，而接近 σ 偏振的值，这是由于圆偏振 X 射线中 π 偏振成分比 σ 偏振受到更多的抑制。

还应指出，当双轴晶的两晶体为不同种类或两者的衍射级数不相同时，式 (11-12) 不适用。

11.5.2 外延膜与衬底取向差的影响

一个应变外延层在发生大的应变弛豫后，外延层与衬底之间常常会出现一个倾角，或称取向差角。在双轴晶 X 射线衍射摇摆曲线中，这一倾角的存在会引起超晶格衍射峰与衬底峰之间的相对位置发生变化，进而影响对实验结果的分析。因而，在对应变弛豫超晶格的 X 射线衍射摇摆曲线进行理论模拟时，必须考虑取向差角的影响。

对外延膜晶格与衬底晶格之间的倾角及其取向的测量，可通过转动样品至不同的方位取向，测量样品的 X 射线衍射摇摆曲线，然后从不同方位取向所测到的外延膜衍射峰与衬底衍射峰之间的距离来获得。在每条摇摆曲线中，测到的外延膜衍射峰与衬底衍射峰间的距离由三部分组成：

(1) 由于外延膜与衬底晶格面间距 d 的差异引起的布拉格角的差异 $\Delta\theta_{\mathrm{B}}$。

(2) 由于四方畸变引起的外延膜与衬底的衍射面 (hkl) 之间的夹角 $\Delta\varphi$。

(3) 外延膜与衬底之间的取向差角 ϕ。

令外延膜衍射峰与衬底衍射峰之间的测量距离为 $\Delta\theta$，则

$$\Delta\theta = \Delta\theta_{\mathrm{B}} + \Delta\varphi \pm \phi \tag{11-53}$$

$$\Delta\theta_{\mathrm{B}} = -\tan\theta_{\mathrm{B}}\left(\varepsilon^{\perp}\cos^2\varphi + \varepsilon^{\parallel}\sin^2\varphi\right) \tag{11-54}$$

$$\Delta\varphi = \pm\sin\varphi\cos\varphi\left(\varepsilon^{\perp} - \varepsilon^{\parallel}\right) \tag{11-55}$$

其中，式 (11-53) 中 $\pm$ 号取决于入射 X 射线与取向差角 ϕ 之间的相对取向，而式 (11-55) 中的 “±” 号取决于入射 X 射线与衍射面 (hkl) 之间的相对取向，对掠入射情形，取 “+” 号，而对掠出射情形，取 “−” 号；θ_{B} 是衬底的布拉格角；φ 是 (hkl) 面与表面的夹角。ϕ 通常由一组对称衍射测得，此时，式 (11-53) 有 $\Delta\varphi = 0$。首先，在样品的某一方位取向测一条 X 射线衍射摇摆曲线，记录其外延膜衍射峰与衬底衍射峰的角度差 $\Delta\theta_1$；然后转动样品 180°，也就是说，让 X 射线沿相反的方向入射，再测得一个 $\Delta\theta_2$，那么，外延膜与衬底沿这一方向的取向差 ϕ 为

$$\phi = \frac{|\Delta\theta_1 - \Delta\theta_2|}{2} \tag{11-56}$$

沿不同的样品方位取向测量一组相对应的 X 射线衍射摇摆曲线，可得到一组外延膜与衬底沿不同方位的取向差 ϕ，从而可确定总的取向差角度的大小和方向。一般对同一衍射，至少测量 4 条 X 射线衍射摇摆曲线，即沿取向 $\omega = 0°$ 和 180°，90° 和 270°，各测一对曲线。对 [001] 取向的外延膜系统，定义 ω 顺时针方向转动，在 $\omega = 0°$ 时，入射 X 射线与衍射 X 射线在样品表面的投影都沿 [110] 方向。

考虑取向差角 ϕ 后，11.3.3 节中的一些几何参数也需作相应的修正。式 (11-31) 中的 $\Delta\theta$ 应由 $\Delta\theta'$ 来代替：

$$\Delta\theta' = \Delta\theta + \phi \tag{11-57}$$

方向余弦的表达式也相应变为

$$\gamma_0 = \sin(\theta \mp \varphi \pm \phi) \tag{11-58}$$

$$\gamma_h = -\sin(\theta \pm \varphi \mp \phi) \tag{11-59}$$

上面各式中 φ 与 ϕ 前 $\pm$ 号的选取与式 (11-53) 和式 (11-55) 中相同。

11.5.3　晶体表面偏角的影响

麦振洪等[20] 应用 X 射线衍射动力学理论，研究了晶体表面偏角对 X 射线双轴晶衍射摇摆曲线及其半峰宽的影响。结果表明，当晶体表面向某一方向存在一偏角时，对同一衍射面簇，X 射线以不同方向入射，将造成摇摆曲线位置的改变和半峰宽的变化。随着入射角减小，半峰宽加宽，摇摆曲线向高角度方向移动。因此，实验中要准确确定薄膜的结构参数和完美性，必须确定薄膜样品表面的偏角和偏离方向，并注意 X 射线入射的方向，然后与理论模拟结果比较，才能得到合理的结果。

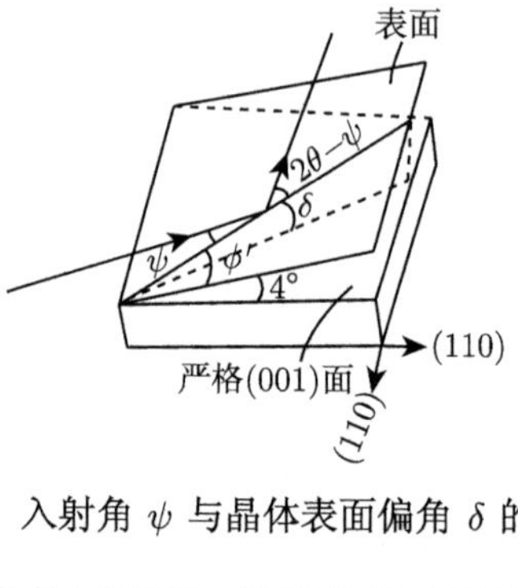

图 11-9　入射角 ψ 与晶体表面偏角 δ 的示意图

图 11-9 为晶体表面偏角的示意图，假设晶体表面向 [110] 偏离 (001) 方向 4°，即入射角为

$$\psi = \psi' - \delta$$

其中，ψ' 为无偏离时的入射角，$\psi' = \theta_B - \phi$，θ_B 是布拉格角，ϕ 是衍射面与 (001) 面的夹角；δ 为由于 4° 偏角引起的入射角改变。由图 11-9 可得

$$\delta = \arcsin\left(\frac{l\sin 4^\circ}{l/\cos\psi'}\right) = \mathrm{arc}\left(\sin 4^\circ \cos\phi'\right) \tag{11-60}$$

其中，ϕ' 为 [110] 方向与入射面的夹角。

对{113}，{115}，{224}衍射，$\phi' = 0°, 90°$ 或 $180°$；$\delta = 4°, 0°$ 或 $-4°$，而对于{404}衍射，$\phi' = 90°, 45°$ 或 $135°$，$\delta = 0°, 2.83°$ 或 $-2.83°$。

图 11-10 为理论计算的 GaAs 不同衍射面的摇摆曲线，计算时采用 $CuK_{\alpha1}$ 辐射，第一晶体为 Si(224) 对称衍射，样品表面存在 4° 偏角。其半峰宽列于表 11-2，

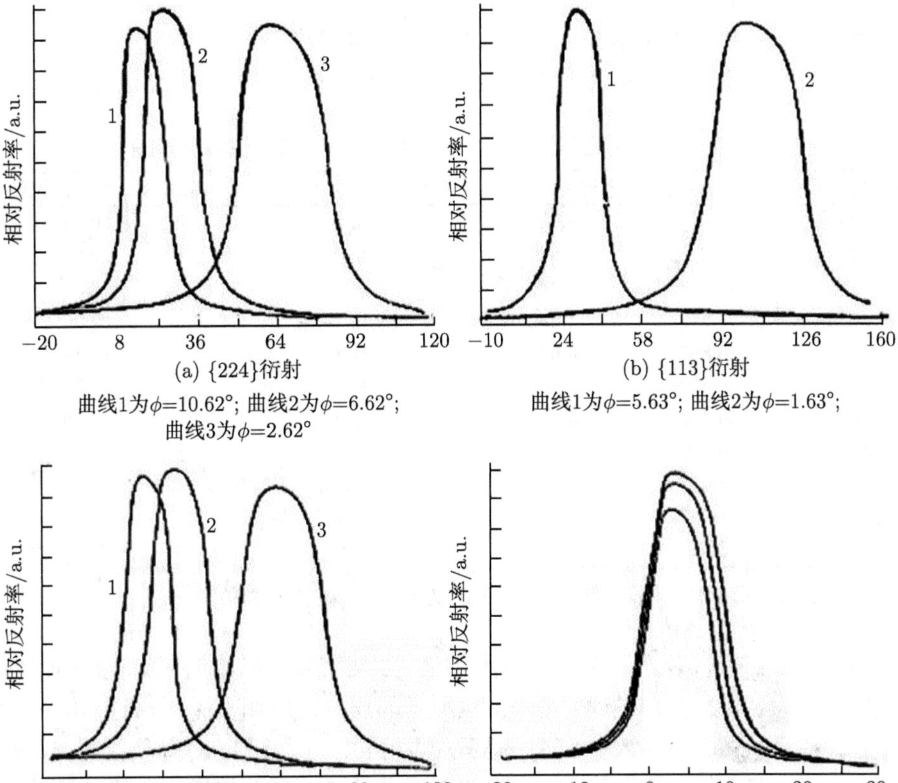

(a) {224}衍射
曲线1为ϕ=10.62°; 曲线2为ϕ=6.62°; 曲线3为ϕ=2.62°

(b) {113}衍射
曲线1为ϕ=5.63°; 曲线2为ϕ=1.63°;

(c) {404}衍射
曲线1为ϕ=8.26°; 曲线2为ϕ=5.45°; 曲线3为ϕ=2.60°

(d) {004}衍射
曲线1为ϕ=37.03°; 曲线2为ϕ=33.03°; 曲线3为ϕ=29.03°

图 11-10　不同衍射面，不同入射角时，GaAs 晶体的双晶衍射理论曲线

第一晶体为 Si(224) 对称衍射；$CuK_{\alpha1}$ 辐射

由表 11-2 可知，对于相同的衍射面簇，由于入射方向不同，入射角 ψ 发生变化，从而引起半峰宽变化，并且 ψ 越小，其变化越明显。由 11.2.1 节可知，完美晶体对 X 射线全反射的范围由式 (11-11) 给出：

$$\omega=\Delta\theta_{+}-\Delta\theta_{-}=\frac{2C\left|\chi_{h}\right|\sqrt{\frac{\left|\gamma_{h}\right|}{\gamma_{0}}}}{\sin 2\theta_{\mathrm{B}}}$$

此时

$$\gamma_{0}=\cos(90-\psi)=\sin(\theta+\phi-\delta)$$
$$\gamma_{h}=\cos(90+2\theta-\psi)=-\sin(\theta+\phi+\delta)$$

由式 (11-11) 可看到，全反射范围 (称半峰宽) 与衍射面和方向余弦有关。从表 11-2 还可以看到，当衍射面簇相同时，单晶和双轴晶摇摆曲线的半峰宽值都随入射角 ψ 增大而减小；对相同的衍射条件，双轴晶衍射的理论半峰宽比单晶的大，11.2.4 节指出，这是因为双轴晶衍射摇摆曲线是第一晶体与样品反射曲线的卷积。

表 11-2　GaAs 晶体不同衍射面和不同入射角的理论计算半峰宽

衍射面 (hkl)	Bragg 角/(°)	入射角 ψ/(°)	衍射动力学理论半峰宽/(″)	Darwin 理论半峰宽/(″)
$\bar{2}24$	41.879	2.62	33.26	30.73
224	41.879	6.62	21.02	19.73
224	41.879	10.62	16.55	15.04
113	26.867	1.63	41.29	37.96
$1\bar{1}3$	26.867	5.63	21.82	19.84
404	50.429	2.60	30.11	27.81
044	50.429	5.43	21.03	19.30
404	50.429	8.26	17.19	15.69
004^1	33.027	29.03	10.59	9.12
004^2	33.027	33.04	9.38	8.19
004^3	33.027	37.03	8.43	7.35

注：004^1, 004^2, 004^3 分别对应于图 11-9 中 ϕ' 为 0°, 90° 和 180° 的情况。

从图 11-10 可以看到，对同一衍射面簇，当入射角 ψ 减小时，反射率曲线向高角度方向移动。值得指出的是，图 11-10 所示的反射曲线明显为不对称，与图 11-3 不同，这是由晶体吸收引起的。这些结果可从 11.2.1 节得到，对有吸收情况，吸收曲线不对称，即 $\beta=0$ 的位置不在摇摆曲线的极大值，而在其摇摆曲线半峰宽的中点，由 $\beta=0$ 得到 X 射线衍射动力学衍射峰的半峰宽中点与严格 Bragg 峰位置的漂移为

$$\Delta\theta=\frac{-\chi_{0}\left(1-\frac{\gamma_{g}}{\gamma_{0}}\right)}{2\sin 2\theta_{\mathrm{B}}} \tag{11-61}$$

众所周知，极化率 $\chi_0 < 0$，对满足 Bragg 衍射条件，$\gamma_g > 0$，因此，$\Delta\theta > 0$，故摇摆曲线向高角方向漂移。移动量与 $\left(1 - \dfrac{\gamma_g}{\gamma_0}\right)$ 成正比，随着 ψ 减小，γ_0 减小，$|\gamma_g|$ 增大，偏移量也增大。

总之，如果晶体表面存在偏角，对同一衍射面簇，X 射线不同入射方向，其双轴晶衍射摇摆曲线及其半峰宽将发生变化，随着入射角减小，半峰宽加宽，摇摆曲线向高角度方向漂移。因此，实验中一定要确定样品的结构参数及完美性，必须确定样品表面的偏角和偏离方向，并注意 X 射线的入射方向，然后与理论计算结构进行比较、修正，才能得到比较合理的结果。

11.5.4 晶格失配对衍射峰形的展宽

如果外延膜与衬底之间的晶格失配是部分地由失配位错来调节，那么，在 X 射线衍射摇摆曲线中，由于位错的存在，将导致衍射峰展宽，甚至完全消失。这就对准确确定峰位和衍射峰的强度分布等造成一定的困难。为了使理论模拟曲线能与实验曲线作完全对应的比较，在理论模拟摇摆曲线时，必须考虑峰形的展宽。缺陷 (如位错) 对摇摆曲线峰形的影响目前还很难作出清晰的数学描述，因而，难以直接通过描述 X 射线衍射的物理过程来考虑峰形的展宽效应。许多工作表明，纯数学意义的展宽用于理论模拟实验曲线也是一种极为有效的办法。可以通过对理论模拟摇摆曲线卷积一个标准高斯函数来实现，所用高斯函数的半高宽为 $\Delta\theta_g$，衍射峰的展宽为

$$f(\alpha) = \frac{1}{\sqrt{2\pi}\sigma}\mathrm{e}^{-\frac{\alpha^2}{2\sigma^2}} \tag{11-62a}$$

$$\Delta\theta_g = 2\sqrt{2\ln 2}\sigma \tag{11-62b}$$

由于 $\int_{-\infty}^{\infty} f(\alpha)\mathrm{d}\alpha = 1$，因而，这一处理并不影响衍射峰的积分强度。这样摇摆曲线 $R(\beta)$ 式 (4-24) 应由下式来代替：

$$R(\beta) = \int_{-\infty}^{\infty} R(\beta+\alpha) f(\alpha)\mathrm{d}\alpha \tag{11-63}$$

11.5.5 薄膜界面粗糙的影响

多层膜、超晶格材料是重要的量子器件材料，已被广泛地应用到半导体光电器件、磁性器件以及超导器件等领域。大量研究表明，多层膜、超晶格结构材料子层的成分和层厚的无规涨落以及样品弯曲、缺陷对样品双轴晶的摇摆曲线有很大的影响。对于高质量多元化合物半导体多层膜，由于界面的不完美性，即使样品结构是完美的，如组分确定、无位错和弯曲等，其双轴晶摇摆曲线还是会受到影响，从而，膜的衍射峰及其细节可能受到不同程度的影响，如峰形畸变、减弱、展宽等。

欧阳吉庭、麦振洪从 X 射线衍射动力学理论出发，讨论多层膜界面粗糙度对衍射峰的影响[21]。他们应用式 (11-22) 计算了 InGaAs/AlInAs/InP 超晶格和 InGaAs/InP 单层膜的 X 射线双轴晶摇摆曲线，计算中假定组分确定，无位错等结构缺陷，但加进不同程度的晶面粗糙度，表现为薄膜厚度局部的不均匀性。界面粗糙度 δ_i 是随机数模拟的。平均界面粗糙度 $\langle\delta\rangle$ 取所有 δ_i 的均方根，

$$\langle\delta\rangle = \left(\sum_i \delta_i^2\right)^{\frac{1}{2}} \tag{11-64}$$

样品的双轴晶衍射反射率取一定区域内衍射的叠加。

图 11-11 为在 InP(001) 衬底上生长单层 $In_{0.525}Ga_{0.475}As$(500nm) 双轴晶摇摆曲线，图中 5 条曲线分别代表界面不同粗糙度的计算结果，采用 (224) 衍射，CuK_α 辐射。从图 11-11 可以看到，5 条曲线 InGaAs 膜的衍射峰变化很小，没有明显的强度降低或峰展宽。但是，衍射干涉条纹有显著的变化，可以看到，随着粗糙度的增大，干涉条纹的强度逐渐减弱，甚至消失。结果表明，界面粗糙度对薄膜的平均衍射效应影响不大，但是影响其相干衍射强度，而使干涉条纹强度减弱，甚至消失，从而说明界面粗糙度对膜的质量有一定的影响。

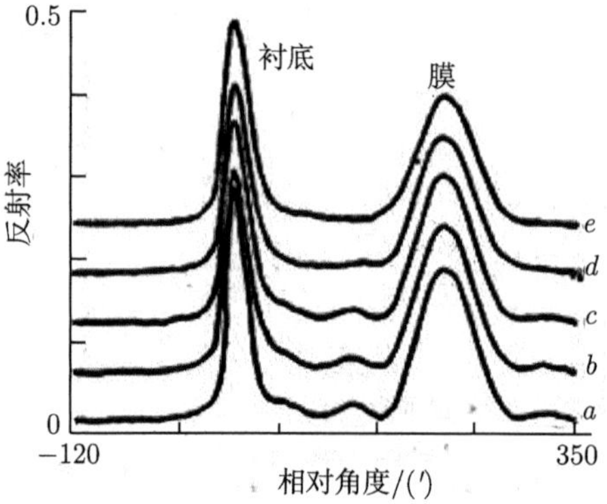

图 11-11　$In_{0.525}Ga_{0.475}As$(500nm)/InP(224) 衍射双轴晶摇摆曲线

曲线 a 为 $\langle\delta\rangle = 0$；b 为 $\langle\delta\rangle = 1$nm；c 为 $\langle\delta\rangle = 3$nm；d 为 $\langle\delta\rangle = 8.5$nm；$e$ 为 $\langle\delta\rangle = 10$nm

图 11-12 为 50 周期 $In_{0.53}Ga_{0.47}As$(8.5nm)/$Al_{0.48}In_{0.52}As$(8.5nm)/InP 超晶格理想界面的计算双轴晶摇摆曲线，采用 (004) 衍射，CuK_α 辐射。结果表明，零级峰距离衬底峰为 $60''$；±1 级卫星峰距离衬底峰分别为 $+1160''$ 和 $-1035''$；它们的半峰宽均为 $24''$。

同时，计算了界面存在不同程度粗糙度时超晶格的双轴晶摇摆曲线，结果发现，其零级峰的半峰宽和峰位没有明显的变化，±1 级卫星峰的峰位也基本没有变化，但是它们的半峰宽变化较大，其随平均界面粗糙度的变化趋势相同。表 11-3 给

出 −1 级卫星峰的半峰宽随平均界面粗糙度的变化。

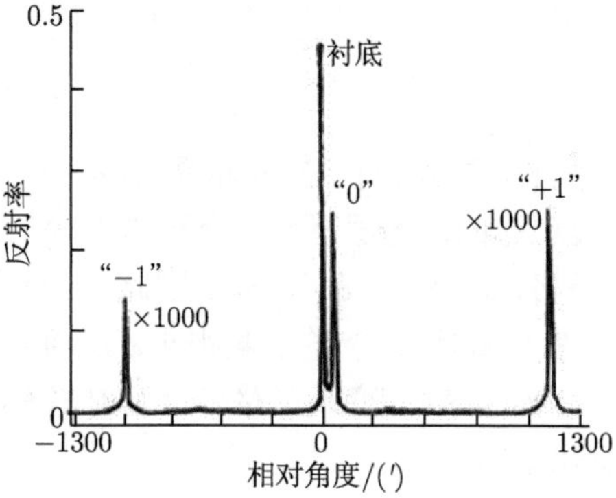

图 11-12 50 周期 $In_{0.53}Ga_{0.47}As$(8.5nm)/$Al_{0.48}In_{0.52}As$(8.5nm)/InP 超晶格理想界面的计算双轴晶摇摆曲线，采用 (004) 衍射，CuK_α 辐射

表 11-3 $In_{0.53}Ga_{0.47}As$(8.5nm)/$Al_{0.48}In_{0.52}As$(8.5nm)/InP 超晶格双轴晶衍射摇摆曲线 −1 级卫星峰的半峰宽随平均界面粗糙度 $\langle\delta\rangle$ 的变化

$\langle\delta\rangle$/nm	0.126	0.230	0.314	0.520	0.604
半峰宽/(′)	25.7	29.6	32.3	58.0	75.0

从表 11-3 可以看到，随着 $\langle\delta\rangle$ 的增大，−1 级卫星峰的半峰宽增大，但对超晶格衍射各级卫星峰的影响是不同的。与单层膜衍射比较可以发现，如果将超晶格的零级峰与单层膜的衍射峰对应，超晶格高级卫星峰与单层膜衍射干涉条纹对应，那么，它们随界面粗糙度变化的趋势相似，这表明超晶格对 X 射线的衍射行为具有与单层膜相似之处。超晶格零级峰是其结构的平均效应与单层膜衍射峰一样受界面粗糙度的影响不大；而超晶格的卫星峰反映超晶格的细节，是超晶格的特性表征，任何影响超晶格结构和质量的因素都会对卫星峰产生影响。因此，超晶格卫星峰与单层膜干涉条纹一样受界面粗糙度的影响较大。

值得注意的是，界面粗糙度对匹配超晶格和应变超晶格的双轴晶摇摆曲线卫星峰的影响是不同的。对层厚比为 t_1/t_2，组元点阵常数分别为 a_1 和 a_2 的超晶格，垂直方向的平均点阵常数为[22]

$$\langle a^{\perp}\rangle=\left(\frac{\dfrac{a_1^{\perp}t_1}{a_1}+\dfrac{t_2a_2^{\perp}}{a_2}}{\dfrac{t_1}{a_1}+\dfrac{t_2}{a_2}}\right) \tag{11-65}$$

其中，$a_1^{\perp}$ 和 $a_2^{\perp}$ 分别为应变后组元垂直方向的点阵常数；$\dfrac{t_1}{a_1}$ 和 $\dfrac{t_2}{a_2}$ 分别为二组元

的原子层数。超晶格双轴晶对称衍射摇摆曲线的零级峰由垂直方向平均应变 $\langle \varepsilon^{\perp} \rangle$ 决定[23]

$$\langle \varepsilon^{\perp} \rangle = \frac{\langle a^{\perp} \rangle - a_s}{a_s} \tag{11-66}$$

其中，a_s 为衬底体材料的点阵常数。对于应变超晶格，$a_1 \neq a_2$，$a_1^{\perp} \neq a_2^{\perp}$，因此，$\langle \varepsilon^{\perp} \rangle$ 与层厚有关。界面粗糙度引起的局部层厚变化会影响 $\langle \varepsilon^{\perp} \rangle$，从而影响超晶格的零级峰。但是。对于匹配超晶格，$a_1 = a_2$，$a_1^{\perp} = a_2^{\perp}$，因此，$\langle \varepsilon^{\perp} \rangle$ 仅与组元成分有关，界面粗糙度引起的局部层厚变化对 $\langle \varepsilon^{\perp} \rangle$ 的影响很小，从而对零级峰的影响也很小。也就是说，界面粗糙度的影响，对应变超晶格各级衍射峰有相似的变化，而对匹配超晶格各级衍射峰的变化不同。

表 11-4 是 50 周期 InGaAs(8.5nm)/AlInAs(8.5nm)/InP 匹配超晶格双轴晶衍射摇摆曲线实验结果和理论模拟结果的比较，其中 $\langle \delta \rangle = 0$ 和 $\langle \delta \rangle = 0.314$nm 分别为理想界面和晶面粗糙度为 0.314nm 时摇摆曲线的信息。从表 11-4 可以看到，理论计算与实验的摇摆曲线零级峰的峰位和半峰宽很接近，而 -1 级峰和 $+1$ 级峰的实验值与 $\langle \delta \rangle = 0.314$nm 接近，说明该超晶格界面存在约一个原子层的平均粗糙度。

表 11-4　50 周期 InGaAs(8.5nm)/AlInAs(8.5nm)/InP 匹配超晶格双轴晶衍射摇摆曲线实验结果和理论模拟结果的比较

	计算值/(′)				实验值/(′)	
	相对峰位		半峰宽		相对峰位	半峰宽
	$\langle \delta \rangle = 0$	$\langle \delta \rangle = 0.314$nm	$\langle \delta \rangle = 0$	$\langle \delta \rangle = 0.314$nm		
零级峰	+60	+60	24	24	+57	26
−1 级峰	−1035	−1040	24	32.3	−1040	33
+1 级峰	+1160	+1155	24	32.0	+1153	33

薄膜界面的不完美是普遍存在的，即使是分子束外延 (MBE) 技术生长多层膜，各原子束流稳定性、不同原子可能在界面局部黏附或扩散等因素，都会造成界面粗糙，导致多层膜 X 射线双轴晶衍射摇摆曲线变化。为了获得多层膜结构的精确信息，必须对界面粗糙度给以足够的重视。

11.5.6　薄膜成分梯度的影响

异质结结构多层膜在溅射和热处理过程会发生成分扩散，导致多层膜纵向随深度出现成分梯度，进而影响多层膜的结构完美性和物理性能。双轴晶衍射摇摆曲线对外延膜的成分，特别是大失配多层膜，例如，对 $In_xAl_{1-x}As$/InP 异质结，x 变化 10^{-3}，如果采用 $CuK_{\alpha1}$ 辐射，004 衍射，将引起膜峰产生 20 arcsec 的移动，如此小的变化双轴晶衍射摇摆曲线都能检测出来。

欧阳吉庭，麦振洪等对 $In_xAl_{1-x}As/InP(001)$ 异质结从实验和理论两方面探讨成分梯度对双轴晶衍射摇摆曲线的影响[24]。理论模拟采用式 (11-22)，X 射线随意偏振入射，$CuK_{\alpha1}$ 辐射，衬底 004 衍射；假设膜内成分是线性变化，把外延膜分成 n 个子层，每个子层内成分是均匀的，这样，层内成分变化呈阶梯，当成分从界面到表面逐渐增加时定义梯度为正。样品除了成分梯度外，没有其他结构不完美。对 $In_xAl_{1-x}As/InP$ 异质结结构外延膜与衬底是负匹配。

图 11-13 为成分梯度外延膜随 Δx 变化的双轴晶摇摆曲线。计算参数：平均成分 $\overline{x_0}=0.51$, 总厚度 $T=1\mu m$，成分梯度变化为正。从图 11-13 可看到，当 $\Delta x\neq 0$ 时，膜峰的强度和峰宽增加。随着 Δx 增加，摇摆曲线变得复杂，膜峰出现肩峰，并逐渐增大，直至发展为新的峰。这是梯度子层相互干涉的结果。对确定的层厚，不同子层 X 射线的相位差随 Δx 增加，它们相互重合、干涉，使主峰的强度减小。从图 11-13 还可以看到，膜峰是不对称的，低角度曲线更陡，干涉条纹也更强，这是由于外延膜与衬底的干涉使干涉条纹在低角度强度增加。然而每条曲线干涉条纹的周期不变，这表明干涉条纹周期只决定于外延膜的厚度，而不决定于成分。

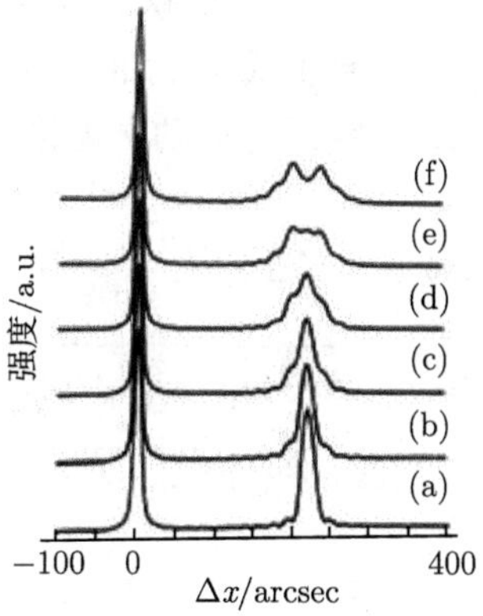

图 11-13 $In_xAl_{1-x}As/InP$ 异质结结构随成分 Δx 变化的理论计算双轴晶摇摆曲线

成分变化为正梯度，CuK_α 辐射，004 衍射，Δx 变化：(a) 0；(b) 0.002，$n=15$；(c) 0.003，$n=15$；(d) 0.004，$n=20$；(e) 0.005，$n=20$；(f) 0.006，$n=30$

11.6 应用实例

11.6.1 薄膜层厚

薄膜厚度的测定是结构分析中比较简单，但是非常重要的一步。从薄膜生长的角度来看，虽然比较先进的薄膜生长设备可以提供薄膜生长速率和厚度的信息，但由于种种原因，这些结果并不一定准确，而且，在初期也还需借助其他测量手段进行校正和标定。另一方面，在一些薄膜生长设备上，通常没有或不具备实时监控手段，所以厚度的精确测定首先是优化生长条件控制的需求。从薄膜性能的角度来看，在膜的厚度较小时，由于尺度限制引起的量子效应，其性能与薄膜厚度有关，因而厚度的精确测定也是薄膜性能控制的需要。

本节以外延生长的近完美半导体薄膜为例，讨论如何利用共面 X 射线衍射技术对薄膜厚度进行精确测量。对单晶性较差的薄膜，则宜采用 X 射线全反射技术 (有兴趣的读者可阅读文献 [1])。一般来说，对于膜厚不是太厚的近完美晶体，可以采用 X 射线衍射运动学理论分析，从干涉条纹的位置 (单层膜) 或超结构峰的位置 (多层膜和超晶格结构) 可以准确确定单层膜和多层膜的厚度。而对膜厚较厚的情况，则必须采用 X 射线衍射动力学理论分析，并考虑 Debye–Waller 因子，通过理论计算拟合薄膜和衬底衍射峰的位置和强度来确定薄膜的厚度。

首先，考虑适用 X 射线衍射运动学理论的、厚度较小的薄膜或多层膜 ($< 1\mu m$)。实验上，如果仅仅测量薄膜的厚度，则可以采用对称衍射几何，这时所有衍射峰及干涉条纹在倒空间中都沿 Q_z 轴分布 (图 11-14)，因而，X 射线衍射仪分辨率的选择应能分辨厚度干涉条纹 (式 (11-67))。如果膜厚适中，干涉条纹间距不是太小，则通常采用双轴晶衍射。这时，分辨率由式 (11-68) 决定。考虑到通常的半导体材料具有闪锌矿结构，由第 2 章 X 射线衍射运动学理论可知，薄膜的衍射强度沿 Q_z 轴的分布可表示为

$$\Delta Q_z = K\Delta\alpha_{\mathrm{i}}\frac{\sin(\alpha_{\mathrm{i}}+\alpha_{\mathrm{f}})}{\sin\alpha_{\mathrm{i}}} \tag{11-67}$$

$$\Delta Q_x = K\sqrt{(\Delta\alpha_{\mathrm{i}})^2\sin^2\alpha_{\mathrm{i}}+(\Delta\alpha_{\mathrm{f}})^2\sin^2\alpha_{\mathrm{f}}} \tag{11-68a}$$

$$\Delta Q_z = K\sqrt{(\Delta\alpha_{\mathrm{i}})^2\cos^2\alpha_{\mathrm{i}}+(\Delta\alpha_{\mathrm{f}})^2\cos^2\alpha_{\mathrm{f}}} \tag{11-68b}$$

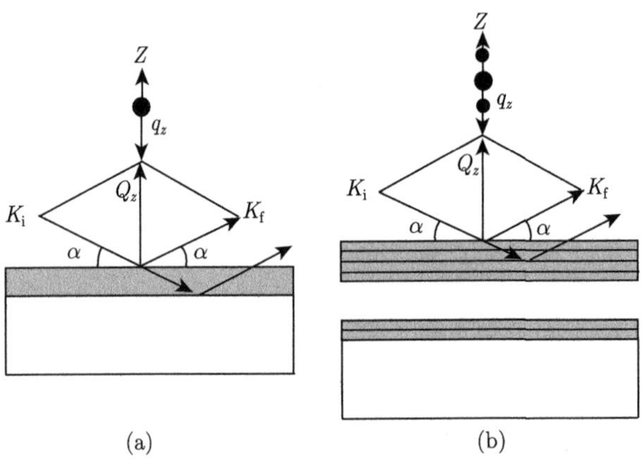

图 11-14　单层膜 (a) 和周期性多层膜 (b) 的 X 射线对称衍射

(a) 和 (b) 中的大圆点代表布拉格峰，(b) 中的小圆点代表超晶格衍射峰

$$I(q_z) \propto \frac{\sin^2(q_z N_0 d/2)}{\sin^2(q_z d/2)} \tag{11-69}$$

式中，$q_z = Q_z - L$ 是 Q_z 偏离倒易空间矢量 (hkl) 的量；而

$$Q_z = \frac{4\pi}{\lambda}\sin\alpha \tag{11-70}$$

式中，α 是 X 射线入射角；N_0 是薄膜沿厚度方向的原子层数；d 是单个原子层的厚度，所以，膜厚 $T = N_0 d$。式 (11-69) 在倒易空间矢量 (hkl) 或布拉格点 $(q_z = 0)$ 有一极大值 (即布拉格峰)。次级极大出现在 $\dfrac{q_z \cdot T}{2} = \left(n + \dfrac{1}{2}\right)\pi$ $(n = 0, \pm 1, \pm 2, \cdots)$ 处，对应于厚度调制峰，峰间距 $\Delta q_z = \dfrac{2\pi}{T}$ 仅与 T 有关。所以薄膜厚度可由

$$T = \frac{2\pi}{\Delta q_z} \tag{11-71}$$

确定。由式 (11-70)，又有

$$T = \frac{\lambda}{2\Delta\alpha\cos\theta_{\mathrm{B}}} \tag{11-72}$$

式中，$\Delta\alpha$ 为实空间 (角度空间) 中干涉条纹的间距；θ_{B} 为布拉格角。

如果所研究的对象是周期性多层膜或超晶格，则衍射强度为

$$I(q_z) \propto \frac{\sin^2(q_z N\Lambda/2)}{\sin^2(q_z \Lambda/2)} \tag{11-73}$$

式中，N 是超晶格的周期数；$\Lambda = T_A + T_B$ 是一个周期的厚度；T_A 和 T_B 分别是超晶格中两个子层 A 和 B 的厚度。同样，布拉格峰在 $q_z = 0$ 处。式 (11-73) 的分子项是一个高频振荡函数，其值在 $\dfrac{q_z N\Lambda}{2} = \left(n + \dfrac{1}{2}\right)\pi$ 处有极大值，对应于由超晶格总厚度 $N\Lambda$ 决定的调制峰，其峰间距为

$$\Delta q_z = \frac{2\pi}{N\Lambda} \tag{11-74}$$

所以超晶格总厚度为

$$N\Lambda = \frac{2\pi}{\Delta q_z} = \frac{\lambda}{2\Delta\alpha\cos\theta_{\mathrm{B}}} \tag{11-75}$$

与式 (11-72) 类似，这里，$\Delta\alpha$ 为实空间 (角度空间) 中振荡条纹的间距。式 (11-73) 中的分母项与分子项比较起来是一个缓慢振荡的函数，对应于另外一组衍射峰，其峰位在 $q_z\Lambda/2 = n\pi$ 处，此即所谓的超晶格卫星峰。由卫星峰的间距 $\Delta q_z^{(\mathrm{s})}$ 可以确定超晶格的周期为

$$\Lambda = \frac{2\pi}{\Delta q_z^{(\mathrm{s})}} = \frac{\lambda}{2\Delta\theta^{(\mathrm{s})}\cos\theta_{\mathrm{B}}} \tag{11-76}$$

式中，$\Delta\theta^{(s)}$ 为实空间 (角度空间) 中超晶格卫星峰的间距。

以上公式的推导非常简单明了，但不适用于非对称衍射的情形。然而，在实际中，不仅要确定薄膜的厚度，同时要分析薄膜的失配应变等参数，因而，经常需要进行非对称衍射的测量。Speriosu[25] 从 X 射线衍射动力学理论出发，考虑膜厚较小的情形，在 X 射线衍射运动学理论近似下得到了与上文完全相同的结果。与式 (11-76) 相比，Speriosu[25] 的公式更具普遍性。引入 X 射线衍射波矢相对于薄膜表面内法向的方向余弦 γ_{H}，则式 (11-72)、式 (11-75) 和式 (11-76) 变为

$$T=\frac{\lambda|\gamma_{\mathrm{H}}|}{\Delta\alpha\sin 2\theta_{\mathrm{B}}} \tag{11-77}$$

$$N\varLambda=\frac{\lambda|\gamma_{\mathrm{H}}|}{\Delta\alpha\sin 2\theta_{\mathrm{B}}} \tag{11-78}$$

$$\varLambda=\frac{\lambda|\gamma_{\mathrm{H}}|}{\Delta\theta^{(s)}\sin 2\theta_{\mathrm{B}}} \tag{11-79}$$

对于周期性多层膜或超晶格，即使膜层的单晶性和厚度均匀性不是太好，只要能测量到卫星峰，就可以用式 (11-76) 来确定超晶格的平均周期。

图 11-15 给出了一个分子束外延生长在 GaAs(001) 衬底上的 $\mathrm{Al_{0.32}Ga_{0.68}As}$ 薄膜的 X 射线双轴晶 (004) 衍射谱。由于薄膜与衬底之间的晶格失配仅约为 0.05%，薄膜的完美性很高。实验采用 Philips X'Pert 衍射仪，X 射线波长 $\lambda=1.5405$Å。从图 11-15 可看到，除衬底峰和薄膜峰外，还可以看到清楚的干涉峰，如箭头所示，薄膜的名义厚度为 2000Å，测量得到的干涉峰间距为 $\Delta\alpha=100.1''=4.85\times10^{-4}$rad。由式 (11-71)，采用 GaAs (004) 的布拉格角 $\theta_{\mathrm{B}}=34.56°$，得到的薄膜实际厚度为 1928.5Å。

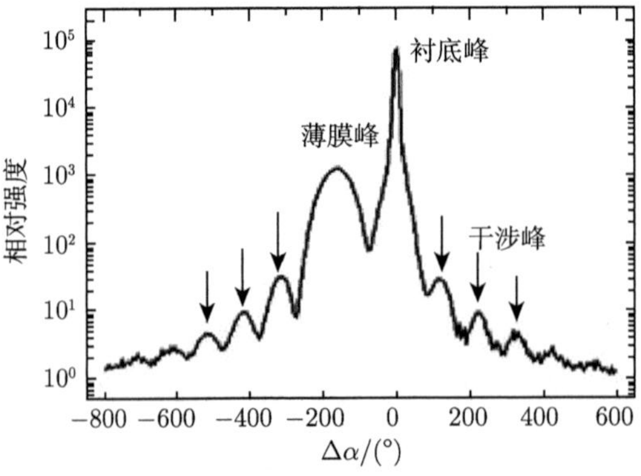

图 11-15　分子束外延生长的 $\mathrm{Al_{0.32}Ga_{0.68}As/GaAs}$ (001) 薄膜的 X 射线双轴晶 (004) 衍射谱

超晶格中另外一种常见的不完美性是薄膜厚度的波动，如果这种波动是系统性的，则会导致卫星峰的分裂或振荡[26,27]。图 11-16(a) 所示是一个分子束外延生长在 Si (001) 衬底上，名义结构为 20 周期的 ($Ge_{0.2}Si_{0.8}$ 50Å)/(Si 200Å) 超晶格的 X 射线 (004) 双轴晶衍射摇摆曲线。实验采用 Si (111) 单色器，$CuK_{\alpha1}$X 射线。从图 11-16 可以看到有两组卫星峰，也可以说，卫星峰分裂成两组子峰。为了理论模拟实验曲线，必须假设超晶格结构从第 12 个周期开始，由于某种原因，如衬底温度或分子束束流的系统变化，结构发生了一个突变。变化后的实际结构为：

1—11 周期：$Ge_{0.176}Si_{0.824}$ (55.2Å)/Si (193Å)

12—20 周期：$Ge_{0.223}Si_{0.777}$ (63.1Å)/Si (184Å)

采用 X 射线衍射动力学理论对实验数据进行模拟，结果如图 11-16 (b) 所示，与实验曲线符合得很好。从理论模拟结果还可以看到，厚度的变化同时伴随着成分的变化。透射电镜成分能谱分析和会聚束电子衍射实验得到的定性结果也支持上述结论[26]。

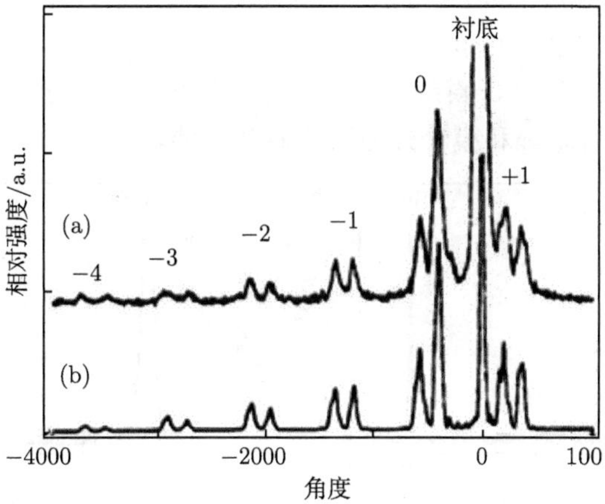

图 11-16 有突变结构的 GeSi/Si 超晶格结构的 X 射线 (004) 双晶衍射摇摆曲线

另外一种常见的情况是多层膜内各薄膜厚度的随机波动。若波动与薄膜平均厚度相比较小的话，波动仅仅导致卫星峰的宽化[28]，这时，由卫星峰间距和式 (11-76)，仍然可以获得超晶格的平均周期厚度。

11.6.2 外延膜晶格参数，成分

目前，薄膜生长技术可以使具有特殊效应的薄膜材料在其特殊效应被发现不久便很快被制成新的功能器件，应用实际中。这些功能薄膜器件的共同点是异质结构，成分复杂，晶格失配大。这不仅使得制备薄膜的可选材料大大增加，更有意义的是，可以通过调节多层膜或超晶格的成分或应变来调节能带，以实现所需的物理

性能。外延材料的性能与其结构及其完美性密切相关，要求生长时严格准确地控制材料的结构参数，以实现最优性能。尽管采用的是最先进的薄膜生长技术，但这种严格的控制是很难准确实现。生长工艺的不完善或生长过程中偶然因素的影响，会使外延膜出现不完美性，如超晶格周期的波动，相对层厚的变化，成分的不均匀，界面不理想以及失配位错的产生等。这些结构不完美性直接影响器件的性能。因此，分析和研究外延材料的结构、成分和完美性，对了解材料的真实情况，优化制备条件，获得高性能的外延薄膜和器件是十分重要的。外延膜的晶格参数、应力和组分的表征，是外延膜结构和评价的重要参数。

最简单的外延膜结构是均匀单层结构，即在衬底上只外延生长一层薄膜。图 11-17 所示是在 Si 衬底上外延生长一层 3μm 厚的 GaAs 单异质结 (004) 和 (224) X 射线衍射双轴晶摇摆曲线[29]。从图中可以看到，均匀单层异质结构所对应的双轴晶摇摆曲线比较简单，只包括一个对应衬底的峰和一个对应薄膜的峰。图中膜峰出现在衬底峰的左边，根据布拉格方程，说明 $d_{\mathrm{s}} < d_{\mathrm{f}}$。由所测到的两峰距离可计算出外延膜与衬底晶格常数差，利用 X 射线衍射动力学理论对实验曲线进行模拟，可以得到外延膜的真实厚度和成分。

值得注意的是，当外延膜厚度超过一个临界值时，由于入射束和衍射束的干涉，摇摆曲线除了衬底峰和膜峰外还可观察到干涉峰。

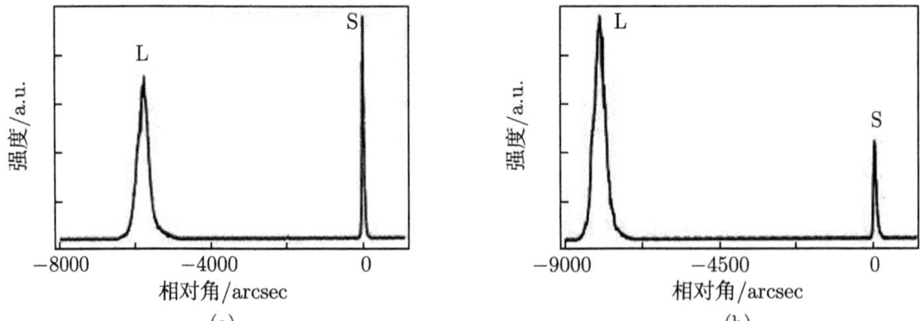

图 11-17　GaAs/Si 均匀单层膜 X 射线衍射双轴晶摇摆曲线

(a) (004) 衍射；(b) (224) 衍射

大多数半导体器件为量子阱结构或多量子阱结构。量子阱结构是在结构完美的衬底上周期性地交替外延生长两种不同材料，故又称为超晶格结构。多量子阱结构类似超晶格结构，但不具有周期性，因而更为复杂。对这些复杂结构的材料，其 X 射线衍射摇摆曲线表现为衬底峰、薄膜峰和若干个卫星峰，其衍射峰与点阵参数不具有一一对应关系，是超晶格各参数的整体效应。因此，对其分析必须用理论模拟。图 11-18 是 $[\mathrm{AlAs}(28.3\text{Å})/\mathrm{GaAs}(28.3\text{Å})]_{200}$ 超晶格 (002) 倒易阵点附近的 X 射线衍射摇摆曲线和理论模拟曲线[30]，由图可以看到，在零级峰两侧存在一组卫星峰，对失配较大的量子阱和超晶格系统，应用 X 射线衍射动力学理论对实验曲线进行模拟，可以得到各子层厚度、成分等信息。

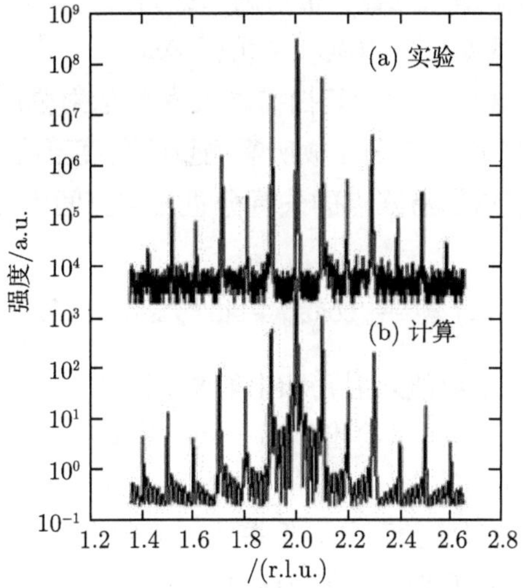

图 11-18 [AlAs(28.3Å)/GaAs(28.3Å)]$_{200}$ 超晶格 (002) 倒易阵点附近的 X 射线衍射摇摆曲线和理论模拟曲线

11.6.3 应变弛豫

在材料制备和器件应用中，一般情况下，异质外延薄膜与衬底材料有不同的晶格参数，所以，只有在薄膜较薄的时候，才可能与衬底材料共格生长的。即使这样，薄膜也会有一定浓度的点缺陷，如空位等，但线缺陷和面缺陷基本上不存在。但是，在薄膜达到一定厚度时，其所储存的应变能超过临界值，这时就会发生应变弛豫。在应变不太大的情形下，一般薄膜首先会通过表面形貌的变化释放掉一部分的应变能；接着，会产生失配位错，位错线可以在薄膜中延伸。如果位错密度太高，就会引起薄膜的物理性能下降。因此，薄膜缺陷的研究对于提高薄膜材料和器件的性能非常重要。

1. 倒易空间 X 射线散射强度分布 (mapping)

倒易空间 X 射线散射强度二维图通常指的是 X 射线散射在倒易空间等强度分布图，换言之，是沿 Ewald 球面 X 射线散射强度分布的积分[31,32]。测定样品在倒易点附近 X 射线散射强度二维分布可研究样品的取向差、晶格失配及应力弛豫等。与测量 X 射线漫散射技术类似，可以有两种方法。① 固定探测器的位置，即 2θ 保持不变，θ 进行扫描，也就是在 q_z 的一个数值，进行 q_x 扫描；然后改变 q_z 值，再扫描 q_x，如此重复，直至覆盖所需测量的区域。② 样品位置保持一定值，探

测器 2θ 进行扫描，即在 q_x 的一个数值，而进行 q_z 扫描；然后改变 q_x 值，再扫描 q_z，如此重复，直至覆盖所需测量的区域。下面介绍方法 (2) 的实验步骤[33]。

(a) 将样品及探测器都调至各自衍射的布拉格角度；

(b) 设定样品偏离其布拉格角度一个角度 $\Delta\omega$ 处；

(c) 探测器进行 2θ 扫描，记录其扫描时 X 射线散射强度 I 随角度 2θ 的变化；

(d) 改变 $\Delta\omega$，重复 (c)，直到完成所需测量的角度范围。

在实际测量中，偏离倒易阵点的矢量分量与实空间中样品的角度关系由下式给出：

$$(q_x, q_z) = \frac{2\pi}{\lambda}(\cos\theta_1 - \sin\theta_2, \sin\theta_1 + \cos\theta_2) \tag{11-80}$$

式中，θ_1 和 θ_2 分别为 X 射线入射角和出射角。因此，当测量 X 射线散射强度随 θ_1 和 θ_2 的变化关系时，就可以绘出倒易空间中所测样品倒易阵点附近的 X 射线散射强度的二维分布图。

另外，从 X 射线衍射实验可知，将探测器固定在严格的布拉格角，而样品扫描，可得到的是沿倒易空间水平方向的信息，反映衬底与外延膜之间的取向差，如嵌镶结构等信息。同理，当样品和探测器以 1:2 的速度扫描时，得到的是沿倒易空间径向分布的信息，可得到衬底与外延膜晶面间距变化的信息，从而确定外延膜晶格应变、晶格失配等信息。

2. 晶格失配应变

外延薄膜的应变弛豫是引起薄膜产生位错类缺陷的根本原因，因此，首先讨论 X 射线衍射对应变弛豫的分析。在研究薄膜的应变和应变弛豫时，如果采用对称衍射几何，即衍射矢量垂直于薄膜表面，所得结果仅仅对垂直于薄膜表面的晶格的变化敏感。如果要研究平行于薄膜表面的变化，通常选择非对称衍射。在微电子和光电半导体的实际应用中，大多数的半导体薄膜材料为 (001) 取向。假设衬底的晶格参数为 a_{s}，薄膜的晶格参数为 a_{f}，薄膜在完全没有应变时的晶格参数为 a_{f0}，则两者之间的晶格失配为

$$\xi = \frac{a_{\mathrm{f}} - a_{\mathrm{s}}}{a_{\mathrm{s}}} \tag{11-81}$$

如果薄膜的晶格参数大于衬底的晶格参数，ξ 为正，即薄膜承受压应变；相反，如果薄膜的晶格参数小于衬底的晶格参数，ξ 为负，即薄膜承受张应变。对一个半导体合金薄膜，如 $\mathrm{A}_x\mathrm{B}_{1-x}\mathrm{C}$，其晶格参数可用维加定律来计算 (式 (11-25))。这时，切应变分量为零，轴向应变分量分别为

$$\varepsilon_{xx} = \varepsilon_{yy} = \varepsilon_{\parallel} = \frac{a_{\mathrm{f}\parallel} - a_{\mathrm{f0}}}{a_{\mathrm{f0}}}, \quad \varepsilon_{zz} = \varepsilon_{\perp} = \frac{a_{\mathrm{f}\perp} - a_{\mathrm{f0}}}{a_{\mathrm{f0}}} \tag{11-82}$$

从弹性力学知道，

$$\varepsilon_{\perp}=-\frac{2c_{12}}{c_{11}}\varepsilon_{\|} \tag{11-83}$$

式中，c_{11} 和 c_{12} 为弹性系数。图 11-19 所示是一个 (001) 取向的晶格与衬底有失配的薄膜的 (004) 对称衍射和 (224) 非对称衍射的倒易空间 X 射线散射强度分布图的示意图。有两种可能的情形，即薄膜晶格参数大于和小于衬底晶格参数。从图 11-19 可以看到，如果薄膜晶格参数大于衬底晶格参数，则不论有无应变弛豫，薄膜的衍射峰都应当位于小于衬底峰的 $Q_z\|[001]$ 轴处；而如果薄膜的晶格参数小于衬底，即在张应变的情形下，薄膜的衍射峰应当位于大于衬底峰的 $Q_z\|[001]$ 轴处。如果没有应变弛豫，由于薄膜和衬底材料具有相同的横向晶格参数，因而，薄膜和衬底峰在 (224) 衍射的倒易空间 X 射线散射强度分布图中具有相同的 $Q_x\|[110]$ 值。如果有应变弛豫，那么薄膜和衬底材料的横向晶格参数就会有所不同，从而，与它们对应的衍射峰出现在不同的 $Q_x\|[110]$ 值处。而在 (004) 衍射的倒易空间图中，由于横向衍射矢量分量为零，所以只对生长方向的晶格参数敏感。在非对称的 (224) 倒易空间图中，由虚线和实线所围的三角形称为弛豫三角。在没有应变弛豫时，薄膜峰位于沿 [001] 方向的实线上，而在有应变弛豫时，薄膜峰则沿着虚线向沿 [224] 方向的实线移动。在完全应变弛豫时，薄膜峰位于沿 [224] 方向的实线上。在这两种极端情形之间是部分应变弛豫的情形，薄膜峰位于介于两条实线之间的虚线上，其位置取决于应变弛豫的程度。应变弛豫度可以定义为

$$R=\frac{a_{f\|}-a_s}{a_{f0}-a_s} \tag{11-84}$$

式中，$a_{f\|}$ 是薄膜的晶格参数；a_{f0} 是薄膜体材料的晶格参数；a_s 是衬底的晶格

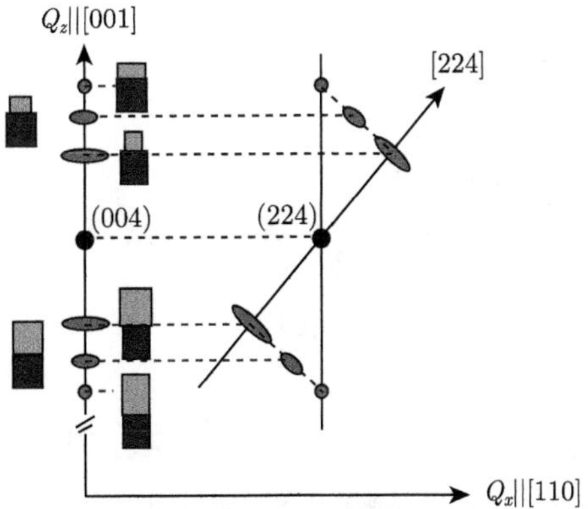

图 11-19 一个 (001) 取向的晶格与衬底有失配的薄膜的 (004) 对称衍射和 (224) 非对称衍射的倒易空间 X 射线散射强度分布图的示意图，分别考虑了薄膜在完全应变、部分应变弛豫和完全应变弛豫时的情形

参数。完全应变时，$a_{f\|} = a_s$，所以 $R = 0$。完全应变弛豫时，$a_{f\|} = a_{f0}$，所以 $R = 100\%$。

在很多情况下，尤其是在半导体外延薄膜的情形下，应变弛豫所引起的失配位错通常都不是纯刃型位错，而是混合型位错。所以，有一个垂直于薄膜表面的伯格斯矢量分量。这一分量可以引起薄膜晶格相对于衬底晶格的倾斜，如图 11-20 所示。这时，在倒易空间 X 射线散射强度分布图中，薄膜峰与衬底峰的相对位置有一漂移，如图 11-21 所示。这一倾斜在非对称衍射倒易空间 X 射线散射强度分布图中并不明显，因为衍射斑点位置的变化也可能是应变弛豫所致。但是在分析薄膜的应变状态时，这一倾斜所引起的位移必须考虑，否则，分析结果将会是不准确或者错误的。所以，一般的分析是首先测量一个对称衍射的倒易空间 X 射线散射强度分布图，如图 11-21 中的 (004) 倒易空间 X 射线散射强度分布图。这时，薄膜峰偏离 (004) 轴的大小就是薄膜晶格相对于衬底晶格的倾斜度，或称取向差，图中记为 ϕ。应变弛豫的分析则通过对非对称衍射倒易空间 X 射线散射强度分布图来进行，如图 11-21 中的 (224) 倒易空间 X 射线散射强度分布图。但是，薄膜峰的位置要采用 (004) 倒易空间 X 射线散射强度分布图获得的取向差来修正。

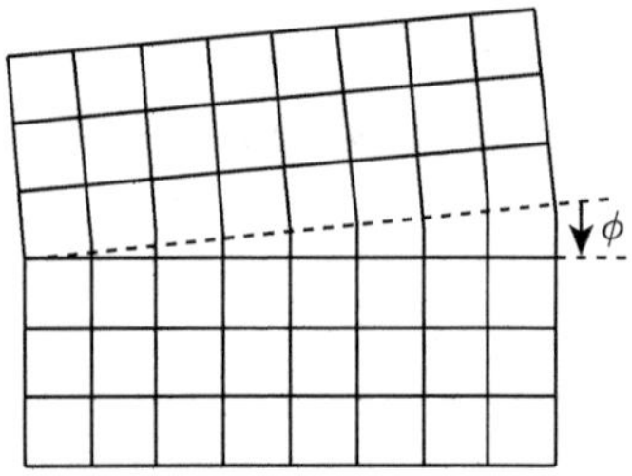

图 11-20　应变弛豫时外延膜与衬底晶格之间相对倾斜的示意图

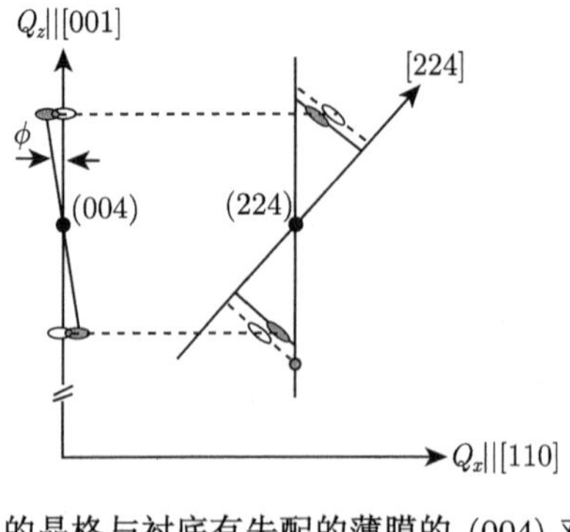

图 11-21　一个 (001) 取向的晶格与衬底有失配的薄膜的 (004) 对称衍射和 (224) 非对称衍射的倒易空间 X 射线散射强度分布示意图，这里考虑了薄膜晶格与衬底晶格之间存在取向差

图 11-22 所示是一个 ZnGdSe 量子阱激光器结构的示意图。整个结构生长于

$In_{0.01}Ga_{0.99}As$ 衬底上，由 1μm 的 $In_{0.04}Ga_{0.96}As$ 过渡层 (B1)，1.5μm 的 ZnSe 过渡层 (B2)，两个 0.5μm 的 $Zn_{1-x}Cd_xSe$ 梯度层 (x 分别从 0 连续变化到 0.05 和从 0.05 连续变化到 0) 以及夹在这两个梯度层之间的一个 $Zn_{0.8}Cd_{0.2}Se$ 量子阱层组成。过渡层的应变状态最终决定量子阱的应变状态，所以在器件设计和生长时需要加以控制。图 11-23 所示是该器件结构的 X 射线衍射 (004) 和 (224) 倒易空间 X 射线散射强度分布图[34]。图中 $q_{\parallel}$ 和 $q_{\perp}$ 分别平行于 [110] 和 [001]。从 (004) 图可见，两个过渡层的衍射峰叠加在一起，但可以看到没有相对于衬底的取向差。在 (224) 图中，两个过渡层的衍射峰出现在不同的位置。$In_{0.04}Ga_{0.96}As$ 过渡层 (B1) 仍然处于完全应变状态，其衍射峰位于衬底峰的正下方。但 ZnSe 过渡层 (B2) 则完全应变弛豫，其衍射峰位于 [224] 方向。两个梯度层和量子阱则相对于 ZnSe 过渡层 (B2) 处于完全应变状态，所以 ZnSe 过渡层实际上起到了量子阱实际衬底的作用。

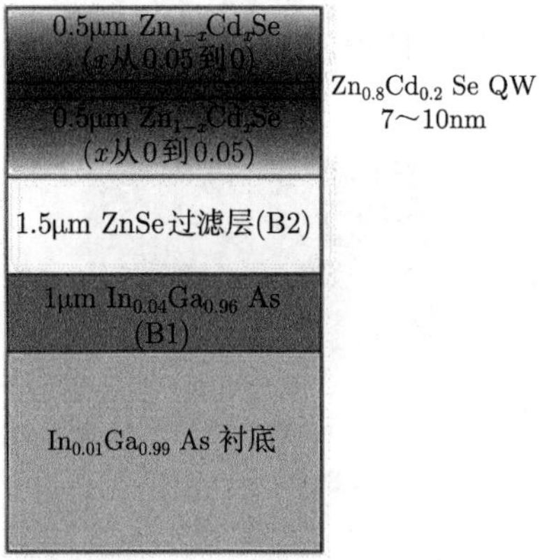

图 11-22 ZnGdSe 量子阱激光器结构的示意图

整个结构由两个过渡层 B1、B2 和两个梯度层及夹在其间的量子阱层组成

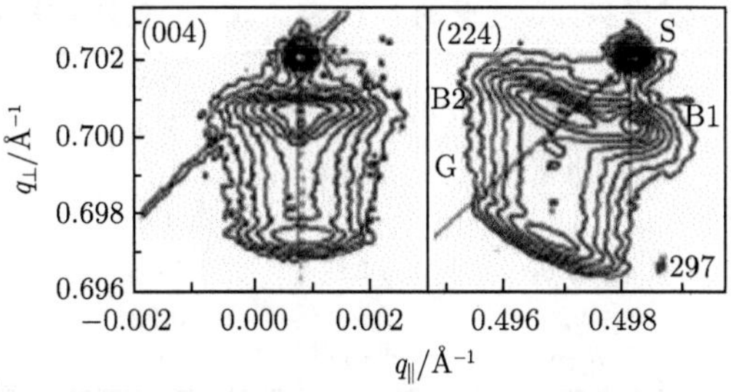

图 11-23 图 11-22 所示 ZnGdSe 量子阱激光器结构的 X 射线 (004) 和 (224) 倒易空间 X 射线散射强度分布图

B1、B2 和 G 分别对应于过渡层 B1、B2 和梯度层。$q_{\parallel}$ 和 $q_{\perp}$ 分别平行于 [110] 和 [001] 方向

3. 成分梯度应变

图 11-24 所示是一个 $Si_{1-x}Ge_x$ 成分梯度层，用作高 Ge 含量 SiGe 合金薄膜的过渡层。高 Ge 含量 SiGe 合金薄膜或者 Ge 单晶薄膜与 Si 相比具有高的载流子迁移率，适合于制作高频高速电子器件。但是 Si 和 Ge 之间存在约 4.2%的晶格失配，这一失配应变在薄膜厚度超过临界厚度后便会通过失配位错释放掉，即发生应变弛豫。位错的产生显然不利于器件的性能和稳定，因而，希望得到控制。一个有效的办法就是采用 $Si_{1-x}Ge_x$ 成分梯度层。由于其应变弛豫的特点，失配位错可以被控制在梯度层靠近衬底的部分，从而可在其上生长高质量的高 Ge 含量 SiGe 合金薄膜，甚至纯 Ge 薄膜。下面讨论采用倒易空间 X 射线散射强度分布图的方法来研究其应变弛豫的状况，并与热力学平衡条件下的弛豫理论进行比较。

表 11-5 列出了用分子束外延生长的五个 $Si_{1-x}Ge_x$ 成分梯度层的结构参数，包括最小和最大 Ge 含量，梯度层的厚度及成分梯度。一些分析结果也同表列出，并将在下文进行讨论。

图 11-24　分子束外延生长的 $Si_{1-x}Ge_x$ 成分梯度层示意图

表 11-5　用分子束外延生长的五个 $Si_{1-x}Ge_x$ 成分梯度层的结构参数

样品	#1	#2	#3	#4	#5
x_{min}/%	7.1	6.9	7.3	7.2	8.5
x_{max}/%	13.3	16.8	21.6	14.3	22.8
厚度/μm	0.4	0.7	1.0	1.7	2.2
$\Delta x/\Delta t$/(%/mm)	15.0	14.1	14.3	4.2	6.5
ε_{max}^{E}/%	0.23	0.22	0.22	0.12	0.15
ε_{max}^{T}/%	0.131	0.127	0.128	0.069	0.086

注：x_{min} 和 x_{max} 分别为初始和最终 Ge 含量。t 为薄膜厚度。$\Delta x/\Delta t$ 为 Ge 含量的成分梯度，ε_{max}^{E} 和 ε_{max}^{T} 分别为 X 射线实验和理论计算的最大残余应变。

图 11-25 所示是其中三个典型样品的 (004) 和 $(\overline{22}4)$ 衍射倒易空间 X 射线散射

强度分布图[35]，其 $Si_{1-x}Ge_x$ 成分梯度层厚度分别为 0.4μm, 0.7μm 和 1.0μm。从弛豫三角可以直观地看到，1 号样品的厚度仅为 0.4μm，所以仅仅靠近衬底的薄膜有部分弛豫，而其余部分相对于这一部分弛豫的薄膜底层保持完全应变的状态。随着厚度的增加，2 号样品的最底层已经完全应变弛豫，但其余部分相对于这一弛豫的底层仍然保持完全应变的状态。也就是说，应变弛豫发生在薄膜与衬底的界面处。随着薄膜厚度的进一步增加，靠近完全应变弛豫的最底层的薄膜开始发生部分弛豫，但位于其上的薄膜相对于这一部分弛豫层保持完全应变的状态。当薄膜厚度进一步增加时，更多的靠近衬底的薄膜发生完全或部分弛豫，但是，最顶层的薄膜总是保持完全应变的状态。与成分均匀层的应变弛豫比较，在此情况下，弛豫是在整个薄膜中发生，位错出现在所有的地方。而在成分梯度层的情形下，靠近表面的薄膜是不参与弛豫的，所以，可以有效地减少表面附近的位错密度，从而适合器件制造。

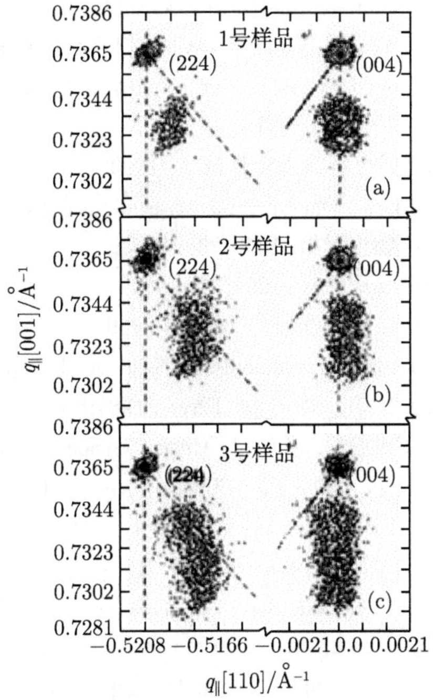

图 11-25 厚度分别为 0.4μm, 0.7μm 和 1.0μm 的三个 $Si_{1-x}Ge_x$ 成分梯度层的 (004) 和 $(\overline{22}4)$ 衍射倒易空间 X 射线散射强度分布图

从图可见，随着厚度的增加，梯度层的弛豫也增加，但是表面层保持应变状态

参 考 文 献

[1] 麦振洪, 等. 薄膜结构 X 射线表征. 北京: 科学出版社, 2007(第一版), 2015(第二版).

[2] 贺楚光. 中国科学院物理研究所硕士学位论文, 1989.
[3] Speriosu V S, Vreeland T. J. Applied Physics, 1984(56): 1591.
[4] Haradai J, et al. Japan J. Applied Physics, 1985(24): L62.
[5] Quillec M, et al. J. Applied Physics, 1984(55): 2904.
[6] Petrashen P V. Fiz. Trerd. Tela ⟨Leninggrad⟩, 1974(16): 2168 (Soviet Physics, Solid State, 1975 (16): 1417); 1975 (17): 2814 (Soviet Physics, Solid State, 1976 (17): 1882).
[7] Afanasev A F, et al. Physical State Solid A, 1977(42): 415.
[8] Kyntt R N, Petrashen P V, Sorokin L M. Physical State Solid A, 1980(60): 381.
[9] Tapfer L, Ploog K. Physical Review B, 1986(33): 5565.
[10] Tapfer L, Stolz W, Fischer A, et al. Surface Science, 1986(174): 88.
[11] Taupin D, Burgreat J. Acta Cryst. Sect. A, 1968(24): 99.
[12] Fukahara A, Takano Y. Acta Cryst. Sect. A, 1977(33): 137.
[13] Larson B C, Barhorst J F. J. Applied Physics, 1980 (51): 3181.
[14] Pinsker Z G. Dynamical Scattering of X-rays in Crystal. Berlin: Springer, 1978.
[15] Kamigaki K, et al. Applied Physics Letter, 1986(49): 1071.
[16] International Tables for Crystallgraphy, 1974(4).
[17] 李建华. 中国科学院物理研究所博士学位论文, 1993.
[18] Houghton D C, Perovic D D, Baribeeau J M, et al. J. Appl. Phys., 1990(67): 1850.
[19] 麦振洪, 贺楚光, 崔树范. 物理学报, 1990(39): 782.
[20] 李超荣, 麦振洪, 崔树范. 物理学报, 1992(41): 603.
[21] 欧阳吉庭, 麦振洪, 崔树范. 物理学报, 1992(41): 306.
[22] Peteroff J F, Sauvage-Simkin M, Bensoussan S, et al. J. Cryst., 1987(20): 111.
[23] Speriosu V S, Vweelard T. Jr., J. Appl. Phys., 1984(56): 1591.
[24] Ouyang J T, Mai Z H, Cui S F. et al. J. Materials Science, 1992(27): 6765.
[25] Speriosu V S. Appl J. Phys., 1985(52): 6094; J. Appl. Phys., 1984(56): 1591.
[26] Li J H, Duan X F, Mai Z H, et al. J. Mater. Sci. Lett., 1993(12): 1511.
[27] Li J H, Mai Z H, Cui S F. J. Appl. Phys., 1994(76): 1320.
[28] Fullerton E E, Schuller I K, Vanderstraeten H, et al. Phys. Rev. B, 1992(45): 9292.
[29] Li J H, Mai Z H, Cui S F, et al. J. Materials Science Letter, 1992(11): 799.
[30] Li J H, Moss S C, Zhang Y, et al. J. Phys. D: Appl. Phys., 2005(38): A147.
[31] Iida A, Kohra K. Phys. Status Solidi A, 1979(51): 553.
[32] Lomov A, Zaumseil P, Winter U. Acta Crystallogr. A, 1985(41): 223.
[33] 李超荣, 麦振洪. 物理学报, 1993(42): 1479.
[34] Li J H, Bauer G, Stangl J, et al. J. Appl. Phys., 1996(80): 81.
[35] Li J H, Koppensteiner E, Bauer G, et al. Appl. Phys. Lett., 1995(67): 223.

第 12 章　X 射线谱仪——单色器和分析器的原理和设计

12.1　单晶衍射计算和 DuMond 图

基于晶体衍射的 X 射线光学器件基本上都是利用晶体的反射型 Bragg 衍射条件：

$$2d\sin\theta = \lambda \tag{12-1}$$

对于一个特定的衍射矢量 $\boldsymbol{g}$ (常量，和衍射晶面间距的关系是 $d = |\boldsymbol{g}|^{-1}$)，晶体衍射可以发生在任意一个角度 $0 < \theta \leqslant 90°$，相应的衍射波长范围是 $0 < \lambda \leqslant 2d$, 如图 12-1 所示。然而，式 (12-1) 只是一个近似的几何公式，对完美大晶体精确的衍射角和具体的衍射强度必须应用 X 射线衍射动力学理论来计算。在 X 射线衍射动力学理论中，晶体衍射强度 $R(\theta, \lambda)$ 在 Bragg 条件附近是 θ 和 λ 的函数。为了简单明了，把 Bragg 方程 θ 和 λ 两个变量表示为制图的形式，这种反映 Bragg 方程的 θ 和 λ 关系图称为 DuMond 图[1](图 12-1)。关于 DuMond 图的作图方法将在后面介绍。

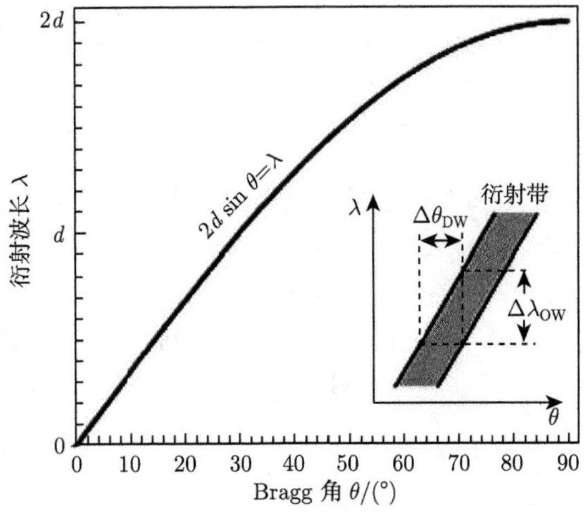

图 12-1　Bragg 公式在衍射角 θ 和波长 λ 坐标系的轨迹

插图是局部放大图 (DuMond 图) 显示衍射轨迹是有强度分布的衍射带

如图 12-2 所示，考虑共面 (coplanar) 反射型非对称衍射的普遍衍射几何，晶体的斜切角 (晶体表面法线与衍射面法线的夹角) 为 ϕ。请注意，这里约定在 $\boldsymbol{g}$ 和 $+x$ 轴的夹角小于 90° 时 $\phi > 0$，否则 $\phi \leqslant 0$。特别要注意，对于图 12-2(c) 和 (d) 中，近似背反射的大角衍射，入射角或出射角可能大于 90°。于是入射角和出射角分别为

$$\omega = \theta + \phi, \quad \omega' = \theta - \phi \tag{12-2}$$

非对称因子为

$$|b| = \frac{\sin\omega}{\sin\omega'} = \frac{\sin(\theta_{\mathrm{B}} + \phi)}{\sin(\theta_{\mathrm{B}} - \phi)} \tag{12-3}$$

其中，θ_{B} 是对应于中心波长 λ_0 的 Bragg 角，是一个常数。$\phi = 0$ 时对应于对称衍射。

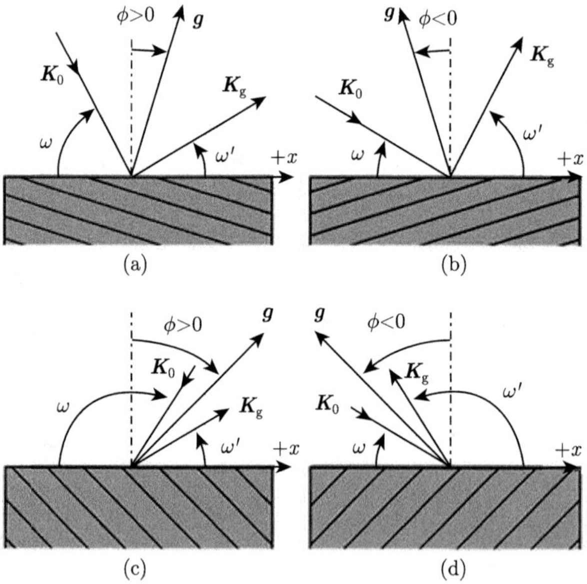

图 12-2　共面反射型 Bragg 衍射示意图 (入射光，出射光和晶体表面法线在同一个平面内) $\boldsymbol{K}_0$ 和 $\boldsymbol{K}_g$ 分别为入射光和衍射光的波矢。$\boldsymbol{g}$ 垂直于衍射晶面。(a) 晶体斜切角 $\phi > 0$，入射角 ω 大于出射角 ω'; (b) $\phi < 0$，入射角小于出射角; (c) 斜切晶体 $\phi > 0$ 的大角度衍射; (d) $\phi < 0$ 的大角度衍射。注意入射角 ω 的起点一直是 $-x$ 轴，增加方向是朝着 $+x$ 轴。出射角 ω' 的起点一直是 $+x$ 轴，增加方向是朝着 $-x$ 轴

重写式 (2-42) 的 η 变量为[2]

$$\eta = \frac{|b|^{1/2}}{|C|\,(\chi_g\chi_{\bar{g}})^{1/2}} \left\{ \frac{\lambda}{d} \left[\sin(\omega - \phi) - \frac{\lambda}{2d} \right] + \frac{\chi_0 \left(1 + |b|^{-1} \right)}{2} \right\} \tag{12-4}$$

这是一个随入射角 ω 和入射波长 λ 变化而变化的变量。基于这个变量，可以求出晶体内部两组平面波的垂直于入射表面的波矢分量修正分别为 $K\delta_1$ 和 $K\delta_2$，其中

$$\delta_1=\frac{|C|\left(\chi_g\chi_{\bar{g}}\,|b|\right)^{\frac{1}{2}}}{2\sin\left(\theta_{\rm B}+\phi\right)}\left[\eta-\left(\eta^2-1\right)^{1/2}\right]-\frac{\chi_0}{2\sin\left(\theta_{\rm B}+\phi\right)} \tag{12-5}$$

$$\delta_2=\frac{|C|\left(\chi_g\chi_{\bar{g}}\,|b|\right)^{\frac{1}{2}}}{2\sin\left(\theta_{\rm B}+\phi\right)}\left[\eta+\left(\eta^2-1\right)^{1/2}\right]-\frac{\chi_0}{2\sin\left(\theta_{\rm B}+\phi\right)} \tag{12-6}$$

相应的内部衍射波和向前透射波的振幅比分别为

$$r_1=-\frac{|C|\left(\chi_g\chi_{\bar{g}}\,|b|\right)^{1/2}}{\chi_{\bar{g}}}\left[\eta-\left(\eta^2-1\right)^{1/2}\right] \tag{12-7}$$

$$r_2=-\frac{|C|\left(\chi_g\chi_{\bar{g}}\,|b|\right)^{1/2}}{\chi_{\bar{g}}}\left[\eta+\left(\eta^2-1\right)^{1/2}\right] \tag{12-8}$$

式 (12-5) ~ 式 (12-8) 中，χ_0, χ_g, $\chi_{\bar{g}}$, η, δ_1, δ_2, r_1, r_2 均为复数，相应的计算必须是复数运算。其中 δ_1 和 δ_2 的虚部永远是相反的，一个是正数，一个是负数。对于半无限晶体，晶体内部只存在一个波场，其波矢垂直分量的虚部为正数。所以，如果 $\mathrm{Im}(\delta_1)>0$, 晶体的反射率是

$$R\left(\omega,\lambda\right)=\frac{|r_1|^2}{|b|} \tag{12-9}$$

反之，如果 $\mathrm{Im}(\delta_1)<0$, 晶体的反射率为

$$R\left(\omega,\lambda\right)=\frac{|r_2|^2}{|b|} \tag{12-10}$$

式 (12-4) 的证明可以参考文献 [2,3]。比较式 (2-42)，式 (12-4) 有两点不同：第一，式 (2-42) 当 Bragg 角 $\theta_{\rm B}$ 非常接近 90° 时失效 (因为 $\sin 2\theta_{\rm B}\to 0$)[3]，而式 (12-4) 即使在 $\theta_{\rm B}$ 等于 90° 时 (对应于严格背散射) 也是严格正确的；第二，式 (12-4) 考虑了波长 λ 为变量，所以式 (12-9) 和式 (12-10) 可以用来计算图 12-1 中衍射强度关于变量 θ 和 λ 的二维分布。

另外，由普遍光学原理得知，光波动量在入射面切线方向严格守恒。在图 12-2 中，守恒关系是 $K_{0x}+g_x=K_{gx}$, 即

$$\cos\omega+\frac{\lambda}{d}\sin\phi=\cos\omega' \tag{12-11}$$

值得指出的是，对任意的入射角 ω 和入射波长 λ，可以用式 (12-11) 精确求出出射角 ω'。但请注意，要保持式 (12-11) 的正确，必须准确定义 ϕ 的正负方向以及 ω 和 ω' 的起始点和方向。特别要注意的是，在图 12-2(c) 中，ω 的起始点是 $-x$ 轴，所以 $\omega>90°$；而在图 12-2(d) 中，ω' 的起始点是 $+x$, 所以 $\omega'>90°$.

作为例子，图 12-3(a) 是利用上述的方法计算的硅单晶 (111) 衍射 (CuK_α 辐射) 对称衍射 ($\phi=0$)、掠入射 ($\omega\sim2°$) 和掠出射 ($\omega'\sim2°$) 情况下的 Darwin 曲线 $R\left(\omega,\lambda\equiv1.54\text{Å}\right)$。这些曲线的半峰宽 $\Delta\theta_{\text{DW}}$ 一般称为本征摇摆曲线宽度 (或者 Darwin 宽度)。显然，Darwin 宽度随着晶体斜切角 ϕ 的改变而改变。本征摇摆曲线宽度也被称为角接受度，对于一束发散的入射 X 射线，只有角方向在本征摇摆曲线宽度内 X 射线才能被充分衍射。图 12-3(b) 是保持入射角不变，衍射强度随入射波能量 (波长) 改变而改变的曲线 $R(\omega\equiv\theta_{\text{B}}-\phi,\lambda)$。这种曲线的半峰宽 ΔE_{DW} 一般称为衍射的能带宽度，其具体数值也依赖于晶体的斜切角 ϕ。也就是说，图 12-3 表明，对特定的衍射，其角接受度和能带宽度可以通过调节 ϕ 来改变，小角入射、大角出射的几何排列可以显著增加角接受度和能带宽度；相反，大角入射、小角出射的几何排列使这两个参量显著减小。

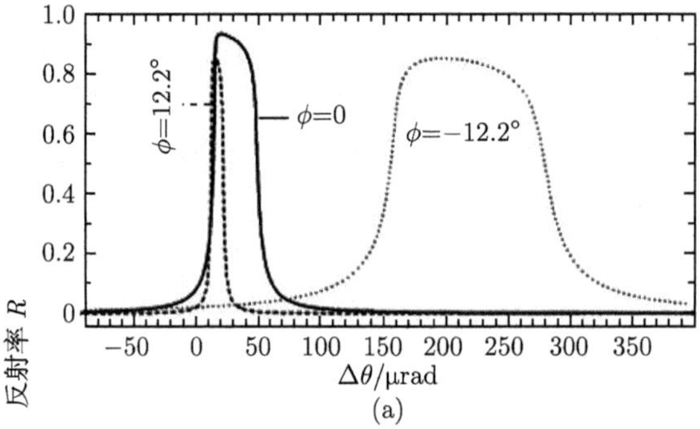

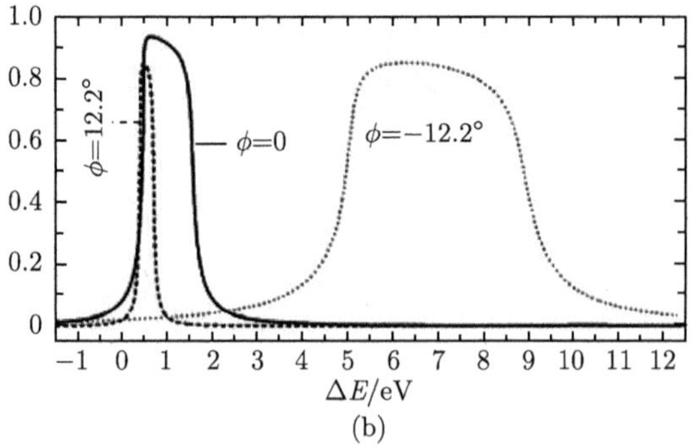

图 12-3　硅单晶对称和非对称 (111) 衍射的理论 Darwin 曲线

铜靶波长 $\lambda_0=1.540562\text{Å}$ ($E_0=8.048$ keV)；$\theta_{\text{B}}=14.2°$，σ-偏振。(a) 衍射强度随 θ 变化的摇摆曲线。$\Delta\theta=\theta-\theta_{\text{B}}$，三条摇摆曲线的半峰宽 $\Delta\theta_{\text{DW}}$ 分别是 10.1 μrad (对应于 $\phi=12.2°$), 35.8 μrad (对应于 $\phi=0$) 和 128 μrad (对应于 $\phi=-12.2°$)；(b) 衍射强度随 X 射线能量 E 变化的 Darwin 曲线。$\Delta E=E-E_0$，三条曲线的半峰宽 ΔE_{DW} 分别是 0.32 eV (对应于 $\phi=12.2°$), 1.1 eV (对应于 $\phi=0$) 和 4.1 eV (对应于 $\phi=-12.2°$)

从上面的计算可以看出，图 12-1 所示的衍射曲线不是一条简单曲线，而是有二维强度分布的**衍射带**。为了简单起见，在放大图上一般用对应于图 12-3 半峰宽位置的两条线轨迹线及其相间的区域来表示这个衍射带，也就是有效衍射范围，如图 12-1 中的插图。在很小范围内这两条线近似直线，其斜率由式 (12-1) 的微分形式决定，即 $\mathrm{d}\lambda/\mathrm{d}\theta = 2d\cos\theta$。其水平方向的间距是 $\Delta\theta_{\mathrm{DW}}$，而在垂直方向的间距是 $\Delta\lambda_{\mathrm{DW}}$(对应于 ΔE_{DW})。这就是 X 射线衍射常用的 DuMond 图[1]，在半定量分析多晶体衍射 (如多晶体单色器) 中有广泛的应用。事实上，绘制 DuMond 图也可以不用上述的二维计算，只要用第 2 章的 X 射线衍射动力学理论 —— 平面波近似求出半峰宽 $\Delta\theta_{\mathrm{DW}}$，然后用式 (12-1) 求出中心衍射波长附近对应的衍射线斜率，$\mathrm{d}\lambda/\mathrm{d}\theta = 2d\cos\theta$, 就可以绘制出局域的 DuMond 图。值得注意的是，在入射角或出射角很小的掠入射或掠出射条件下，X 射线会有明显的折射效应，这时入射角或者出射角会明显偏离严格的 Bragg 角方向。例如，在图 12-3(a) 中对应于 $\phi = -12.2°$ 曲线 (入射角为 2°)，其入射角中心偏离 Bragg 角方向有 220 μrad。这种偏离会导致衍射带在 DuMond 图中的局部斜率偏离 $\mathrm{d}\lambda/\mathrm{d}\theta = 2d\cos\theta$，但这种偏离可以由 X 射线衍射动力学理论计算精确给出。

12.2 单晶和双晶单色器

12.2.1 单晶单色器

图 12-4(a) 为单晶衍射 X 射线单色器示意图，单晶衍射是最简单的 X 射线单色器，它可以从一束白光 (连续光谱) 或者带宽很宽的入射光中过滤出一束相对单色的光谱。但是如果入射光是发散的 (通常是这样)，沿不同方向衍射的波长是不同的，这样整个衍射光束的带宽仍然会很宽，单色效果很差。为了取得所需要的单色效果，必须限制入射光的发散度，通常是用狭缝来限制。假设入射光的发散度被限制到 $\Delta\theta_{\mathrm{in}}$, 根据式 (12-1)，衍射光的带宽就是 $\Delta\lambda = 2d\cos\theta\Delta\theta_{\mathrm{in}}$, 因此，可以根据此关系来设计所需狭缝 (或其他准直器件)。另外，即使入射光是理想的平行光 ($\Delta\theta_{\mathrm{in}} = 0$)，衍射波也有本征带宽 $\Delta\lambda_{\mathrm{DW}}(\Delta E_{\mathrm{DW}})$，所以衍射光的总体带宽 $\Delta\lambda_{\mathrm{tot}}$ 由上述两个因素决定，这可以从图 12-4(b) 的 DuMond 示意图得到。

对入射光发散度 $\Delta\theta_{\mathrm{in}}$ 确定的情况，要获得整个入射光单色化最大效率，晶体的角接受度 $\Delta\theta_{\mathrm{DW}}$ 必须大于等于 $\Delta\theta_{\mathrm{in}}$。如果这个条件不满足，可以利用斜切晶体来调节 $\Delta\theta_{\mathrm{DW}}$，使之和 $\Delta\theta_{\mathrm{in}}$ 匹配。根据 12.1 节的描述，小角度入射对应于大接受角和宽能带，而小角度出射对应于窄接受度和窄带宽，这个规律从图 12-3 的计算已经可以看出。

利用式 (12-11) 的微分方程可以证明，对非对称衍射，如果 $\Delta\theta_{\mathrm{in}} \leqslant \Delta\theta_{\mathrm{DW}}$，出

射光的发射度变成

$$\Delta\theta_{\text{out}} = |b|\,\Delta\theta_{\text{in}} \tag{12-12}$$

其中，$|b|$ 是非对称因子 (见式 (2-42))。对图 12-5(a) 所示的小角度入射几何，由于 $|b| < 1$ 而具有准直作用；反之，图 12-5(b) 是小角度出射几何，$|b| > 1$，具有放大发散度的作用 (也具有放大色散率的效果)。对对称衍射 ($|b| = 1$) 的角发散度不变。

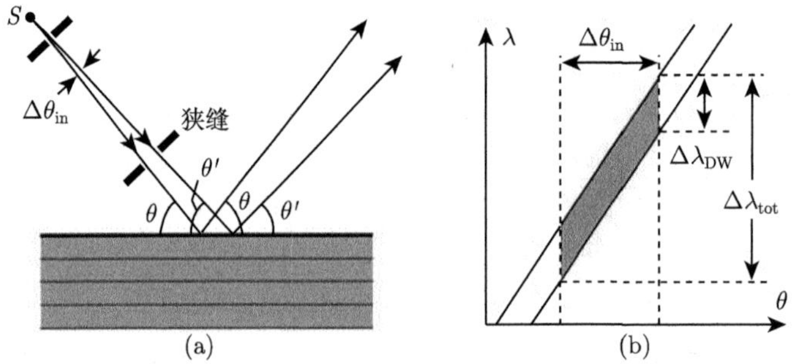

图 12-4　(a) 单晶衍射 X 射线单色器示意图。S 为点光源，$\Delta\theta_{\text{in}}$ 为入射光的角发散度 (可以由狭缝控制)；(b) 单晶衍射的局部 DuMond 示意图

同时，对非对称衍射，出射光的宽度变成

$$W_{\text{out}} = W_{\text{in}}/\,|b| \tag{12-13}$$

因此，虽然图 12-5(a) 所示的小角度入射具有准直的作用，其缺点是衍射光的宽度被展宽了。对掠入射情况，这个宽度可能会很宽。在很多情况下，会迫使后续的晶体或光学器件尺寸变得很大。另外，人们有时也利用这个展宽效应做 Bragg 放大器，用来放大 X 射线成像以提高空间分辨率[4]。相应地，图 12-5(b) 小角度出射可缩窄光束，可以用来聚焦 X 射线光束[5]。值得注意的是，小角度出射几何具有很窄的角接受度，所以，要尽可能使入射光的发射度必须小于这个接受度，从而不影响效率。下面将要描述小角度出射几何由于具有很窄的带宽、很小的角接受度和大的出射发散度，也可以用作高能量分辨率的分析元件或色散元件。

根据式 (12-11)，很显然，非对称衍射 ($\phi \neq 0$) 都有色散现象，也就是说，对一束理想平行光入射 (入射角 ω 是常数)，不同的波长 λ 对应不同的出射角 ω', 即衍射光会发散，而且在发散度里，沿不同方向的衍射光波长有微小的变化。这种色散现象会展宽 X 射线光源的虚光源 (virtual source) 的大小，从而影响 X 射线光束的相干性，也会严重影响光束聚焦，详细讨论参看文献 [6]。对脉冲型 X 射线源，非对称衍射还可能改变光束截面不同位置的光线的光程，从而改变其时间结构 (参看图 12-10)。对于对称衍射 ($\phi = 0$)，没有色散现象，也就是说，如果入射光是一束严格的平行 (多色) 光，出射光仍然是一束平行光。事实上，对对称衍射情况，对任何入射方向任何波长，衍射光的出射角永远等于入射角。

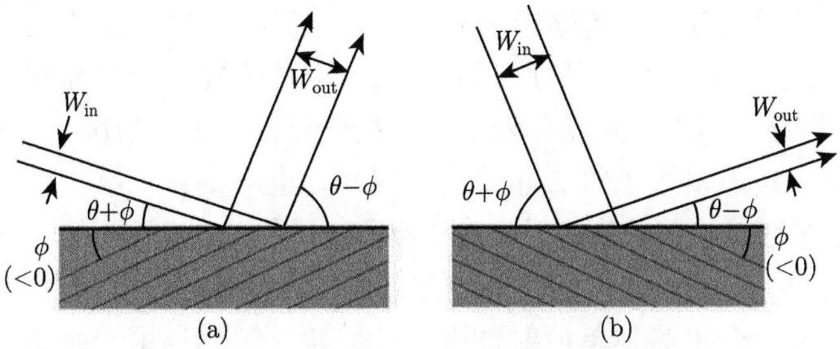

图 12-5 非对称单晶衍射的光束宽度变化

(a) 小角入射，大角出射，光束变宽 (但出射发散度 $\Delta\theta_{\rm out}$ 变小)；(b) 大角入射，小角出射，光束变窄 (但出射发散度 $\Delta\theta_{\rm out}$ 变大)

12.2.2 双晶单色器

单个衍射的单色器单色化能力有限，而且相对于入射光，出射光方向被改变，并且方向的改变随着能量的不同而改变，使用起来非常不方便。所以实际应用的 X 射线单色器往往都是由两个或两个以上的晶体组成，是多晶体衍射。

双晶衍射有两种配置，图 12-6(a) 所示的为色散型配置 (dispersive setup)，又称 (++) 排列；图 12-6(c) 为 (+−) 排列，在平行双晶情况下是非色散型配置[1]。图 12-6(b) 是图 12-6(a) 的两个晶体的 DuMond 图叠加。值得注意的是，在 12.1 节里，DuMond 图都是以晶体的入射角 ω_1 为横坐标。而在图 12-6(b) 中，为了描述第一和第二晶体的相关联，第一晶体的 DuMond 图以第一晶体的出射角 ω_1' 为横坐标。这里入射角转成出射角可以用式 (12-11)。对于对称衍射，$\omega_1 \equiv \omega_1'$，这种变化没有影响。但对非对称衍射，第一晶体衍射带的水平宽度在以 ω_1' 为横坐标的 DuMond 图中变成 $\Delta\theta_{\rm DW}' = |b|\,\Delta\theta_{\rm DW}$，而入射角和出射角的相对变化满足 $\delta\omega' = |b|\delta\omega$。第二晶体的 DuMond 图仍然以第二晶体的入射角为横坐标，但其横坐标 $+\omega_2$ 必须和 $+\omega_1'$ 相反，指向左边。这是因为在图 12-6(a) 中，ω_1' 增大对应于 ω_2 的减少。经过这样的安排，把两个晶体在其 Bragg 角附近的 DuMond 图叠加在一起，就形成图 12-6(b) 的双晶衍射 DuMond 图，其中的菱形重叠区域就是双晶衍射的有效区域，其带宽就是能量分辨率。把这个菱形区域的角宽度 $\Delta\theta$ 转换成第一晶的入射角变化就变成 $|b|\,\Delta\theta$，这就是该双晶单色器的角接受度。这里 b 是第一晶的非对称因子。

请注意，比较图 12-6(d) 和图 12-6(b) 的不同，会发现图 12-6(d) 中，横坐标 $+\omega_1'$ 和 $+\omega_2$ 都指向右方，这是由于图 12-6(c) 中第二晶体的入射角 ω_2 随着第一晶体的出射角 ω_1' 增大而增大。

(++) 型双晶单色器一般不需要狭缝限制入射光发散度，因为即使入射光发散度非常大，只有在图 12-6(b) 的 $\Delta\theta$ 对应的入射角范围内才会衍射。但这类单色器和单反射单色器一样，会改变光束线的方向，同时是色散的，使用起来很不方便。

所以在实际中常用的双晶单色器绝大多数都是 (+−) 配置，如图 12-7(a) 所示 (称为非色散型 (non-dispersive) 平行双晶衍射)。这种配置中两个晶体的衍射指数相同，衍射晶面严格平行，而且晶体表面也严格平行。在这种情况下，很明显，第一晶体的出射角一定严格等于第二晶体的入射角，也就是说，第二晶体衍射是第一晶体衍射的逆过程。对于对称衍射，逆过程和正过程的衍射强度是一样的。可以证明，对于非对称衍射，正、逆过程的衍射强度仍然严格相等。所以图 12-7(a) 的双晶衍射可以看成是一个单晶体单衍射过程，只是其反射率是第一晶体单反射率的平方，$R_{\mathrm{CC}} = R_1^2$。另外，第二晶体的出射角也完全等于第一晶的入射角。也就是说，经过图 12-7(a) 的双晶衍射后，衍射光的方向和入射光方向严格平行。这个规律对任意入射方向和任意波长的入射光都成立，所以平行双晶衍射是非色散衍射。在图 12-6(d) 的 DuMond 图中，这两个晶体的衍射带也将变得完全重合。图 12-7(b) 和 (c) 是硅单晶 (111) 的理论计算衍射曲线。与图 12-3 相比可以看出，平行双晶的本征摇摆曲线宽度 $\Delta\theta_{\mathrm{DW}}$ 和带宽 $\Delta\lambda_{\mathrm{DW}}$ 非常接近单晶的值 (对平行双晶的本征摇摆曲线宽度和带宽应是两块晶体摇摆曲线的卷积，由于完美硅单晶的本征摇摆曲线宽很小，卷积后其值增加不大)。这个规律对强衍射都成立，所以很多时候可以用第一晶的 DuMond 图代替整个平行双晶的 DuMond 图。

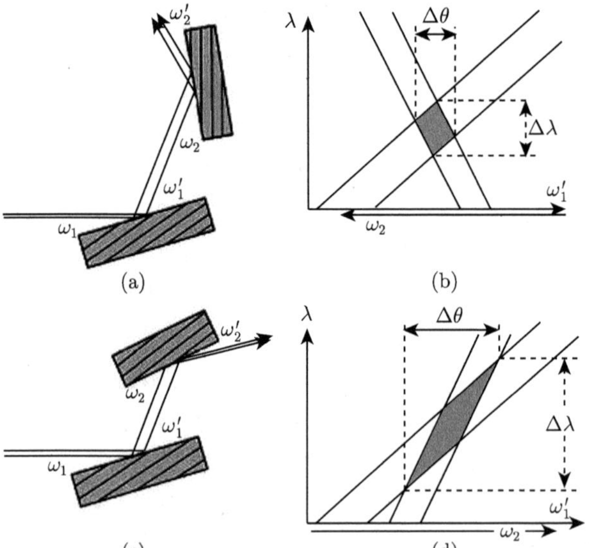

图 12-6 (a) 色散型双晶衍射配置，又称 (++) 排列；(b) 对应于 (a) 的 DuMond 图；(c) 非色散型双晶衍射配置，又称 (+−) 排列；(d) 对应于 (c) 的 DuMond 图

当然，上述规律成立要满足三个条件，即两个晶体衍射晶面间距完全一样；晶面方向严格平行；两个晶体表面也必须严格平行。为了满足这三个条件，图 12-7(a)

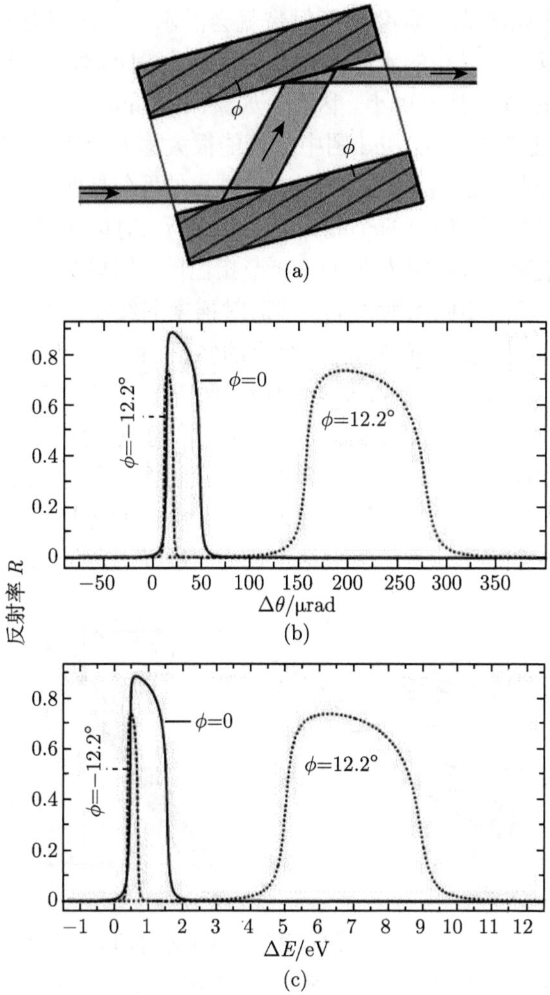

图 12-7 严格平行双晶衍射

(a) 平行双晶单色器的示意图。ϕ 是双晶非对称角；(b) 硅单晶 (111) 双晶单色器的理论摇摆曲线，CuK_α 辐射。三条摇摆曲线的半峰宽 $\Delta\theta_{\mathrm{DW}}$ 分别是 9.32 μrad (对应于 $\phi = 12.2°$), 33.9 μrad (对应于 $\phi = 0$) 和 118 μrad (对应于 $\phi = -12.2°$)；(c) 双晶单色器衍射强度随 E 变化的 Darwin 曲线。三条曲线的半峰宽 ΔE_{DW} 分别是 0.3 eV (对应于 $\phi = 12.2°$), 1.1 eV (对应于 $\phi = 0$) 和 3.8 eV (对应于 $\phi = -12.2°$)。σ-偏振

的双晶单色器在实际中常常是在一个单晶体上切割一个平行的槽，称为 channel-cut 晶体。这样，三个条件自然满足，而不需要去精确调节两个晶体的相对方向。必须要注意的是，这三个条件是非常苛刻的，如果两个晶面有微小方向差 $\delta\theta$，或者两个晶面的晶面间距有微小差别从而引起两个晶体的 Bragg 角有微小差别 $\delta\theta$，那么在

DuMond 图中原来两个完全重叠的衍射带就会沿水平方向错开一个距离 $\delta\theta$，如图 12-8 所示。请注意，衍射带的水平宽度就是晶体衍射的本征摇摆曲线宽度 $\Delta\theta_{DW}$，一般只有 ~10μrad 量级甚至更小。因此，如果两个晶体的方向或 Bragg 角相差约 10μrad，对应的衍射带在 DuMond 图中就可能很大程度上错开，那么双晶单色器衍射的总体效率就会非常低甚至完全丢失。另外，在两个晶面完全平行，而且晶面间距也完全相等的情况下，如果两个晶体表面不平行，对应不同的斜切角 ϕ，也有可能严重影响衍射效率。这是因为在 11.5.3 节指出的，如果晶体表面存在偏角，对同一衍射面簇，X 射线沿不同入射方向，其衍射摇摆曲线及其半峰宽将发生变化，衍射峰相对于几何 Bragg 衍射角 θ_B 有一个小的修正，而这个修正随着斜切角 ϕ 的变化而变化，如图 12-3(a) 中的三个衍射峰和几何 Bragg 角位置 $\Delta\theta = 0$ 偏离的值显著不同，即 $\phi = 12.2°, 0, -12.2°$ 对应的 Bragg 角修正分别是 17.1μrad、31.7μrad 和 218 μrad。这可能造成图 12-8 中两个衍射带相互错开。所以，虽然文献中有报道利用非平行的 V 型 channel-cut 来压缩光束[5]，或做成像放大器 (Bragg magnifier)[4]，其衍射效率有可能会很低。为了解决这个问题，最好用两个独立的晶体。

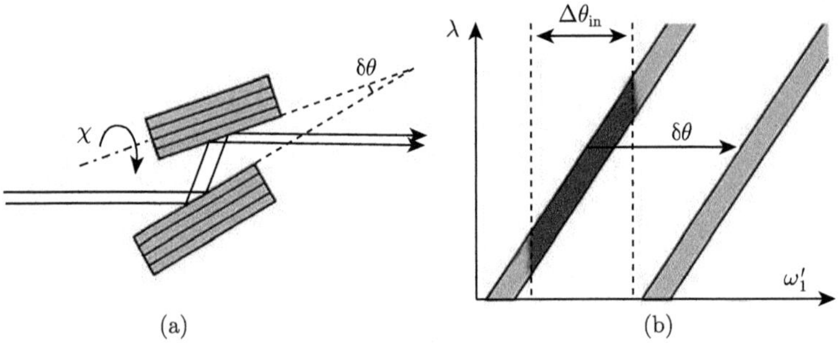

图 12-8　(a) 相互独立双晶单色器的衍射示意图。两个晶体的衍射 Bragg 角相同 (或者非常接近)，$\delta\theta$ 是两个晶体相互错开的微小角度 (图中被夸大)；(b) 对应于 (a) 的双晶衍射 DuMond 图

Channel-cut 晶体单色器在常规衍射仪上有广泛的应用，但它们很难直接用作同步辐射和自由电子激光等强光源的高热负荷双晶单色器。原因是对于高热负载双晶单色器，当入射光是一束从光源发出的高强度连续光谱 (白光)，经第一晶体衍射后光束被单色化成带宽一般只有 eV 量级的近单色光。在这个过程中，白光的大部分光谱都被第一晶体吸收变成热量，即使有水冷或者液氮冷却，第一晶体的温度也可能会显著升高 (或不均匀)。相比之下，第二晶体接受的是从第一晶体衍射的单色光，其热负载会小很多。这样两个晶体会有温差，引起晶格常数差，从而两块晶体的 Bragg 角会有差异。例如，对硅单晶，其热膨胀常数为 $2.56 \times 10^{-6}K^{-1}$，对 $E = 8.05$keV 辐射，若两块硅晶体 (111) 面有 55K 温差，两个 Bragg 角就会产生一个

微小差别 $\delta\theta = 36\mu rad$, 这个微小差别等于硅单晶 (111) 衍射的本征摇摆曲线宽度 (Darwin 宽度)，即图 12-8(b) 中衍射带的水平宽度，从而图 12-8(b) 中两个衍射带几乎完全错开，而使双晶衍射效率非常低。对高能量、高指数衍射，晶体的 Darwin 宽度非常窄，即使 1℃ 的温差也可能显著降低双晶衍射效率。

为了解决这个问题，高热负载的双晶单色器一般是由两个独立的相同方向的平行晶体组成的。在这种情况下，如果由温差等原因造成两块晶体的 Bragg 角有微小差别 $\delta\theta$，可以通过调节它们之间的相对角度来抵消 $\delta\theta$。很显然，用来调节两晶体相对角度的装置必须有非常高的角分辨精度，通常要小于 1μrad。另外，和 channel-cut 晶体不同的是，两个独立晶体之间一般还需要一个能调节两块晶体的相对倾斜角 (χ 角，或者叫 roll 角) 的装置，参看图 12-8(a)。但这些装置会使这类单色器变得复杂，还可能影响其稳定性，所以需要很多高精度仪器辅助。同步辐射和自由电子激光的高热载双晶单色器一般都是这类单色器，比较昂贵和复杂。

独立双晶单色器还有一个好处，就是可以通过微调双晶的相对角 $\delta\theta$ 来减弱高次谐波。这是因为高能量高次谐波的本征摇摆曲线宽度比基波窄很多，比如对 $E = 8.05\text{keV}$ 辐射硅单晶 (111) 衍射的本征 Darwin 宽度是 36μrad，而它的第三次谐波 (333) 衍射能量是 24.15keV(它们的几何 Bragg 角相同，都是 14.217°)，其本征 Darwin 宽度只有 10 μrad，所以，可以把两个晶体微调 10μrad 多一点便使两个晶体的 (333) 衍射带错开，从而消除 (333) 衍射，但两个 (111) 衍射带仍然有很大的重叠，从而 (111) 衍射很大程度地保留。这样，经过双晶单色器后的光束就近似于纯基波，而谐波成分非常小。

图 12-8 的双晶衍射的另一个应用是可以用来高精度测量晶体的摇摆曲线。对于常规单晶衍射，入射光有一定的发散度 $\Delta\theta_{\text{in}}$(一般远大于本征 Darwin 宽度) 和带宽，这两个因素会使实际测量出的晶体摇摆曲线远大于晶体的本征摇摆曲线宽度。应用图 12-8 的双晶衍射装置，可以使第二晶体相对于第一晶体的方向转动，从而使第二晶体的衍射带扫过第一晶体的衍射带。当两个晶体的衍射指数相同时，两个直线型衍射带是平行的，它们在扫描过程中对每个波长 (每根水平线) 都是一样的。所以，虽然入射光发散度的大小直接影响第一晶体的衍射带长度，但这个衍射带长度不影响第二晶体扫描的摇摆曲线形状，即不影响摇摆曲线的宽度 (但影响其绝对强度)。因此，图 12-8 所示的双晶衍射装置，摇摆第二晶体 (样品) 测出的摇摆曲线宽度不受入射光发散度 (和光谱成分) 的影响，对完美晶体非常接近晶体的本征摇摆曲线宽度。对非完美晶体，这种方法可以揭示晶体缺陷和微小应变等，其灵敏度比普通白光和单色光形貌要高很多。

双晶衍射装置的缺点是，对不同种类的样品或不同的衍射指数，必须相应使用不同的第一晶体 (一般必须是完美晶体)，从而使两个衍射指数匹配 (即 Bragg 角相同或非常接近)。

总之，channel-cut 晶体或平行双晶衍射不但不改变光线的方向和发散度，而且不改变光束宽度 (因为 $|b_1b_2|=1$)。如果是脉冲同步辐射光源或自由电子激光光源，平行双晶衍射也不改变时间结构，对相干性影响的也非常小。

以上都是以硅单晶 (111) 衍射为例。(111) 是硅晶体的最低指数衍射，对应于最宽的能带和角接受度。如果要减小能带宽度 (提高能量分辨率)，可以用高衍射指数，比如 220, 311，400，331, 333 等。值得指出的是，获得高指数衍射的同时也对应于较小的角接受度，所以在设计单色器时要综合考虑各种因素。

对于双晶衍射 (包括多晶体衍射)，虽然 DuMond 图可以定性地给出衍射能谱带宽 (即能量分辨率)、接受度、出射光发散度等，但要得这些参量的精确值，必须利用基于 12.1 节的 X 射线衍射动力学理论计算。双晶衍射出射光的光谱可以用卷积公式

$$P_{\text{out}}(\lambda)=\int_{-\Delta\theta_{\text{in}}/2}^{\Delta\theta_{\text{in}}/2}P_{\text{in}}(\lambda,\vartheta)\,R_1(\lambda,\omega_1)\,R_2(\lambda,\omega_2)\,\mathrm{d}\vartheta \tag{12-14}$$

来计算，其中 $P_{\text{in}}(\lambda,\vartheta)$ 是入射光谱，即入射光强度为波长 λ 和方向角 ϑ 的函数。计算式 (12-14) 前，可以应用第 11 章的知识算出两个晶体在中心波长 λ_0 时的本征摇摆曲线，从而得到衍射峰中心位置对应的入射角 $\omega_{1\text{c}}$ 和 $\omega_{2\text{c}}$，再利用式 (12-11) 算出对应的两个晶体的中心出射角 $\omega'_{1\text{c}}$ 和 $\omega'_{2\text{c}}$，然后把发散度为 $\Delta\theta_{\text{in}}$ 的入射光的中心对应于第一晶体的 $\omega_{1\text{c}}$ 位置。这样入射光任意偏离中心的角 ϑ 方向就对应于第一晶体的入射角 $\omega_1=\omega_{1\text{c}}+\vartheta$。把 $\omega_1=\omega_{1\text{c}}+\vartheta$ 和 λ 代入式 (12-11) 可以求出对应的第一晶体出射角 ω'_1，这个角偏离第一晶体中心出射角为 $\Delta\omega'_1=\omega'_1-\omega'_{1\text{c}}$。如果两个晶体是 (++) 配置，第二晶体入射角是 $\omega_2=\omega_{2\text{c}}-\Delta\omega'_1$，而对 (+−) 配置，则是 $\omega_2=\omega_{2\text{c}}+\Delta\omega'_1$。这样，式 (12-14) 中 ω_1 和 ω_2 都是 ϑ 的函数，这时可以用数值计算来对 ϑ 的积分。对多晶体衍射，也可以用类似的方法计算其衍射光谱，其中相邻晶体的出射角和入射角的关系和本节处理相同，需要考虑相邻晶体是 (++) 还是 (+−) 配置。

12.3　四晶单色器

12.3.1　四晶 Bartels 单色器

常规 channel-cut 晶体和平行双晶单色器的衍射特性和单个晶体衍射相似，它们的出射光谱带宽显著依赖于入射光的发散度，因此一般也需要和狭缝等一起使用。同步辐射光源一般具有很小的发散度，所以平行双晶单色器被广泛用于同步辐射光束线。即便如此，能得到的能量分辨率有限。为了提高能量分辨率和限制光束的发散度，可以用图 12-9 所示的 Bartels 四晶单色器[7]。这种单色器一般由两

个 channel-cut 晶体 C_1—C_2 和 C_3—C_4 组成。12.2 节已介绍，对于强的衍射，每个 channel-cut 晶体可以近似地认为是一个单反射晶体，其有效斜切角就是 channel-cut 晶体第一晶的斜切角，反射率是第一晶体单反射率的平方。这样图 12-9(a) 可以看成是两个单反射晶体组成 (++) 配置，类似于图 12-6(a)，其 DuMond 图 12-9(b) 也类似于图 12-6(b)。因此，不管入射光发射度和能带如何，Bartels 单色器的出射光的发散度永远小于或等于图 12-9(b) 中的 $\Delta\theta$，能带也小于或等于图 12-9(b) 中的 $\Delta\lambda$。

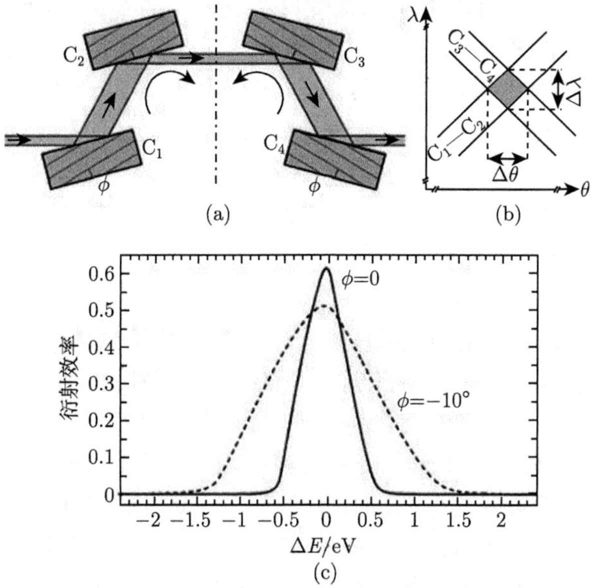

图 12-9 Bartels 四晶单色器

(a) 对称型 Bartels 单色器 (对称于点划线) 的示意图，晶体 C_1—C_2 和 C_3—C_4 是两个 channel-cut 晶体 (或者两对严格平行双晶)，斜切角大小相同。(b) 是对应于 (a) 的 DuMond 图。(c) 由四块硅单晶 (111) 衍射组成的 Bartels 单色器的数值计算衍射光谱，实线是硅单晶 (111) 对称衍射 ($\phi = 0$)。计算时入射光发散度设为第一晶体的角接受度，$\Delta\theta_{\text{in}} = 36\mu\text{rad}$。虚线是硅单晶 (111) 非对称衍射，$\phi = -10°$(对应于第一晶是小角度入射、大角度出射)，入射光发散度仍然假设为斜切第一晶体的角接受度，$\Delta\theta_{\text{in}} = 86\mu\text{rad}$。衍射中心能量 $E = 8.05$ keV

最简单、常用的 Bartels 单色器是四个相同的对称衍射 ($\phi = 0$)，但可以利用斜切 channel-cut 晶体 ($\phi \neq 0$) 来改变入射角的接受度和能带宽度。对斜切 Bartels 单色器，要保持四块晶体相对中间的垂直线空间对称 (图 12-9(a))，即四个晶体衍射指数相同，斜切角相同，但方向空间对称。这样，第三、第四晶体的衍射是第一、第二晶体衍射的逆过程。也就是说，第三晶体的角接受度和第二晶体的出射发散度匹配，所以，第二晶体的出射光能完全被第三晶体接收和衍射。在这种对称情况下，第一、第二晶体的衍射带斜率和第三、第四晶体的衍射带斜率相同 (但方向相反)。所以，图 12-9(b) 中两个衍射带的交集区是一个菱形。如果忽略吸收，表明整个单色器的角接受度 $\Delta\theta$ 就是第一晶体的接受度 $\Delta\theta_{\mathrm{DW}}$，整个单色器的能带宽度 $\Delta\lambda$ 就是第一晶体的本征能带宽度 $\Delta\lambda_{\mathrm{DW}}$。当然，实际上晶体衍射是有吸收的，所以图 12-9(c) 中基于硅单晶 (111) 对称衍射的 Bartels 单色器 ($\phi = 0$) 的理论计算能带宽度只有 0.61 eV, 而图 12-3(b) 中单个硅单晶 (111) 衍射的理论带宽却是 1.1 eV。即使这样，把整个 Bartels 单色器的角接受度和能带宽度当成是第一晶的角接受度和能带宽度还是一个很好的半定量近似，给设计单色器提供一个很简单的指导思路。

图 12-9(c) 中的虚线是斜切角为 $\phi = -10°$ 的 Bartels 单色器的理论计算衍射光谱，可以看到，负的斜切角可以显著地提高 Bartels 单色器的能带宽度和角接受度，只是斜切晶体的衍射效率一般比对称衍射的效率低一些。在单色器设计中，一般选择适当的斜切角，从而使用一晶体的角接受度大于或等于实际入射光的发散度，这样，可以最大效率地利用所有入射光强。

Bartels 单色器的工作原理与图 12-6(a) 的 (++) 型双晶衍射类似，有固定的带宽和接受度 (出射光有固定的发散度)，一般不需要辅助狭缝。但有显著的不同点，比如 Bartels 单色器不改变光束的方向、宽度、时间结构和相干性，而且是非色散型的。这些与单个 channel-cut 晶体相似，但后者需要狭缝辅助，受狭缝影响。单个 channel-cut 单色器虽然不改变光束的方向，但不可避免地使光束产生了一个平行位移 (图 12-7(a))。相比之下，Bartels 单色器可以使出射光严格地沿入射光位置，因此可以做成严格的在线 (in-line) 单色器，这对下游的实验装置很重要，可以使光束始终精确地照射在样品 (或聚焦装置) 的特定位置。Bartels 单色器的能量扫描是通过图 12-9(a) 中使 C_1—C_2 晶体和 C_3—C_4 晶体沿相反方向以同等速度联动旋转，图 12-9(b) 中的两个衍射带相应沿水平方向相向或相反移动，使得这两个衍射带的菱形交集区上下移动，从而扫描波长 (亦即能量)。很显然，这种联动旋转扫描可以设计成分别以 C_1 和 C_4 晶体为轴心，从而使出射光在能量改变过程中不产生位移，始终严格保持与入射光共线。

与双晶单色器相比，Bartels 单色器的分辨率高很多。实际中，除了可以同时调节四个晶体的斜切角来调节 Bartels 单色器的分辨率，也可以使第三、第四晶体组成的 channel-cut 晶体单独选择不同的衍射指数和斜切角来进一步提高分辨率，具体的分辨率可以应用类似图 12-6(b) 的 DuMond 图来设计。不过，这时图 12-9(a) 中 C_3—C_4 就不再与 C_1—C_2 空间对称。但只要 C_3—C_4 仍然是 channel-cut 晶体 (或严格平行双晶)，Bartels 单色器的普遍特征仍然保留。值得注意的是，为了取得高效率，必须保持 C_3 的角接受度不小于 C_2 晶体的出射光发散度。这个条件对图 12-9(a) 的对称型 Bartels 单色器会自动满足，但对不对称型情况，则必须精确设计使之满足。

12.3.2 嵌套切槽单色器

随着同步辐射光源和自由电子激光的发展，科研人员一直在追求超高分辨率的 X 射线单色器和分析仪，最高分辨率已经到了亚电子伏特 (sub-meV) 量级。这些 X 射线光学器件是高分辨非弹性散射 (inelastic X-ray scattering, IXS) 谱仪和穆斯堡尔谱仪 (Mössbauer spectrometer) 等的关键核心部件。对这类应用，双晶单色器和 Bartels 单色器的分辨常常达不到要求，需要更先进的设计。

嵌套切槽 (nested channel-cut) 单色器就是其中一种很巧妙和可靠的高精度设计，如图 12-10 所示[8−10]。这类单色器的工作原理是基于高指数、大衍射角的 Bragg 衍射具有很窄的本征能带宽度 ΔE_{DW}。例如，对于 X 射线光子能量 $E = 14.413$ keV，硅单晶 (111),(400) 和 (975) 对称衍射的 Bragg 角分别是 7.9°，18.5° 和 80.4°，它们的本征能带宽度 ΔE_{DW} 相差非常大，分别是 2 eV、0.36 eV 和 4.68 meV。很不幸的是，高指数、大衍射角衍射一般的角接受度 $\Delta\theta_{\mathrm{DW}}$ 非常窄、如硅单晶 (111), (400) 和 (973) 对称衍射的角接受度 $\Delta\theta_{\mathrm{DW}}$ 分别是 19.3 μrad、8.4 μrad 和 1.92 μrad。所以，如果入射光的发散度只有 μrad 量级，原则上只要用硅单晶 (975) 单个晶体或者 channel-cut 晶体就能得到 meV 量级的高分辨率。但实际中，这种自然高准直 X 射线束几乎不存在，即使是高准直性的同步辐射光源的发散度也在 10μrad 以上。因此，为了使用高指数衍射，必须对入射光束进行准直。式 (12-12) 表明，小角度入射大角度出射的非对称衍射能够用来准直 X 射线光束，因此，图 12-10 中的第一晶体 C_1 就是起准直作用的。如果 C_1 的非对称因子是 $|b_1|(<1)$, 经过第一晶体衍射，入射光的发散度 $\Delta\theta_{\mathrm{in}}$ 就变成 $|b_1|\Delta\theta_{\mathrm{in}}$。由此可知，选择适当的斜切角 ϕ_1，从而使第一晶体的出射光发射度等于或小于第二晶体的角接受度，$|b_1|\Delta\theta_{\mathrm{in}} \leqslant \Delta\theta_2^{\mathrm{DW}}$, 就可以得到既有较大的角接受度又有高分辨率的单色器。然而，这样的三晶体单色器改变了光束方向，但是如图 12-10 所示，第四晶体 C_4 的作用是使衍射光束改向回到原来的入射光方向。因此，第四晶体必须有和第一晶体相同的 Bragg 角，同时，由于是非对称衍射，非对称因子必须是第一晶体的倒数，即 $b_4 = b_1|^{-1}$。这样，总的非对称因子为：$|b_1b_2b_3b_4| = 1$。此时，整个单色器是非色散单色器，不改变入射光的宽度、发射度 (如果入射光发散度不大于第一晶的角接受度)、时间结构和相干性。显然，第一晶体和第四晶体可以做成一个 channel-cut 晶体，这样如果 C_2—C_3 也是一个 channel-cut 晶体，就成了内嵌在 C_1—C_4 中的内切槽 (inner channel-cut)。所以这种单色器常常被称为**嵌套切槽单色器**(nested channel-cut monochromator)。

作为例子，图 12-10(c) 中的虚线是基于以下参数计算的嵌套切槽单色器的出色光谱[11]：能量 $E = 14.413$ keV; 第一晶体为硅单晶 (440) 衍射，$\theta_{B1} = 26.615°$, 斜切角 $\phi_1 = -22°$, $|b_1| = 1/24$, 角接受度为 $\Delta\theta_1^{\mathrm{DW}} = 23.5$μrad; C_2—C_3 是硅单晶

(975) 对称衍射 channel-cut 晶体，$|b_2|=1$, 角接受度 $\Delta\theta_2^{\mathrm{DW}}=1.92\mu\mathrm{rad}$, 本征能带宽度 $\Delta E_2^{\mathrm{DW}}=4.68\ \mathrm{meV}$; C_4 和 C_1 组成外 channel-cut 晶体，设定入射光发散度为 $\Delta\theta_{\mathrm{in}}=20\mu\mathrm{rad}\ (\leqslant\Delta\theta_1^{\mathrm{DW}})$，这样 C_1 的出射光发散度为 $|b_1|\,\Delta\theta_{\mathrm{in}}=0.83\mu\mathrm{rad}$, 小于 C_2 的接受度 $\Delta\theta_2^{\mathrm{DW}}$，满足要求。在这些条件下，整个单色器的理论带宽 (分辨率) 是 3.84 meV, 接近 C_2 的本征能带宽度 ΔE_2^{DW}.

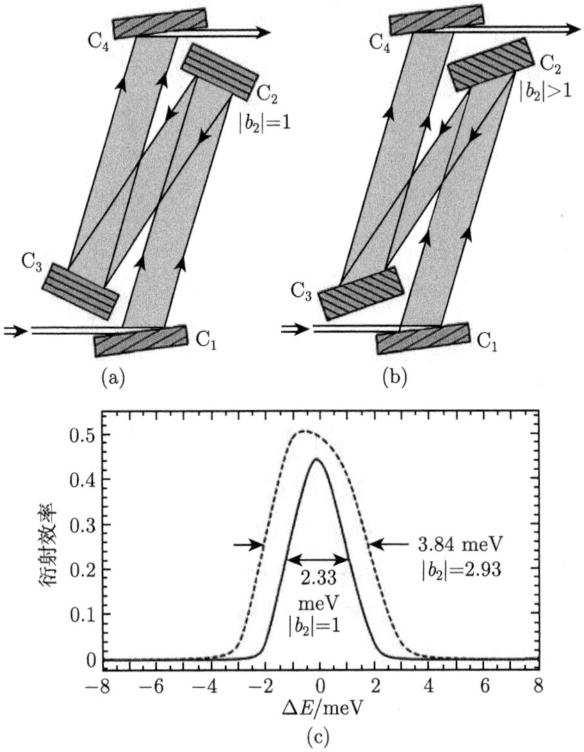

图 12-10　四晶嵌套切槽单色器

(a) 内切槽是对称衍射的嵌套切槽单色器；(b) 内切槽是非对称衍射的嵌套切槽单色器；(c) 单色器 (b) 的理论衍射能带 (实线) 和单色器 (a) 的理论衍射能带 (虚线)

因为嵌套切槽单色器的分辨率主要决定于第二晶体的本征能带宽度 ΔE_2^{DW}, 因此， 可以把第二、 第三晶体设计成非对称衍射以调节单色器的分辨率。图 12-3 表明，大角度入射小角度出射的非对称衍射具有比对称衍射窄的能带宽度。如果把图 12-10 中第二晶体设计成大角度入射小角度出射，比如 $\phi_2=71°$，同时第三晶体设计为小角度入射大角度出射，$\phi_3=-71°$(从而保持 channel-cut 要求)，而其他条件不变，此时，整个单色器的分辨率就提高到 2.33meV, 如图 12-10(c) 中的实线所示。值得注意，整个单色器的分辨率仍然很接近斜切的第二晶体的本征

能带宽度 $\Delta E_2^{\mathrm{DW}} = 2.74\mathrm{meV}$。基于这个设计，分辨率为 2.33meV 的单色器已经应用在多条同步辐射光束线上，并应用于穆斯堡尔谱仪。这里要特别注意的是，大角度入射小角度出射的非对称衍射具有比对称衍射更小的接受度，所以设计斜切第二晶体时，必须保持第二晶体的接受度大于或等于第一晶体出射光的发散度，本例第二晶体的本征接受度只有 $\Delta\theta_2^{\mathrm{DW}} = 1.12\mu\mathrm{rad}$(对比对称衍射的 1.92μrad)，幸运的是，这个接受度仍然大于第一晶体出射光的发散度 $|b_1|\,\Delta\theta_{\mathrm{in}} = 0.83\mu\mathrm{rad}$。如果这个条件不满足，可以增大第一晶体的斜切角从而增大第一晶体的准直性，但缺点是第一晶体的出射光宽度变宽，各个晶体的尺寸都要增大，增加难度。在实际中，一般硅晶体的长度超过 10cm，就很难保证整个晶体的均匀性和零应变力状态 (在 10^{-6} 量级或更高精度上)。另外，极端非对称衍射 (即掠入射或掠出射) 的反射率也很低，会影响整个单色器的效率，所以设计嵌套切槽单色器要综合考虑多种因素。

12.3.3 四晶色散型超高分辨单色器

虽然嵌套切槽单色器具有优异的性能，但其分辨率还是有限的。图 12-10(b) 中单色器的 2.33meV 分辨率对 14keV 左右能区已接近硅单晶衍射的物理极限，很难再进一步提高。在低能区，嵌套切槽单色器可达到的极限分辨率更低。因此，如何进一步提高分辨率，特别是亚电子伏特分辨率，就必须要寻找其他方案。Yabashi 等提出了四晶色散型高分辨率单色器 (图 12-11)，并在实验中实现[12]。他们在 14.413 keV 取得了 0.12 meV 的超高分辨率，只是效率偏低。四晶色散型单色器的最简单配置是四个晶体衍射相同，形成所谓的 $(+n, -n, -n, +n)$ 配置。此配置与图 12-9 所示的 Bartels 单色器相似，但有两个显著不同点。第一，虽然 C_1 和 C_2 晶体的衍射指数一样，但它们的晶体表面取向不同。正如 12.2 节所述，这造成它们的 X 射线动力学衍射峰位置 (折射修正) 有不可忽略的差异，因此，C_1 和 C_2 不能做成 V 形 channel-cut 晶体，而必须是两块单独晶体，但这两块晶体通过弱链接 (weak-link) 机械装置链接，从而能够调整并固定在 X 射线动力学衍射角精确重合的位置。同样，C_3 和 C_4 组成另一对弱链接双晶配置。这种单色器的能量扫描和 Bartels 单色器相同，也是 C_1—C_2 和 C_3—C_4 以相同的速度沿相反方向旋转。第二，和 Bartels 单色器不同的是，这种色散单色器有独特的工作原理，其中第一和第二晶体都是掠入射大角度出射衍射，所以它们组成两个连续的准直器，把发散的入射光准直到一束几乎是严格的平行光。而第三晶体的掠出射衍射是一个高效率的色散过程，它把第二晶体出射的平行光的不同波长衍射到不同的方向，也就是说，第三晶体的出射光又变成一束发散光，是一束色散扇形。第三，第四晶体也是掠出射衍射，但它接收的来自第三晶体的出射光不是平行光，所以不是利用它的色散效应，而是利用其大角度入射掠出射衍射具有非常窄的角接受度，从而，从第三晶体的出射色散扇形发散光中过滤出一条角度范围非常窄的光，这样，第四晶体的出射光具有非常窄的能带，其能带宽就是整个单色器的分辨率。关于四晶色散型单色器的详细 DuMond 图，请参看文献 [12]。

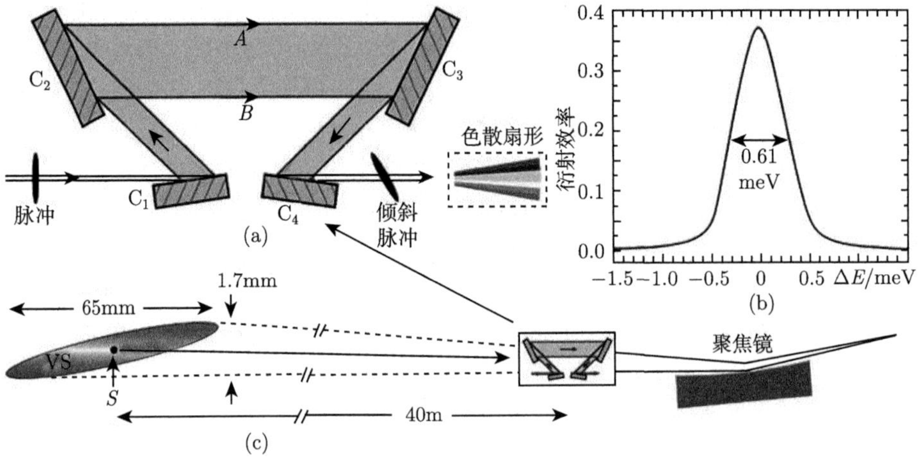

图 12-11　四晶色散型高分辨率单色器

(a) 单色器空间配置示意图；(b) 理论计算的衍射能带分布；(c) 单色器的扩展虚拟光源 (VS) 示意图。虚拟光源是光束线下游器件 (如聚焦镜) 看到的光源。S 是实际点光源

虽然四晶色散型单色器具有超高分辨率，但是，由于它不仅第三晶体是色散的，而且整个单色器都是色散的。也就是说，即使入射到第一晶体的光束是严格平行 (多色) 光，从第四晶体出射的光束也是发散的，不同的波长沿稍微不同的方向，如图 12-11(a) 的色散扇形所示。相比而言，Bartels 单色器和内嵌式切槽单色器是整体上严格非色散，也不改变有效入射光的发散度。

图 12-11(b) 是根据以下参数计算的四晶色散型单色器的出射光谱[6]：能量 $E = 9.1315$ keV, 四个晶体都是硅单晶 (642) 衍射 ($\theta_B = 69.3°$), 第一晶体 C_1 的斜切角为 $\phi_1 = -66°$ ($|b_1| = 0.082$, $\Delta\theta_1^{DW} = 35.6$μrad), 第二晶体 C_2 的斜切角为 $\phi_2 = -65°$ ($|b_2| = 0.105$), 第三晶体 C_3 和第四晶体 C_4 分别与 C_2 和 C_1 空间对称，此处 C_4 具有很小的角接受度 $\Delta\theta_4^{DW} = 2.9$μrad。入射光的发射度设为 $\Delta\theta_{in} = 30$μrad(小于 $\Delta\theta_1^{DW}$)。计算得到的能带宽度只有 0.61 meV, 这个数值对 9keV 能量附近是非常高的分辨率了。

为了描述色散型单色器的色散问题，上述计算中假设入射光是一个距离单色器 40m 外的点光源 S(近似实际同步辐射光束线条件)。结合 X 射线衍射动力学理论计算和光线轨迹追踪方法 (Ray tracing), 计算出经过单色器后的发散光可以看成是从一个扩展的光源虚像 (virtual source, VS) 直接发出的。理论计算的这个扩展虚像尺寸很大，水平方向为 65 mm, 高度为 1.7 mm, 不同的高度对应于稍微不同

的波长，虚像的中心和原来的点光源 S 重合。这个 1.7 mm 的虚像高度是一个严重的问题，因为同步辐射高精度谱仪的应用中，经过单色器的光往往由 X 射线微聚焦镜聚焦成 10μm 以下的光斑，因此，按照这个要求，这里的微聚焦镜的缩小率要大于 170，这对于 X 射线单层膜反射型微聚焦镜非常困难。因为 X 射线全反射的临界角只有几 mrad，所以反射型聚焦镜的弯曲度必须非常小，一般的微聚焦镜的缩小率小于 50，所以色散型单色器会造成下游的微聚焦非常困难，这是这类单色器的一大缺点，是由单色器的色散效应造成的，而且这种色散也会破坏光束的相干性[6]。

从图 12-11(a) 可以看出，色散型单色器的另一个缺点是不同高度光线的光程不一样，比如，光线 A 在单色器中的光程显然比光线 B 长。如果入射光是同步辐射或自由电子激光脉冲，那么经过单色器后，光线 A 就会滞后于光线 B，从而脉冲会倾斜，使脉冲扩展，严重时会破坏整个光束的时间结构。在穆斯堡尔谱或者超快 X 射线实验中，这种效应可能会完全破坏入射光的时间结构。

色散型四晶单色器还有 $(+n,-m,-m,+n)$ 和 $(+n,-n,-m,+m)$ 等排列，这里 m 和 n 表示不同的衍射指数。这类单色器的共同特点是：第一，它们是共线 (in-line) 单色器，既不改变光线的方向，也不产生位移；第二，四个晶体的非对称因子乘积为 1 ($|b_1b_2b_3b_4|=1$), 所以，它们整体上不改变光束的宽度。即便如此，这类几何配置无法消除单色器的色散特性。因此，要尽量避免使用色散型单色器，而尽量使用非色散的 Bartels 单色器或嵌套切槽单色器。

12.4 X 射线光谱分析器

X 射线谱仪除了单色器，另外一种关键的晶体器件是 X 射线晶体分析器 (analyzer)，它们是用来探测和分析样品的 X 射线发射谱、吸收谱或者散射谱。例如，典型的非弹性散射实验过程是[13]：① 从同步辐射光源发出的白光经过一个平行双晶单色器 (DCM) 过滤出一束带宽为 eV 量级的近单色光；② 经过一个高分辨单色器把光束进一步单色化到所需的带宽；③ 这束光经过 X 射线聚焦镜聚焦到约 10μm 以下的光斑照射到样品上；④ 样品在高强度微束入射光的激发下沿各个方向发射 (或散射)X 射线光谱，这些光谱被晶体分析器在相应方向衍射，最后进入探测器。在这个过程中，原则上人们似乎可以把上述单色器用作分析器，但很遗憾，这类单色器的角接受度很小，一般在 10~100 μrad 量级。而 X 射线晶体分析器的角接受度一般要求 10 mrad 以上。这是因为从样品发出的光谱非常微弱，而且是全方位发散的，必须要有足够大的角接受区才能聚集足够的强度用来探测和分析。因此，X 射线晶体分析器的最基本要求是要有大的角接受度。本节简单介绍两种最典型和常见的 X 射线晶体分析器：von Hamos 圆柱状分析器[14,15] 和 Johann 球面型近背反射分析器[16,17]。

12.4.1　von Hamos 分析器

图 12-12 是 von Hamos 晶体分析器的示意图[14]。与上述单色器不同的是，分析器的晶体是被压弯的圆柱面弯晶，见图 12-12(a) 和 (b)，其中点划线表示圆柱面轴心线，实验中样品 S 处于这个轴心线上。von Hamos 晶体分析器的探测器是位置敏感探测器 (position-sensitive detector, PSD)，其中心也在这个轴心线上。图 12-12(b) 是沿着任意一个经过轴心线的截面示意图。从样品发出的 X 射线被晶体衍射，其衍射仍然由 Bragg 公式 (12-1) 决定，由于沿着不同方向的衍射波长不同，PSD 在轴线上不同的位置接收的 X 射线能量不同。作为例子，图 12-12(d) 下半部分是一个实测的 PDS 上衍射强度分布[15]，上半部分是以 PSD 横向位置 (即能量) 为变量的强度分布曲线，很显然曲线分布就是样品发射的 X 射线光谱。

图 12-12(c) 是沿着圆柱轴心线方向的投影图。可以清楚看到，之所以把晶体做成柱面弯晶，是因为在每个半径方向，X 射线衍射都和图 12-12(b) 一样，这样，晶体沿圆柱半径方向的接受角就是图 12-12(c) 中整个弯晶对轴心的张角，这个张角能够达到几十度，远远超过完美晶体的角接受度，因而有很高的聚集效应。

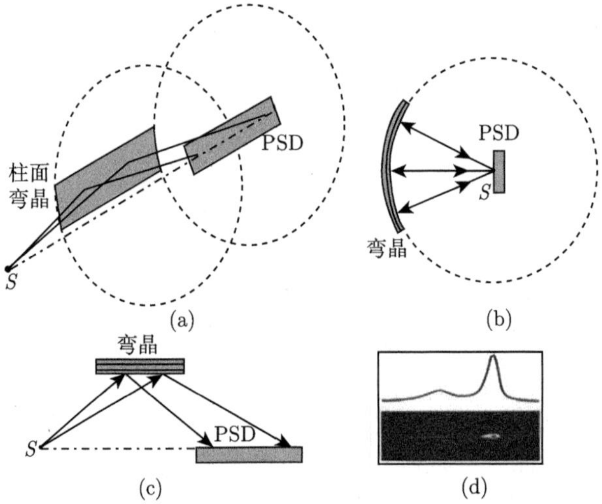

图 12-12　von Hamos 晶体分析器的示意图

(a) 三维立体示意图，S 为样品 (近似点光源)，PSD 是位置敏感探测器；(b) 分析器在包含圆柱轴心线 (点划线) 的截面图；(c) 分析器在垂直轴心线的投影图；(d) 实测谱例子

在实际中，von Hamos 弯晶的半径可以从几十厘米到几厘米，中心 Bragg 角越大 (一般要大于 60°)，分辨率越高。这是因为沿轴线方向的色散效应由式 (12-1) 的微分形式 $\Delta\theta/\Delta\lambda = (2d\cos\theta)^{-1}$ 决定，其值随 θ 的增加而变大。von Hamos 分析器

的总体分辨率决定于以下三个因素[15]：① 样品的有效尺寸 (即入射 X 射线的聚焦尺寸，其越小，分辨率越高)；② Bragg 衍射的本征带宽；③ 弯晶的应力对 Bragg 衍射本征带宽的额外展宽 (一般在 sub-eV 量级)。具体的 von Hamos 分析器总体分辨率一般在 eV 量级。

12.4.2 高分辨近背反射球状分析器

图 12-13 是另一种常用的具有二维大接受角的晶体分析器——球形分析器 (spherical analyzer)，被广泛应用于基于同步辐射光源的高分辨 X 射线非弹性散射谱学。图 12-13(a) 是理想的球形分析器的示意图，这种分析器叫做 Johansson 型球面分析器[17]。图中以 R 为半径的球叫做 Rowland 球，晶体的球形表面严格吻合 Rowland 球面。必须注意的是，球形晶体的 Bragg 衍射晶格面在以 $2R$ 为半径的大球上。在此条件下，如果样品 S(点光源) 处在 Rowland 球的任意一点上，可以证明，从 S 发出的发散 X 射线经过以 $2R$ 为半径的弯曲晶格面的 Bragg 衍射，都会聚焦在 Rowland 球的另外一个对称点 F 上。同时，在 Rowland 球上任意一点的 Bragg 衍射角 $(90° - \vartheta)$ 相同，即只有一个能量的 X 射线能够被衍射，而且衍射光都聚焦到 F 点。如果把探测器置于 F 点，就能测量出这个能量的样品发射谱强度。这也意味着球形分析器和 von Hamos 分析器不同，它一次只能测量一个能量。为了测量整个能谱，需要扫描单色器从而改变入射到样品上的 X 射线能量，也可以保持入射光能量不变，精确摇摆分析器或者改变分析器的温度来改变分析器的 Bragg 角，以达到扫描分析器能量的目的。

值得指出的是，在实际中让晶体表面和衍射晶面弯曲成不同的曲率，而且最后晶面要打磨抛光，其制造过程太复杂，难以实现。所以往往是先制备一块平行的薄晶体，使所要的衍射晶面完全平行于晶体表面；然后把晶体弯曲成半径为 $2R$ 的球面，如 12-13(b) 所示，此时在球面上任何一点，局部的衍射晶面和晶体表面严格平行。在近轴衍射条件下，即 Rowland 半径足够大 (一般大于 0.5m)，球面晶体不是很大 (直径一般是 25~100mm)，而 Bragg 角足够大 (尽量接近 90°，近背反射，即 S 和 F 非常接近中心轴对称位置 O)，从 S 发出的发散光在球面晶体上任意一点的入射角仍然非常接近相等，即 Bragg 角相等，从而所有衍射光的能量仍然相等。只是从不同的点衍射的光不再严格会聚在 F 点，但并不影响能量分析。这种分析器叫做 Johann 型球形分析器[16]。

实际上，图 12-13(a) 和 (b) 只考虑了在一个大圆内的 X 射线单能量衍射和聚焦。扩展到三维空间，理想的三维晶体形状应该是图 12-13(b) 的晶体绕直线 SF 的旋转体，但是精确制备这样的晶体非常困难。然而，只要 S 和 F 和对称轴心位置 O 的距离非常近，直线 SF 就趋近于通过 O 的 Rowland 圆的切线，而以 $2R$ 为半径的大圆沿着这个切线旋转的旋转体是一个以 O 为球心、半径为 $2R$ 的严格圆球面。因此在实际中，Johann 型分析器就是制成这样一个简单的以 $2R$ 为半径的局部球面。所以，要使 Johann 型分析器的分辨率和效率接近设计值，必须使分析器的衍射是近背反射，从而使图 12-13(b) 中的 SF 直线非常接近通过 O 点的切线。

把一个薄晶体压弯成一个球面晶体是非常困难的，会产生很大应力 (应力会严重影响衍射带宽，而使分辨率变差)，甚至使晶体破裂。所以在实际制作球形晶体时，是把薄晶体切割成微连接的规则小方块，然后把这些小方块粘贴在一个球形基底上。此时每个小方块都是无应力的完美晶体，但整个分析器是一个球面型。作为例子，图 12-13(c) 所示是一个实际制成的球形分析器。整个分析器晶体的直径是 100mm, 被切割成边长为 1mm 的小方格，相邻方格的间距为 0.1mm.

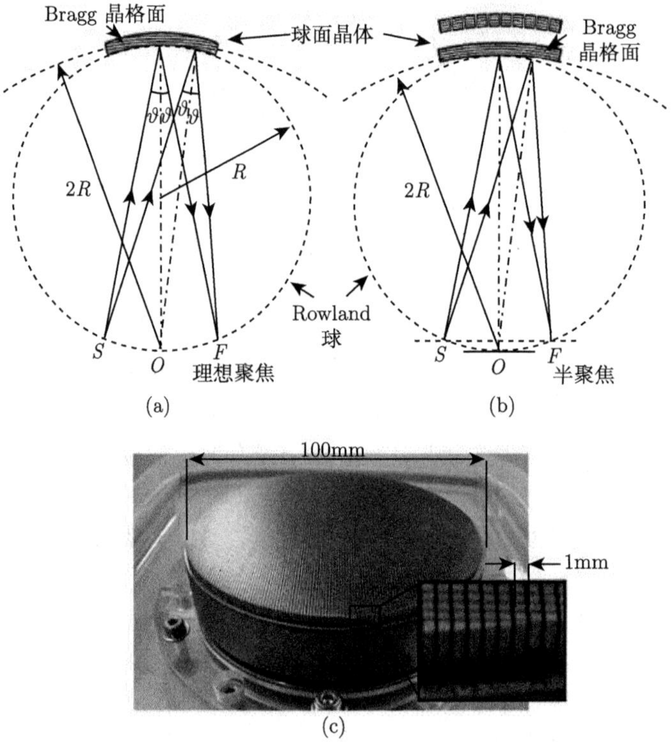

图 12-13 球状近背反射分析器

(a) Johansson 型球面分析器示意图；晶体表面曲率半径是 R，Bragg 衍射晶格面曲率半径是 $2R$。点光源 S 和衍射聚焦点 F 对称分布于通过 O 点的中心轴线两侧；(b) Johann 型分析器示意图。晶体表面和 Bragg 衍射晶格面的曲率半径都是 $2R$。顶端为切割成小方块的 Johann 球面晶体示意图；(c) 实际的 Johann 型硅晶体球形分析器

Johann 型球面分析器的曲率半径 $2R$ 一般为 1~10m，相应的分辨率可以从 eV 量级到超高分辨率 meV 量级。特别要强调的是，Johann 型球面分析器的衍射

Bragg 角 θ 要非常接近 90°，即 $\vartheta = 90^\circ - \theta$ 要尽量小，所以这种分析器也叫做近背反射分析器。除了上述的原因外，这个要求还基于另外两个原因：第一，可以验证，在图 12-1 中，Bragg 衍射在 $\theta_B \to 90^\circ$ 时具有最小的本征带宽 ΔE_{DW}，对应于最高的分辨率；第二，在 $\theta_B \to 90^\circ$ 时，图 12-1 的衍射带变成平坦的直线段，因此衍射能量对微小入射方向的变化很不敏感。对于一个微小光源 (尺寸约 10μm 或更小)，虽然图 12-13(c) 中的小方块尺寸只有 1mm 左右，单个小方块表面不同位置对应的 X 射线入射角还是有细微差别的。但当 $\theta_B \to 90^\circ$ 时，这些微小差别引起的能量差别 (色散) 非常小，常常可以忽略。另外也表明，如果这些小方块粘贴在基底上的方向稍微偏离球面方向，这种偏离也不会显著改变衍射能量，因此不显著影响分析器分辨率。关于高分辨近背反射球面晶体分析仪及其在非弹性散射种的应用细节，请参看文献 [18-20].

参 考 文 献

[1] DuMond J W M. Phys. Rev. 1937(52): 872.

[2] Shvyd'ko Y. X-ray Optics: High-Energy-Resolution Applications, Springer Series in Optical Sciences. Berlin: Springer, 2004.

[3] Caticha A, Caticha-Ellis S. Phys. Rev. B, 1982(25): 971.

[4] Vagovič P, Korytár D, Mikulík P, et al. J. Synchrotron Rad., 18 (2011): 753.

[5] Végsö K, Jergel M, Šiffalovič P, et al. J. Appl. Cryst., 2016(49): 1885.

[6] Huang X R, Macrander A T, Honnicke M G, et al. J. Appl. Cryst., 2012(45): 255.

[7] Bartels W J. J. Vac. Sci. Technol. B, 1983(1): 338.

[8] Ishikawa T, Yoda Y, Izumi K, et al. Rev. Sci. Instr., 1992(63): 1015.

[9] T. Ishikawa, K. Tamasaku, M. Yabashi, Nucl. Instrum. Methods Phys. Res. A, 2005(547): 42.

[10] Toellner T S, Alatas A, Said A, et al. J. Synchrotron Rad., 2006(13): 211.

[11] Toellner T S. Hyperfine Interactions, 2000(125): 3.

[12] Yabashi M, Tamasaku K, Kikuta S, et al. Rev. Sci. Instrum., 2001(72): 4080.

[13] Gog T, Casa D M, Said A H, et al. J. Synchrotron Rad., 2013(20): 74.

[14] Von L. v. Hámos. Ann. Phys., 1933(17): 716.

[15] Alonso-Mori R, Kern J, Sokaras D, et al. Rev. Sci. Instrum., 2012(83): 073114.

[16] Johann H. Zeitschrift für Physik, 1931(69): 1185.

[17] Johansson T. Zeitschrift für Physik, 1933(82): 507.

[18] Burkel E. Rep. Prog. Phys., 2000(63): 171.

[19] Ament L J P, van Veenendaal M, Devereaux T P, et al. Rev. Mod. Phys., 2011(83): 75.

[20] Baron A Q R. arXiv: 1504.01098, 2015.

第 13 章　Pendellösung Frings 用于晶体结构精确测量

Pendellösung 干涉条纹是 Heidenreich[1] 和 Kinder[2] 应用电子显微术在 MgO 样品中分别观察到的。所观察到干涉条纹的行为与 Ewald 理论[3] 描述的基本一致。1959 年 Kato 和 Lang 用楔形硅单晶首先观察到 X 射线 Pendellösung 干涉条纹[4]，发现这类条纹与平面波理论所预示的不一样。为了解释这种现象，Kato 发展了 X 射线衍射动力学球面波理论[5]，随后，进一步扩大到吸收晶体[6] 和晶格微畸变晶体[7,8]。上述理论都是应用 Pendellösung 干涉条纹测定晶体结构因子的理论基础。

13.1　应用 Pendellösung 干涉条纹测定晶体结构因子

13.1.1　X 射线截面形貌图

有关 X 射线截面形貌术和透射形貌术以及相应的形貌图的解释，在第 14 章有详细的介绍，本章不作论述。

根据球面波理论，由 O 波和 G 波所决定的在反射面上的强度为

$$I_g = A(\bar{\beta})^2\{J_0\left(\bar{\beta}\right)(xx')^{\frac{1}{2}}\}^2 \tag{13-1}$$

其中，A 为常数；J_0 为零级 Bessel 函数；x 和 x' 分别为观测点到 O 波束和 G 波束的垂直距离；

$$\bar{\beta} = \frac{2\pi}{\lambda}\frac{(\chi_g\chi_{-g})^{\frac{1}{2}}C}{\sin 2\theta_{\mathrm{B}}} \tag{13-2}$$

其中，λ 为波长；θ_{B} 为布拉格角；C 为偏振因子，$C = \begin{cases} 1, & \sigma\ \text{偏振} \\ \cos 2\theta_{\mathrm{B}}, & \pi\ \text{偏振} \end{cases}$，与 X 射线束的偏振有关；$\chi_g$ 为晶体对 X 射线极化率的 g 阶傅里叶 (Fourier) 常数，其值与结构因子有关：

$$\chi_g = \frac{\lambda^2}{\pi V}\frac{e^2}{mc^2}F_g \tag{13-3}$$

其中，V 为单胞体积；e、m 和 c 分别为电子电荷、电子质量和光速。

式 (13-1) 表明等强度线为双曲线形式 (图 13-1)。采用 Bessel 函数的渐近形式，可以得到沿晶格面 (垂直于衍射面) 强度的近似表达式：

$$I_g = \frac{2A\bar{\beta}}{\pi \sin\theta_{\mathrm{B}}\rho}\frac{1}{\rho}\cos^2\left(\bar{\beta}\sin\theta_{\mathrm{B}}\cdot\rho - \frac{\pi}{4}\right) \tag{13-4}$$

其中，ρ 为从入射点沿晶格面距离。由于强度因子 $\frac{1}{\rho}$ 可以由适当的实验技术估算，因而，此处不考虑这个因子。图 13-1 是楔形晶体内波场 (图中上部) 和对应的晶体截面形貌图 (图中下部) 示意图。E 为 X 射线入射点；ET 为入射束方向；ER 为布拉格反射束方向；$\boldsymbol{n}_{\mathrm{a}}$ 为出射面法线方向；x 和 x' 分别为观测点 p 到 ET 和 ER 的垂直线；ρ 为沿晶格面的方向；y 为截面形貌图楔角的平分线；ω 为截面形貌图的楔角；α 为 ρ 与 n_{a} 的夹角。

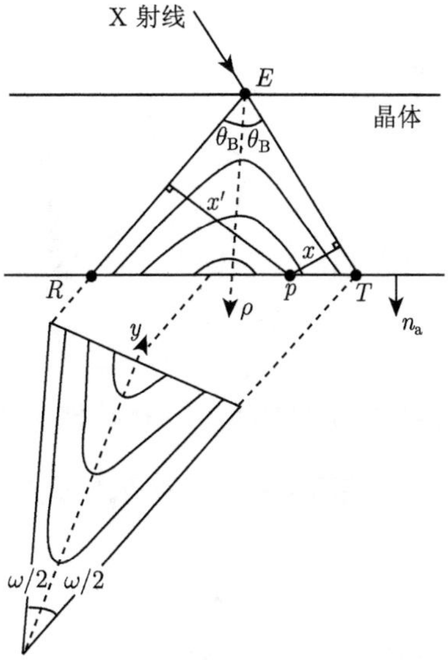

图 13-1 楔形晶体内波场 (图中上部) 和对应的截面形貌图 (图中下部) 示意图 (图解见正文)

从式 (13-4) 可知，Pendellösung 干涉条纹的间距由 $\frac{\pi}{\bar{\beta}\sin\theta_{\mathrm{B}}}$ 给出。实际上，通常使用的是非偏振 X 射线，所得的强度场是两个偏振态强度的叠加。这样，干涉条纹的间距为

$$\Lambda_g^{\mathrm{c}} = \frac{\pi V}{\lambda\cos\theta_{\mathrm{B}}}\frac{mc^2}{e^2}\left|F_g\right|^{-1} \tag{13-5}$$

偏振对测定结构因子的另一个重要影响是，由于两组条纹是差拍 (beat) 使所得的条纹周期性的衰减 (fading)，以致条纹的位置在衰减区域两侧位移了半个 Λ_g^{c}。

通常使用扁平的入射束和楔形晶体 (图 13-2)。沿截面形貌图楔角分界线 y (图 13-1) 测量干涉条纹间距。然而，y 的方向不是精确地对应沿晶格面的 ρ，尽

管如此，由于观察到的形貌图与晶体内强度场是线性变换，而且，由双曲线的性质，可以认为观察到的干涉条纹间距有如下关系：

$$\Lambda_g^s = \Lambda_g^c \phi_g^c \tag{13-6}$$

其中，ϕ_g^c 为几何因子。对简单的情况[9]

$$\phi_g^s = \frac{\sin\theta_{\mathrm{B}}}{\sin\dfrac{\omega}{2}}\left[\frac{\cos\omega\cdot\cos(\theta_{\mathrm{B}}+\alpha)}{\cos(\theta_{\mathrm{B}}-\alpha)}\right]^{\frac{1}{2}} \tag{13-7}$$

其中，角 α 为 ρ 与出射面法线的夹角；ω 为截面形貌图的楔角 (图 13-1)。上式对实验几何的要求：① 出射面与反射面垂直；② 晶格面垂直于反射面；③ 照相底板 (即记录探测器) 垂直于反射面及布拉格反射束的方向。

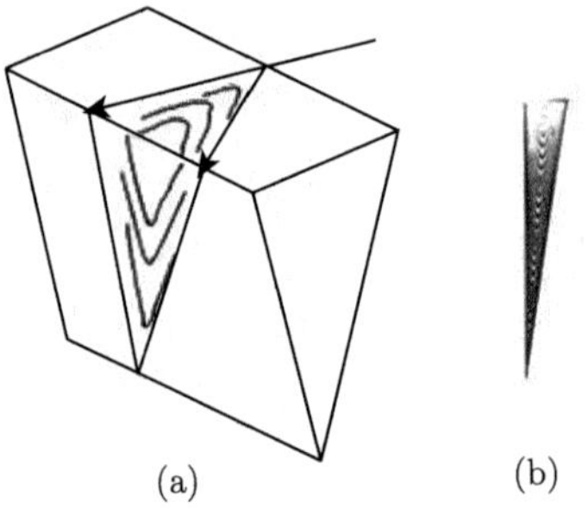

图 13-2　(a) 楔形晶体内波场强度分布；(b) 楔形 Si 单晶 400 衍射截面形貌图

如果能拍摄 g 和 $-g$ 两张截面形貌图，即可消去参数 α，这时条纹间距为

$$\Lambda_g^{\mathrm{c}} = (\Lambda_g^s\Lambda_{-g}^s)^{\frac{1}{2}}\left(\sin\frac{\omega_g}{2}\cdot\sin\frac{\omega_{-g}}{2}\right)^{\frac{1}{2}}\times(\cos\omega_g\cos\omega_{-g})^{\frac{1}{4}}\arcsin\theta_{\mathrm{B}} \tag{13-8}$$

式 (13-8) 右边的所有参数均可从截面形貌图中得到。上述的理论结果得到了实验的证实，有兴趣的读者可参阅文献 [10-13]。

应用式 (13-6) 或式 (13-8) 可以得到 Λ_g^{c}，式 (13-5) 表明，晶体结构因子 $|F_g|$ 与测量值 Λ_g^s 或 $(\Lambda_g^s\Lambda_{-g}^s)^{\frac{1}{2}}$ 成反比。其比例系数只包含已知的物理常数和几何参数。在这个意义上，晶体结构因子的测定是绝对尺度。

13.1.2　X 射线透射扫描形貌图

采用 Lang 透射扫描形貌术对完美的楔形晶体拍摄透射形貌图，将获得一组平行的条纹 (图 13-3)。由透射形貌图拍摄方法可知，这些平行条纹是截面形貌图中钩形条纹顶点的轨迹 (图 13-2(b))。它们与电镜观察到的等厚 Pendellösung 干涉条纹十分相似，实际上，本节讨论的干涉条纹属于等厚条纹。

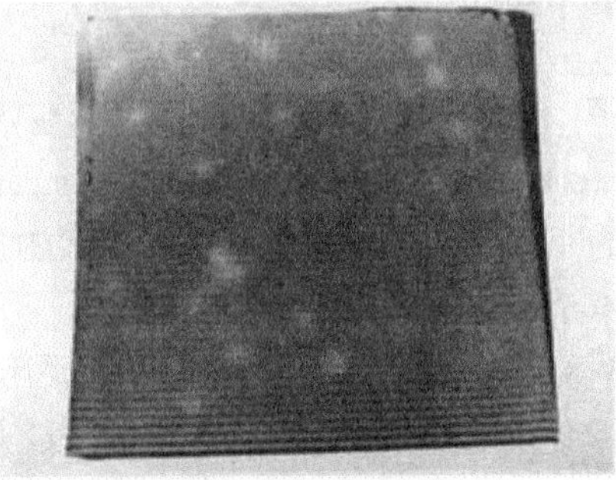

图 13-3 楔形 Si 单晶 220 衍射透射形貌图

应用光学互易性定理[14,15]，透射扫描形貌图中一点 P 的强度可以由虚截面图空间积分得到，这个虚的截面图是由 X 射线从在 P 点的虚光源逆入射得到的。此结论具有普遍性，不管是否存在吸收或是点阵畸变，其积分强度与平面波理论角度积分强度完全一样，正比于

$$J_g(\mathrm{t}) = \frac{\pi}{2}\int_0^{\bar{\alpha}t} J_0(q)\,\mathrm{d}q \tag{13-9}$$

其中，t 为透射扫描形貌图在 P 点对应的厚度；J_0 为零级 Bessel 函数；

$$\bar{\alpha} = \frac{2\pi}{\lambda}\frac{C|\chi_g|}{(\cos\theta_0 \cdot \cos\theta_g)^{\frac{1}{2}}} \tag{13-10}$$

其中，θ_0 和 θ_g 分别是 $\boldsymbol{K}_0 \cdot \boldsymbol{n}_\mathrm{e}$ 和 $\boldsymbol{K}_g \cdot \boldsymbol{n}_\mathrm{e}$ 的夹角；$\boldsymbol{n}_\mathrm{e}$ 为入射面法线。

式 (13-9) 的积分是周期为 2π 的振动函数，叠加在背底强度 $\left(\dfrac{\pi}{2}\right)$ 上，因此，在晶体内沿 $\boldsymbol{n}_\mathrm{e}$ 方向干涉条纹间距为 $\dfrac{2\pi}{\bar{\alpha}}$。观察到的条纹间距 $\varLambda_g^\mathrm{t}$ 是上述条纹间距的线性变换，类似于截面形貌图的情况，则有

$$\varLambda_g^\mathrm{t} = \varLambda_g^\mathrm{c}\phi_g^\mathrm{t} \tag{13-11}$$

其中，ϕ_g^t 为几何因子。可见，观察到的条纹间距与 $|F_g|$ 成反比。与截面形貌图情况一样，透射扫描形貌图得到的干涉条纹也可以用来测定晶体的结构因子。

对楔形晶体有

$$\phi_g^\mathrm{t} = \frac{1}{\cos\theta_\mathrm{B}}\left(\frac{\cos\theta_0}{\cos\theta_g}\right)^{\frac{1}{2}}\left\{\frac{1}{\cos^2\theta_g} + \frac{1}{\cos^2\varphi_g} - \frac{2\cos\delta}{\cos\theta_g\cos\varphi_g}\right\}^{-\frac{1}{2}} \tag{13-12}$$

其中，φ_g 为 $\boldsymbol{K}_g \cdot \boldsymbol{n}_\mathrm{a}$ 的夹角，$\boldsymbol{n}_\mathrm{a}$ 为出射面法线；δ 为晶体楔形角，也就是 $\boldsymbol{n}_\mathrm{e}$ 与 $\boldsymbol{n}_\mathrm{a}$ 的夹角。

透射扫描形貌的偏振效应与截面形貌的情况相似，有兴趣的读者可参阅文献[16,17]。

13.1.3　实验结果

由于实验技术等原因，早期应用 Pendellösung 干涉条纹测量晶体结构因子的结果与国际晶体学表 (international tables for X-ray crystallography) 的理论值偏大。后来，经过众多科学家的不断努力，测量精度得到很大的提高。他们对多种晶体的结构因子进行了测定，本节不一一列举。

表 13-1 为不同实验得到的 Si 结构因子。Kato 等采用 $AgK_{\alpha1}$ 和 $MoK_{\alpha1}$ 辐射，测量 13 次取均方根；Hart 采用 $MoK_{\alpha1}$ 辐射；Göttlicher 等采用 $MoK_{\alpha1}$ 辐射粉末衍射法。从表 13-1 可以看到，在相当宽的 $\dfrac{\sin\theta_B}{\lambda}$ 范围，它们符合得较好。

表 13-1　Si 的结构因子 $|F_g|$，20°C

	Kato 等	Hart	Göttlicher 等
111	10.66±0.04	10.66±0.05	10.75
220	8.46±0.03	8.43±0.06	8.48
333	5.84±0.08	5.83±0.00	5.93
440	5.40±0.03	5.38±0.08	5.39
444	4.17±0.02	4.17±0.07	4.21

用 Pendellösung 干涉条纹测量晶体结构因子 $|F_g|$ 还能导出一些物理量的重要参数。利用理论结果，Debye-Waller 因子在动力学现象中有 e^{-M} 形式，Debye 温度 Θ_M 测定为 538K，这与完美晶体强度法测定的 546K[18] 十分接近。

Brill [19] 用近似法讨论了金刚石晶格键间电荷 (bonding charge)，认为键间电荷分布有 $\exp\left[-\left(\dfrac{r}{r_e}\right)^2\right]$ 形式，根据这个方法，测得电荷数为 N 为 0.45，分布的有效半径 $r_e = 0.57\text{Å}$。1967 年 Dawson[20] 指出 Pendellösung 干涉条纹测量所得的结果比其他方法的更为合理。

13.1.4　Pendellösung 干涉条纹测量方法的误差分析

实验用的晶体不可能是完全完美的晶体，都可能存在对 X 射线吸收和结构缺陷，同时，实验装置和测量方法也会引入误差。本节将对 Pendellösung 干涉条纹测量可能引入的误差作简要的分析。

1. 晶体吸收的影响

1968 年 Kato 给出了有吸收的完美晶体严谨的衍射理论[21]，对 X 射线截面形貌图，式 (13-1) 改为

$$I_g = A\frac{\exp-[\mu_0(x+x')]}{\sin 2\theta_B}\left|\bar{\beta}\right|^2\left|J_0\left(\bar{\beta}(xx')^{\frac{1}{2}}\right)\right|^2 \tag{13-13}$$

其中，μ_0 为平均线性吸收系数，$\mu_0 = \dfrac{2}{\lambda}\chi_0^{\mathrm{i}}$；$\bar{\beta}$ 如式 (13-2) 所示，但为复数，对有吸收情况，

$$\chi_g\chi_{-g} = (\chi_g\chi_{-g})^{\mathrm{r}} + \mathrm{i}(\chi_g\chi_{-g})^{\mathrm{i}} \tag{13-14}$$

上标 r 和 i 分别表示实部和虚部。如果选用复数的 J_0 表达式，并用 Bloch 波能量流的概念来解释，作为近似，可以推导出类似解释 Borrmann 吸收的传统平面波理论所得到的结果。

对薄晶体，$\overline{\beta^i}\rho\sin\theta_{\mathrm{B}} \ll 1$，干涉条纹强度极大和极小位置的位移分别为

$$\left(\frac{\Delta\rho}{\rho}\right)_{\max} = -\frac{\chi_0}{\lambda_m^1} \tag{13-15a}$$

$$\left(\frac{\Delta\rho}{\rho}\right)_{\mathrm{mix}} = \chi_0\chi^2\lambda_m^0 \tag{13-15b}$$

其中，λ_m^0 和 λ_m^1 分别为第 m 级 J_0 和 J_1 Bessel 函数;

$$\chi_0 = \frac{F_0^{\mathrm{i}}}{C\{(F_gF_{-g})^{\frac{1}{2}}\}^{\mathrm{r}}} \tag{13-16a}$$

$$\chi = \frac{\{(F_gF_{-g})^{\frac{1}{2}}\}^{\mathrm{i}}}{\{(F_gF_{-g})^{\frac{1}{2}}\}^{\mathrm{r}}} \tag{13-16b}$$

对厚晶体 $|\bar{\beta}|\rho\sin\theta_{\mathrm{B}} \gg 1$(对大多数晶体，薄晶体或厚晶体，$\rho$ 的范围是重叠的)，$\dfrac{\Delta\rho}{\rho}$ 的表达式是比较复杂的，但它们与式 (13-15) 给出的结果是同一个数量级。由于在 $\chi\lambda_m^0$ 和 $\chi\lambda_m^1$ 小于或接近 1 的区域条纹清晰地出现，条纹的相对位移为 $\chi_0\chi$ 数量级。对多数晶体，χ_0 和 χ 都小于 0.1。这样，可以得出结论，由于吸收可以忽略，其引起的条纹位置误差约为 0.1%。

对透射扫描形貌图，式 (13-9) 修改为

$$J_g = \frac{\dfrac{\pi}{2}\exp[-\mu_0(x+x')]}{\sin 2\theta_{\mathrm{B}}\cdot\left[\dfrac{(1-\chi^2)}{(1-g^2)}\right]^{\frac{1}{2}}} \times\left\{\int_0^{\bar{\alpha}t(1-g^2)^{\frac{1}{2}}} J_0(q)\mathrm{d}q + \sum_{r=1}^{\infty}\frac{1}{r!r!}\left(\frac{h}{2}\right)^{2r} g_{2r+1}\left[\bar{\alpha}(1-g^2)^{\frac{1}{2}}\right]\right\} \tag{13-17}$$

其中，g 为正比于 χ_0 的系数 (此系数必须小于 1)；$h = \bar{\alpha}t(x^2+g^2)^{\frac{1}{2}}$；$g_{2r+1}$ 是 Bessel 函数 J_0 重复积分 $(2r+1)$ 次。

式 (13-17) 与 Kato 先前得到的近似式十分接近：

$$J_g = \frac{\pi}{2} \exp - \frac{\mu_0 (x + x')}{\sin 2\theta_{\mathrm{B}}} \times \left\{ \int_0^{\alpha t} J_0 (q) \, dq + [I_0 (h) - 1] \right\} \tag{13-18}$$

2. 晶体不完美性的影响

如果晶体存在缺陷，就会引起晶格畸变，Bloch 波将受到调制，它们的轨迹和相位都与完美晶体的不同，其结果是干涉条纹的间距变化。假设晶体在一个较大的范围内晶格畸变很小，这种情况下有理由认为应变梯度是一个常数。因此，到达观察点 P，两个调制的 Bloch 波的相位差为

$$\varPhi = \frac{\pi}{2} + \frac{m_0^2 c}{|f|} \times \left\{ 2\operatorname{arcsinh} \left[\frac{1}{2} (Z^2 - X^2) \right] + \frac{1}{2} \left[(Z^2 - X^2)^2 + 4 (Z^2 - X^2) \right]^{\frac{1}{2}} \right\} \tag{13-19}$$

其中

$$m_0 = \frac{\frac{\pi}{\lambda} |D_g| C}{\sin \theta_{\mathrm{B}}}, \quad c = \tan \theta_{\mathrm{B}}$$

$$f = \frac{2\pi}{\sin \theta_{\mathrm{B}}} \left[\cos^2 \theta_{\mathrm{B}} \frac{\partial^2}{\partial z^2} - \sin^2 \theta_{\mathrm{B}} \frac{\partial^2}{\partial x^2} \right] (\boldsymbol{g} \cdot \boldsymbol{u}) \tag{13-20}$$

其中，X 和 Z 是观察点 P 的坐标，其轴方向分别垂直或沿着于晶面，原点选在入射点，这样 Z 就是对应沿晶格面的 ρ；$\boldsymbol{g}$ 是倒易点阵矢量；$\boldsymbol{u}$ 是晶格点位移矢量。式 (13-19) 中归一化坐标：

$$X = \frac{f}{m_0 c} x \tag{13-21a}$$

$$Z = \frac{f}{m_0} z \tag{13-21b}$$

首先，由于 $\varPhi$ 是 $(Z^2 - X^2)$ 的函数，对畸变晶体，Pendellösung 干涉条纹也是双曲线形式；其次，$\varPhi$ 随 $(Z^2 - X^2)^{\frac{1}{2}}$ 增加比线性快，因此，对畸变晶体，干涉条纹间距减小。由 X 和 Z 的表达式得知，当晶体存在大的应变梯度或小的结构因子时，间距的缩短变得更为突出。另外，随着晶体厚度增加，也就是说，条纹级数增加而间距的缩短增加。这种性质对判断晶格的畸变是有用的。

为了方便，沿晶格面条纹间距可定义为

$$\varLambda (\rho) = \frac{2\pi}{\partial \varPhi / \partial \rho} \tag{13-22}$$

在 $X = 0$，沿 Z 展开式 (13-18)，对小畸变晶体可得到

$$\varLambda (\rho) = \varLambda_0 \left\{ \left(1 - \frac{1}{8\pi^2} \right) (f c \varLambda_0 \rho)^2 + \cdots \right\} \tag{13-23}$$

其中，$\Lambda_0 = \dfrac{\pi}{m_0 c}$ 是完美晶体的条纹间距 (此处考虑一种 X 射线偏振态。对非偏振 X 射线，Λ_0 由式 (13-5) Λ_g^{c} 代替。)。

为了估计晶格畸变的影响，假设晶体厚度 t 的平均值为 10^{-3}。对晶格单纯弯曲，$\dfrac{\partial^2 u_x}{\partial z^2}$ 是晶格面的曲率半径 R，厚度 t 内应变可承受的变化为

$$\frac{t}{R} = 0.15\frac{d}{\Lambda_0} \tag{13-24}$$

对晶格间距纯膨胀畸变，$\dfrac{\partial u_x}{\partial x} = \dfrac{\Delta d}{d}$，即在厚度 $2t \cdot \tan\theta_{\mathrm{B}}$ 内应变可载变化。在出射面波场宽度为

$$\frac{\Delta d}{d} = 0.015\cot\theta_{\mathrm{B}}\frac{d}{\Lambda_0} \tag{13-25}$$

对低阶反射，式 (13-25) 中 $\dfrac{d}{\Lambda_0}$ 为 10^{-5} 数量级。请注意，对应于 10^{-6} 应变的应力约为 $10\mathrm{g{\cdot}mm^{-2}}$，相当于样品表面的腐蚀、安装等引起的误差，此类应变可忽略。然而，对高阶反射，晶体要求具有很小的应变梯度。有研究表明，晶体在熔体生长时就有杂质进入，以致在相当宽的范围存在微小的晶格畸变。所有局部的畸变，例如位错和包裹物等都应该避免，但它们总能被检测出来。

3. 实验系统的影响

实验包含测量条纹间距 Λ_g，决定几何参数 Φ_g^s 或 Φ_g^t。它们的测量精度会直接影响所得的结构因子的精度。本节对此不做详细推导，只做定性的讨论。

对低阶反射比较好的情况，条纹间距 Λ_g 的测量精度好于 0.1%，对于测量强度积分最大值和最小值是足够了。对高阶反射，由于波场衰减效应和可用的条纹减少，测量精度将减小。

对几何参数 Φ_g^s 或 Φ_g^t 的测量精度约为 1%，与所采用的实验方法有关。对截面形貌术，在低阶反射时楔形角较小，以使可达到的精度受到限制。因此，要求设计一个很好的楔形晶体。

Φ_g^{st} 引起的误差是来自晶体安装和探测器相对 X 射线的方位。如果要求测量误差小于 0.5%，即它们的角度偏离不能超过 1°。然而，对截面形貌术，这种误差可以通过拍摄 $\boldsymbol{g}$ 和 $-\boldsymbol{g}$ 两张形貌图或者拍摄直接像来消除。

利用 Pendellösung 干涉条纹测量晶体结构因子 $|F_g|$ 决定于衍射强度的测量，可以直接给出结构因子的绝对值。应该指出，测量精度可达到 0.1%，这是其他方法难以达到的。任何晶格缺陷都对会测量结果产生不良影响。

13.2 Pendellösung 干涉条纹结合干涉仪条纹测定晶体结构因子

1965 年 Bonse 和 Hart 展示了杨氏干涉仪的 X 射线干涉条纹，并基于平面波理论发展了相应的理论[22]，使人们可以在晶体外观察到相干的 X 射线干涉。

图 13-4 是应用 X 射线干涉仪测定晶体结构因子的实验示意图。入射的 X 射线束足够细，可以与衍射花样宽度相当。这是满足样品 C 光路的需要和减少吸收。设图 13-4 中晶片 S、M 和 A 同时满足布拉格几何，X 射线在晶片 S 后分束，经镜片 M 后，将在分析片 A 后会合，产生干涉。由于入射波是球面波，相干波前有一定宽度。如果在光路 D_0 中插入一个楔形样品 (不一定要求是结晶材料)，这样，光束 D_0 与 D_g 就有相位差，经晶片 A 后，波 B_0 和波 B_g 出现干涉条纹。其相位差为 $(K_0 - K_0') \times l$，其中 K_0 和 K_0' 分别为真空中和样品中的波数，l 是样品中物理光程。这样，可以得到干涉条纹间距 Λ_0^{c} 的表达式。如果真空波场 D_g 与波长 D_0 重叠，干涉条纹实质上是在样品里。

$$\Lambda_0^{\mathrm{c}} = \frac{2\pi}{\boldsymbol{K}_0 - \boldsymbol{K}_0'} = \frac{\lambda}{1-n} \tag{13-26}$$

其中，n 为样品的折射率。由于折射率是已知的，故

$$\Lambda_0^{\mathrm{c}} = 2\left(\frac{\pi r}{\lambda}\right)\left(\frac{mc^2}{e^2\,|F_0|}\right) \tag{13-27}$$

其中，F_0 是零级结构因子，表现为单胞内电子的总数。这时，观察到的条纹间距 Λ_0 为

$$\Lambda_0 = \Lambda_0^{\mathrm{c}} \Phi_0 \tag{13-28}$$

其中，Φ_0 是几何因子，类似式 (13-6) 中 ϕ_g^{c}。

另一方面，Pendellösung 干涉条纹是两个 Bloch 波 $\boldsymbol{g}$ 分量之间的干涉条纹，条纹间距 Λ_0^{c} 可以表达为类似式 (13-26) 的形式：

$$\Lambda_g^{\mathrm{c}} = \frac{2\pi}{\boldsymbol{k}_g^{(1)} - \boldsymbol{k}_g^{(2)}} \tag{13-29}$$

其中，$\boldsymbol{k}_g^{(1)}$ 和 $\boldsymbol{k}_g^{(2)}$ 分别为沿晶格面传播的波矢 (当然也适用于任意方向)。从式 (13-29) 也可导出式 (13-5)。

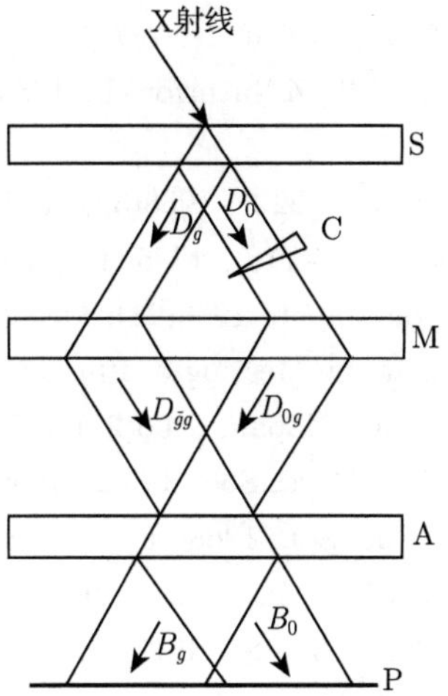

图 13-4 应用 X 射线干涉仪测定晶体结构因子的实验示意图

将式 (13-5)、式 (13-6) 与式 (13-27)、式 (13-28) 比较，假设 $\Phi_0 = \Phi_g^s$，可以得到

$$\frac{|F_g|}{|F_0|} = \frac{\dfrac{\Lambda_0}{\Lambda_g}}{2\cos\theta_B} \tag{13-30}$$

这样，结构因子 $|F_g|$ 可以由 $|F_0|$ 求出。$\Phi_0 = \Phi_g^s$ 的条件可由下面操作获得，拍摄 Pendellösung 干涉条纹后，实验晶体转动布拉格角，这样，晶格面就被带到入射束。严格地说，由于 l 的方向不是严格的 y 方向 (见图 13-1)，需要转动的角度与 θ_B 稍有偏离。对低衍射情况，这个偏离可以忽略。干涉仪晶体安排在满足布拉格条件，样品晶体平移半个 D_0 波的宽度。这样，Pendellösung 干涉条纹产生的平面与 D_0 波中心面一致。

最后，值得指出关于 $|F_0|$ 的几点内涵。为了得到 $|F_g|$ 的精确值，F_0 必须用色散理论修正：

$$F_0 = Z + \mathrm{i}F_0' + F_0'' \tag{13-31}$$

根据 Cromer 理论[23]，考虑交换修正和相对论效应，对 Si 单晶，$F_0' = 0.48$，$F_0'' = 0.48$。这样，对高精度实验，F_0'' 不能忽略，而对 Thomson 散射是可以忽略的，因为对核而言，F_0'' 大约为 2.5×10^{-4}。

参 考 文 献

[1] Heidenreich R D. Phys. Rev., 1942(62): 291.

[2] Kinder E. Naturwiss., 1943(31):149.

[3] Ewald P P. Ann. Phys.Lpz., 1916a(49): 1; 1916b(49): 117; 1917(54): 37.

[4] Kato N, Lang A R. Acta. Cryst., 1959(12): 787.
[5] Kato N. Acta.Crys., 1960(13): 349; Z.Nuturforsch., 1960(15a): 369; Acta Cryst., 1961a(14): 526; 1961b(14): 627.
[6] Kato N. J. Apple Phys., 1968(39): 2225; 1968(39): 2231.
[7] Kato N. Phys. J. Soc. Japan, 1963c(18): 1785; 1964a(19): 67; 1964b(19): 971.
[8] kato N, Ando Y. J. Phys. Soc. Japan, 1966(21): 964.
[9] Katagawa T, Kato N. Read at the Meeting of Physical Society of Japan, 1965.
[10] Hattori H, Kato N. J. Phys. Soc. Japan, 1966(21): 1772.
[11] Homma S, Ando Y, Kato N. J. Phys. Soc. Japan, 1966(21): 1160.
[12] Hart M, Milne A D. Phys. Stat. Sol., 1968(26): 185.
[13] Hattori H, Kuriyama H, Kato N. J. Phys. Soc. Japan, 1965(20): 988.
[14] Lorentz J A. Proc. Amsterdam, 1905(8): 401.
[15] von. Laue M . Ann. Phys., 1935(23): 705.
[16] Hart M, Lang A R. Acta. Cryst., 1965(19) :73.
[17] Yamamoto K, Homma S, Kato N. Acta. Cryst., 1968(16): 232.
[18] Batterman B W. Phys. Rev., 1962(127): 686.
[19] Brill R. Acta Cryst., 1960(13): 802.
[20] Dawson B. Proc. Roy. Soc. A, 1967a(298): 255; 1967b: 264; 1967c: 379.
[21] Kato N. J. Appl. Phys., 1968b(39): 2225; 1968c: 2231.
[22] Bonse U, Hart M. Appl. Phys. Letters, 1965a(6): 155; 1965b(7): 99; Z. Phys., 1965c(188): 154.
[23] Cromer D T. Acta Cryst., 1965(18): 17.

第14章　X 射线形貌技术

14.1 引　　言

1895 年 11 月 8 日德国维尔茨堡大学伦琴 (Wilhelm Röntgen) 教授发现 X 射线后不久，由于 X 射线波长短、能量高、穿透力强，很快用于医学透视和工业探伤。1912 年 6 月劳厄 (Max von Laue) 等发现 X 射线晶体衍射现象，推出了著名的劳厄方程，证明了晶体具有周期性结构以及 X 射线为电磁波，奠定了 X 射线衍射晶体学第一个里程碑。1912 年 10 月布拉格父子 (W. H. Bragg, W. L. Bragg) 发现了 X 射线反射，推出了著名的布拉格方程，揭开了 X 射线晶体结构分析的序幕。很快理论物理学家发现 X 射线衍射运动学理论破坏了能量守恒定律，缺乏自洽性，第 1 章已经介绍了 X 射线衍射动力学理论的发展，成功地解释 X 射线衍射动力学现象。1931 年 Berg 拍摄了岩盐单晶解理面的反射形貌图，进行了 X 射线形貌观察的第一次尝试，在两次世界大战之间，晶体结构分析的理论和实验都有很大的发展，固体具有周期结构的概念深入人心。电子衍射和中子衍射的发现大大扩展了晶体结构分析手段。1941 年 Borrmann 发现了 X 射线衍射动力学异常透射现象，1958 年把这种异常透射现象用来观察厚晶体内部缺陷，发展为异常透射形貌技术。20 世纪 50 年代，近完美晶体的获得促进了近完美晶体缺陷观察技术的发展和应用 X 射线衍射动力学理论对实验结果的解释。1957 年 Lang 发展了透射形貌技术，1952 年 Bond 及 1958 年 Bonse 分别发展了双轴晶形貌技术。至此，多种形貌技术形成了 X 射线形貌术，对近完美晶体中各种缺陷的非破坏观察和分析起着巨大的作用。1965 年 Bonse 和 Hart 研制成功 X 射线干涉仪，利用衍射原理，使 X 射线分束、会合、干涉，可用来精确测定 X 射线波长、晶体 X 射线折射率、点阵参数及结构因子等。20 世纪 70 年代同步辐射光源出现，1974 年 Tuomi 首先应用同步辐射光源进行晶体缺陷形貌观察尝试，为 X 射线形貌术开辟了新的领域。

14.2 X 射线形貌实验技术

14.2.1 X 射线形貌术定义和分类

X 射线形貌技术是探测和研究近完美晶体和薄膜缺陷非常有用的方法，它是应用 X 射线在晶体中衍射动力学理论和衍射运动学理论，根据晶体中完美与不完美区域衍射衬度变化及消像规律，来检测晶体材料及器件表面和内部微观缺陷的方法。

与其他缺陷研究方法相比，X 射线形貌技术的优点：① 是一种非破坏检测技术，所得的图像是晶体正空间的直接投影图，图像直观；② 缺陷的衍射强度是 X 射线波长、晶体散射因子、吸收因子以及衍射矢量等参数的函数，通过对缺陷衍射强度的分析，可判断缺陷的性质；③ X 射线穿透能力比电子束强几个数量级，因而样品制备方便。所观察到的图像比较接近晶体中缺陷的实际分布和状况；④ 样品的 X 射线吸收剂量少，一般情况下，比产生辐照损伤所需要的剂量低几个数量级。这样就提供了对电镜方法容易损伤的样品可采用 X 射线形貌技术观察的可能性；⑤ 观察部位重复性好，可与其他实验 (如应变、辐照、热处理，或光学、电学、磁学等测量) 穿插进行等优点。

X 射线形貌技术的缺点：图像空间分辨率不太高 (约 1μm)，且曝光时间长 (分钟甚至小时量级) 等。

X 射线形貌实验技术有不同的布置，都已达到所需要的分辨率记录下实际晶体内不完美区域的分布和程度的目的。实验装置主要包括：X 射线源、入射束准直系统、样品台以及调节系统和记录系统等。

从实验几何上 X 射线形貌技术可分为劳厄透射几何和布拉格反射几何。前者入射束与衍射束分别在晶体表面的两侧，而后者入射束和衍射束均在晶体表面的同一侧。若衍射面与晶体表面垂直，称为对称劳厄几何；若衍射面平行于晶体表面，即称为对称布拉格几何，反之称为非对称几何。

14.2.2 柏尔格–白瑞特反射形貌术

1931 年 Berg 报道了研究衍射斑点精细结构的两种方法[1]，但这一方法没有引起重视。直到 1945 年，Barrett[2] 对其进行了改进，成功地拍摄了金属衍射形貌图，该方法才得到较广泛的应用。

柏尔格–白瑞特 (Berg-Barrett) 方法是实验室最简单的反射形貌技术，它是应用发散的标识 X 射线，在样品特定的晶面上产生反射而获得样品表面形貌图的方法。其衍射几何示意图见图 14-1。从图 14-1 可以看到，其入射 X 射线束与衍射 X 射线束位于衍射面的同侧，属布拉格几何。所得形貌图的垂直方向没有畸变，而水平方向是一个缩小像，其图像宽为

$$W = P\sin\beta \tag{14-1}$$

式中，P 为水平方向晶体表面被照射的线度，$P=\dfrac{W_0}{\sin\alpha}$；$\alpha$ 为入射束与样品表面的夹角；W_0 为入射束宽；β 为衍射束与晶体表面的夹角。从式 (14-1) 可知，若要用小的 W_0，获得大的照射面积，即要求 α 小，也就是说采用掠入射不对称衍射。为

了减少形貌像的畸变和提高分辨率，探测器 (记录底片或 CCD) 应尽量靠近并平行于晶体表面。

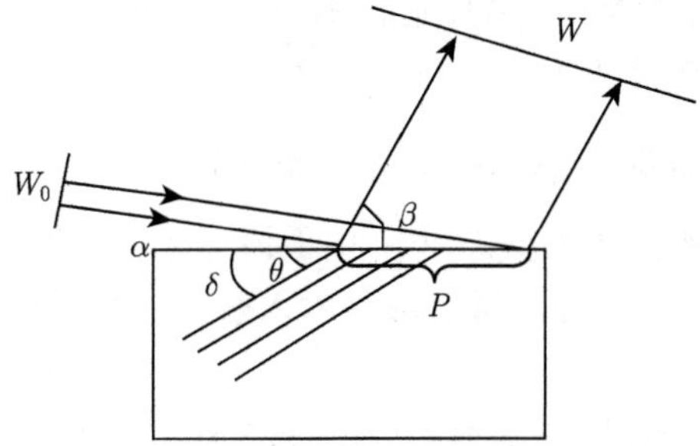

图 14-1 Berg–Barrett 反射形貌术示意图

设入射 X 射线强度为 I_0，在样品表面下 t 处的衍射强度为

$$I = I_0 e^{-\mu(\csc\alpha + \csc\beta)t} \tag{14-2}$$

式中，μ 为样品的 X 射线吸收系数。对 $\mu t = 1$ 情况，最大穿透深度为

$$t_1 = \frac{1}{\mu(\csc\alpha + \csc\beta)} \tag{14-3}$$

对于反射形貌术的衍射几何，α 值很小，β 值趋于 90°，故式 (14-3) 可简化为

$$t_{\max} \approx \frac{1}{\mu\csc\alpha} = t_1 \sin\alpha$$

从式 (14-3) 可知，X 射线束穿透深度很浅，只有样品表面下一定厚度的晶面参与衍射，因此，反射形貌术适用于研究晶体表面层缺陷，其位错密度可达 $10^6 cm^{-2}$。其形貌图衍衬可应用 X 射线衍射运动学理论来解释。

图 14-2 是 $ZnSe/ZnS_{0.665}Te_{0.335}/ZnSe$ 量子结构 (224) 衍射反射形貌图[3]，利用旋转阳极 X 射线发生器、铜靶辐射和实验室 Lang 形貌相机，分别在样品不对

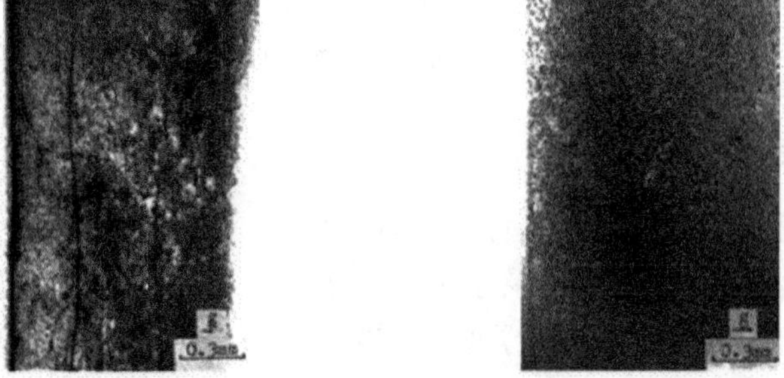

(a) (b)

图 14-2 $ZnSe/ZnS_{0.665}Te_{0.335}/ZnSe$ 量子结构 (224) 衍射反射形貌图

(a) 衬底峰；(b) 膜峰

称 (224) 衍射摇摆曲线的衬底峰 (图 14-2(a)) 和膜峰 (图 14-2(b)) 上拍摄反射形貌图。样品是用 MBE 生长，衬底为在 GaAs(001) 向 [011] 方向斜切 2°，从图 14.2 可以看到，在衬底上有位错存在，但外延膜相当完美，说明样品的生长条件很好地抑制了位错从衬底向外延膜延伸。

14.2.3　X 射线透射形貌术 (Lang 透射形貌术)

1959 年 Lang 发展了透射形貌术[4]，由于该方法对晶体参数的变化和晶体畸变很灵敏，从而被广泛应用。Lang 透射形貌术入射束与衍射束分别位于衍射面两侧，为劳厄衍射几何。

一束很细的特征点焦点 X 射线入射到样品 (图 14-3)，从第 2 章知道，在样品里形成能流三角形 OBA，在晶体出射面垂直衍射束用一个光阑 $S1$ 阻挡非相干散射和其他衍射面的衍射以及直射束的干扰。如果拍摄透射形貌像，采用光阑 $S4$，截挡直射束，实际上透射形貌图很少采用。对衍射束形貌像，根据不同的拍照方法，可分为以下四种。

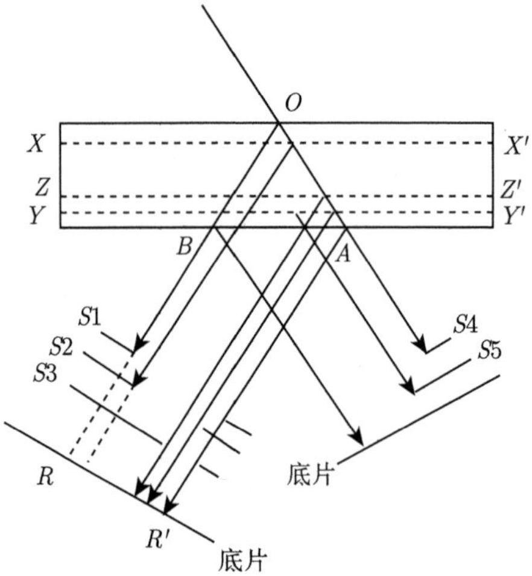

图 14-3　Lang 透射形貌术示意图

1. X 射线截面形貌术[5]

X 射线截面形貌图的拍摄，如图 14-3 所示，采用光阑 $S1$，这时能流三角形 OBA 内晶体的结构完美性将记录在底片 RR' 上。所观察到的是能流三角形 OBA 内缺陷纵向深度分布的衍射动力学像，拍摄多个不同衍射的截面形貌图，可以得到缺陷的三维空间分布组态。

拍摄截面形貌图要求入射束很窄，一般约 20μm，因此对入射束的准直要求高。探测器 (或底片) 尽量靠近样品。当探测器与衍射束垂直时，形貌像宽度等于衍射束宽度：

$$W = W_0 \left(\sin 2\theta \cdot \cot \alpha + \cos 2\theta\right) + T \frac{\sin 2\theta}{\sin \alpha} \tag{14-4}$$

其中，W_0 为入射束的宽度；α 为 X 射线入射束与样品表面的夹角；T 为样品的厚度 (图 14-4)。对对称劳厄情况，衍射面垂直于样品表面，$\alpha = 90° - \theta$。式 (14-4) 可简化为

$$W = W_0 \left(2\sin^2\theta + \cos 2\theta\right) + 2T\sin\theta \tag{14-5}$$

对精确的测量，必须考虑垂直放大率

$$M = \frac{b+a}{a}$$

其中，a 为光源到样品的距离；b 为样品的探测器的距离。

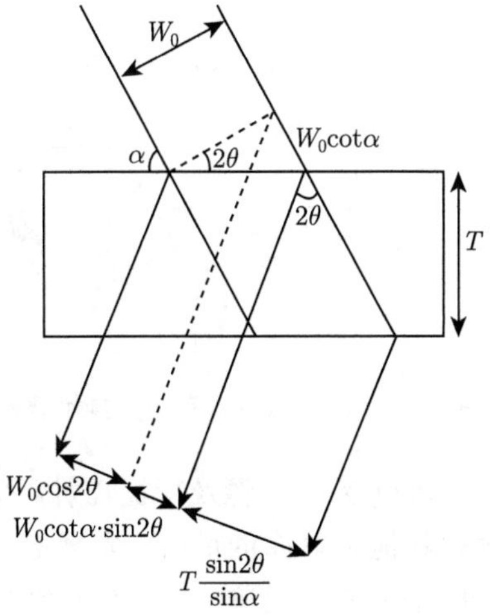

图 14-4 截面形貌图宽度计算示意图

图 14-5 是天然金刚石截面形貌图。采用 CuK_α 辐射，入射束为 25μm，[11$\bar{1}$] 衍射。图中是观察到的 X 射线衍射动力学像，可以清晰地看到，Pendellösung 条纹 (相当于等厚干涉条纹)、晶界、位错线；在中间部分还可以看到层错引起的黑白动力学衍衬 (平行的粗横线)，在边缘上有包裹物。

2. 透射形貌术[4]

如果在拍照截面形貌图时，样品和探测器 (或底片) 同时沿平行样品表面方向来回扫描 (图 14-6)，可以看到，透射形貌图实际上是无数个截面形貌图的叠加。此法观察到晶体内缺陷分布的动力学衍射像和运动学衍射像，但得到的信息不如截面形貌图细致。

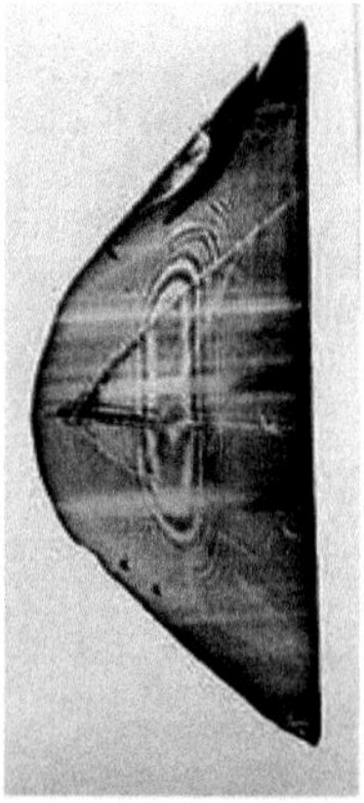

图 14-5　天然金刚石截面形貌图

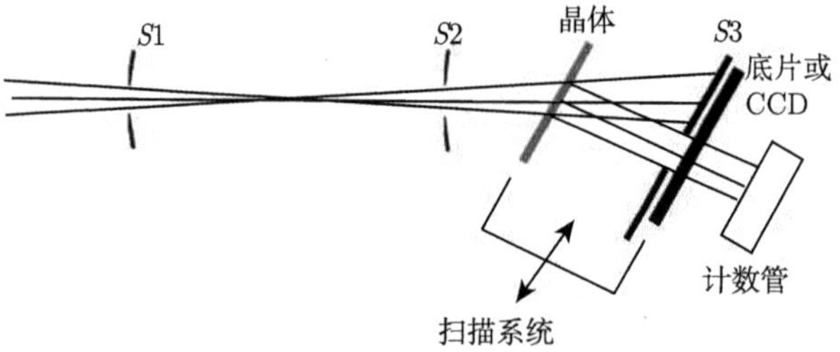

图 14-6　透射形貌术实验安排示意图

透射形貌术实验采用点焦点 X 射线源及特征辐射，入射束宽度为 100~200μm，光阑 $S1$ 阻挡非相干散射和其他衍射面的衍射，光阑 $S2$ 决定入射束水平发散度。由于 Lang 透射形貌术要求只有 X 射线单一 K_α 参与衍射，故需要仔细调节，以获得最大的衍射束强度。光阑 $S3$ 宽度调节到仅允许所选取的主衍射束通过，以降低非相干散射背景和其他衍射面衍射的干扰。由于拍摄时样品和探测器 (底片) 同时沿平行样品表面方向来回扫描，扫描行程取决于所需要观察的晶体部位。特别要注意，扫描过程样品和探测器不能与光阑 $S3$ 相碰。从图 14-6 所示的几何关系，可得到形貌图的宽度

$$W = L\cos(\gamma - \theta) \tag{14-6a}$$

或

$$W = L\cos(\theta - \gamma) \tag{14-6b}$$

其中，L 为样品扫描长度；γ 为衍射面与样品表面法线的夹角；θ 为布拉格角。式 (14-6a) 对应于 $\gamma > \theta$ 的衍射几何，而式 (14-6b) 对应于 $\gamma < \theta$ 的衍射几何。

对对称劳厄情况，$\gamma = \theta$，此时所得到的形貌图是一个缩小像，因此要选择适当的衍射面以减少畸变。

垂直方向的放大率为 $M = \dfrac{b+a}{a}$，其中 a 为光源到样品的距离，b 为样品的探测器的距离。

Andersen 和 Gerward[6] 曾提出，拍摄多个截面形貌扫描形貌图，可以得到晶体中缺陷的三维空间分布信息。

图 14-7 是图 14-5 天然金刚石样品的透射形貌图。采用 $CuK_{\alpha1}$ 辐射，$[\bar{1}\bar{1}\bar{1}]$ 衍射，入射束为 100μm。从透射形貌图可以看到整个样品的缺陷全貌，在样品的中心区域有一个强的应力区，从应力区产生多组发射状位错线，一直延伸到晶体的边缘；在中心区域可以看到三个层错，分别对应 (111) 和 $(\bar{1}\bar{1}\bar{1})$，在左下方还有若干个包裹物。由于入射束较宽，X 射线动力学衍射效应减弱，因此观察不到 Pendellösung 条纹。从图中可观察到 X 射线衍射动力学像和衍射运动学像。

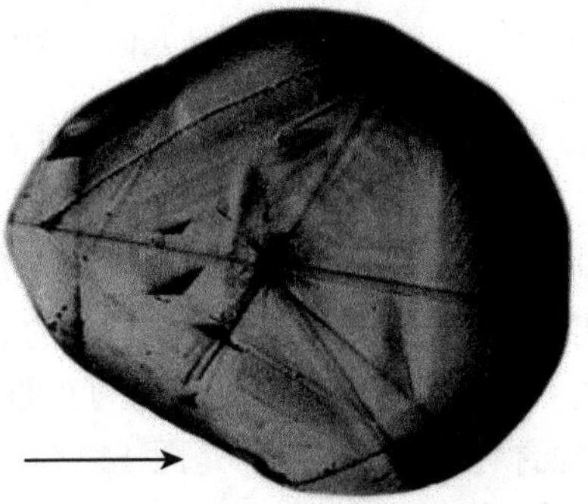

图 14-7　图 14-5 天然金刚石样品的透射形貌图

$CuK_{\alpha1}$ 辐射，$[\bar{1}\bar{1}\bar{1}]$ 衍射，箭头为衍射矢量方向

3. 限制形貌术[7−9]

如果需要获取样品表面下不同深度的缺陷信息，可调节光阑不同位置和宽度 (即调节图 14-3 中 $S2$、$S3$) 只让部分衍射束通过到达探测器，这样就可以得到限制透射截面形貌图或限制透射形貌图。观察区域的厚度及在晶体内的位置由光阑 S 的宽度和位置决定。

如图 14-8 所示，光阑 $S1$ 只有样品表面与 XX' 之间的衍射能到达探测器；同理，光阑 $S2$ 只有 XX' 与 YY' 之间的缺陷信息可以到达探测器，可以消除表面缺陷的影响。光阑 $S3$ 到达的信息反映 YY' 至出射面区域缺陷情况。

观察区域的厚度

$$T' = W_0 \frac{\cos(\theta+\gamma)}{\sin 2\theta} + W_i \frac{\cos(\theta-\gamma)}{\sin 2\theta}$$

其中，W_i 为图像的宽度 (即 $W1$ 或 $W2$ 或 $W3$)；γ 为衍射面与样品表面法线的夹角；θ 为布拉格角。

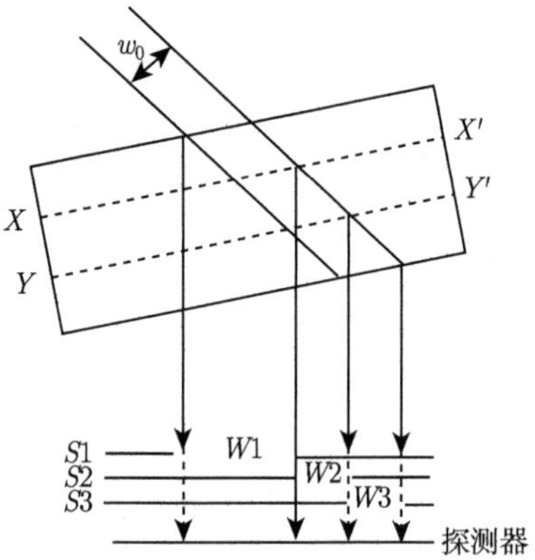

图 14-8　限制形貌术选区几何示意图

选择光阑 S 适当的位置和宽度，则可观察晶体表面下感兴趣区域缺陷形貌图。拍摄多个限制形貌图可以建立样品缺陷的空间组态。

图 14-9 是天然金刚石限制形貌图。图 14-9(a) 是透射形貌图。样品厚度为 5mm，MoK_α 辐射，对相 μt 约等于 1，形貌图中显示的缺陷衬度是典型的吸收衬度。从图中看不到位错的衬度，而看到金刚石规则的八面体界面、大的包裹物以及很多斑点，这些斑点是表面损伤。图 14-9(b) 是图 14-9(a) 的限制形貌图。拍照时光阑处于 $S2$ 位置，也就是说，只有 XX' 和 YY' 之间的晶体完美性被记录，可以排除晶体表面对形貌图的影响。与图 14-9(a) 比较，图 14-9(b) 中看不到表面损伤的衍衬，却清楚地看到在第三象限一个包裹物放射出 4、5 条位错；样品中部有一个大的包裹物和两个长珠形衍衬，它们在图 14-9(a) 中也出现，是位于晶体内部的缺陷，可以用立体对形貌术来测定它们的位置。最后，样品边缘存在着大量包裹物。

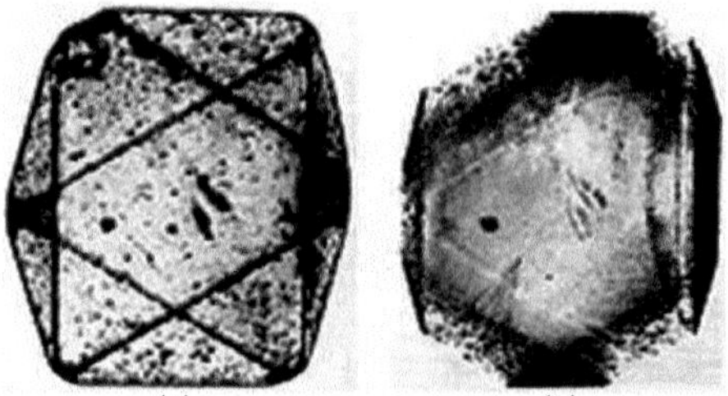

(a)　　(b)

图 14-9　天然金刚石限制形貌图

(a) 透射形貌图；(b) 限制形貌图。样品厚度：5mm；MoK_α 辐射

4. **立体对形貌术**[10,11]

对位错密度高的晶体用透射形貌术难以观察到单根位错线在整体位错线环境中的组态和空间方位，也得不到位错线在三维空间中的分布信息。人们利用物理光学原理发展了立体对形貌术。

对对称劳厄情况，立体对形貌术就是拍摄一对 (hkl) 和 $(\bar{h}\bar{k}\bar{l})$ 衍射的投影形貌图 (图 14-10)，就是说，拍摄了样品 (hkl) 形貌图后，样品绕表面法线旋转 180°，再拍摄一张。两张形貌图并在一起，离适当距离用眼睛看，或两张形貌图合成后，用立体眼镜看，即可清晰地看到缺陷的空间分布。在具体实施时，重要的是找到合适的聚焦角。此法的缺点：① 聚焦角 (即 $2\theta_B$) 可能太小或太大；② 由于衍射衬度所谓 Friedel 法则失效，左眼视场图像质量变差。

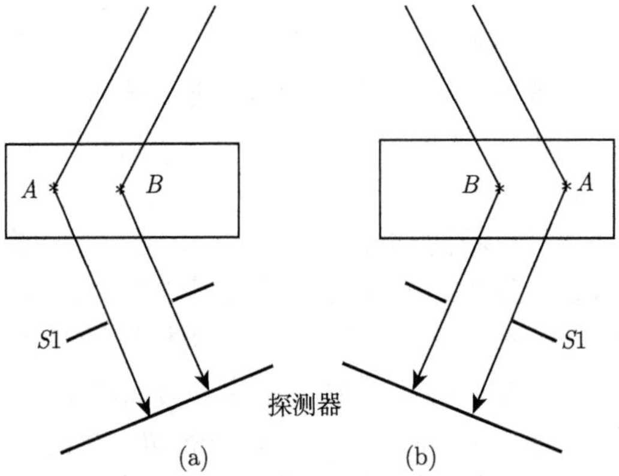

图 14-10　立体对形貌术实验安排示意

图 14-11 是 LiF 单晶 (001) 解理面的 $(0\bar{2}0)$(a) 和 (020) 衍射 (b) 的立体对形貌图，样品厚度约 50μm，表面经化学抛光处理，$CuK_{\alpha1}$ 辐射。在此实验条件下，由布拉格角推导得到的聚焦角为 45°，对透射形貌术，即使放大率为 100，仍是满足的。但对反射情况就不一定适合。

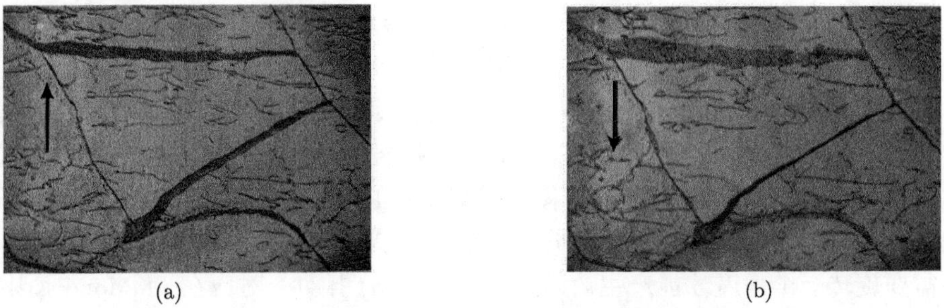

图 14-11　LiF 单晶 (001) 解理面的立体对形貌图

(a) $(0\bar{2}0)$ 衍射和 (b)(020) 衍射的立体对形貌图。$CuK_{\alpha1}$ 辐射，$[11\bar{1}]$ 衍射，箭头为衍射矢量方向

对非对称透射情况，(hkl) 和 $(\bar{h}\bar{k}\bar{l})$ 衍射时样品与探测器的夹角不同，形貌像的水平畸变不同，此时上述方法不可用。Haruta[12] 发展了用同一衍射面而晶体沿衍射矢量旋转某一角度拍摄第二张衍射形貌图，克服了上述困难。由于任何转动角度都可拍照立体对，因此，可以拍照多于两张形貌图，并当在某些角度投影的缺陷有重叠时，可采用另外的转动角度。一般转动角度不要太大，约 15° 较为合适。此法操作比较复杂，对大样品，有时要求转动几度也可能出现困难。

关于立体对形貌术的详细介绍，请参考有关文献。

14.2.4　X 射线双轴晶形貌术

20 世纪 50 年代，Bond 和 Bonse 研究天然水晶表面和锗单晶单个位错露头应力场时，独立发展了双轴晶形貌技术[13,14]。

双轴晶形貌技术是应用高度完美的参考晶体 (又称单色器晶体)，使入射的 X 射线单色化而获得样品形貌图。双轴晶形貌术可分为透射型 (图 14-12(c) 和 (d)) 和反射型 (图 14-12(a) 和 (b))，根据参考晶体与样品的相对排列，又可分为 $(+n,-n)$ 排列 (图 14-12(b) 和 (d)) 和 $(+n,+n)$ 排列 (图 14-12(a) 和 (c))，如果参考晶体和样品的衍射级数不同或材料不同，则称为 $(m,-n)$ 或 (m,n) 排列。对 $(+n,-n)$ 排列，凡满足参考晶体衍射条件的 X 射线均能在第二晶体上得到衍射，称为无色散排列。双轴晶形貌术可根据样品的情况和要求，拍摄反射形貌图或透射形貌图，从 X 射线衍射动力学理论可知，当 X 射线入射束具有高度单色性和平行性时，可近似平面波衍射，根据衍射条件不同，可得到缺陷的动力学衍衬像或运动学衍衬像。由此可见，X 射线双轴晶形貌技术是近似平面波衍射技术，可检测晶体样品中微小的点阵参数或取向差的变化。为了进一步提高空间分辨率和 X 射线单色性，可采用 duMond-Hart 单色器，它为四晶排列 (图 14-13)。当然，根据参考晶体与样品的相对排列，还有其他的排列，但它们的应用不广泛，本节不作叙述。这些排列几何都可以在双轴晶衍射仪上实现。

从图 14-12 可以看到，对于 $(+n,+n)$ 排列，入射束和衍射束位于两晶体束线的同一侧，而对于 $(+n,-n)$ 排列，入射束和衍射束位于两晶体束线的两侧。$(+n,+n)$ 排列和 $(+n,-n)$ 排列对 X 射线的作用不同，可以用 DuMond 图定性地解释：对 $(+n,-n)$ 排列，若单色器晶体与样品是同类晶体和同级衍射，这时不论入射束的波长多长，只要单色器晶体某一晶面满足布拉格反射，样品晶体相应的晶面也满足布拉格反射。两者在 DuMond 图中重叠 (图 14-14(a))，称为无色散排列；当单色器晶体与样品不是同类晶体或同级衍射时，单色器晶体有布拉格反射，样品晶体需要旋转一个角度才能产生衍射，即 $(+n,-m)$ 排列，对应在 DuMond 图中的两条曲线不重叠 (图 14-14(b))，称为色散排列，此排列给出好的角分辨率；对于 $(+n,+n)$ 排列，对应单色器晶体布拉格反射的波长和角度，样品晶体的波长和角度

只有在 $\Delta\theta$ 和 $\Delta\lambda$ 范围内才能获得衍射，在 DuMond 图中的两条曲线交叉 (图 14-14(c))，也为色散排列。此排列给出很好的单色化效果，适用于研究 X 射线谱的波长、线宽及精细结构等。关于 DuMond 图的原理第 12 章做了介绍，有兴趣的读者可参阅。

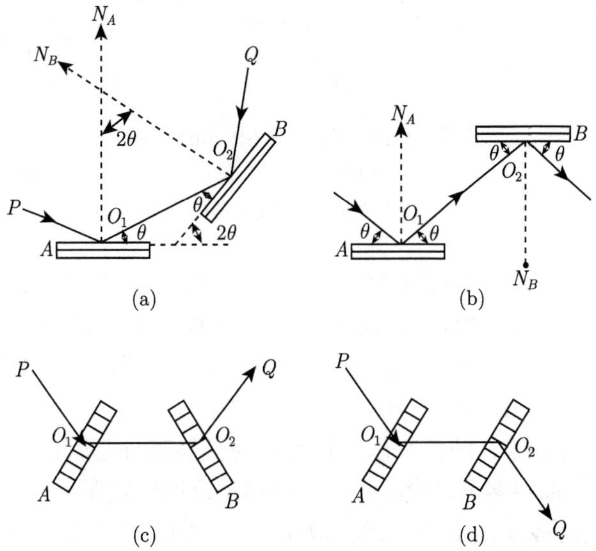

图 14-12　双轴晶反射形貌术示意图

(a) 和 (c) 为 $(+n, +n)$ 排列；(b) 和 (d) 为 $(+n, -n)$ 排列

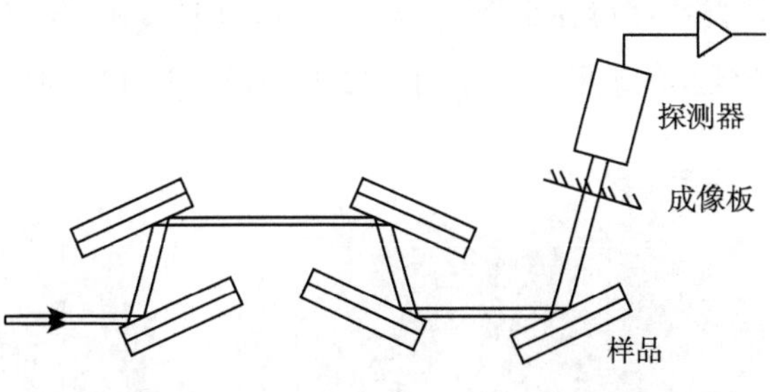

图 14-13　DuMond-Hart 单色器示意图

对单层薄膜和多层膜材料，由于衬底与膜层或膜层之间材料不同，晶格参数的微小差异引起的应变可能在界面处产生位错，衬底的缺陷也可能延伸到膜层，研究单层薄膜和多层膜结构完美性，有必要分别研究衬底和膜层的缺陷及其发展。双轴晶形貌术具有非常高的空间分辨率和应变灵敏度，可以实现衬底和膜层分层拍摄形貌像，逐层研究其缺陷的状况和发展。

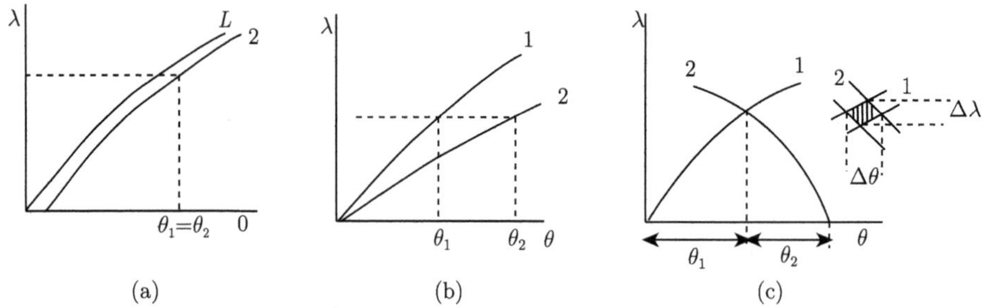

图 14-14　双轴晶衍射 DuMond

(a) $(+n,-n)$ 无色散排列; (b) $(+n,-m)$ 色散排列; (c) $(+n,+n)$ 色散排列，

右上图为两线束交叉点处放大图

双轴晶形貌术结合双轴晶衍射和摇摆曲线的测量，在摇摆曲线不同位置上拍摄样品的形貌图，可以研究衬底与膜层的晶格失配、缺陷 (如位错、层错和包裹物等)，并研究缺陷如何从衬底向膜层延伸和复制。麦振洪等应用双轴晶反射形貌术研究用 MBE 方法在 InP(001) 衬底上生长的 $In_{0.53}Ga_{0.47}As/In_{0.52}Al_{0.48}As$ 异质结构生长条件与层厚、成分的关系以及衬底的完美性对外延膜的影响[15]。他们在衬底 (224) 衍射摇摆曲线两侧及膜峰半峰高处拍摄反射形貌图 (图 14-15)。从图 14-15 可见，沉淀物 j 在图 14-15(b) 中出现，但在图 14-15 (a) 中消失，而沉淀物 i 却相反。由于这两张形貌图分别拍摄于衬底两侧，其角度差为 $50''$，主要反映衬底的完美性。由微分形式布拉格方程得知，沉淀物 i 的晶格参数比母体大，$\dfrac{\Delta d}{d}=1.96\times10^{-4}$，而沉淀物 j 的晶格参数比母体小，$\dfrac{\Delta d}{d}=-1.96\times10^{-4}$。在图 14-15(c) 中，除观察到由衬底延伸到外延膜的缺陷 (它们在图 14-15(a) 和 (b) 也出现) 外，沉淀物 k 只在

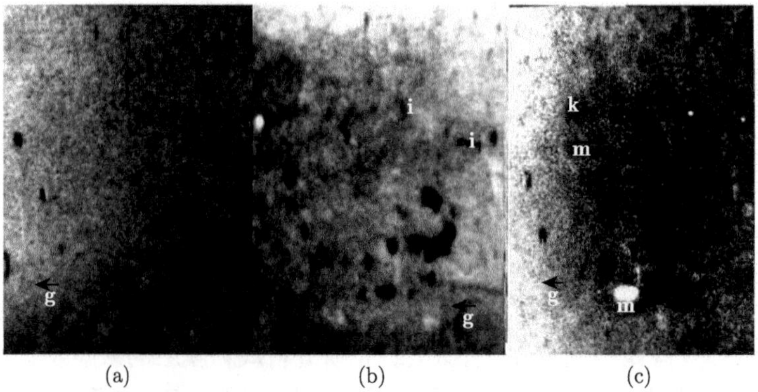

图 14-15　$In_{0.53}Ga_{0.47}As/In_{0.52}Al_{0.48}As$ 异质结构反射形貌图

(a) 和 (b) 是在衬底峰两侧拍摄; (c) 是在外延膜峰上拍摄

图 14.15(c) 出现，由于图 14-15(c) 是在膜峰上拍摄的，可以认为沉淀物 k 是在外延膜上的缺陷，其点阵参数差为 $\frac{\Delta d}{d}=-6.79\times10^{-3}$。缺陷 m 在图 14-15(a) 中为 X 射线衍射运动学衍衬 (黑色)，而在图 14-15(c) 中为 X 射线衍射动力学衍衬 (白色)。

14.2.5 X 射线异常透射形貌术

第 7 章介绍了 Borrmann 于 1941 年发现了 X 射线衍射动力学异常透射现象[16]，即对 $\mu t>10$ 的 "厚样品"(在第 1 章已经指出，X 射线衍射动力学理论讨论样品 "厚" 和 "薄" 的定义。)，晶体的吸收很大，此时，X 射线衍射运动学理论认为，X 射线入射束或衍射束都受到样品的强烈的吸收，出射的 X 射线强度很弱，难以探测。但 X 射线衍射动力学理论认为，在晶体能流三角形内，α 支波 (偏振态 $C=1$) 的波场能流 (强度为$\frac{1}{4}I_0$) 可沿衍射界面流动，通过晶体，在出射面分解成向前衍射波 I_{T} 和衍射波 I_{D}(图 14-16)，$I_{\mathrm{T}}=I_{\mathrm{D}}\approx\frac{1}{8}I_0$。如果在波场路径上存在缺陷，缺陷附近的晶格排列将受到破坏，α 支波将被强烈吸收或散射，异常透射现象便遭到破坏。因此，在形貌图均匀的灰色背底上出现白色的缺陷像，称为 Borrmann 像，是一种 X 射线衍射动力学现象。

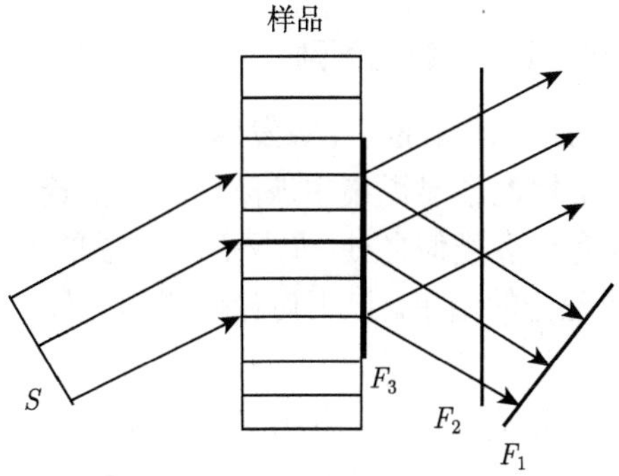

图 14-16 Borrmann 异常透射形貌术衍射几何示意图

1958 年 Borrmann 首次利用 Borrmann 异常透射观察到单位错[17]，随后，异常透射被应用于研究高吸收样品缺陷[18,19]。其实验方法与 Lang 透射法相同，由于出射束强度弱，曝光时间比 Lang 透射法长很多。为了缩短曝光时间，可采用线焦点 (图 14-16 中 S)，光阑宽度比焦点的线度略大，探测器放在直射束和衍射束恰好分开处 F_2，有时也放在垂直衍射束的 F_1 处，但此时图像分辨率有所降低。线焦点 X 射线入射的一个问题是，由于 $\mathrm{K}_{\alpha1}$ 和 $\mathrm{K}_{\alpha2}$ 都存在而产生双像。Meier 把底片放在 F_3 处，直接靠着晶体而获得单像。

图 14-17 是 Fe-3%Si 单晶 Borrmann 异常透射形貌图，可以清楚地看到，在形貌图均匀的灰色背底上出现白色的位错线和磁畴 X 射线动力学衍射像。

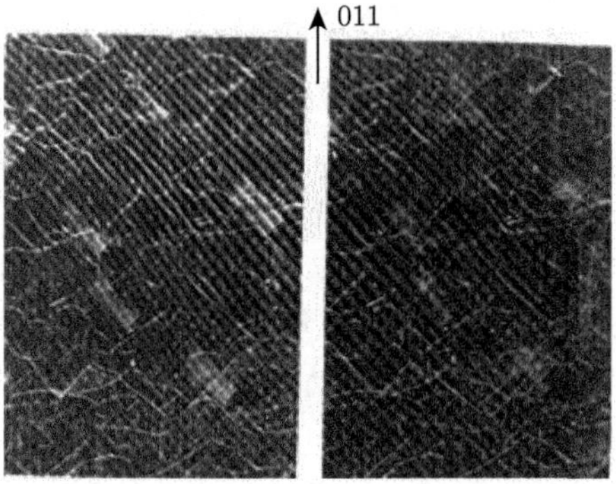

图 14-17 Fe-3%Si 单晶 Borrmann 异常透射形貌图 (引自文献 [20])

14.3 X 射线衍衬成像理论

X 射线衍衬成像理论的依据是第 4 章介绍的畸变晶体 X 射线衍射动力学理论，本章重点就 X 射线衍衬成像的基本原理及 X 射线形貌像的衬度形成作简要分析，以供读者分析 X 射线形貌像时参考。

14.3.1 X 射线与电子射线衍衬像的区别

20 世纪 60 年代初，Howie、Whelan 等发展了电子射线双光束衍射动力学衍衬成像理论，基本解决了常规电子显微镜中缺陷衍衬像的诠释；而 X 射线衍衬成像虽与电子射线衍衬成像有许多类似之处，但又存在明显的差异，使我们不能简单地套用电子射线衍衬成像理论的结果。以下讨论两者的差异。

1) 消光距离的差异

X 射线在晶体中消光距离 ξ_g 通常为 10 ~ 100μm 量级，而常规电镜 (工作电压 ~ 100kV) 电子在晶体中消光距离约几十纳米，即 $\dfrac{(\xi_g)_{X射线}}{(\xi_g)_{电子}} = \dfrac{\lambda_e f_e}{\lambda_x f_x} \cong 400$，其中 λ 为波长，f 为原子散射因子。表明 X 射线衍射运动学理论可适用于 μm 以上量级晶体的 X 射线衍射问题。也就是说，动力学衍射效应对 X 射线衍射不像电子衍射那么突出。

2) 角发散的差别

众所周知，布拉格反射摇摆曲线半高宽 $(\Delta\theta)_{\frac{1}{2}}$ 与消光距离 ξ_g 成反比，即 $(\Delta\theta)_{\frac{1}{2}} = \dfrac{2}{g\xi_g} = \dfrac{2d_{hkl}}{\xi_g}$，其中 g 为倒易矢量。可见，X 射线的反射摇摆曲线半高宽 ($\sim 10^{-5}$rad) 比电子射线 ($\sim 10^{-2}$rad) 要窄得多。尽管 X 射线束的发散度 ($\sim 5 \times 10^{-4}$rad) 比常规电子显微镜中光束的发散度 ($\sim 10^{-4}$rad) 要大，但重要的

是，对电镜情况，光束发散度远小于摇摆曲线宽度，因此，可以采用平面波近似处理；而对 X 射线而言，光束发散度远大于摇摆曲线宽度，这样，采用平面波近似处理就不合适，必须应用球面波衍射理论处理。

3) 布拉格角大小的差别

常规电镜 (100kV) 电子波长较短，约 0.005nm，相应的布拉格角很小；而常用的 X 射线较长，约 0.1nm，因此，相应的布拉格角较大。由第 2 章可知，晶体出射面上某点的衍射振幅取决于入射波矢和衍射波矢所给出的能流三角形 (Borrmann 扇形) 中的波场。由于布拉格角的差异，能流三角形表现出不同的图像。对电子情况，一般样品厚度约几十纳米，而能流三角形底边约 1nm，因此，其能流三角形近似于一个狭窄的“柱体”，对穿入位错的有效应变场区域，缺陷成像理论可以采用“柱体近似”(column approximation) 来处理，也就是可将晶体薄片划分为许多“柱体”，然后沿“柱体”进行积分，以计算缺陷的局部衬度。对 X 射线情况，一般晶片厚度约几十至几百微米，位错的有效应变场区域将在整个在能流三角形之内，因而缺陷成像计算就不能采用“柱体近似”来处理。

4) 反射球半径的差别

对电子情况，电子射线的波长短，相对反射球的半径大，不同的倒易阵点同时落在反射球面上的概率较大，因此，双光束近似对电子衍射的应用有一定局限性，特别是对超高压电镜需要采用多光束理论来处理。对 X 射线而言，其波长较长，反射球半径较小，一般情况下，只有 1~2 个倒易阵点落在反射球面，产生强衍射束。因此，此时采用双光束近似是合适的，无须考虑多光束理论。

从上述可知，对 X 射线形貌术采用平面波理论处理是不合适的，要发展球面波衍射理论，同时还要把完美晶体的衍射理论推广到非完美晶体。1960 年 Kato 提出球面波衍射理论，将球面波展开为一组平面波的叠加，利用平面波动力学方程来计算每一平面波分量的衍射振幅，而在晶体中某一点的总振幅可以表达为该平面波振幅的叠加。高木采用更普遍化的理论处理，导出任意形状波面所满足的基本方程，而且允许晶体具有畸变。

有关衍射成像理论可参考有关文献。

14.3.2 X 射线形貌术衍衬像形成原理

X 射线形貌图记录的是晶体不同区域对 X 射线散射的强度分布，14.3.1 节指出，对 X 射线衬度像需要用衍射动力学理论处理。对完美晶体，衍射动力学理论表明，当入射束稍微偏离严格的布拉格角时，仍有衍射产生，其偏离角可达弧度秒量级。如果样品没有任何缺陷，其形貌图是一个均匀的背底。如果晶体内存在缺陷 (如位错、层错、晶界、畴壁、杂质分凝等)，缺陷区域晶体点阵排列将受到破坏，其局部点阵面间距及晶面取向都会发生改变，使得动力学衍射条件被破坏，而出现运

动学衍射区。在第 1 章中指出，X 射线衍射运动学理论得到的衍射强度 ($I_g \sim |F|^2$) 大于衍射动力学理论得到的衍射强度 ($I_g \approx |F|$)。如果点阵排列变化缓慢，当入射束通过运动学衍射区时，将给出额外的衍射。因此，缺陷区域的衍射积分强度将比完美晶体动力学衍射强度高。这时，在均匀的动力学衍射背底上将形成缺陷的直接像。如果入射束的发散度足够小，以致可以与完美晶体摇摆曲线相比，或者是厚晶体 (Borrmann 吸收严重)，这时，由于运动学衍射区点阵的畸变使布拉格条件破坏，而使运动学衍衬像的强度反而比动力学衍衬背底低。因此，根据不同情况，X 射线形貌图将出现负衬度或正衬度的缺陷衍衬像。

X 射线形貌图中衍射衬度主要反映样品晶体内的取向衬度 (orientation contrast) 和消光衬度 (extinction contrast)，取向衬度是由于晶体内存在晶格取向差，以致晶体某些区域不满足布拉格定律，而在形貌图上出现衬度的变化，取向衬度可以用 X 射线衍射几何和布拉格定律来解释；消光衬度是由于晶体内点阵排列畸变引起衍射条件变化而产生衍射衬度的改变，消光衬度需要用 X 射线衍射动力学理论解释。

14.3.3 完美晶体的 X 射线成像衍衬分析

1. 完美晶体 X 射线衍衬像

在讨论 X 射线形貌术研究晶体缺陷衍射衬度前，先讨论完美晶体形貌图的衬度。因为入射束是球面波，按 Kato 球面波理论[21,22]，入射波可分解为不同方向入射的平面波的叠加，由第 2 章可知，一组平面波将在两支色散面上激发一对结点，其具体位置决定于入射角与晶体表面的取向，如果入射角略有不同，激发的结点位置就发生变化。X 射线入射束有一定发散度，球面波理论处理相当于在发散度范围使色散面上所有结点都激发。从第 2 章和第 3 章可知，Bloch 波的传播方向是沿色散面的法线方向，而色散面是双曲面形式，因此，虽然入射束方向改变不大，但对 Bloch 波传播方向的影响很大。这样，在入射束和衍射束所确定的能流三角形 (Borrmann 扇形) 中的任何方向都有 Bloch 波传播，它们在能流三角形中任意点上都可能产生干涉效应。在出射面上 Bloch 波去耦，再分别形成直射波和衍射波。Bloch 波在能流三角形内分布是不均匀的，对弱吸收情况，出现所谓“边缘效应”，即 Bloch 波的振幅在扇形的边缘增强 (见第 2 章和第 11 章)。更重要的是，干涉效应引起衍衬干涉条纹。

2. 位错线 X 射线形貌像衍衬

1) 位错线 X 射线截面形貌像衍衬

根据 Authier 发展的衍射理论[23]，X 射线截面形貌图中位错可以产生三种衍衬像：直接像、动力学像和中间像。

如图 14-18 所示，假设晶体内有一条位错线，它与直射束相交于 T，从 14.3.1 节可知，位错线引起晶格畸变区可以满足布拉格条件，产生强烈衍射，构成直接像。从 Borrmann 扇形分析，直接像是入射束直接射到位错上而衍射形成的像 (图 14-18 中 1)。

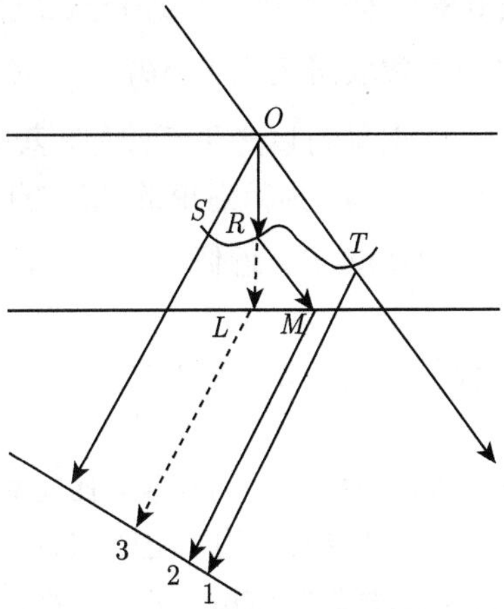

图 14-18　截面形貌图衍衬示意图

1 表示直接像；2 表示中间像；3 表示动力学像

在 Borrmann 扇形内还同时存在两类衍衬像。令波场沿 OR 方向传播，穿过位错线，波场去耦，原波场被破坏，分别形成直射束和衍射束，当它们重新进入完美区域时，将激发新的波场，沿 OR 传播的强度减弱，使在截面形貌图上的衬度比背底低，是动力学衍射效应引起的，称为动力学像 (图 14-18 中 3)。

新生的波场继续向前传播，形成中间像，可以看到，中间像是由于色散面 α 支和 β 支之间散射引起的，也就是说，能量从一个分支转移到另一个分支，在 M 点，新波场 RM 与直接从 O 点过来的波场干涉，使中间像出现条纹。当 R 靠近 T 时，也就是进入位错的波场的路径与直接像的路径靠近，中间像逐渐与直接像重合。对高吸收情况，只有靠近晶体表面的位错可被观察到。

综上所述，直接像是 X 射线衍射运动学衍衬像，动力学像是 X 射线衍射动力学衍衬像，而中间像是由复杂的相干效应产生的。应用高木方程进行数值计算，可以得到位错在截面形貌像的衬度分布，其结果与实验结果基本符合。

2) 位错线 X 射线透射投影形貌像衍衬

14.2.3 节 2. 指出，透射投影形貌图相当于无数个截面形貌图的叠加，由于照相过程扫描积分效应，动力学像和中间像变得模糊，从而直接像突出。下面定性讨论透射投影形貌图位错像的一些特征。

对低吸收情况，形貌图上位错衍衬表现为黑度加强的区域，这是不满足完美晶体布拉格衍射条件的 X 射线所形成的直接像。如果畸变区域的厚度为 $\varDelta$，即完美区域的衍射强度 I_0 将小于存有畸变区域的衍射强度：$I_t < I_{t-\varDelta} + I_{\varDelta}$，其中 t 为样品的厚度。这是因为从畸变区域产生运动学衍射且没有初级消光。1970 年 Lang 指出，最佳的直接像衬度在 $0.88\xi_{\rm g}$ 处, 其中 $\xi_{\rm g}$ 为消光长度。

当位错周围点阵平面的有效取向变化 $\delta(\Delta\theta) = -(K\sin2\theta_{\rm B})^{-1}\dfrac{\partial(\boldsymbol{g}\cdot\boldsymbol{u})}{\partial s_{\rm g}}$ 大于完美晶体的反射角 α 倍 ($\alpha \approx 1$) 时就可以产生直接像，其中 K 为波矢，$\boldsymbol{g}$ 为衍射矢量，$\boldsymbol{u}$ 为位错线周围点阵的位移，$\boldsymbol{s}_{\rm g}$ 为衍射束的能流方向。

对螺位错，位错衍衬像的宽度 $W_{\rm s}$ 近似等于 $W_{\rm s} = \xi_{\rm g}\dfrac{(\boldsymbol{g}\cdot\boldsymbol{b})}{2\pi}$，其中 $\boldsymbol{b}$ 为位错 Burgers 矢量。

对刃位错，位错衍衬像的宽度：$W_{\rm E} \approx 1.75W_{\rm s}$。利用上述关系式，可以估算 Burgers 矢量。

对厚晶体，直接像在晶体内受到较大的吸收，强度减弱，而动力学像和中间像的情况不同。因为它们不是从位错线开始的光电吸收直接衰减过程，而是能流三角形内波场相互作用而产生的，既有吸收效应，又有干涉效应。因此对厚晶体，位错的衍衬像、动力学像和中间像都可能出现。

对很厚的晶体，即异常透射产生，只有振幅与入射面垂直的 α 支的波能通过样品，形成均匀的背底。如果存在位错，位错周围阵点产生畸变，不满足布拉格定律，异常透射效应被破坏，形貌图上显示负衬度的位错像。

综上所述，对薄晶体 ($\mu t < 1$)，位错衍衬像以直接像为主，而厚晶体 ($\mu t > 10$)，位错的衍衬像主要为动力学像。值得指出，对低吸收情况，在截面形貌图中，直接像给出很好的空间分辨率，而动力学像的空间分辨率差，但其角分辨率很好；对高吸收情况，在透射投影形貌图或用平行束拍摄的形貌图中，动力学像有足够的空间分辨率，而且位错越靠近出射面，分辨率越高。

3) 位错线 Burgers 矢量判断

从固体物理弹性理论可知，对各向同性的弹性介质，位错线周围的位移场可表示为

$$\boldsymbol{u}(r,\phi) = \frac{1}{2\pi}\left[\boldsymbol{b}\phi + \boldsymbol{b}_{\rm e}\frac{\sin2\phi}{4(1-\upsilon)} + \boldsymbol{b}\times\boldsymbol{l}\left|\frac{(1-2\gamma)}{2(1-\upsilon)}\ln r + \frac{\cos2\phi}{4(1-\upsilon)}\right|\right] \tag{14-7}$$

其中，$\boldsymbol{u}$ 为位错线周围原子与正常原子位置的偏离；$\boldsymbol{b}$ 为位错线的 Burgers 矢量；$\boldsymbol{b}_{\rm e}$ 为 Burgers 矢量的刃型分量；ϕ 和 r 分别为位错线周围所求点 A 的极坐标 (坐标原点在位错线上)；$\boldsymbol{l}$ 为位错线的方向矢量；υ 为泊松比。

对螺位错 $\boldsymbol{b}//\boldsymbol{l}$(图 14-19)，原子仅在 $\boldsymbol{l}$ 方向有位移，式 (14-7) 可简化为：$\boldsymbol{u} = \dfrac{\boldsymbol{b}\phi}{2\pi}$。又知，螺位错只在 $\boldsymbol{b}$ 方向引起原子周期性排列破坏，而水平方向没有破坏。而且，

位错线处与其他无缺陷区原子的排列没有区别，故没有衍射衬度的区别。因此，对螺位错的衍衬像有如下关系：

$$\boldsymbol{g}\cdot\boldsymbol{b}=0 \quad \text{即 } \boldsymbol{g}\perp\boldsymbol{b} \text{ 时无衬度}$$

$$\boldsymbol{g}\cdot\boldsymbol{b}=1 \quad \text{即 } \boldsymbol{g}/\!/\boldsymbol{b} \text{ 时强衬度}$$

其中，$\boldsymbol{g}$ 为衍射矢量。可以拍摄不同衍射矢量的若干张形貌图，通过分析形貌图中位错线衬度的强弱及消光规律来判断位错的 Burgers。

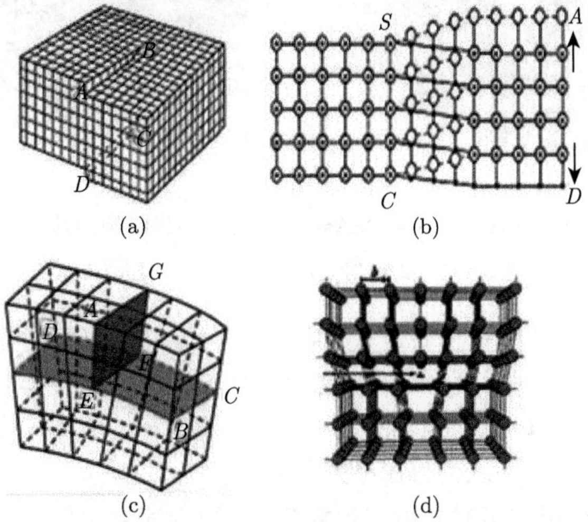

图 14-19 螺位错和刃位错示意图

(a) 和 (b) 螺位错；(c) 和 (d) 刃位错

崔树范和麦振洪等[24] 研究在 GaAs 衬底生长 $[\mathrm{In}_x\mathrm{Ga}_{1-x}\mathrm{As/GaAs}]_{150}$ 应变超晶格，图 14-20 为 (220) 和 ($\bar{2}20$) 衍射异常透射形貌图，应用实验室双轴晶 X 射线衍射仪，旋转阳极 X 射线发生器，铜靶辐射。可以清晰地看到两组各自垂直于衍射矢量的位错，也就是说，GaAs 衬底和超晶格都存在沿 [110] 和 [$\bar{1}$10] 的网格位错。根据位错衬度消光法则：$\boldsymbol{g}\cdot\boldsymbol{b}=0$ 和 $\boldsymbol{g}\cdot\boldsymbol{b}\times\boldsymbol{u}=0$，式中，$\boldsymbol{g}$ 为衍射矢量，$\boldsymbol{b}$ 为 Burgers 矢量，$\boldsymbol{u}$ 为位错单位矢量，拍摄了 (220)、($\bar{2}$20)、($\bar{2}\bar{2}$0)、(004)、(0$\bar{4}$4)、(044) 和 (404) 衍射异常透射形貌图，测定出所观察到的网络位错是位于 (001) 面沿两个正交 [110] 方向的刃型位错，其 Burgers 矢量为 $\frac{1}{2}a\,[110]$。

对刃型位错，在 $\boldsymbol{b}\perp\boldsymbol{l}$ 和 $\boldsymbol{b}$ 方向原子都有位移，位移场为

$$\boldsymbol{u}_{\boldsymbol{b}}=\frac{\boldsymbol{b}}{2\pi}\left[\phi+\frac{\sin 2\phi}{4\,(1-\upsilon)}\right]$$

$$\boldsymbol{u}_{\boldsymbol{b}\times\boldsymbol{l}}=\frac{\boldsymbol{b}\times\boldsymbol{l}}{2\pi}\left[\frac{1-2\upsilon}{2\,(1-\upsilon)}\ln r+\frac{\cos 2\phi}{4\,(1-\upsilon)}\right]$$

可见，刃位错在 $\boldsymbol{b}$ 和 $\boldsymbol{b}\times\boldsymbol{l}$ 两个方向均引起原子位移，因此，刃位错的衍衬像的消光关系比较复杂：

$\boldsymbol{g}\cdot\boldsymbol{b}=0$ 以及 $\boldsymbol{g}\cdot(\boldsymbol{b}\times\boldsymbol{l})=0$ 即 $\boldsymbol{g}\perp\boldsymbol{b}$ 及 $\boldsymbol{g}//\boldsymbol{l}$ 时无衬度；

$\boldsymbol{g}\cdot\boldsymbol{b}=1$ 即 $\boldsymbol{g}//\boldsymbol{b}$ 时强衍衬。

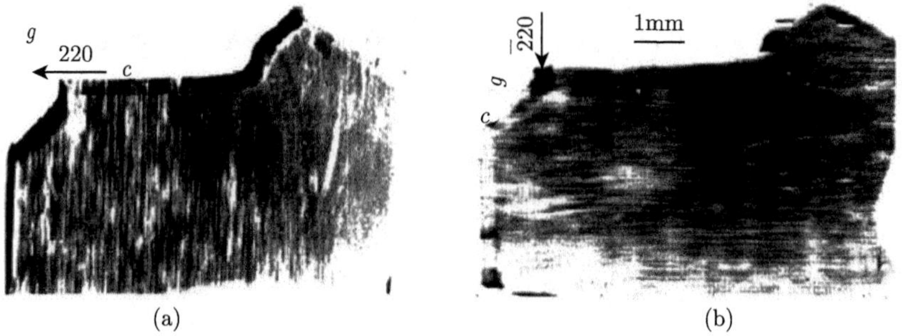

图 14-20 $[In_xGa_{1-x}As/GaAs]_{150}$ 应变超晶格结构异常透射形貌图

(a) (220) 衍射；(b) ($\bar{2}20$) 衍射，$CuK_{\alpha1}$ 辐射，箭头为衍射矢量方向

按位错理论，原子在 b 方向位移最大，因此，对应 $\boldsymbol{g}//\boldsymbol{b}$，位错像衬度最强；对 $\boldsymbol{g}\perp\boldsymbol{b}$，衍射面与位错线垂直，衬度为零。但当衍射面与刃位错线及其 Burgers 矢量平行时，即 $\boldsymbol{g}\perp\boldsymbol{b}$ 及 $\boldsymbol{g}\perp\boldsymbol{l}$，此时虽然 $\boldsymbol{g}\cdot\boldsymbol{b}=0$，但 $|\boldsymbol{g}\times\boldsymbol{l}|\neq 0$，位错线仍有衬度。一般情况下，衬度较弱，位错线衍衬像不完全消失。

对于混合型位错的衍衬分析比较复杂，不可能完全消像。式 (14-7) 中的第二项和第三项通常比第一项小，所以，位错线衍衬像近似消像的条件为：$\boldsymbol{g}\cdot\boldsymbol{b}=0$。

根据上述判断，可以利用若干张不同衍射矢量的形貌图分析其消光规律来判断位错线的类型和 Burgers 矢量。当然，在分析时还要结合晶体学的知识。X 射线形貌图中位错线的衍衬像是参与衍射的晶体区域位错线衍衬在探测器上的投影，位错线一般位于滑移面上，而滑移面内位错的走向有各种可能。如对面心立方、金刚石结构等，滑移面为 {111}，四个 {111} 组成一个正四面体，纯刃位错的走向对应有 12 种可能的 $\dfrac{1}{6}[112]$ 方向。对纯螺位错的走向有 6 种可能的 $\dfrac{1}{2}[110]$ 方向。但在 Si 单晶中常观察到 $\dfrac{1}{2}[110]$ 方向的刃位错。

还应指出，从一张形貌图中观察不到位错不等于晶体内没有位错。要判断有无位错或位错线数，必须拍摄多张不同衍射矢量的形貌图。

从形貌图中位错线的消光规律只能判断 Burgers 矢量的走向，不能决定其方向。如在形貌图中动力学像和运动学像同时出现，可根据它们的位置来判断。对 $\boldsymbol{g}\cdot\boldsymbol{b}>0$，衍射矢量与 Burgers 矢量方向为锐角，这时动力学像是加强的“正衬度”；反之，两者成钝角，即 $\boldsymbol{g}\cdot\boldsymbol{b}<0$，动力学像为强度减弱的“负衬度”。由于位错的

直接像是入射束与位错应变场直接交互作用形成的，而动力学像是晶体能流三角形内能流与应变场交互作用形成的。对于一个接近晶体出射面的位错，动力学像明锐，几乎重叠在直接像上。对于一个位于入射面的位错，动力学像是弥散的。对 $\boldsymbol{g}\cdot\boldsymbol{b}>0$ 情况，衍衬像为黑色，带有黑色尾巴；对 $\boldsymbol{g}\cdot\boldsymbol{b}<0$ 情况，衍衬像为黑色，带有白色尾巴。如果动力学像不与运动学像同时出现，这时判断就有困难。

1965 年 Lang 研究了 Fe-3.5%Si 合金的位错[25]，采用 $\mathrm{AgK_{\alpha}}$ 辐射，样品约 3μm，发现腐蚀坑与位错露头一一对应，所有 Burgers 矢量平行 [111]，这是 *bcc* 结构的特征。其结果与令 Burgers 矢量为 $\frac{1}{2}[111]$ 简单嵌镶模型计算结果一致 (该文分析详细，是一篇学习 X 射线形貌术好的入门参考文章)。

3. 面缺陷 X 射线衍衬像

众所周知，晶体面缺陷包括：层错、孪生晶界、铁磁畴、铁电畴等，可认为它们把晶体分割为 I 和 II 两个区域，其结构因子 F 与倒易点阵矢量 $\boldsymbol{g}$ 的关系把面缺陷的 X 射线衍衬像分为三类：

(1) 层错：$F^{\mathrm{II}}=F^{\mathrm{I}}\exp(\mathrm{i}\Delta)$，$g^{\mathrm{II}}=g^{\mathrm{I}}$;

(2) 孪晶界面：$\left|F^{\mathrm{II}}\right|\neq\left|F^{\mathrm{I}}\right|$，$g^{\mathrm{II}}\neq g^{\mathrm{I}}$;

(3) 错配界面 (misfit boundary):$\left|F^{\mathrm{II}}\right|=\left|F^{\mathrm{I}}\right|$，$g^{\mathrm{II}}\neq g^{\mathrm{I}}$。

本节简单介绍关于部分面缺陷 X 射线衍衬像的分析。

1) 层错 X 射线衍衬像

层错是最简单的面缺陷。层错上下部分的点阵参数不变，只是平移了 $\boldsymbol{u}$，$\boldsymbol{u}$ 的方向不一定与层错面平行，可以有一个夹角。晶体中层错上下部分衍射矢量 $\boldsymbol{g}$ 方向不变，晶体结构因子也不变，只是 X 射线的相位变了，有一个相位差 Δ。这时结构因子 $F_{\mathrm{II}}=F_{\mathrm{I}}\exp(\mathrm{i}\Delta)$，其中 $\Delta=-(\boldsymbol{g}\cdot\boldsymbol{u})$，这是正空间的情况。对于倒易空间，由于 I 和 II 两部分晶体的结构因子的数值不变，从第 2 章可知，I 和 II 两部分的色散面重叠。假设有一个层错与晶体表面斜交 (图 14-21)，与入射面交线为 MN，与出射面的交线为 EF，AB 为入射束在晶体的入射位置，$IJKH$ 为 Borrmann 扇形在出射面的区域，此区域衍射束强度分布决定了层错截面形貌图的衬度。作为入门，我们分析能流三角形柱体一个截面 OCD，层错与其相交于 PQ。层错的上方为区域 I，下方为区域 II。从第 2 章已知，一束 X 射线入射，在晶体 Borrmann 扇形内激发四个 Bloch 波。因此在 I 区中任一方向 OR 有两个波场传播 (图 14-22)，相应于色散面上 X 和 X' 两点在层错面上激发区域 II 中波场。前面已经说明，区域 I 和 II 的色散面是重叠的，在区域 II 的色散面上，除了激发相同的结点外，在色散面的 Y 也被激发，它是 X' 点作平行 $\boldsymbol{n}_{\mathrm{f}}$ 的直线与色散面 α 支的交点。结点 X 和 Y 都有各自的传播方向。同理，分析色散面 β 支也有两结点 X' 和 Y' 激发波长。由于入射束有一定发散度，是球面波入射，在色散面上一定范围内被激发。X

与 X'，Y 与 Y'，$\cdots\cdots$ 相对应的结点发出的波相互干涉，产生 Pendellösung 条纹。另外，色散面上的结点传播方向垂直于色散面，故 β 支上的波将聚焦到一点。因此，形貌图中除了衍衬干涉条纹外，还存在一组聚焦到一点的干涉条纹，图像比较复杂。

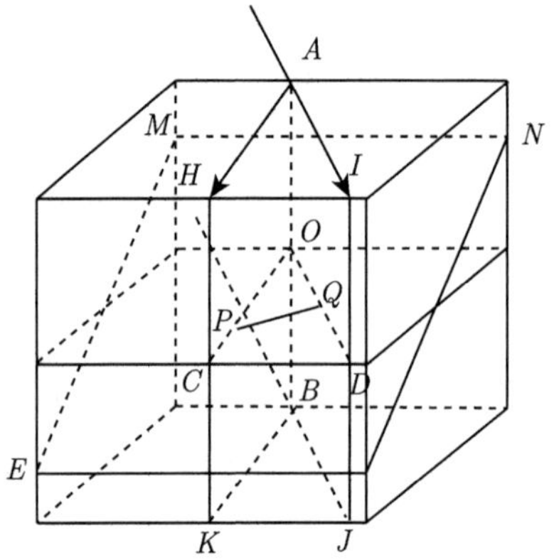

图 14-21　晶体内层错示意图

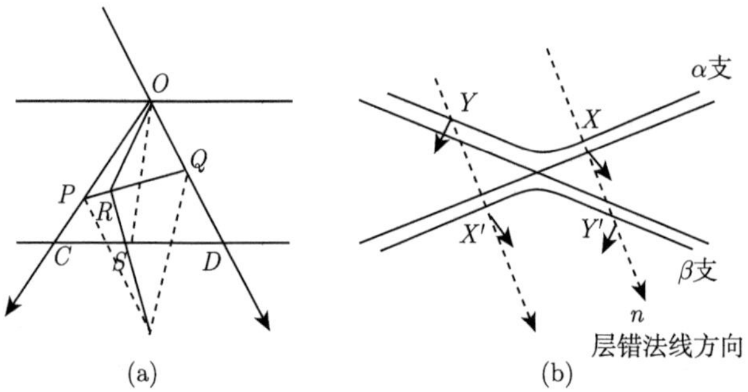

图 14-22　层错截面波场传播示意图

(a) 晶体内能流三角形柱体一个截面 OCD (正空间)；(b) 对应的色散面 (倒易空间)

下面定性地画出其形貌图。在 I 区中，原波场形成的 Pendellösung 条纹是以 Borrmann 能流三角形两边为渐近线的双曲线，在截面形貌图上表现为一组平行于入射光阑的直条纹。在 II 区中，除了原波场的干涉条纹外，在层错面上产生的新波场也向前传播，新波场向焦点 T 汇焦 (图 14-23(a))，$OQ = PT$，$OP = QT$。等位线的迹线是以 TP 和 TQ 为渐近线的双曲线，相当于原波场的干涉条纹被层错所反射。除此，由于原波场与新波场相互干涉，出现另一组干涉条纹，形状比较平坦，其间距为双曲线的两倍。由此可知，截面形貌图中 (图 14-23(b))，两侧的干涉条纹与完美晶体一样，中间部分 PQT 区域原波场与新波场相互作用，CPT 和 TQD

区域只有原波场。最后的图形相当于两个“沙漏”形状，“沙漏”内充满两组间隔不等的干涉条纹。其一边 MN 相当于层错与入射面相交的衍衬像，而 EF 为层错与出射面相交的衍衬像。前者与能流三角形只交于一点，只相对应一个投影截面。所以，在截面形貌图上形成与轴线垂直的迹线。后者与能流三角形交于一斜线，其位置决定于层错与出射面的交线，故迹线一般为倾斜的直线。EN 相当于层错的直接像。

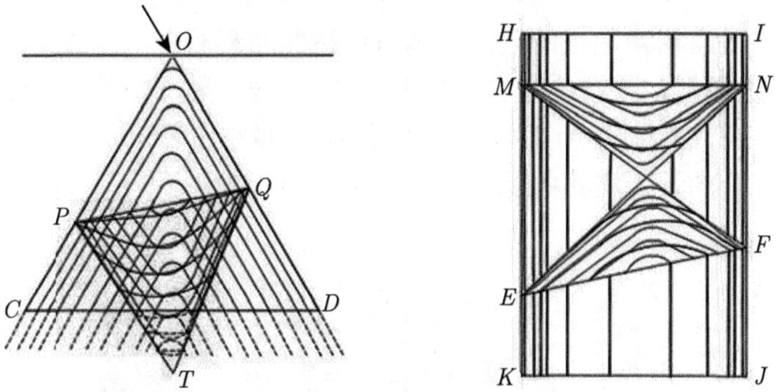

图 14-23 (a) 晶体内层错上下的波场分布示意图；(b) 截面形貌图示意图

在出射面上一点 S (图 14-22(a))，其波场强度为沿 OS 传播的原波场与沿 RS 传播的新波场的叠加，设原波场振幅为 D_1，新波场振幅为 D_2，则 S 点的波场强度为

$$I = I_1 + I_2 + I_3 = |D_1|^2 + |D_2|^2 + 2F\left(D_1^* D_2\right)$$

其中，I_1 为原波场之间干涉强度；I_2 为新波场之间干涉强度；I_3 为原波场与新波场干涉强度，其表达式为

$$I_1 = I_{\mathrm{p}}\left(1 - A\sin^2\frac{\alpha}{2}\right)$$

$$I_2 = B\sin^2\frac{\alpha}{2}$$

$$I_3 = C\sin^2\frac{\alpha}{2} + D\sin\alpha$$

其中，I_{p} 为无层错晶体的强度；$\alpha = 2\pi\boldsymbol{g}\cdot\boldsymbol{u}$，即相位差，$\boldsymbol{u}$ 为层错上层与下层的位移；A，B，C 和 D 为实验几何参数，各参数具体形式可参考文献 [26]。一般情况 (如吸收、不对称衍射、不对称层错等) 很复杂，对无吸收情况，$D = 0$。显见，I_1 和 I_2 对 α 的变化不太敏感；但对中等吸收情况，会变得十分敏感。Sauvage 比较了不同 α 时形貌图衬度的变化，并用计算机模拟[27]。结果表明，在截面形貌图上第一根条纹的衬度可用来确定 α 的符号及层错的类型或性质，如层错是插入型 $(+\boldsymbol{u})$ 还是抽出型 $(-\boldsymbol{u})$。

对强吸收情况，I_3 条纹衬度大于 I_2 条纹，此时，I_3 占主要。它是由结点 X 和 Y 相对晶体内区域 I 和区域 II 的波场干涉而产生的。X 和 Y 结点都在 σ 分支，吸收较弱，因此，只观察到 I_3 的非双曲线干涉条纹，条纹数为 $\dfrac{t}{\xi_g}$。

对无吸收情况，可观察到两组干涉条纹，每组有各自的周期。

1962 年 Kohra 首次应用 X 射线形貌技术观察到层错，引起众多的关注，得到广泛应用。1974 年 Epelbion 发展了计算机数值模拟[27]。

图 14-24 是蒋树声拍摄的天然金刚石层错截面形貌图[28]，AgK_α 辐射。图 14-24(a) 为 $[1\bar{1}1]$ 衍射，图中沙漏右边界限是 X 射线入射面。图 14-24(b) 是 (a) 计算机模拟像；图 14-24(c) 为 $[\bar{1}1\bar{1}]$ 衍射，图中沙漏左边界限是 X 射线入射面。图 14-24(d) 是 (c) 的计算机模拟像。从图中可以清晰地看到 I_1、I_2 和 I_3 三组干涉条纹。

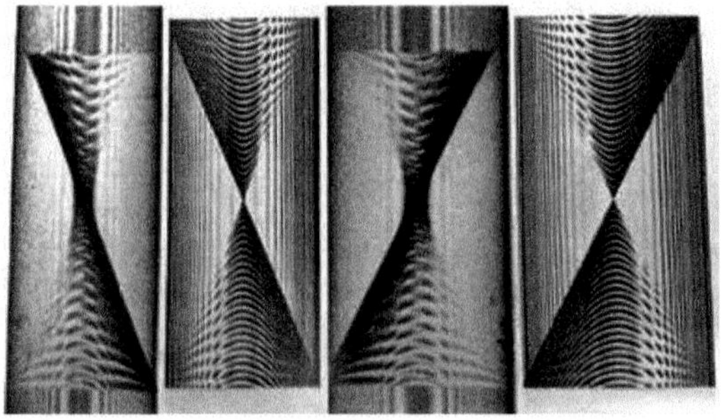

(a) (b) (c) (d)

图 14-24 天然金刚石层错截面形貌图，AgK_α 辐射

(a) $[1\bar{1}1]$ 衍射，图中沙漏右边界限是 X 射线入射面；(b) 是 (a) 计算机模拟像；(c) $[\bar{1}1\bar{1}]$ 衍射，图中沙漏左边界限是 X 射线入射面；(d) 是 (c) 的计算机模拟像

层错的透射形貌图相当于截面形貌图的积分像，具体计算更为困难。可定性地解释：从完美晶体衍衬可知，对等厚的晶体，I_1 将没有衬度，而新波场从层错开始，所以对倾斜的层错，I_2 和 I_3 会出现等厚干涉条纹。如图 14-25 所示，(a) 是层错的 X 射线透射形貌图，(b) 是计算机模拟像。样品和实验条件与图 14-24 一样。

2) 孪晶界面 X 射线衍衬像

孪晶是由某种对称操作相联系的两个相同晶质个体的连生体，这意味着，孪晶中某一个体的某一点阵面和这个点阵面中某一点阵列分别与另一个体中的相同点阵面和相同阵列平行或反平行，而其余的不完全平行。也就是说，孪晶界面两边的晶面没有位移，点阵排列没有变化，但结构因子变了，可用因子 α 表示。同时相位也改变了 Δ，即 $F_{\mathrm{II}} = \alpha F_{\mathrm{I}} \exp(\mathrm{i}\Delta)$。$\alpha$ 与单胞内原子排列有关。

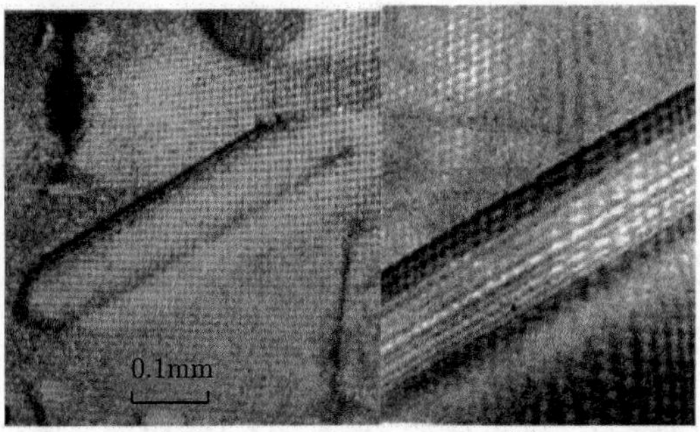

(a) (b)

图 14-25 (a) 层错的 X 射线透射形貌图；(b) 计算机模拟像

样品和实验条件与图 14-24 的一样

如图 14-26 所示，孪晶界面把晶体分为 I 和 II 两部分，X 射线在孪晶 I 的孪晶界面上入射，对应色散面结点 c，在晶体 II 内 σ 分支和 π 分支激发两个结点 c' 和 c''。众所周知，Bloch 波的传播方向为垂直于该点的色散面。c' 点和 c'' 点所激发的波向两个方向传播，因此，两支波不会重合，而各自聚焦于一点，相当于光学凹透镜，光通过后不会聚焦。形貌图中孪晶衍衬像没有交点。

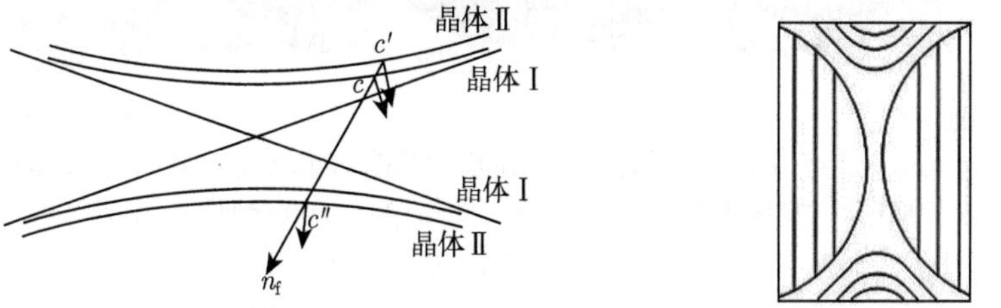

(a) (b)

图 14-26 (a) 孪晶色散面示意图，n_f 为晶体孪晶面内法线方向；(b) 截面形貌图示意图

孪晶界面衬度在形貌图中或是消光衬度或是取向衬度。如用两部分晶体共有的孪晶界面或孪晶界面垂直的其他晶面作反射面，孪晶的两部分能同时出现消光衬度，类似层错的衍衬像；当采用其他反射面时，晶体两部分有取向差，即只有一部分晶体在一次拍摄中显现，这时，需要拍摄两张形貌图才能把孪晶显现出来。

3) 生长界面 X 射线衍衬像

在晶体生长过程中，由于温度等因素的波动，点阵参数变化而产生生长界面。一般情况下，生长界面杂质富集使点阵在垂直于生长前沿的方向受到破坏。当点阵参数变化足够大时，就会使晶体内波场发生“分支间散射”，将观察到生长界面的直接像或动力学条纹，这些条纹呈分离状或条纹状。由于畸变是垂直于生长前沿，当衍射矢量在生长前沿面上时，生长界面衍衬像消像条件为

$$\boldsymbol{g}\cdot\boldsymbol{u}=0,\quad \text{无衬度}$$

其中，$\boldsymbol{u}$ 为平行生长方向的矢量。因此，在观察生长界面时，常选取 $\boldsymbol{g}//\boldsymbol{u}$。

除了条纹衬度，在生长界面与样品表面的交线上，还观察到很强的衬度，这是由于表面的弛豫效应引起晶体表面点阵平面弯曲，在中等吸收情况，正负衬度都可被观察到。可解释为，生长条纹波动较大，加之杂质的富集，引起长程应力场，给出界面处应变的直接像。

图 14-27 是 Z 切向空间微重力环境与地面生长的 α-$LiIO_3$ 单晶 X 射线形貌图[29]，晶体在空间微重力环境生长了 15 天，MoK_α 辐射。从图中可以清晰地看到籽晶和生长晶体的界面。空间微重力环境下，晶体在 $+Z$ 和 $-Z$ 方向都生长，而且晶体完美性较好；而地面生长的晶体只向 $-Z$ 方向生长，在籽晶边缘有生长帽，晶体的完美性也较差。

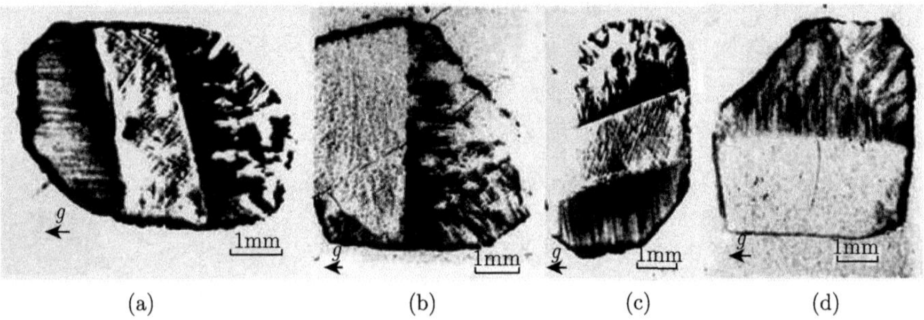

图 14-27　Z 切向空间微重力环境与地面生长的 α-$LiIO_3$ 单晶 X 射线形貌图

(a) 空间生长，$[000\bar{2}]$ 衍射；(b) 地面生长，$[000\bar{2}]$ 衍射；(c) 空间生长，$[11\bar{2}0]$ 衍射；(d) 地面生长，$[11\bar{2}0]$ 衍射

4) 铁磁畴 X 射线衍衬像

应用 X 射线形貌技术观察铁磁畴和铁电畴不仅能显示畴的不同组态，还可以直接观测畴致伸缩大小。此外，畴壁和其他缺陷都可同时成像于形貌图上，这对研究有关缺陷与畴壁的交互作用十分有利。

对铁磁畴材料的 90° 畴，其畴壁两边磁致伸缩形变将引起波场的变化，从而在形貌图中形成畴壁衬度。畴壁衬度消像条件为

$$\Delta\boldsymbol{m}\cdot\boldsymbol{g}=0$$

其中，$\Delta\boldsymbol{m}=\boldsymbol{m}_1-\boldsymbol{m}_2$，$\boldsymbol{m}_1$ 和 $\boldsymbol{m}_2$ 是相邻两个畴的磁化方向；$\boldsymbol{g}$ 是 X 射线衍射矢量。

对磁致伸缩系数很小的材料，可能观察不到这种取向衬度，但当 X 射线波场在跨越畴壁时激发另一个畴的新波场，它相应于色散面上不同的结点。因而，可能出现两种衬度，仍可被观察到。

对于铁磁材料的 180° 畴，磁畴两边磁致伸缩形变是一样的，一般不显示任何衬度。但由于晶体内弹性反映补偿畴壁内的磁致伸缩形变，整个晶体内总的形变保持一样。因此，在其表面产生弛豫应力，使表面附近出现微弱的衬度。

图 14-28 是 Fe-3wt%Si 铁电畴 X 射线形貌图，可以清晰地看到，90° 畴和 180° 畴的壁和畴的取向。

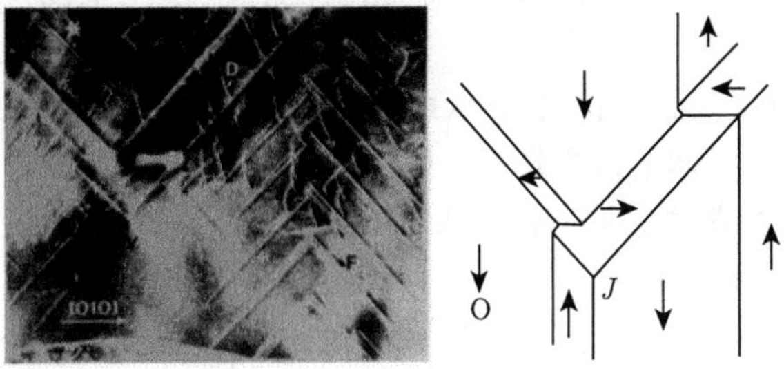

(a)　(b)

图 14-28　(a) Fe-3wt%Si 铁电畴 X 射线形貌图；(b) 铁磁畴示意图

5) 铁电畴 X 射线衍衬像

铁电畴也是常见的一种孪生形式，与铁磁畴类似，对铁电材料的 90° 畴，铁磁畴的极化方向平行于晶体表面的 a 轴、垂直于 c 轴。A 畴和 C 畴不会同时在 Lang 形貌图中出现。X 射线形貌像衍衬消像条件为

$$\Delta \boldsymbol{P}_{\mathrm{s}} \cdot \boldsymbol{g} = 0$$

其中，$\Delta \boldsymbol{P}_{\mathrm{s}} = \boldsymbol{P}_{\mathrm{s2}} - \boldsymbol{P}_{\mathrm{s1}}$，$\boldsymbol{P}_{\mathrm{s}}$ 为自发极化矢量；$\boldsymbol{g}$ 为衍射矢量。

图 14-29 是 $BaTiO_3$ 晶体铁磁畴 X 射线形貌图。$BaTiO_3$ 晶体有两组铁磁畴，分别平行和垂直于画面。根据衍衬消像条件，只有一组平行于 [100] 的铁电畴可以被看到。

图 14-29　$BaTiO_3$ 晶体铁电畴 X 射线形貌图，[200] 衍射，MoK_{α} 辐射

对铁电材料的 180° 畴，两个相邻畴的自发极化方向相反，如果畴之间没有长程应力或取向差，通常在形貌图中没有衬度。然而，可以选择适当的辐射，应用异

常色散在两相邻铁电畴中的差别，显示出衬度。

4. 取向差、点阵均匀弯曲的 X 射线衍衬像

1) 取向差

取向差是指晶体中某一部分点阵与母体点阵的取向有微小的差别。对不同的情况，取向差的大小不一样，例如，小角晶界约为度量级；亚晶界约为分量级；嵌镶块为秒量级。

根据布拉格定律，某一特征波长入射到有取向差的晶体，如果入射束发散度很小，取向差足够大，晶体中某部分满足布拉格定律，而另一部分将偏离布拉格衍射条件。这时，就可以观察到取向差，分别获得两部分 X 射线形貌像时测角头的数值差就是晶体两部分的取向差。

如果采用发散度足够大的 X 射线入射，晶体中不同取向可选择适当的波长而满足布拉格条件 (图 14-30)。设晶面取向差为 φ，晶体两部分衍射角相差为 2φ。令晶体到探测器距离为 D，即探测器上两个像分开的距离为：$W=\dfrac{2\varphi D}{\sin\alpha}$，从而可得

$$\varphi=\frac{W\sin\alpha}{2D}$$

其中，α 为晶体表面与衍射束的夹角。因此，从两个像的分离距离可推出晶体的取向差。

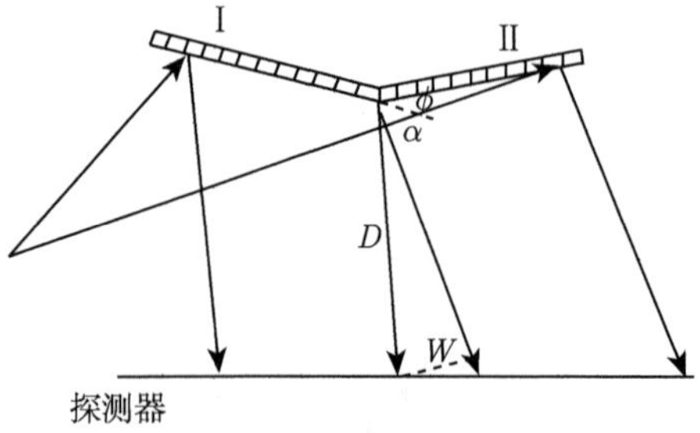

图 14-30　晶体取向差示意图

上述是晶体的取向差绕垂直于纸面轴旋转。如果其沿水平轴旋转，两个 X 射线形貌像的距离为 $W=2\varphi D$，从而

$$\varphi=\frac{W}{2D}$$

2) 点阵均匀膨胀和弯曲

如果晶体中存在杂质团，则在其周围的点阵将会产生均匀弯曲，或者晶片加工得很薄，晶片也可能产生微小的弯曲。至于均匀膨胀，在实际晶体中也常会出现，

如受外延膜的影响，靠近外延膜的基体表面会产生均匀膨胀。点阵弯曲和均匀膨胀都能在 X 射线形貌图上产生衬度，其衬度变化

$$\frac{\Delta I}{I}=K\left(\frac{\Delta d}{d}\tan\theta\pm\Delta\theta\right)$$

其中，K 为入射束摇摆曲线半高宽处斜率或入射束波长分布；Δd 为点阵变化；$\Delta\theta$ 为角度变化。

点阵均匀膨胀使晶格间距产生变化，导致衍射角 θ 也变化。对布拉格定律微分得

$$\frac{\Delta d}{d}=-\cot\theta\cdot\Delta\theta$$

从上式可看到，点阵间距变化 Δd，衍射角将变化 $\Delta\theta$，衍射角度变化会影响形貌图衬度的变化。

由于入射束波长有一定带宽，X 射线衍射动力学理论指出，入射 X 射线稍偏离布拉格角时仍有一定衍射强度。设晶体基体严格处于布拉格衍射角，另一区域由于存在晶格均匀膨胀或弯曲，将导致衍射角偏离。K 越小，即入射束发散度越小，基体与畸变部分的衍衬强度差越大；反之，K 越大，这两部分的衍衬强度差越小。

3) 晶片弯曲率的测定

由于器件的需求，常需要面积大、厚度小的晶片，在加工过程中，由于种种原因，晶片产生弯曲。这类弯曲的曲率半径一般比较大，许多测量方法无能为力。然而，X 射线形貌术可测量数十米的曲率半径，且属非接触、非破坏测量，可跟踪器件工艺，做定量分析。

A. 理想的、窄平行束入射

图 14-31 是均匀单轴弯曲晶片曲率半径测量的示意图，以常规 X 射线实验为例，入射束为窄的平行特征 X 射线束，调节晶体的弯曲轴垂直于形貌相机的水平面，使所用 X 射线 $K_{\alpha1}$ 位于衍射位置 F_0，在探测器 E 处得到衍射像。扫描晶片，由于晶片弯曲，X 射线 $K_{\alpha1}$ 随即偏离布拉格条件，当扫描到达 F 处，$K_{\alpha2}$ 满足布拉格衍射条件，其衍射像落在 D 处。从图 14-31 的几何关系有：$AE=AB+BC-EC$，AD 近似垂直于 DE，即有

$$\begin{aligned}\frac{L}{\cos(\theta_1-\beta)}&=d\cos(\theta_1+\beta)\tan(\theta_2+\Delta\theta+\beta)+R\tan\Delta\theta-d\sin(\theta_1+\beta)\\&=\frac{d\sin2\Delta\theta}{\cos(\theta_1+\beta)}+R\tan\Delta\theta\end{aligned}$$

其中，β 为衍射晶面与晶片表面法线的夹角；$\Delta\theta$ 为 X 射线 $K_{\alpha1}$ 与 $K_{\alpha2}$ 对该衍射晶面的衍射角差；θ_1 和 θ_2 分别为 $K_{\alpha1}$ 与 $K_{\alpha2}$ 对该衍射晶面的衍射角；L 为 $K_{\alpha1}$

与 $K_{\alpha 2}$ 衍射在探测器上的距离；R 为晶片的曲率半径。由于 $\Delta\theta = \dfrac{\Delta\lambda}{\lambda}\cdot\tan\theta$ 的值约为几分，且 $d \ll R$，故有

$$R = \frac{L}{\Delta\theta\cdot\cos(\theta_1+\beta)}$$

对对称劳厄情况，$\beta=0$，有

$$R = \frac{L}{\Delta\theta\cdot\cos\theta_1} = \frac{\lambda\cdot L}{\Delta\lambda\cdot\sin\theta_1}$$

式中，$\dfrac{\Delta\lambda}{\lambda}$ 是已知的，因此，测量探测器上 $K_{\alpha 1}$ 与 $K_{\alpha 2}$ 两条衍射线的距离，即可求得晶片的曲率半径。

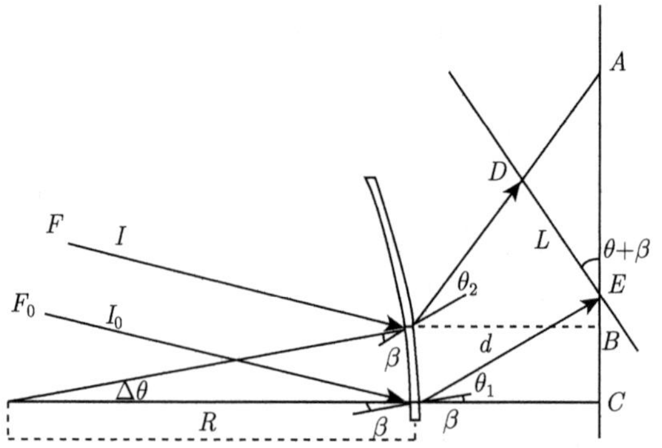

图 14-31　均匀单轴弯曲晶片曲率半径测量示意图

B. 发散束入射

图 14-32 是发散 X 射线束入射均匀单轴弯曲晶片曲率测定的示意图。晶片扫描的情况与上节一样，由于 X 射线焦点有一定尺寸，且 X 射线束是发散的，从 A 向 B 扫描时，都在其发散度 $\Delta\theta$ 范围内，X 射线 $K_{\alpha 1}$ 的衍射条件仍能满足。因此，$K_{\alpha 1}$ 和 $K_{\alpha 2}$ 的衍射像不是一条线，而是有一定宽度。根据探测器上两根线的宽度 L，可求出晶片的曲率半径：

$$L = R\cdot\Delta\theta\cdot\cos(\theta_1+\beta)$$

$$R = \frac{L}{\Delta\theta\cdot\cos(\theta_1+\beta)}$$

其中，β 为衍射晶面与晶片表面法线的夹角；$\Delta\theta$ 为 X 射线的发散角；θ_1 为 $K_{\alpha 1}$ 对该衍射晶面的衍射角。

当晶片的弯曲轴不垂直于形貌相机的水平面时①，$K_{\alpha 1}$ 与 $K_{\alpha 2}$ 两条衍射线将是倾斜，分析比较复杂。

① 本文所指的“垂直”定义为与入射束和衍射束组成的仪器基面垂直；“水平”定义为与此基面平行。

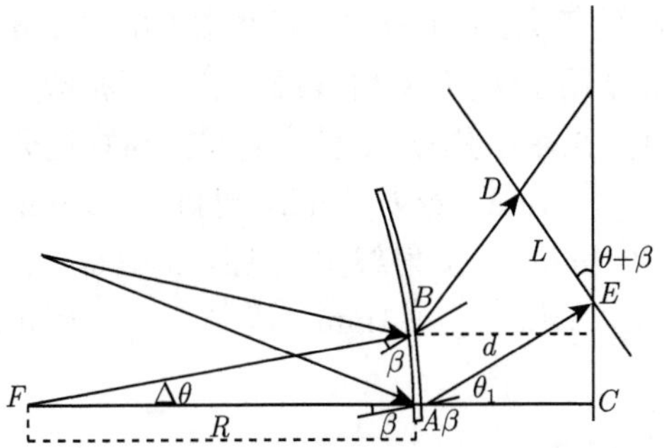

图 14-32 发散 X 射线束入射均匀单轴弯曲晶片曲率测定的示意图

由于 X 射线 $K_{\alpha1}$ 与 $K_{\alpha2}$ 的衍射角不同，因此，根据 $K_{\alpha1}$ 与 $K_{\alpha2}$ 两条衍射线的相对位置可以判断晶片是正弯曲还是负弯曲。

C. 用计数率计测定晶片单轴均匀弯曲

这是一种简单的方法。在 Lang 相机上调节晶片的方位，使 $K_{\alpha1}$ 衍射，计数率得到最大值，然后平移晶片距离 S，这时衍射条件偏离，衍射强度降低，或趋于零。旋转晶片角度 φ，使计数率计出现 $\mathrm{K}_{\alpha1}$ 衍射，调至衍射强度最大，则晶片弯曲半径

$$R = \frac{S}{\varphi}$$

此方法方便、快捷，可以检测晶片不同部位的曲率变化，但对不均匀形变不适用。对不均匀形变，调节晶片时，计数率计可能出现若干个强峰，或一个强度最大值，然而，它可能是不均匀衍射花样的叠加，所得到的数据不能正确反映晶片的曲率半径。因此，A. 和 B. 部分介绍的方法很重要，它能测定晶片的弯曲状况，特别是不均匀弯曲的情况。

14.4 X 射线形貌像分辨率

了解了 X 射线形貌术的基本原理、实验方法，如何获得高分辨、高质量的形貌图是 X 射线形貌工作者最关心的问题。本节以 Lang 透射形貌术为例，讨论影响形貌图质量的主要因素。

14.4.1 X 射线源的大小和波长发散度的影响

1. *形貌图的垂直分辨率*

X 射线垂直发散度取决于投影焦点的垂直方向高度，一般可认为垂直分辨率

$$\Delta x_{\perp} = h_{\perp} \cdot \frac{b}{a}$$

其中，a 为光源到样品的距离；b 为样品到探测器的距离；$h_\perp$ 为 X 射线源投影焦点的垂直高度。可见，使用小焦点 X 射线源，减少 b 和增大 a 是提高垂直分辨率的有效措施。应该指出，采用小焦点 X 射线源对提高垂直分辨率尤为重要。例如，要求高分辨形貌图 $\Delta x_\perp \sim 1\mu m$，若 b=5mm，对 $h_\perp = 1mm$ 的 X 射线源，即要求 a=500cm；而对 $h_\perp = 0.2mm$ 的 X 射线源，只需 a=100cm。对一般 X 射线形貌相机，b=10mm，a=50cm，如果 $h_\perp = 1mm$，即 $\Delta x_\perp = 20\mu m$；对 $h_\perp$ =0.4mm，即 $\Delta x_\perp = 8\mu m$。

2. 形貌图的水平分辨率

影响形貌图水平分辨率的因素主要有三个。

1) 完美晶体固有的 Bragg 反射角宽的影响

根据 X 射线衍射动力学理论，完美晶体固有 Bragg 反射角宽为

$$\beta = \frac{2N\lambda^2}{\pi \sin 2\theta} |F| k \frac{e^2}{mC^2}$$

其中, N 为单胞内原子数；F 为结构因子；k 为偏振因子；θ 为 Bragg 角；$\dfrac{e^2}{mC^2}$ 为电子半径。

在探测器上造成的衍射像宽：

$$\Delta x = b\beta$$

其中, b 为样品到探测器的距离。一般情况下，β 值很小，约为几秒，b 为几毫米，与其他因素相比，此值可忽略。

2) 入射束水平发散度的影响

如果入射 X 射线束的 K_α 双线都参与衍射成像，将导致形貌图形成双像和图像弥散。这个问题可以采取下列措施克服：(a) 采用 K_β 特征谱，但其强度约为 K_α 的 $\dfrac{1}{5}$；(b) 采用滤波片，把 K_α 双线中其中一条滤掉，这会造成入射 X 射线能量的损失；(c) 用准直光阑或单色器。单色器可获得水平发散度只有几秒的单色 X 射线，而准直光阑水平发散度为

$$\Delta\theta_\parallel = \frac{h_\parallel + s}{a_1}, \quad h_\parallel < w$$

$$\Delta\theta_\parallel = \frac{w + s}{a_2}, \quad h_\parallel > w$$

其中，$h_\parallel$ 为 X 射线源投影焦点的水平尺寸；s 为准直光阑的宽度；a_1 为光源到第二个光阑的距离；a_2 为两个光阑的距离；w 为第一光阑的宽度。

因此引起形貌图像宽：$\Delta x_\parallel = b \cdot \Delta\theta$。

3) 波长固有色散的影响

X 射线特征谱有一定谱宽 $\Delta\lambda$，这是由于原子能级有一定宽度。相应 Bragg 角度的变化为

$$\mathrm{d}\theta = \tan\theta \frac{\Delta\lambda}{\lambda}$$

由此引起图像发散为：$\Delta x_\lambda = b\cdot \mathrm{d}\theta_\lambda$。$\dfrac{\Delta\lambda}{\lambda}$ 值一般很小，约为 10^{-4} 量级。

表 14-1 列出了晶格参数为 0.1nm 和 0.35nm 多种 X 射线特征谱波长固有色散对衍射像的影响。从表中可见，衍射角 θ 越大，Δx_λ 越大；而波长越短，Δx_λ 越小。因此，选择高级衍射。但要注意，这时衍射角 θ 又大了。因此，两者要权衡。

值得指出，X 射线 K_α 双线 (即 $K_{\alpha1}$ 和 $K_{\alpha2}$) 引起的衍射角差远比 $K_{\alpha1}$ 固有色散造成的 $\mathrm{d}\theta$ 大，因此准直分离 $K_{\alpha1}$ 和 $K_{\alpha2}$ 非常重要，即要求

$$\frac{h_\parallel}{a_1} < \tan\theta\cdot\frac{\Delta\lambda}{\lambda}$$

表 14-1　晶片到探测器距离为 1cm 时，X 射线固有色散对衍衬像的影响

特征辐射	$\dfrac{\Delta\lambda}{\lambda}$	0.1nm				0.35nm			
		$\theta/(^\circ)$	$\mathrm{d}\theta_\lambda$/s	Δx_λ/μm	$K_{\alpha1}$ 和 $K_{\alpha2}$ 衍射角差 $\Delta\theta$/s	$\theta/(^\circ)$	$\mathrm{d}\theta_\lambda$/s	Δx_λ/μm	$K_{\alpha1}$ 和 $K_{\alpha2}$ 衍射角差 $\Delta\theta$/s
Cu$K_{\alpha1}$	3.8×10^{-4}	50.35	90.57	4.58	1080	12.7	17.7	0.85	360
Mo$K_{\alpha1}$	4.1×10^{-4}	20.75	32	1.55	1080	5.8	8.6	0.42	360
Ag$K_{\alpha1}$	5.1×10^{-4}	16.25	30.5	1.48	720	4.58	8.4	0.40	360

综上所述，缺陷的形貌像固有宽度与结构因子 F 有关。用低米勒指数的级次衍射时，衍衬像较窄；反之，用高米勒指数衍射，衍衬像较宽。另外，缺陷形貌像与缺陷密度也有关，因为应力场之间相互作用，如两个同号位错相斥，因此，位错密度高时，固有宽度小。总之，衍衬像的固有宽度与波长成正比，并与衍射角 θ、结构因子 F 以及缺陷密度等因素有关，一般缺陷衍衬像的宽度约为 1μm。

通常情况下，对每台 X 射线形貌相机的 X 射线源，准直光阑是一定的，也就是说，$h_\parallel$、$h_\perp$ 和 a 是一定的，只能变动光阑宽度 s。s 的选择由拍照方式、样品的完美型、光源焦点大小等因素所决定。最好选择小焦点 X 射线源，对大焦点 X 射线源可采取减小光阑宽度和增大 a 等措施。其具体选用由入射束强度、所要求的分辨率等因素决定，从经验中选取最佳值。

14.4.2　探测器的影响

要精确记录缺陷的细节，探测器选择是非常重要的。目前有 CCD 和照相底片两种。

1. X 射线成像探测器的影响

20 世纪 70 年代以来，X 射线成像探测器 (CCD) 发展迅速。按照成像方式的不同，X 射线探测器可分为直接式和间接式。直接式成像探测器的优点是：X 射线的光学响应快，但 X 射线 CCD 的耐辐射性较差，所以直接式成像探测器通常适用于软 X 射线能区。由于在硬 X 射线能区无法直接利用硬 X 射线对物体成像，因此，在硬 X 射线能区通常采用间接式成像探测器对物体成像。目前，硬X射线能量段的 X 射线成像探测器一般采用间接探测方式：使用闪烁晶体将 X 射线转换成可见光，再通过光学元件将可见光耦合到可见光成像探测器上。目前对 X 射线单色光成像主要有光纤耦合和透镜耦合两种方式。

图 14-33 所示为光纤耦合型 X 射线成像探测器结构示意图：闪烁晶体将 X 射线转换成可见光，通过光纤耦合到制冷的可见光 CCD 靶面上获得图像。光纤耦合型的 X 射线成像探测器效率较高，但其空间分辨率受成像光纤尺寸的限制，而相对较低。此外，光纤耦合的 X 射线探测器在工作过程中，可见光 CCD 等核心部件全都在直通光路中，高功率密度的 X 射线直通光的照射会对其造成辐射损伤。目前光纤耦合型的 X 射线成像探测器的最小像素为几微米，即成像空间分辨率约为十几微米。

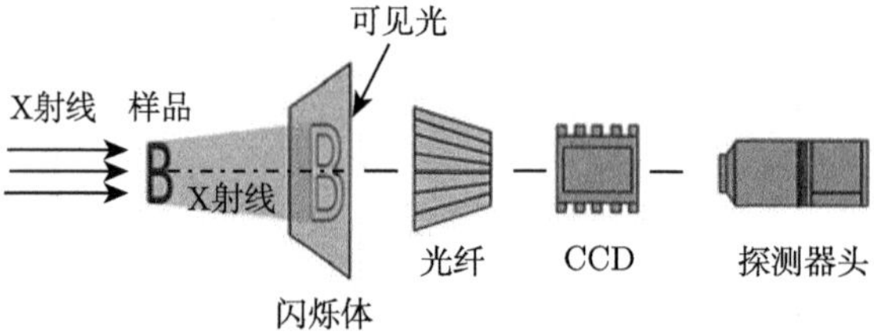

图 14-33　光纤耦合型 X 射线成像探测器结构示意图

透镜耦合型 X 射线成像探测器由闪烁体、光学系统 (显微透镜及反射镜) 和可见光 CCD 所组成 (图 14-34)。闪烁体将 X 射线转换成可见光，利用不同放大倍率的光学显微透镜对样品结构进行放大以匹配可见光 CCD 像素尺寸，可实现对样品结构亚微米、微米空间分辨成像。在显微透镜后放置一块呈 45° 角度的反射镜，以避免直通的 X 射线照射到可见光 CCD 上，使其受到辐射损伤。透镜耦合型 X 射线成像探测器是目前最受欢迎的探测器，但光学显微系统的耦合效率比较低，而导致探测器效率较低。

对 X 射线白光成像，由于高亮度 X 射线容易导致透镜受到辐射损伤而降低可见光传输效率，因此，采用适当的长工作距离的显微透镜设计 (L 型光路设计)，将显微镜头位置放到反射镜后，从而使其不在 X 射线直通光路中，避免辐射损伤，其结构示意图如图 14-35 所示。为了实现白光成像更快的时间分辨率，通常将可见光 CCD 更换成可见光高速 CMOS。目前最佳参数为：像素大小 20μm，在 1024 × 1024 像素分辨情况下，最高帧频可达 20000 fps；在 640 × 280 像素分辨情况下，最高帧频可达 100000 fps, 最大内存 64GB。也就是说，将 X 射线白光显微耦合系统与可见光高速 CMOS 组合，可实现十万帧频的 X 射线高速高分辨成像。

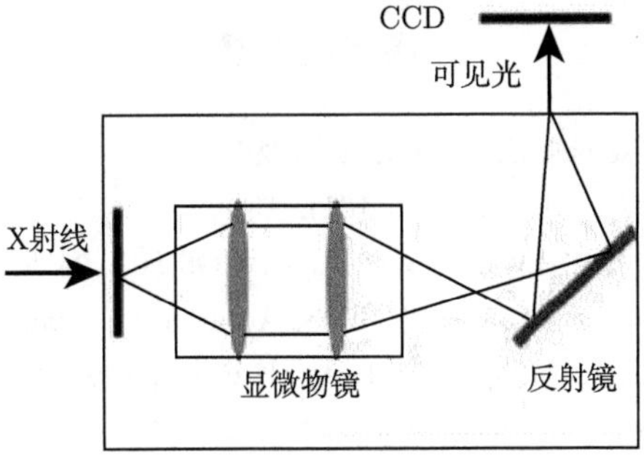

图 14-34　透镜耦合的 X 射线成像探测器结构示意图

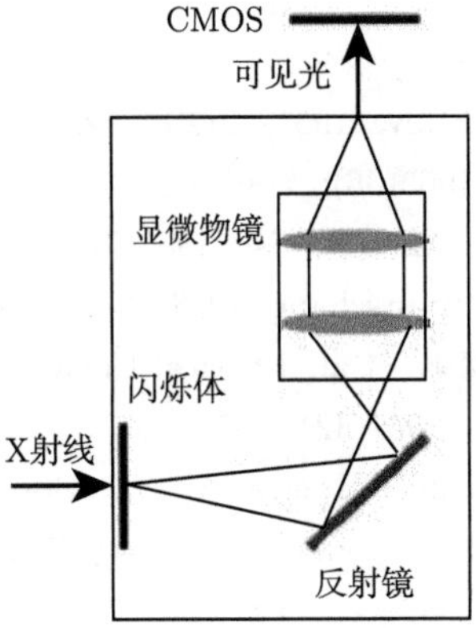

图 14-35　X 射线白光透镜耦合型 X 射线成像探测器结构示意图

2. 照相底片的影响

(1) 照相底片乳胶的颗粒度。照相底片乳胶的感光颗粒是 AgBr。乳胶颗粒度的影响：(a) 当一个光子打到 AgBr 颗粒上，使这个颗粒感光，其分辨率起码为感光颗粒尺寸；(b) X 射线继续前进，感光下层乳胶，使感光范围大于颗粒尺寸；(c) X 射线在乳胶上产生次级辐射，又会产生新的颗粒感光。因此，要求乳胶的颗粒度小，但乳胶的颗粒度越小，曝光时间越长。

(2) 乳胶层厚度。要求乳胶层均匀和一定厚度。如果乳胶层太厚，底片安放又不垂直于衍射束，这样，X 射线倾斜通过乳胶层，而使分辨率降低。但是，如果乳胶层太薄，容易引起光子吸收的统计起伏，从而影响形貌图的质量。对不同波长的 X 射线，选择不同厚度的乳胶层底片，一般是波长越短，乳胶层越厚。

当然，对底片的显影、定影和底片光学复制过程有诸多因素影响形貌图的分辨率。由于目前照相底片用得不多，本节从简。读者有兴趣，可参考有关文献。

参考文献

[1] Berg W F. Naturwissenschaften, 1931(19): 391.
[2] Barrett C S. Trans. A. I. M.E., 1945(161): 15.
[3] Mai Z H, Sou I K, Luo G M. J. Appl. Phys., 1996(80): 2518.
[4] Lang A R. J. Appl. Phys., 1959(30): 1748; Acta Cryst., 1959(12): 249.
[5] Lang A R. Acta Mat., 1957(5): 358; J. Appl. Phys., 1958 (29): 597.
[6] Andersen A L, Gerward I. Phys. Stat. Sol., 1974(23): 537.
[7] Lang A R J. Appl. Phys., 1963(14): 704.
[8] Blech I A, Meieran E B, Sello H. Appl. Phys. Lett., 1965(7): 176.
[9] Haruta K. J. Appl. Phys., 1965(36): 1989.
[10] Lang A R. Acta Cryst., 1959(2): 249.
[11] Jenkinson A E. Phil. Tech. Rev., 1961/62(23): 82.
[12] Haruts K. J. Appl. Phys., 1965(36): 1789.
[13] Bond W L. J. Andrus, Am. Mineralogist, 1952(37): 622.
[14] Bonse U, Kappler E Z. Naturforschung, 1958(13a): 348.
[15] Cui S F, Wang G M, Mai Z H, et al. Physical Review B, 1993(48): 8797.
[16] Borrmann G. Phys. Zschri., 1941(42): 157.
[17] Borrmann G, Hartwig W, Irmler H, et al. Z. Naturforsch, 1958 (13a): 423.
[18] Barth H, Hosemann R. Z. Naturforsch, 1958(13a): 792.
[19] Borrmann G. Physik. Bl., 1959(11): 508.
[20] Wu C C, Roessler B. Phys. Stat. Sol., 1971(8): 571.
[21] Kato N, Usami K, Katagawa T. Advances in X-ray analysis, 1967(10): 46.
[22] Takagi S, J. Phys. Soc. Jap., 1969(26): 1239.
[23] Authier A. Advances in X-ray Analysis., Plenum Press, 1967; Authier A. Moden Diffraction and Imaging Techniques in Material Science. North-Holland, 1970.
[24] Cui S F, Wang G M, Mai Z H, et al. Physical Review B, 1993(48): 8797.
[25] Lang A R, Polcarova M. Proc. Roy. Soc., 1965(A285): 297.
[26] Authier A, Sauvage M. Phys. Stat. Sol., 1968(27): 77.
[27] Epelboin Y, Lifshits A. J. Appl. Cryst., 1975(7): 377.
[28] Jiang S S, Lang A R. Proc. R. Soc. Lond., 1983(A388): 249.
[29] Mai Z H, Chen W C, Guo H X, et al. J. Crys. Growth, 1997(171): 512.

第 15 章　同步辐射光源的应用

同步辐射是相对论性带电粒子在电磁场作用下沿弯转轨道行进时发出的电磁辐射。同步辐射光的出现标志着一种新的光源时代开始，它导致世界范围内很多国家为之而做出巨大的科学努力和投资。目前，世界上已建成的同步辐射装置有 60 多个，正在建设和设计的有 10 多个。我国政府对同步辐射装置的建设给以很大的重视和支持，现有建成的同步辐射装置四个：北京正负电子对撞机 (BEPC) 国家实验室的同步辐射装置 (BSRF，属第一代光源) 于 1988 年建成、出光，1991 年开始运行；合肥国家同步辐射实验装置 (HFSRF，属第二代光源) 于 1989 年建成、出光，1992 年开始运行；中国台湾同步辐射研究中心 (SRRC，属第三代光源) 于 1991 年建成、出光；上海光源 (SSRF，属第三代光源) 于 2007 年建成、出光，2009 年开始运行。2017 年我国政府决定在北京建设能量高达 6GeV 新一代同步辐射光源，并于 2019 年 6 月 24 日召开高能同步辐射光源 (HEPS) 工程科学技术委员会第一次会议暨工程开工动员会，29 日工程破土动工。

从 20 世纪 40 年代第一代同步辐射光源到 20 世纪 90 年代第三代同步辐射光源建成，同步辐射光源的应用给科学技术发展提供了一个新的实验平台，一种新的途径。一些常规光源认为不可能做的实验成为可能，而且还发展了很多新技术和新方法。现在同步辐射应用已被广泛认为是几乎所有学科不可缺少的分析工具，有力地促进和推动了科学技术的各个领域的发展，成为当今最重要的 X 射线源之一。因本书设定的内容和篇幅的限制，本章只介绍同步辐射光源在 X 射线形貌术、X 射线干涉仪和驻波等方面的应用。读者如果对同步辐射光源在其他领域的应用感兴趣，可参考文献 [1]。

15.1　同步辐射光源

同步辐射是相对论性带电粒子在电磁场作用下沿弯转轨道行进时发出的电磁辐射。它是 Synchrotron Radiation 的中译 (简称 SR)，更确切应译为同步加速器辐射，简称同步辐射。其所以得此名，是因为 1947 年 Elder[2] 首先在一台电子同步加速器中观察到人造的辐射，标志着一种新的光源时代开始。同步辐射是电磁辐射，或者说是一种光，又称为同步光。它的波长有一定的范围，因同步辐射源的能量而异，一般包含红外线、可见光、紫外线和 X 射线。

同步辐射光源具有常规 X 射线源不具备的异常优越的特性[1]。

1) 覆盖很宽的连续谱

对高能量的同步辐射装置，其发射谱可以从红外波段到硬 X 射线，即波长为 $10^3 \sim 10^{-1}$Å。使用单色器，可以从光束中选取一定波长与带宽的单色光，这称为同步辐射波长的可调性 (tunability)。可调性良好的同步辐射特别适于开展针对特定波长 (如某元素的吸收边两侧) 的光与物质相互作用研究和连续改变波长进行扫描的谱学研究。另外，光子能量从几个 eV 到 10^5eV，对应于原子、分子、固体和生物体中电子的束缚能，束缚电子包括: 共价电子、化学键电子等，同步辐射光源的光子能量适合于检测上述电子及其化学键的性质。众所周知，原子分子、固体和生物体系统的电子性质的信息是理解它们物理和化学性质的关键。

同步辐射连续谱的特征光子波长为

$$\lambda_c\,(\mathrm{nm}) = \frac{1.864}{BE^2} \tag{15-1}$$

式中，B 为双极子磁铁的磁场，T；E 为电子能量，GeV。同步辐射光源连续谱的峰值在 $0.7\lambda_c$ 处，绝大部分的辐射在 $0.2\lambda_c < \lambda < 10\lambda_c$。弯转磁场产生的同步辐射频谱有如下与 λ_c 有关的特点：$\lambda=\lambda_c$ 附近的光子通量最高，在 $0.2\lambda_c<\lambda<10\lambda_c$ 范围内的辐射功率约占总功率的 95%。图 15-1 为中国三个同步辐射装置 (北京同步辐射装置、合肥光源和上海光源) 和欧洲 ESRF、美国 APS 和英国 Diamond 同步辐射装置的同步辐射光谱。可以看到，其光谱从紫外到硬 X 射线，提供了一个非常宽广的波长选择范围。原子、分子和蛋白质的尺度也在这个长度内，而且化学键和晶体的原子间距也在这个尺度范围。也就是说，同步辐射很适合用来研究固体、分子和生物体的结构。

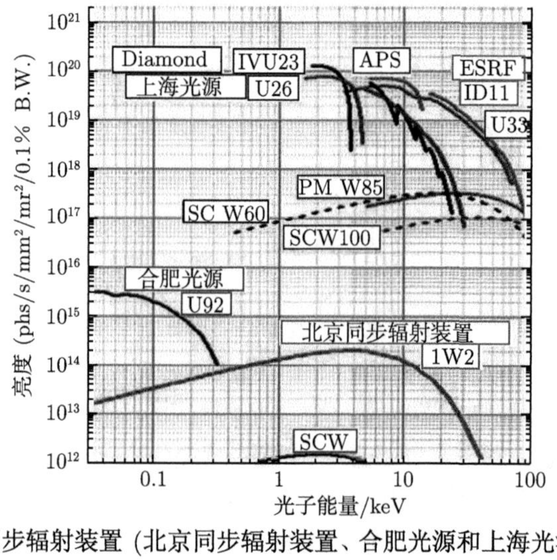

图 15-1 中国三个同步辐射装置 (北京同步辐射装置、合肥光源和上海光源) 和欧洲 ESRF、美国 APS 和英国 Diamond 同步辐射装置的同步辐射光谱

2) 高亮度

同步辐射源的亮度 (brightness 或 brilliance) 指辐射能量的集中程度，针对特定波长的单色光计算，是波长 λ 的函数，所以也称为频谱亮度 (spectral brightness)。在环形加速器内，电子被加速到接近光速，除了残留气体原子对电子散射外，能量的损耗只是同步辐射。因此，理论上几乎全部输入的能量都转化为有用的同步辐射。

辐射光束总能量表示为

$$P(\mathrm{kW}) \cong 0.02654E^3(\mathrm{GeV})B(T)I(\mathrm{mA}) \tag{15-2}$$

其中，I 为电子束流。可以看到，辐射光束的能量强烈依赖于电子束能量。例如，其他参数不变，电子能量从 1GeV 到 8GeV，将使辐射光功率增加 500 多倍。对 E=2GeV, B=10kG 和 I=100mA，从式 (15-2) 可得 P=21.3kW。

光源亮度 B_r 可以有不同的定义方式，采用最多的是光子的六维相空间峰值密度，以 "光子数/(每秒 × 每 0.1%带宽 × 每 mm^2 光源面积 × 每 mrad^2 立体角)" 为单位，即光束亮度是 0.1%束宽内单位光源面积，单位出射立体角的通量。它与电子束大小、角发散度和同步辐射发散角分布有关。由于同步辐射发射谱的功率很高，其亮度很高，一般为 $10^{10} \sim 10^{14}$ 光子 $\cdot\mathrm{s}^{-1}\cdot\mathrm{mm}^{-2}\cdot\mathrm{mrad}^{-2}\cdot$0.1%束宽 $^{-1}$。图 15-2 为不同 X 射线源亮度的比较。可以看到，同步辐射光源的亮度是常规 X 射线源不可比拟的，能在很小的样品照射面积上、很小的空间角度内或很窄的能谱带宽区间中提供足够多的单位时间光子数，因此，能获得很高的位置分辨率、角度分辨率或/和光子能量分辨率

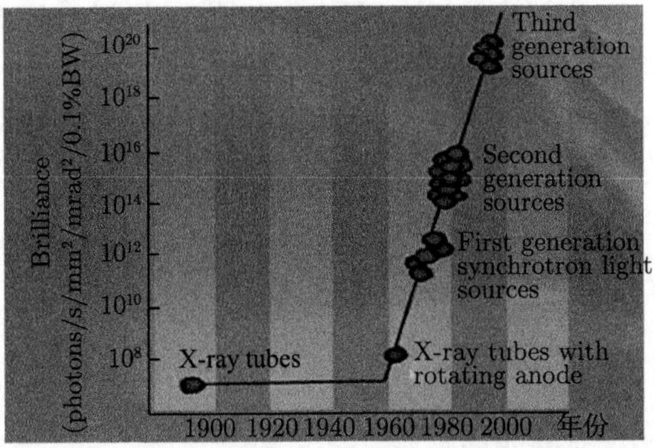

图 15-2 不同 X 射线源亮度的比较

3) 高准直性

同步辐射功率基本上集中在电子弯转轨道的切线方向附近，单个电子在轨道上的一点发出的同步辐射好像沿该切线方向伸出的细窄的光锥。ϕ 是光线与电子

速度方向的夹角，同步光束的发散性用该光锥近似的半顶角 $\phi_{1/2}$ 标志，计算公式是

$$\phi_{1/2} = \frac{1}{\gamma} \tag{15-3}$$

其中，γ 是能量为 E 的电子的相对质量 $E/(m_e c^2)$。对于 $\lambda = \lambda_c$，E=2GeV，ν=3.9×10^3，得 $\phi \sim$0.25mrad。可见，同步辐射光束的发散度约为 mrad 量级。这是高度准直的光束，其好处是：① 光源的面积小，因而光束的通量高；② 准直性好，可以使样品与探测器的距离增大，因而可以在样品台上安装各种附加设备，如环境室，同时进行热处理、磁场、应力等实验。高度准直性说明同步辐射的能流密度高，宜于远距离传输和开展对光的入射角一致性有要求的用光实验。

4) 偏振性

同步辐射有天然的偏振性，其电矢量振动主要在与弯转轨道平面平行的方向上。偏振度依赖于光线与该平面的交角 θ，也是波长 λ 的函数。在理论上，单电子的同步辐射光是在电子轨道平面方向 100%的线偏振，一般情况下，加速器是多电子束运行，会使电子束在轨道每点上有发散，造成偏振度降低，但仍是高度偏振的光。在轨道平面上下，同步辐射光是左旋或右旋的椭圆偏振。如果应用垂直反射的扭摆器 (wiggler)，还可以使偏振光沿垂直方向。对于单色光，光子能量越高，平行分量占的比重越大，偏振度越高。

偏振性是同步辐射光源的一个重要特征，对样品各向异性的实验研究至关重要，对研究物质空间对称性谱学、晶体结构测定以及 X 射线光学十分有益。

5) 时间结构

电子因同步辐射而损失的能量由高频加速电场补充，该电场的强度随时间周期变化，必定将电子束分割成若干个不连续的束团。所以，实验站接收的同步辐射是一个光脉冲链，当电子经过储存环的光束线前端时，就有一束同步辐射光束出射，因此，同步辐射光源是一种脉冲光源。脉冲宽度等于单个束团的长度，一般很短暂；脉冲间隔则等于相邻束团之间的距离，取决于有多少束团在加速器中回旋，在一定范围内可以选择。脉冲时间为

$$\tilde{L} \approx \frac{R}{c\nu^3} \tag{15-4}$$

其中，R 为电子轨道半径；c 为光速；ν=E/mc^2。由式 (15-4) 可知，脉冲时间与电子能量有关，一般为纳秒量级或更小。

同步辐射的时间结构提供了研究动态过程 (如化学反应、生命运动、材料结构相变等) 的可能性，同步辐射光源的这一特点在第三代同步辐射光源中体现地更为充分。

6) 清洁光源

同步辐射源的电子束必须处于超高真空环境中，所有光学元件和被照射的样品也可以置于真空中，光束不必穿过隔窗 (如玻璃或铍窗) 和气体，受到的吸收和污染皆控制在最低限度之内。对于容易被空气吸收的紫外线高能段即真空紫外光 (vacuum ultraviolet，VUV)，同步辐射的这一优点尤其可贵。

同步辐射装置是一个耗资巨大的大科学工程，是几乎包括所有学科领域的实验平台。它的建造体现了国家科学技术的发展，体现了国家综合国力和工业水平，已经引起了发展国家和发展中国家的高度重视。

15.2 同步辐射 X 射线形貌术

由于实验室 X 射线光源的限制，在实验室条件拍摄双轴晶衍射形貌图非常耗时，一般需要几个小时，甚至几十个小时。因此，要求实验条件特别稳定，而且无法研究动态过程。同步辐射光源的出现，给 X 射线形貌术研究缺陷的动态过程带来了希望。1974 年 Tuomi 等应用同步辐射光源进行 X 射线形貌图拍摄的尝试[3]，充分地显示了同步辐射光源的优越性。首先，同步辐射强度很高，实验时间可以大大缩短，甚至可以进行动态过程的研究；其次，同步辐射 X 射线发散度很小，样品距光源很远。因此，空间分辨率很高，可以研究晶格参数和晶格取向的微小变化。对于薄膜和多层膜结构，可以对衬底和薄膜分别拍摄形貌图，研究各自的缺陷状态及缺陷延伸。

关于同步辐射光源的特性和应用，在理论上也需要做相应的修正和发展，可参考文献 [1]。按所用波长的不同，同步辐射 X 射线形貌术 (synchrotron topography) 可以分为白光透射形貌术和单色光形貌术。

15.2.1 白光透射形貌术

这是应用较广，实验安排简单的一种方法。采用白光 X 射线入射，根据布拉格定律，晶体中不同晶面将各自选择相应的波长满足布拉格定律，进行反射，这就是悉知的劳厄方法。由于入射的同步辐射 X 射线是白光，且强度高，准直性好，每一个劳厄斑点都是一张高空间分辨的形貌图。图 15-3 是白光透射形貌术实验安排示意图。如果把探测器放在光源与样品之间，可得到反射形貌图。

同步辐射光源是每一发光点在 2ϕ 顶角的圆锥内辐射 X 射线，而且 2ϕ 是波长的函数。因此，对探测器垂直于衍射束的情况，几何分辨率为

$$R = \frac{Sd}{D}, \quad 2\phi D > s \tag{15-5a}$$

$$R = 2\phi d, \quad 2\phi D < s \tag{15-5b}$$

其中，s 为发射 X 射线区域的直径；D 和 d 分别为样品到光源和样品到探测器的距离。式 (15-5) 是宽频带光束直接推导的结果。

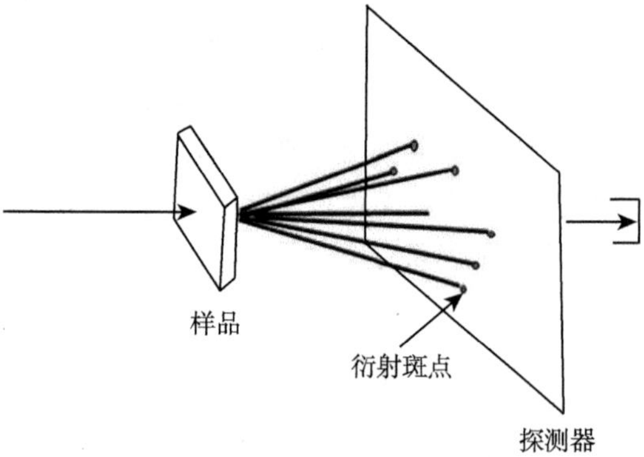

图 15-3　白光透射形貌术实验安排示意图

对探测器任意取向的情况，其几何分辨率取决于该衍射布拉格角与探测器的取向。当探测器垂直于入射束时，分辨率的损失仅对高布拉格角才显得重要。对高空间分辨实验，要求几何分辨率为几微米。例如，$D\sim40\text{m}$，$d=5\text{cm}$，$s=1\text{cm}$，这时，分辨率 $R\sim12\mu\text{m}$。因此，与实验室情况一样，一定要尽量减小 d，即探测器尽量靠近样品。

一般情况下，光源呈椭圆形，长轴在水平平面，几何分辨率是衍射面和探测器方向的复杂函数，如图 15-4 所示。

$$r = d\tan 2\theta$$

$$a = s\frac{d}{D}\frac{1}{\cos 2\theta}$$

$$b = s\frac{d}{D}$$

但多数情况下，拍摄白光透射形貌图时，都是采用光阑以限制入射束斑尺寸，故衍射斑点呈矩形。

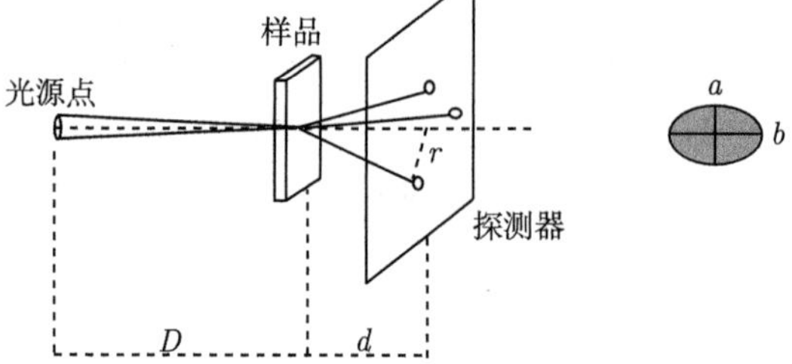

图 15-4　白光透射形貌图衍射斑点与探测器和衍射面几何关系示意图

图 15-5 为氢气氛下生长的硅单晶的同步辐射白光透射形貌图，可以看到，形貌图包含很多个衍射斑点，每个衍射斑点对应着一个衍射矢量的形貌图。由于在晶体生长过程中，少量氢原子进入硅的晶格，产生氢缺陷。从图 15-5(a) 可以观察到不同衍射矢量的形貌图缺陷衬度的变化。图 15-5(b) 是样品分别退火 312℃、500℃和 700℃ 衍射矢量为 $[\bar{3}\bar{1}3]$、$[\bar{1}\bar{3}3]$ 和 $[1\bar{3}1]$ 的形貌图，可以清楚地看到，氢致缺陷衬度随退火温度和衍射矢量的变化。

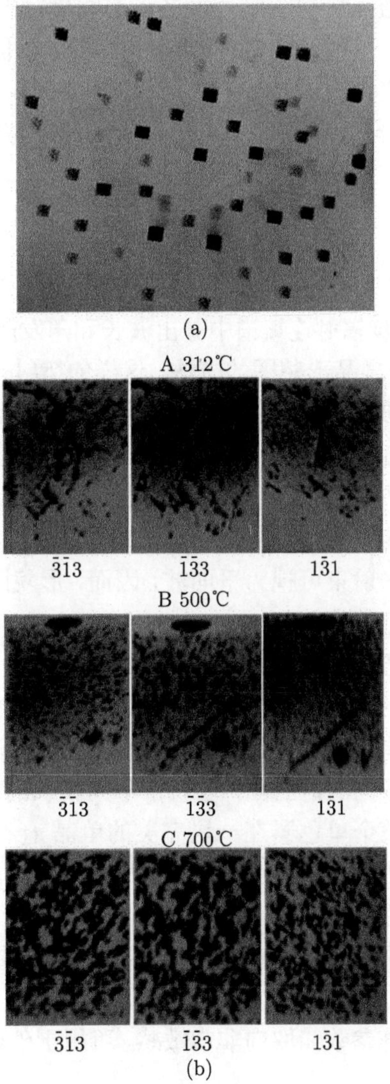

图 15-5 (a) 氢气氛下生长的硅单晶的同步辐射白光透射形貌图；(b) 样品分别退火 312℃、500℃ 和 700℃，衍射矢量为 $[\bar{3}\bar{1}3]$、$[\bar{1}\bar{3}3]$ 和 $[1\bar{3}1]$ 的形貌图

同步辐射白光透射形貌术除了曝光时间短以外，还有以下优点：

(a) 样品不用精确定位，对大多数实验，小于 1° 即可，而 Lang 形貌术要求精确到秒的量级。

(b) 入射束光斑大，不需要扫描机构就可以得到二维的形貌图，而 Lang 形貌术要求探测器与样品之间精确的同步扫描 (见第 14 章)。

(c) 所得的 X 射线形貌图实际上是一张劳厄图，每一个劳厄斑点是一张 X 射线形貌图，故一张白光透射形貌图包含很多张不同衍射矢量的 X 射线形貌图，而 Lang 形貌术每次只拍摄一个衍射矢量的形貌图。根据不同衍射矢量形貌图位错衬度的消光规律，可确定位错的 Burgers 矢量。

同步辐射白光透射形貌术的缺点：低衍射指数的衍射斑点可能发生重叠；不同级数的衍射发生重叠，使图像诠释比较困难。

15.2.2　单色光形貌术

与第 14 章介绍的双轴晶形貌技术相似，同步辐射单色光形貌术是应用高度完美的晶体 (单色器) 从同步辐射连续谱中分出波长和角发散度都足够窄的单色 X 射线，入射到样品，而获得样品形貌图的方法。这样的衍射几何可视为平面波成像技术，入射束的发散度不同，所获得的图像解释也不同。设 $\varPhi$ 为入射束发散度，$\varOmega$ 为晶体的本征角度宽，即有：

(a) 当 $\varPhi \gg \varOmega$ 时，与 Lang 透射法相似，形貌图的衬度需用球面波理论解释，对吸收小的情况，获得的主要是衍射运动学像。

(b) 当 $\varPhi \ll \varOmega$ 时，入射束可视为平面波，因而，形貌图的衬度可用平面波理论解释。

(c) 当 $\varPhi \sim \varOmega$ 时，理论解释需要进一步发展。

为了获得发散度小的单色光，单色器是至关重要的。单色器分为固定波长和可调波长两种。可调波长单色器结构 (图 15-6(a)) 与双轴晶形貌术相似，通过转动单色器晶体 1 和 2，改变不同的衍射面，以获得不同波长的出射光。图 15-6(b) 是固定波长单色器示意图，整个单色器在一块完美的单晶 (一般为硅单晶) 上做成，晶体 1 和 2 为 (+，+) 排列，确定输出波长和宽度，晶体 2 和 3 为 (+，–) 排列，控制输出光的角发散度。也就是应用一个对称反射 2 和另一个非对称反射 3 相互配合，消除高次谐波。非对称反射 1 和 3，可提高晶体单色器的能力，并增加出射光的截面。

单色光形貌术对点阵参数和取向非常敏感，可用于外延膜与基质的应变、杂质引起点阵参数变化等。

对单色光形貌术，$(+n,-n)$，$(+n,+n)$ 或 $(+n,\pm m)$ 排列所获得的像的差别不大，并且，参考晶体与样品不是相同晶体引起的形貌像差别很小，故可用高度完美的硅单晶作为参考晶体。另外，由于参考晶体和样品离光源都很远，对两者的几何分辨率都很好，这样，参考晶体中任何缺陷都可能形成衬度相当尖锐的像，这也是用高度完美的硅单晶作为参考晶体的另一个理由。图 15-7 为 $[In_xGa_{1-x}As/GaAs]_{150}$ 应变超晶格结构同步辐射 X 射线双轴晶 (224) 衍射形貌图，分别拍摄于 (a) 超晶格零级峰，(b) 衬底峰[4]。可以看到，应变引起的位错网络从超晶格膜延伸到衬底。其位错走向沿 [110] 和 $[\bar{1}10]$。

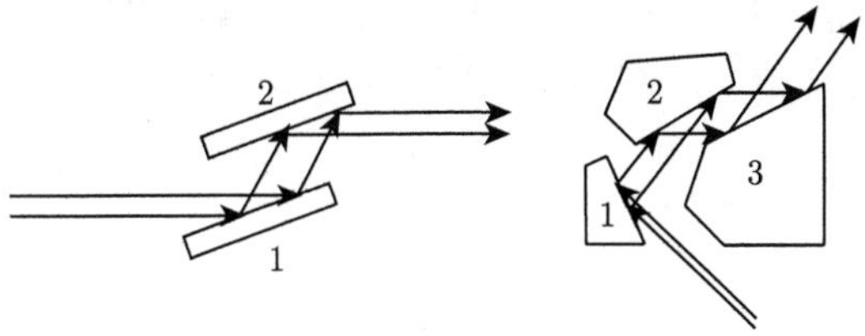

(a) (b)

图 15-6 可调波长单色器 (a) 和固定波长单色器 (b) 示意图

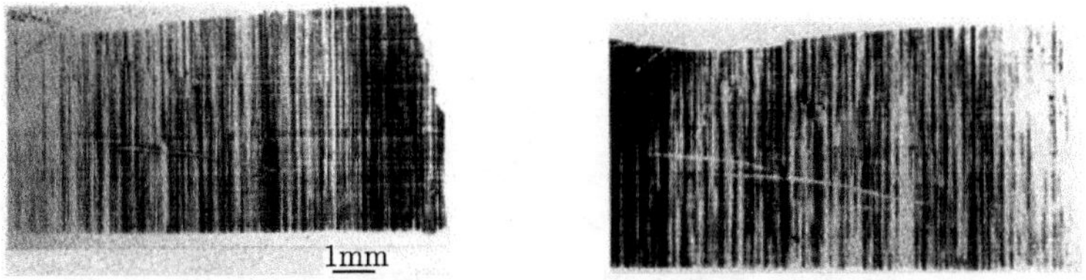

(a) (b)

图 15-7 $[In_xGa_{1-x}As/GaAs]_{150}$ 应变超晶格结构同步辐射 X 射线双轴晶 (224) 衍射形貌图

(a) 超晶格零级峰；(b) 衬底峰

15.2.3 同步辐射截面形貌术测定晶体中微包裹物

15.1 节已介绍了同步辐射光源的优越性，给科学技术发展提供了一个新的实验平台，一种新的途径，一些常规光源认为不可能做的实验成为可能。因篇幅所限，本节不一一罗列。作为范例，本节仅讨论应用截面形貌图的 pendellösung 条纹，推算晶体的 Debye-Waller 因子，从而得到 Si 单晶中氢微包裹物的尺度和密度[5]。

第 5 章已介绍了近完美晶体 X 射线统计动力学理论，应用更直接的方式导出 Takagi-Taupin 方程的 Kato 表达，通过引入静态 Debye-Waller 因子，将其推广到存在随机晶格畸变的近完美晶体中，得到 X 射线衍射统计动力学方程，可以解释晶体中存在统计分布的微小缺陷的衍射衬度。

根据 X 射线统计动力学衍射理论[6]，对含有随机分布微小颗粒晶体的 X 射线散射强度为

$$I_{\mathrm{h}}=E^2I_{\mathrm{h}}^{(\mathrm{c})}+E^2\left(1-E^2\right)I_{\mathrm{h}}^{(\mathrm{m})}+\left(1-E^2\right)I_{\mathrm{h}}^{(\mathrm{i})} \tag{15-6}$$

其中，E 为静态 Debye-Waller 因子；$I_{\mathrm{h}}^{(\mathrm{c})}$、$I_{\mathrm{h}}^{(\mathrm{m})}$ 和 $I_{\mathrm{h}}^{(\mathrm{i})}$ 分别为衍射强度的相干项、混合项和非相干项。对对称劳厄几何，相干项可写为

$$I_{\mathrm{h}}^{(\mathrm{c})}=\mathrm{A}K_{\mathrm{h}}^{2}\left|J_{0}\left(\frac{2K_{\mathrm{h}}E_{t}\left[\left(1-\dfrac{x}{W}\right)\dfrac{x}{W}\right]^{\frac{1}{2}}}{\cos\theta_{\mathrm{B}}}\right)\right|^{2}\exp\left(-\frac{\mu t}{\cos\theta_{\mathrm{B}}}\right) \tag{15-7}$$

其中，A 是常数；$K_{\mathrm{h}}=\lambda r_{0}\upsilon\left|F_{\mathrm{h}}\right|$, 是散射强度；$t$ 是晶体的厚度；W 是 X 射线截面形貌图的宽度；x 是在截面形貌图上的位置 (图 15-8)；J_0 是零级 Bessel 函数；μ 是吸收系数。

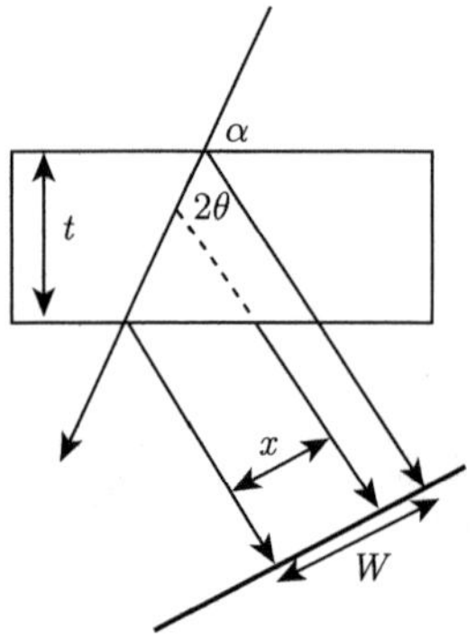

图 15-8　拍摄 X 射线截面形貌图的几何示意图

从式 (15-6) 和式 (15-7) 可看到，相对于完美晶体，不完美晶体 X 射线衍射相干强度以 E^2 因子减弱，导致 Pendellösung 条纹振荡周期以因子 $\dfrac{1}{E}$ 增大，从而从 E 的值可以得到样品微缺陷的信息。对完美晶体，$E=1$。一般情况下，$0<E<1$。

对近完美晶体，X 射线散射强度很弱，不会影响 Pendellösung 条纹的空间结构，这样，式 (15-6) 中的混合项和非相干项可以用多项式表达式来处理，衍射强度分布的表达式为

$$I_{\mathrm{h}}(x)=C_{1}\left|J_{0}\left(\frac{2K_{\mathrm{h}}E_{\mathrm{t}}\left[\left(1-\dfrac{x}{W}\right)\dfrac{x}{W}\right]^{\frac{1}{2}}}{\cos\theta_{\mathrm{B}}}\right)\right|^{2}+C_{2}+C_{3}\left(\frac{x}{W}-\frac{1}{2}\right) \tag{15-8}$$

其中，C_1、C_2、C_3 和 E 是模拟计算时输入参数。在模拟计算程序中，考虑到由于入射光阑有一定的宽度和黑度计光阑的限制，截面形貌图变模糊。用一个合适的窗口函数及式 (15-8) 模拟计算，与实验衍射强度曲线相比较。定义

$$E=\exp\left(-L_{h}\right)=\left\langle\exp\left(-\mathrm{i}\boldsymbol{h}\cdot\boldsymbol{u}_{j}\right)\right\rangle \tag{15-9}$$

其中，$\boldsymbol{h}$ 为散射矢量；$\boldsymbol{u}_j$ 为第 j 个原子相对完美晶格的位移。对低密度及位移小的缺陷，$L_{\rm h}$ 可表达为

$$L_{\rm h}=c\sum_{j}\left[1-\cos\left(\boldsymbol{h}\cdot\boldsymbol{u}_j\right)\right]\approx\frac{c}{v_0}\int{\rm d}\boldsymbol{r}\left\{1-\cos\left[\boldsymbol{h}\cdot\boldsymbol{u}\left(\boldsymbol{r}\right)\right]\right\} \tag{15-10}$$

其中，v_0 是 Si 单晶单胞的体积；$\dfrac{c}{v_0}$ 是缺陷的密度。

崔树范、麦振洪等应用上述结果研究 Si 单晶中氢气微包裹物的尺度和密度[5]。所用样品分别是在氢气氛下区熔法生长的 n-型和 p-型硅单晶，氢的含量由红外吸收谱计算得到。样品经切、磨、抛后，分别在氮气氛下退火，退火温度分别为 377℃、417℃、465℃。X 射线截面形貌实验在日本光子工厂的 14C 实验站进行。本节只扼要地介绍应用截面形貌图的 Pendellösung 条纹的变化，计算微包裹物的尺度和密度的方法。有兴趣的读者可参阅文献 [5]。

已有研究表明，500℃ 热处理后，氢–硅单晶中的氢沉淀物呈球形，其应变场为

$$u_{\rm r}=\frac{C}{r^2} \tag{15-11}$$

其中，C 是常数，取决于形变的大小和性质。500℃ 以下热处理，氢沉淀物形成的初期是呈球形，位移 $\boldsymbol{u}(\boldsymbol{r})$ 可表示为

$$\boldsymbol{u}\left(\boldsymbol{r}\right)=\begin{cases}\epsilon\boldsymbol{r}, & r<R_0\\ \dfrac{\epsilon R_0^3}{r^2}\boldsymbol{r}_0, & r>R_0\end{cases} \tag{15-12}$$

其中，R_0 是沉淀物的半径；$\boldsymbol{r}_0$ 是 $\boldsymbol{r}$ 的单位矢量；ϵ 是不依赖于 R_0 的应变常数。将式 (15-12) 代入式 (15-10)，可导出 $L_{\rm h}$ 随 R_0 而变化。为简便，用一个参数把计算的归一静态 Debye-Waller 因子 (SDWP) 与实验的 SDWP 联系起来，这个参数是

$$L_{\rm h}=\frac{L_{\rm h}}{cV/v_0} \tag{15-13}$$

其中，c/v_0 是单位体积的缺陷密度；V 是沉淀物的平均体积。图 15-9 是不同热处理温度 n-型氢硅样品的 X 射线截面形貌图，(660) 衍射。从图中可见，原始氢硅 (图 15-9(a)) 和 377℃ 处理的氢硅单晶 (图 15-9(b)) 没有观察到缺陷，而热处理温度为 417℃(图 15-9(c)) 和 465℃(图 15-9(d)) 的氢硅单晶中可看到缺陷的衍衬。图 15-10 是相应的理论计算 X 射线截面形貌图衍射强度分布与实验的拟合，拟合所用参数列于表 15-1。可以看到，理论模拟 Pendellösung 条纹强度分布曲线与实验曲线拟合地很好，说明 X 射线衍射统计动力学理论适用于近完美晶体。同时可以得到不同热处理温度下氢致缺陷的密度和尺寸，如热处理温度为 417℃ 时，氢致缺陷的半径约为 350nm，密度约为 $5.8\times10^4{\rm cm}^{-3}$。

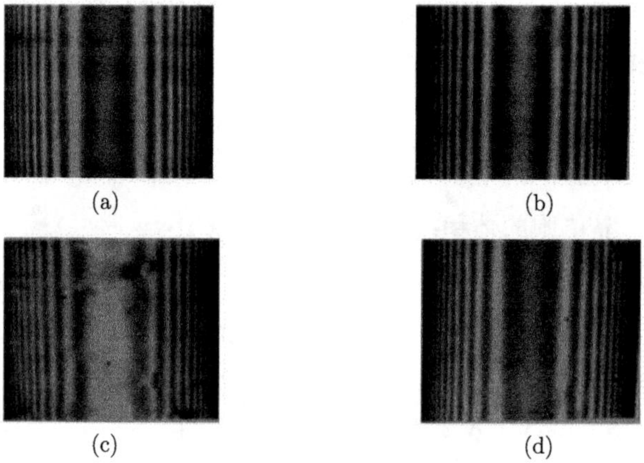

图 15-9　不同热处理温度 n 型氢硅样品的 X 射线截面形貌图

(a) 原始氢硅；(b) 377℃；(c) 417℃；(d) 465°C

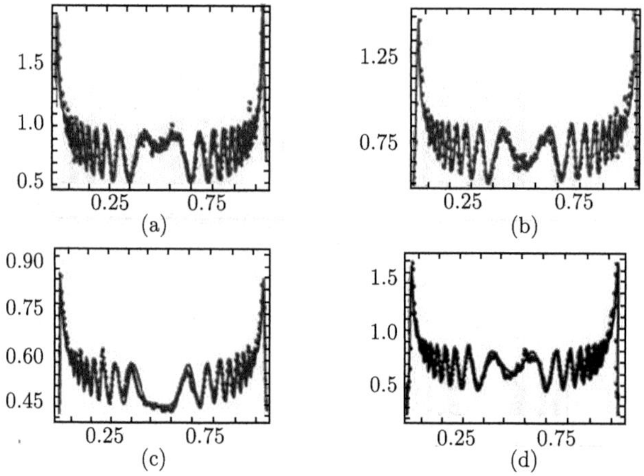

图 15-10　理论计算拟合图 15-9 中 X 射线截面形貌图衍射强度分布

* 为实验数据，— 为理论模拟

表 15-1　氢硅样品理论模拟所用参数

样品	衍射指数	L_{h}	C_1	C_2
a	660	0.1869	0.47	0.01
b	660	0.1929	0.51	0.005
c	660	0.2550	0.44	0.01
d	660	0.2694	0.47	0.06

第 5.4 节应用实例中介绍了应用 X 射线衍射统计动力学理论分析外延薄膜的双轴晶摇摆曲线，结合理论拟合，定量表征了单层和多层薄膜的完美性，如嵌镶块

的平均尺度、平均取向差等；同时，应用 X 射线衍射统计动力学理论分析晶体 X 射线截面形貌图中 Pendellösung 干涉条纹振幅周期和强度的变化，分别得到氧气氛下生长的直拉 (CZ) 及磁场下直拉 (MCZ) 的硅单晶，在不同热处理温度和热处理时间处理后样品中氧沉淀的浓度及平均尺寸。

15.3 X 射线干涉仪

1965 年 Bonse 和 Hart[7] 发明 X 射线干涉仪，它是一个应用多片完美单晶作为布拉格衍射元件的光学仪器。随后，干涉仪的设计和应用都有较大的发展。本节简单地介绍 X 射线干涉仪的原理、结构和应用，有兴趣的读者可参阅文献 [8,9]。

15.3.1 X 射线干涉仪的原理

X 射线干涉仪通常由分束器 (S)、镜子 (M) 和分析器 (A) 组成 (图 15-11)，这些部件都是用完美的晶体制作 (通常用硅单晶)，各部件之间为非衍射层 (通常为空气)。设一束 X 射线以布拉格角入射到分束器，满足布拉格公式 $2d\sin\theta = \lambda$。分束器的作用是将入射的 X 射线束 (以波矢 $\boldsymbol{k}_0^{\mathrm{i}}$ 表示，其振幅为 D_0^{i}) 分离为透射 (向前衍射) 和衍射两部分 (分别以波矢 $\boldsymbol{k}_0^{\mathrm{s}}$ 和 $\boldsymbol{k}_{\mathrm{g}}^{\mathrm{s}}$ 表示，振幅分别为 D_0^{s} 和 $D_{\mathrm{g}}^{\mathrm{s}}$)，这两组波是相位相干的，在分束器后面组成驻波花样，具有振幅最大值和最小值平面，其间距等于所用分束器晶体反射面的间距 d。$\boldsymbol{k}_0^{\mathrm{s}}$ 和 $\boldsymbol{k}_{\mathrm{g}}^{\mathrm{s}}$ 的振幅比 $Q^{\mathrm{s}} = \dfrac{D_{\mathrm{g}}^{\mathrm{s}}}{D_0^{\mathrm{s}}}$，可能为正或负，分别对应于驻波的最大值和最小值位于晶片 S 的原子面，一般情况下是两组波的线性叠加，这样，与原子面关联的将决定于波的振幅。驻波花样的位置的值决定于 $\boldsymbol{k}_0^{\mathrm{i}}$ 的入射角及晶片的厚度 t。当分束器由 "厚晶体"($\mu t \geqslant 10$，μ 为晶体的线吸收系数) 时，第 7.1 节已介绍，这时会产生 Borrmann 异常透射，在晶体能流三角形内同一个偏振态激发的两个波场中有一支波的波腹与晶体的原子面一致 (余弦波)，受到强烈的吸收而大大减弱。另一支波的波节与晶体的原子面一致，而波腹处于相邻的原子面之间 (正弦波)，此波只受到微弱的吸收而通过晶体，在晶体出射面分成向前衍射 (透射) 和衍射两组波，它们的强度基本相等。其入射角与严格的布拉格角偏离不能太大，一般小于一个弧度秒。分束器相当于一个光栅，所得到的驻波花样就是这个光栅的光学像。$\boldsymbol{k}_{01}^{\mathrm{s}}$ 和 $\boldsymbol{k}_{\mathrm{g1}}^{\mathrm{s}}$ 继续前进，通过镜子晶片 M 反射后，又重新在分析器晶片 A 的入射面会聚，并产生另一个驻波花样，如果晶片 S、M 和 A 完全相同，并严格对准，则所形成的驻波花样与晶片 S 出射面后面的花样一样，否则相当于晶片 S 和 M 光学像的叠加。P 处的干涉条纹即使没有分析器 A 也会存在，只是条纹间距太小，与反射晶面间距同一量级，很难观察到。分析器 A 的作用是使 P 处原子尺度的驻波花样与 A 内原子平面叠加而产生干涉，因而，在分析器 A 的出射面分成的向前衍射 (透射) 和衍射两组波中能观察到宏观的叠栅花样。如果晶片 A、M 和 S 严格相同并对准，则晶片 A 出射面的 X 射线束干涉加强，在垂直透射束和衍射束的观察面上将呈现强度高、分布均匀的 X 射线束 (图 15-12 中 A_1)。在分析晶片 A 出射面的后面放置一灵敏探测器，即可观察到 X 射线条纹位置精度为晶片间距的变化。晶片间距为 0.1nm 数量级，因而，其测量精度可达 0.1nm 数量级。如果平行于衍射方向移动晶片 A 距离为 $\frac{1}{2}d$，这时晶片 A 的出射面为黑，没有光束从干涉仪射出。

如果晶片原子面绕垂直其表面法线旋转一个角度 ϕ，这时，莫尔 (Moiré) 干涉条纹为水平条纹 (图 15-12 中 A_3)，其条纹间距为

$$\Lambda_R = \alpha\phi^{-1}$$

请注意，式中 α 是数学符号 (下同)。

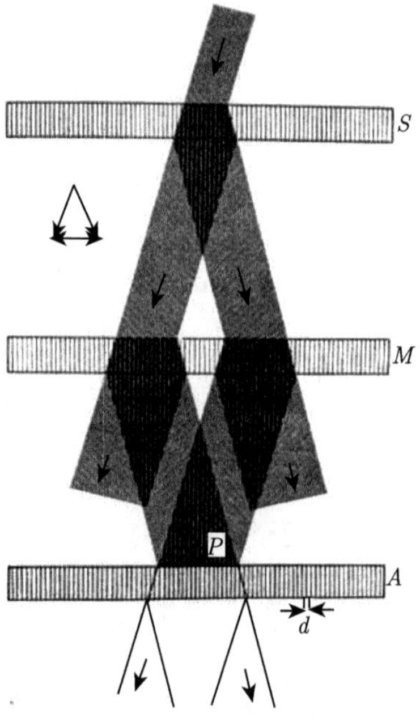

图 15-11　理想完美劳厄型干涉仪中驻波波场示意图

如果晶片 A_1 的晶面与晶片 S 和 M 严格平行，但间距稍有不同，这时，莫尔干涉条纹为垂直方向 (图 15-12 中 A_4)，其间距反比于 P 处驻波花样间距与分析器 A 晶面间距之差，令 $\Delta d = d_A - d_P$，有

$$\Lambda_D = \alpha(\Delta d/d)^{-1}$$

如果晶片 A 包含旋转和晶面间距变化，即观察到斜的莫尔干涉条纹。从莫尔干涉条纹的斜率可以判断出 Δd 和 ϕ 相对的正或负 (图 15-12 中 A_5 和 A_6)。当 Δd 为正，晶片 A 的旋转将导致莫尔干涉条纹以相同符号旋转。

上面讨论了晶片 A 的晶面间距或取向稍有改变，莫尔干涉条纹将发生相应的变化，从而达到 0.1nm 的测量精度。当晶片 S 或 M 发生类似的变化时，这种现象是会发生的。实际上，晶片 S、M 和 A 不可能完全严格相同和对准，因此，X 射线干涉仪总会有一些背底干涉条纹。值得指出的是，如果在晶片 S 与 M 或 M 与 A 之间的光路中插入一个晶片，将会改变透射和衍射两个波场的光程差，产生新的干涉条纹。比如，在其中一路光路中插入一个半波片，将使光波相位光波 π，从而使驻波花样移动 $\frac{1}{2}d$ 的距离。一个边缘水平放置的楔形晶片将使驻波花样旋转，而观察到水平的莫尔干涉条纹。同理，边缘垂直放置的楔形晶片将观察到垂直的莫尔干涉条纹。应该指出，这些实验的解释是复杂的，因为楔形晶片同时改变 X 射线束的方向和相位。但是，对好的近似，任何情况莫尔干涉条纹都是描述实际光路的轨迹。这样 X 射线干涉仪可以用来研究近完美晶体的形变和电子分布。

Bonse 和 Hart 用一块硅单晶做 X 射线干涉仪[10]，从而可以使晶片 A 转动一个微小角度，产生转动莫尔干涉条纹，利用对晶片 A 加热，获得晶格参数变化而产生的莫尔干涉条纹。进而，对这两种莫尔干涉条纹做了定量的研究。

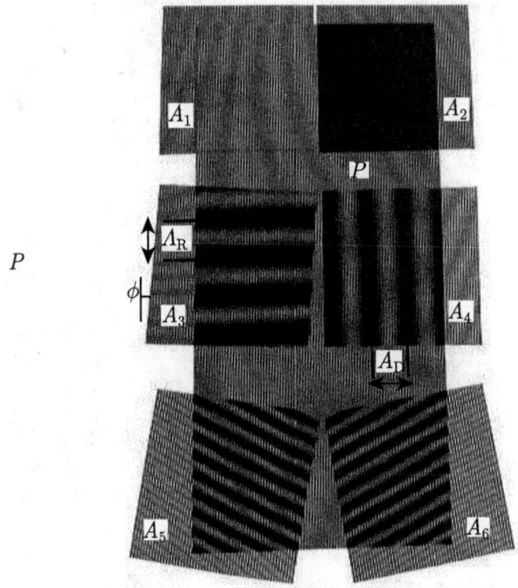

图 15-12 分析晶片 A 的不同变化，P 处 Moiré花样的改变

A_1，A_2 和 A_3 为晶面间距相同；A_4，A_5 和 A_6 为晶面间距不同，$\Delta d = d_A - d_P > 0$

15.3.2 晶体缺陷的研究

应用各向同性位错弹性理论作光学模拟可以直接与 X 射线莫尔干涉条纹比较，图 15-13 是假设 X 射线干涉仪 P 处是理想的周期干涉条纹，分析器 A 含有一个刃型位错。这种情况下，莫尔干涉条纹中位错导入的半条纹数为

$$N = |\boldsymbol{b} \cdot \boldsymbol{h}| \tag{15-14}$$

其中，$\boldsymbol{b}$ 是位错的 Burgers 矢量；$\boldsymbol{h}$ 是倒易矢量。位错所导入的莫尔干涉条纹的位置可以由 Δd 和 ϕ 的符号来决定。一般情况下，多出的半列原子面位于位错的上面，为方便起见，用符号表示。当 $\Delta d < 0$ 时 (图 15-13(a)) 多出的半列莫尔条纹与位错在晶体中多出的半个晶面在同一边。Δd 相反符号即使位错的莫尔条纹会反转 (图 15-13(b))。由于 $|\boldsymbol{b}| = d$，由式 (15-14) 可知，只有一条多出的莫尔条纹。

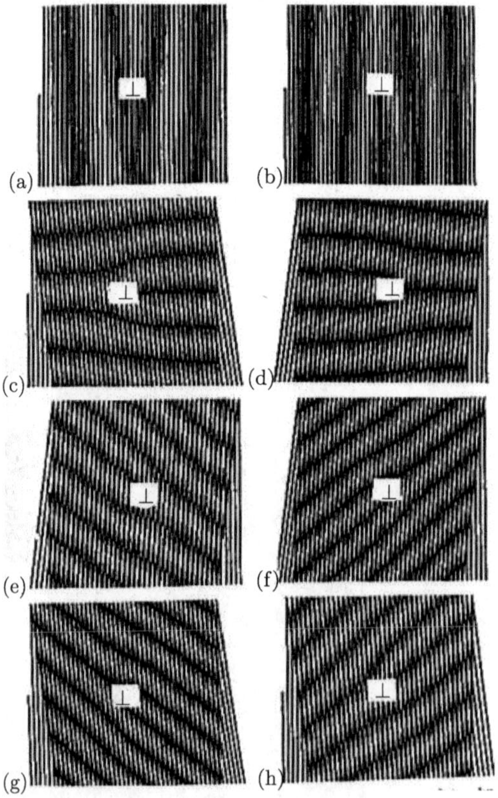

图 15-13 完美的驻波与不完美的干涉仪分析器 A 所形成的莫尔干涉条纹

符号 ⊥ 表示多出的半列原子面的位置 ($\boldsymbol{b} \cdot \boldsymbol{h} = 1$，所以只观察到多出的半列干涉条纹。)

(a) $\Delta d = d_A - d_P < 0$; (b) $\Delta d > 0$; (c) $\phi > 0$; (d) $\phi < 0$; (e) $\phi < 0$, $\Delta d < 0$;

(f) $\phi < 0$, $\Delta d > 0$; (e) $\phi > 0$, $\Delta d > 0$; (h) $\phi > 0$, $\Delta d < 0$

在分析器栅格里多出的半列条纹很容易由对图面转一个小角度而被观察到。在现实中，旋转的莫尔条纹比间距不等的莫尔条纹容易获得。对 $\phi > 0$，观察者面对 X 射线光源，P 处的驻波花样将逆时针旋转，图 15-13(c) 显示多出的莫尔条纹在晶体位错的右边。当做相反方向旋转时，莫尔条纹即出现在晶体位错的左边 (图 15-13(d))。当旋转和间距都不等同时出现时，多出的莫尔条纹可能出现在四个象限之一 (图 15-13(e)~(h))。

莫尔条纹检测晶体缺陷是非接触的，因此，可以应用于晶体形变的检测，如热处理下晶体的形变和缺陷的形成。图 15-14 是硅单晶 X 射线干涉仪实物。图 15-14(a) 为固定型；(b) 为活动型，其分析片 A 可由支杠控制作微小的移动。

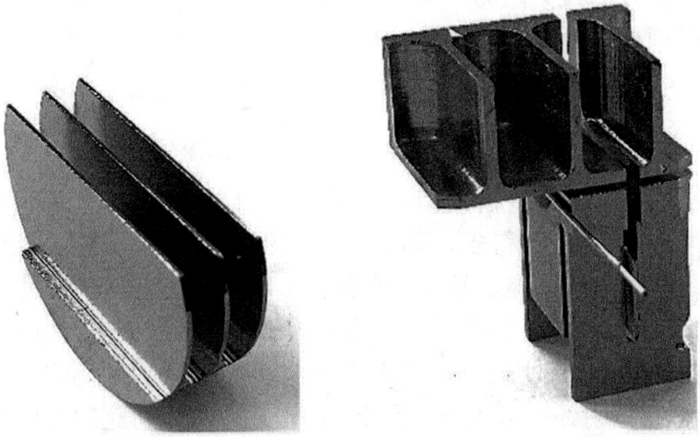

(a) (b)

图 15-14 硅单硅 X 射线干涉仪实物

(a) 固定型；(b) 活动型

15.3.3 晶体晶格参数的绝对测量

当入射的 X 射线波长改变时，X 射线莫尔条纹的尺度是不变的，正是这个原因，Bonse 和 Hart[11] 提出不需要知道 X 射线波长，就可以测量晶体晶格间距。X 射线的线宽在传统的测量方法中只引起主要误差，因此，应用 X 射线干涉仪测量晶格间距时可以忽略不计。令图 15-11 中晶片 A 沿平行晶体的倒易矢量 $\boldsymbol{h}$ 移动，如图 15-12 所示，A_1 的状态是亮的，而 A_2 的状态是暗的。晶片 A 每移动 $\frac{1}{2}d$ 时，亮、暗将周期变化，计算单位距离莫尔图的变化次数即可得到晶格间距。值得注意，X 射线条纹的变化包括整数 (p) 和分数 (ϵ) 两部分之和。晶片 A 的移动距离应用光学干涉仪，其波长是国际标准线 λ_0，这样，一个光学条纹表示 $\frac{1}{2}\lambda_0$ 的位移，晶格间距

$$d = \frac{\frac{1}{2}\lambda_0}{p+\epsilon}$$

由于光学标准是定量的，大的晶体 (如长度为米量级的硅单晶，假设 d=0.1nm，相当于 10^{10} 个布拉格衍射面) 也可以获得，就使晶格间距 d 非常精确的测量得以实现。实验时，X 射线干涉仪和光学干涉仪测量同一条谱线是极为重要的。

选取右手 Cartesian 坐标，x 平行于 $\boldsymbol{h}$，y 平行于 $\boldsymbol{K}_0 \wedge \boldsymbol{K}_\mathrm{h}$，原点 O 位于分析晶体入射面驻波花样的中心，这种情况下，无需对驻波花样中心位置过多的精确定义，因为 X 射线干涉仪测量的距离是相对于原点，而光学干涉仪测量的距离是相对于光学镜的中心 (位于 (x_0, y_0, z_0))。这两个参考点不可能重合，但是，要知道它们容许分开的最大距离！实际上，调节 X 射线束与光束在水平的 xz 平面内在 10μm 范围内重合是不困难的。在沿 X 方向平移时，如果绕 Z 轴有一个寄生的转动 ϕ，系统误差将被引进。这时，X 射线干涉仪记录 $\dfrac{X}{d}$ 条条纹，而光学干涉仪记录 $\dfrac{2(X+y_0\phi)}{\lambda_0}$ 条条纹，分数误差为 $\dfrac{y_0\phi}{X_0}$。如果应用光电计数器，如闪烁计数器等，这时，X 射线干涉仪转动的莫尔条纹的衬度将消失。如果转动的莫尔条纹间距比 X 射线束的宽度大得多，这时衬度的变化可忽略。实际上，对 $\Lambda_\mathrm{R} = 2\mathrm{cm}$，转动 10^{-8}rad 是容易测量的。这样，平移 100μm 的误差仅仅 10^{-9} 之一。如果光学干涉仪的镜子安装在 X 射线干涉仪的硅单晶上，温度变化将引起 x_0 的变化为 $2.56\times10^{-6}\mathrm{cm\cdot K^{-1}}$；在压力降压时，气压的变化引起 x_0 的变化小于 10^{-7}。例如，玻璃光学镜子粘在 X 射线干涉仪硅单晶上，由于环境改变引起的应变可能很大。

当采用透射型光学干涉仪时，一个重要的设计是 z_0 不能等于 0。假设随平移台平移距离 X，发生绕 y 轴的寄生旋转 $\delta\theta$，设 $z_0 = 3\mathrm{mm}$ 和 $\delta\theta = 0.1''$，平移距离为 100μm，这时，相应的分数误差为 10^6 分之 15。对光学干涉仪采用背反射模式，由于 z_0 可以调节到 0，这样的系统误差可以完全避免。

不少研究人员应用 X 射线干涉仪精确测定 X 射线波长、晶体 X 射线折射率、晶体点阵参数、原子散射因子、结构因子以及用作 X 射线相差显微等，有兴趣的读者可参阅有关文献。

15.4　X 射线驻波

X 射线驻波最早是劳厄于 1935 年以 X-ray interface effect[12] 的形式提出来的，1954 年 James 在他写的 *The Optical Principles of the Diffraction* 一书中也提出了 X 射线干涉效应的概念[13]。他发现，当玻璃上覆盖的 Ni 膜足够薄时，将观察到反射曲线出现极大值和极小值，这是 Ni 膜是表面的反射束与 Ni– 玻璃界面的反射束相互干涉造成的。1964 年 Batterman 首先提出 X 射线驻波的概念和原理[14]，但其发展归功于同步辐射光源的出现，因为同步辐射光源具有高通量和能量可调的优点。目前 X 射线驻波技术比较成熟，特别适用于确定表面、界面吸收原子相对于晶格的位置；也可用于大块晶体，以获得化学配比、偏光性和原子结构因子等信息。

15.4.1 X 射线驻波产生的原理

如图 15-15 所示，一束 X 射线入射到完美晶体，经晶面布拉格反射后出射。入射波与出射波在 $ABCD$ 区域产生干涉，其波场分布具有驻波形式，驻波的周期与晶体反射面晶格的周期相同，或者说，是入射波矢与出射波矢之差的倒数。从图 15-15 可见，驻波场不仅存在于晶体内部，而且也存在于晶体外部。与 X 射线干涉仪一样，如果转动晶体，即改变入射波矢与出射波矢之差，当两者的相位差达到 $\frac{\pi}{2}$ 时，驻波的波节面和波腹面均移动半个原子面间距。在这个过程中，如果驻波的波腹扫过晶体的异质原子，这些原子将产生大的光电吸收，从而发出 X 射线荧光、光电子以及俄歇电子等次级效应。因此，测量被研究原子驻波场所激发的 X 射线荧光或光电子发射谱，同时测定晶体的 X 射线摇摆曲线，就可以判断异质原子相对于晶体反射面的位置，也可判断这些异质原子是样品本身的，还是吸附的，或者是注入的。

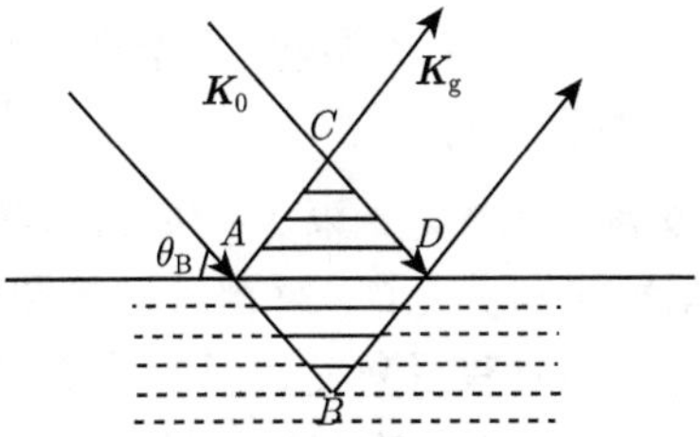

图 15-15 驻波产生的原理示意图

对异质原子占据单格点的情况，归一化的 X 射线荧光强度为

$$Y(\theta) \approx 1 + R(\theta) + 2\sqrt{R(\theta)}M\cos\left[\varphi(\theta) - 2\pi\frac{\Delta d}{d}\right] \tag{15-15}$$

其中，$R(\theta)$ 为晶体的反射率；$\varphi(\theta)$ 为入射波与反射波的相位差；M 为相干系数；$\frac{\Delta d}{d}$ 也可写成布拉格方程的微分形式：$\frac{\Delta d}{d} = -\cot\theta \cdot \Delta\theta$。式 (15-15) 表明，荧光强度随 θ 的变化是周期性的，与所研究的晶体的晶格间距相同。Δd 可确定发射荧光的原子相对于反射面的位置。

对异质原子占据多个格点的情况，需要考虑各个格点贡献的权重相加。相关系数和位置关系

$$\tan\left(2\pi\frac{\Delta d}{d}\right)=\frac{\sum_i f_i\sin\left[2\pi\left(\frac{\Delta d}{d}\right)_i\right]}{\sum_i f_i\cos\left[2\pi\left(\frac{\Delta d}{d}\right)_i\right]} \tag{15-16}$$

$$F=f_{\rm com}\left\{\left[\sum_j f_j\sin 2\pi\left(\frac{\Delta d}{d}\right)_j\right]^2+\sum_j f_j\cos\left[2\pi\left(\frac{\Delta d}{d}\right)_j\right]^2\right\}^{\frac{1}{2}} \tag{15-17}$$

其中，$\left(\frac{\Delta d}{d}\right)_j$ 和 f_j 分别为单格点占据位置和占据这些位置的百分比；$f_{\rm com}$ 是一个系数，相当于无序占据部分；F 为结构因子。热振动通过 Debye-Waller 因子 $(\exp(-M))$ 降低相关系数，因而，可以研究异质原子在晶体表面是热振动。

通过理论模拟实验曲线，可以得到 $f_{\rm com}$ 和 $\frac{\Delta d}{d}=0$ 的值，也就得到原子沿垂直于反射面方向的坐标。

15.4.2　X 射线驻波实验的设计

驻波实验可以采用同步辐射光源，也可以采用常规的 X 射线光源，同步辐射光源的优点是强度高、波长可调、具有偏振性。本节介绍驻波实验安排和荧光探测，对光电子探测改用相应的探测器即可。

图 15-16 是驻波实验安排示意图。一束 X 射线经过单色器，入射到样品，产生衍射和荧光，分别收集其衍射谱和荧光谱，解谱后可得到样品激发原子的性质以及位置。从 15.4.1 节可知，为了同时获得激发原子的性质和位置，实验时同时记录样品的 X 射线摇摆曲线和吸收原子激发的荧光信号，也就是说，测量作为样品摇摆曲线角函数的荧光强度。由于入射束比较细，实验样品的摇摆曲线的半峰宽很窄，要求入射的 X 射线为平面波或近似平面波；样品台的平移和转动精度要足够高。样品激发的荧光信号一般比较弱，记录时间稍长，实验装置的稳定度要好。荧光探测器应尽量靠近样品，以减少本底噪声。探测深度由 X 射线入射角决定。为了精确确定原子的位置，建议采用三次反射。

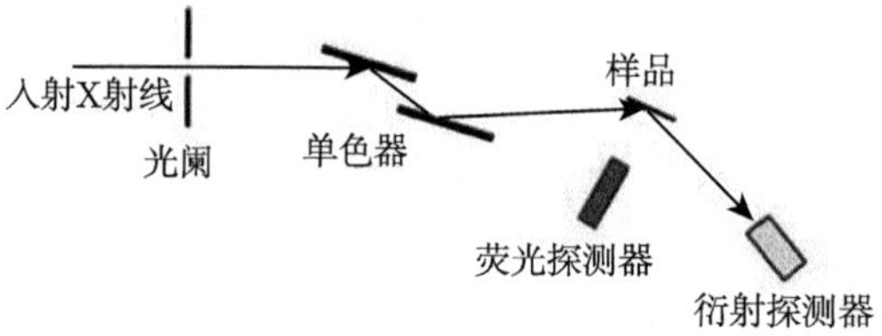

图 15-16　驻波实验安排示意图

驻波技术可以精确确定异质原子在基体、表面或界面的位置、性质、占据度等，广泛用于表面、界面研究，也用于多层膜、超晶格和异质结构的研究。有兴趣的读者可参阅相关文献。

参 考 文 献

[1] 麦振洪, 等. 同步辐射光源及其应用. 北京：科学出版社, 2013: 3-8.
[2] Winick H, Bienenstock A. Synchrotron Radiation Research. Ann. Rev. Nucl. Part. Sci., 1978(28): 33-113.
[3] Tuomi T, Naukkarrinen K, Rabe P. Phys. Stat. Sol. (a), 1974(25): 93.
[4] Cui S F, Wang G M, Mai Z H, et al. Physical Review B, 1993(48): 8797.
[5] Cui S F, Iida S, Luo G M, et al. Philosophical Magazine, 1997(75): 137.
[6] Kato N. Acta Cryst., 1980(36): 763,770.
[7] Bonse U, Hart M. Appl. Phys. Lett., 1965(7): 155.
[8] Bonse U, Hart M. Z. Phys., 1965(188): 154; 1966(190): 435; Acta Cryst., A, 1968(24): 240.
[9] Kuriyama M. Acta Cryst., A, 1971(27): 240.
[10] Bonse U, Hart M. Z. Phys., 1966(190): 455.
[11] Bonse U, Hart M. Appl. Phys. Lett., 1965(6): 155.
[12] Laue M V. Ann. Phys., 1935(23):705.
[13] James R W. The Optical Principles of the Diffraction, G. Bell (London), 1954.
[14] Batterman B W, Cole I I. Rev. Mod. Phys., 1964(36): 681.

后　　记

——此书谨献给我亲爱的老伴张益明同志

我和张益明同志志同道合，从 1973 年起不管风和日丽，还是风雪交加，我们都同舟共济，携手共进。

我们时刻以党章严格要求自己，不忘初心，牢记使命，做一个合格的中国共产党党员。

我们一起学做人，做好事，做善事，几十年如一日做一个清清白白的老实人。

我们一起学知识，努力提高工作技能。干一行、爱一行、专一行，尽力做好本职工作。张益明同志 1992—1995 年被评为“北京市海淀区人民调解工作先进个人”“1995—1996 年度中国科学院工会优秀工会干部”，1997 年 4 月中央国家机关联合会和中国科学院授予她“中央国家机关优秀工会干部”称号；物理所工会还被中央国家机关授予“模范职工之家”。

张益明同志全力支持我的工作，使我没有后顾之忧。1977 年 8 月她承担了工作、家庭和孩子的全部责任，支持我去英国 Bristol 大学物理系进修。1979 年 9 月回国后，我开辟了新的研究方向，在她的全力支持下，我和研究组同志们共同努力，克服一个个困难，解决一个个难题。本人主持的研究工作获中科院科技进步奖二等奖 2 项，三等奖 1 项；中科院自然科学成果奖二等奖 1 项，获 3 部委嘉奖 1 次。本人参加的研究工作获中科院自然科学成果奖一等奖 1 项，二等奖 1 项；中科院科技进步奖一等奖 1 项。发表论文 250 余篇。十多次应邀在国际学术会议做邀请报告及出国访问、讲学。1992 年获政府特殊津贴，1996 年被评为“中国科学院京区优秀党员行政领导干部”，2008 年被评为中科院研究生院“杰出贡献教师”。所有这些成绩的背后都有一个巨人的托举。

为了把几十年积累的知识、工作经验和教训与大家分享，在有关领导部门和科学出版社的大力支持下，我组织了众多在一线工作的专家一起撰稿，2007 年出版了《薄膜结构 X 射线表征》（2015 年本书还出版了第 2 版），2013 年出版了《同步辐射光源及其应用》。

2017 年初酝酿本书的撰稿，2019 年 6 月在本书撰写的关键时刻，我突发左颈动脉闭塞，两次住院，在张益明同志精心护理下，我较快康复，得以 2019 年 8 月完稿。2020 年 4 月本书校阅时，张益明同志突然重病两次住院，又逢北京新冠肺炎疫情严控期间，医院没有护工，陪护不能离开病区。她还惦记着这本书，让我把书稿带到病房，在护理空隙抽空校阅……

本书是一叶丹舟，积藏着我们两人的心血，满载着我们的理想和心愿，驶向……

袁振浩

2020 年 5 月 10 日

《现代物理基础丛书》已出版书目

(按出版时间排序)

1. 现代声学理论基础	马大猷 著	2004.03
2. 物理学家用微分几何(第二版)	侯伯元，侯伯宇 著	2004.08
3. 数学物理方程及其近似方法	程建春 编著	2004.08
4. 计算物理学	马文淦 编著	2005.05
5. 相互作用的规范理论(第二版)	戴元本 著	2005.07
6. 理论力学	张建树，等 编著	2005.08
7. 微分几何入门与广义相对论(上册·第二版)	梁灿彬，周彬 著	2006.01
8. 物理学中的群论(第二版)	马中骐 著	2006.02
9. 辐射和光场的量子统计	曹昌祺 著	2006.03
10. 实验物理中的概率和统计(第二版)	朱永生 著	2006.04
11. 声学理论与工程应用	何 琳 等 编著	2006.05
12. 高等原子分子物理学(第二版)	徐克尊 著	2006.08
13. 大气声学(第二版)	杨训仁，陈宇 著	2007.06
14. 输运理论(第二版)	黄祖洽 著	2008.01
15. 量子统计力学(第二版)	张先蔚 编著	2008.02
16. 凝聚态物理的格林函数理论	王怀玉 著	2008.05
17. 激光光散射谱学	张明生 著	2008.05
18. 量子非阿贝尔规范场论	曹昌祺 著	2008.07
19. 狭义相对论(第二版)	刘 辽 等 编著	2008.07
20. 经典黑洞与量子黑洞	王永久 著	2008.08
21. 路径积分与量子物理导引	侯伯元 等 著	2008.09
22. 量子光学导论	谭维翰 著	2009.01
23. 全息干涉计量——原理和方法	熊秉衡，李俊昌 编著	2009.01
24. 实验数据多元统计分析	朱永生 编著	2009.02
25. 微分几何入门与广义相对论(中册·第二版)	梁灿彬，周彬 著	2009.03
26. 中子引发轻核反应的统计理论	张竞上 著	2009.03

27. 工程电磁理论	张善杰 著	2009.08
28. 微分几何入门与广义相对论(下册·第二版)	梁灿彬，周彬 著	2009.08
29. 经典电动力学	曹昌祺 著	2009.08
30. 经典宇宙和量子宇宙	王永久 著	2010.04
31. 高等结构动力学(第二版)	李东旭 著	2010.09
32. 粉末衍射法测定晶体结构(第二版·上、下册)	梁敬魁 编著	2011.03
33. 量子计算与量子信息原理	Giuliano Benenti 等 著	
——第一卷：基本概念	王文阁，李保文 译	2011.03
34. 近代晶体学(第二版)	张克从 著	2011.05
35. 引力理论(上、下册)	王永久 著	2011.06
36. 低温等离子体	B. M. 弗尔曼，И. M. 扎什京 编著	
——等离子体的产生、工艺、问题及前景	邱励俭 译	2011.06
37. 量子物理新进展	梁九卿，韦联福 著	2011.08
38. 电磁波理论	葛德彪，魏 兵 著	2011.08
39. 激光光谱学	W. 戴姆特瑞德 著	
——第1卷：基础理论	姬 扬 译	2012.02
40. 激光光谱学	W. 戴姆特瑞德 著	
——第2卷：实验技术	姬 扬 译	2012.03
41. 量子光学导论(第二版)	谭维翰 著	2012.05
42. 中子衍射技术及其应用	姜传海，杨传铮 编著	2012.06
43. 凝聚态、电磁学和引力中的多值场论	H. 克莱纳特 著	
	姜 颖 译	2012.06
44. 反常统计动力学导论	包景东 著	2012.06
45. 实验数据分析(上册)	朱永生 著	2012.06
46. 实验数据分析(下册)	朱永生 著	2012.06
47. 有机固体物理	解士杰，等 著	2012.09
48. 磁性物理	金汉民 著	2013.01
49. 自旋电子学	翟宏如，等 编著	2013.01
50. 同步辐射光源及其应用(上册)	麦振洪，等 著	2013.03
51. 同步辐射光源及其应用(下册)	麦振洪，等 著	2013.03

52. 高等量子力学	汪克林　著	2013.03
53. 量子多体理论与运动模式动力学	王顺金　著	2013.03
54. 薄膜生长（第二版）	吴自勤，等　著	2013.03
55. 物理学中的数学方法	王怀玉　著	2013.03
56. 物理学前沿——问题与基础	王顺金　著	2013.06
57. 弯曲时空量子场论与量子宇宙学	刘　辽，黄超光　著	2013.10
58. 经典电动力学	张锡珍，张焕乔　著	2013.10
59. 内应力衍射分析	姜传海，杨传铮　编著	2013.11
60. 宇宙学基本原理	龚云贵　著	2013.11
61. B 介子物理学	肖振军　著	2013.11
62. 量子场论与重整化导论	石康杰，等　编著	2014.06
63. 粒子物理导论	杜东生，杨茂志　著	2015.01
64. 固体量子场论	史俊杰，等　著	2015.03
65. 物理学中的群论（第三版）——有限群篇	马中骐　著	2015.03
66. 中子引发轻核反应的统计理论（第二版）	张竞上　著	2015.03
67. 自旋玻璃与消息传递	周海军　著	2015.06
68. 粒子物理学导论	肖振军，吕才典　著	2015.07
69. 量子系统的辛算法	丁培柱　编著	2015.07
70. 原子分子光电离物理及实验	汪正民　著	2015.08
71. 量子场论	李灵峰　著	2015.09
72. 原子核结构	张锡珍，张焕乔　著	2015.10
73. 物理学中的群论（第三版）——李代数篇	马中骐　著	2015.10
74. 量子场论导论	姜志进　编著	2015.12
75. 高能物理实验统计分析	朱永生　著	2016.01
76. 数学物理方程及其近似方法	程建春　著	2016.06
77. 电弧等离子体炬	M. F. 朱可夫 等 编著 陈明周，邱励俭 译	2016.06
78. 现代宇宙学	Scott Dodelson　著 张同杰，于浩然　译	2016.08
79. 现代电磁理论基础	王长清，李明之　著	2017.03

80. 非平衡态热力学　　翟玉春　编著　　2017.04
81. 论理原子结构　　朱颀人　著　　2017.04
82. 粒子物理导论（第二版）　　杜东生，杨茂志　著　　2017.06
83. 正电子散射物理　　吴奕初，蒋中英，郁伟中　编著　　2017.09
84. 量子光场的性质与应用　　孟祥国，王继锁　著　　2017.12
85. 介观电路的量子理论与量子计算　　梁宝龙，王继锁　著　　2018.06
86. 开放量子系统的电子计数统计理论　　薛海斌　著　　2018.12
87. 远程量子态制备与操控理论　　周　萍　著　　2019.02
88. 群论及其在粒子物理中的应用　　姜志进　著　　2020.03
89. 引力波探测　　王运永　著　　2020.04
90. 驻极体(第二版)　　夏钟福，张晓青，江　键　著　　2020.06
91. X 射线衍射动力学　　麦振洪等　著　　2020.06